BMW
Der neue Vierventil-Boxer
ab Modelljahr 2004

Wartung · Reparatur · Tipps · Kniffe für die Baugruppen Motor, Kupplung, Getriebe und Kardan

bucheli verlag

Impressum

Impressum

ISBN 976-3-7168-2113-8

Reparaturanleitung
Technik-Sonderband 6009

Redaktion und Gestaltung: Büro Schermer, D-70563 Stuttgart
Texte: Helmut Mader, Bernd Burbulla (Beratung und Assistenz), Franz Josef Schermer, Dipl. Ing. (FH) Helmut Städele, Helmut Strauß
Fotos: Sandra Hauber, Axel Schermer, F. J. Schermer
Zeichnungen: Steven Flier, Daniel Horvat, Stefanie Schenk

Für diese Motorrad-Reparaturanleitung wurden unter anderem Bilder und Texte aus den Archiven der Zeitschrift MOTORRAD, Motor-Buch, BMW-Presseabteilung, sowie dem Bild- und Text-Archiv der Schermer Verlag GmbH verwendet.

Ein ganz großes Dankeschön geht an die BMW-Niederlassung Stuttgart und dort speziell an die beiden Motorrad-Meister Fleige und Surmund sowie die beiden Verkäufer Hafke und Mühlbronner für die Hilfe bei der aufwändigen Datenrecherche und die vielen Tipps. Des Weiteren hat uns die Getriebefirma Getrag in großer Offenheit alle Getriebedaten zur Verfügung gestellt und ohne Scheu viele Tipps und Tricks zur Reparatur der Getriebe gegeben: 1000 Mal Danke an die Herren Sommer, Beischroth und Kelm, die uns einen ganzen Samstag lang bei Getrag fotografieren und recherchieren ließen und bei der Datenkorrektur sehr geholfen haben.

Satz: Stefanie Schenk
Lektorat: Myrta Baumberger
Druck: Druck- und Medienzentrum Gerlingen GmbH
D-70839 Gerlingen
Bindung: K. Dieringer
D-70839 Gerlingen

Verkauf:
Gewerbestraße 10
CH-6330 Cham
Postadresse:
Postfach 4161
CH-6304 Zug
Telefon: ++41 (0)41 741 77 55
Telefax: ++41 (0)41 741 71 15
www.bucheli-verlag.ch

1. Auflage 2009

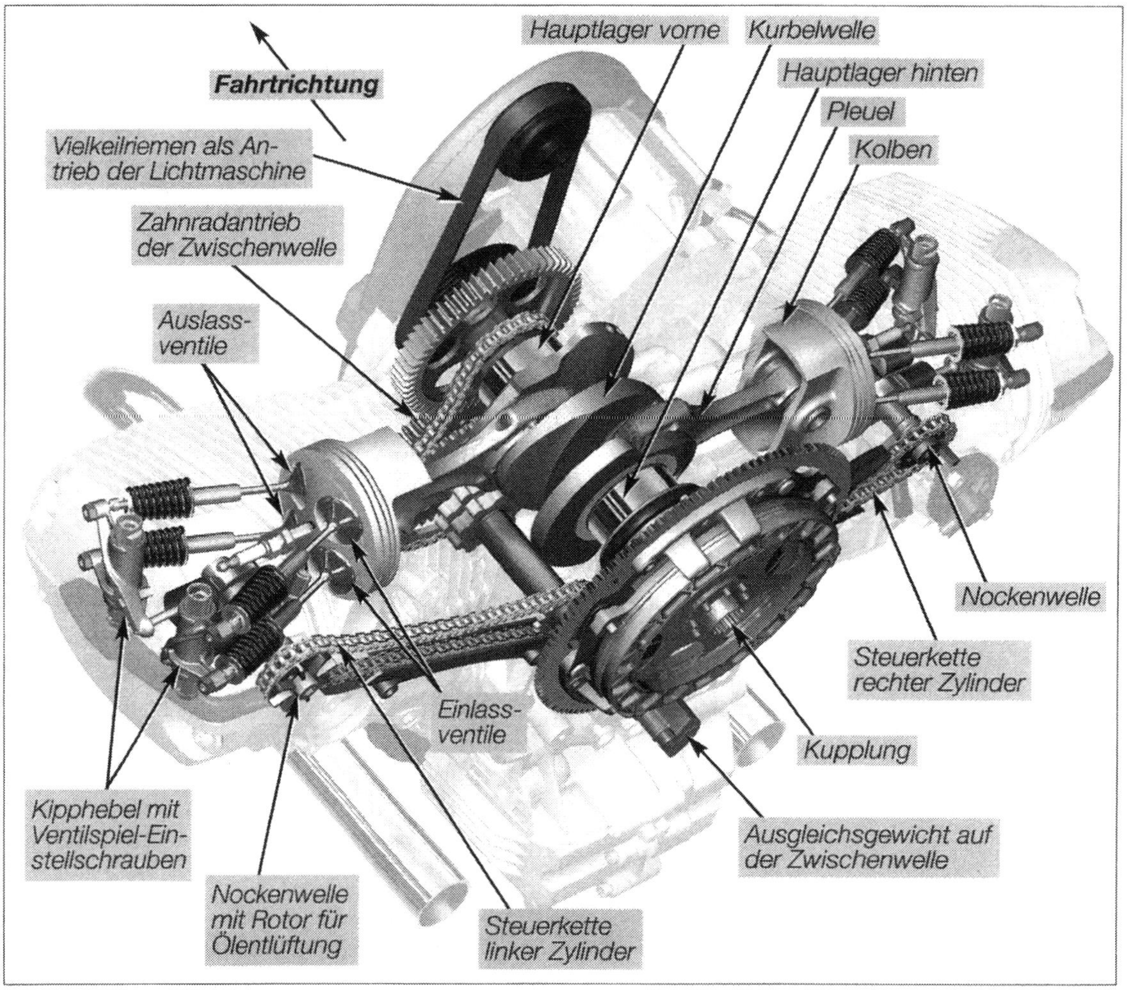

Zum Modelljahr 2004 kam der 1993 präsentierte »neue Boxermotor« mit vier Ventilen, Benzineinspritzung und 6-Gang-Getriebe im Erfolgsmodell GS auf den Markt. Im Charakter gleich, aber in vielen Details verbessert und verfeinert ist der neue Boxer dem 1993er-Vierventil-Boxermotor sehr ähnlich. Der BMW-Tradition folgend gleicht das Konstruktionsprinzip dem der R 32, dem ersten BMW-Motorrad von 1923: Quer angeordneter Zweizylinder-Boxermotor, Trockenkupplung, angeblocktes Getriebe und Kardanantrieb des Hinterrads.

Gutes kann immer noch besser werden

Im Spätjahr 2003 präsentierte BMW die neue R 1200 GS mit dem Vierventil-Boxer der neuen Generation: Mit höherer Motorleistung als bei den seit 1993 gebauten »neuen Boxern« (mit 850, 1100, 1150 und 1200 cm³), mit einer Ausgleichswelle zur Dämmung motortypischer Vibrationen, mit elektronischer Benzineinspritzung und Abgasreinigung auf neuestem Stand, mit neuem Sechsganggetriebe und einer hydraulisch betätigter Kupplung, mit modernster Motor- und Bordelektronik – die R 1200 GS war quasi ein neues Motorrad in bekannt optischer Verpackung. Bis heute, zum Redaktionsschluss dieses Buchs im Spätjahr 2009, hat sich an der Beliebtheit der BMW-Maschinen mit dem Kürzel »GS« nichts geändert, sie sind die Cash-Cow schlechthin, die Erfolgs-Baureihe von BMW.

Der 1200er-Boxermotor der neuen Generation wird seit 2003 gebaut und ist das Erfolgstriebwerk der BMW-Motorradpalette.

Mit dem Boxermotor der neuen Generation werden seit 2004 immerhin elf verschiedene Modelle angetrieben; sie finden diese in Bildern und Texten im Kapitel 1 »Modelle · Daten«.

Rund 70 Prozent aller im Jahr gebauten BMW-Maschinen haben einen Boxermotor. Ein Ende dieses Erfolgs ist nicht abzusehen – warum auch? Der Boxer bleibt das wahre Zweirad-Markenzeichen von BMW, auch wenn es seit 1983 ganz andere, total konträre BMW-Antriebskonzepte gibt: Man denke nur an den »fliegenden Ziegelstein« K 75, K 100, 1100 und 1200 mit längs liegend eingebautem Drei- und Vierzylinder, an die erfolgreichen Einzylinder F 650 (1993 bis 2007), die modernen F800 Twins mit Kette oder Zahnriemen (seit 2007), die neuen K-Vierzylinder mit 1200 und 1300 cm³ sowie die supersportliche S 1000 RR (seit 2009).

Mit BMW meint man Boxer und denkt dabei automatisch an Kardan: Mehr als eine Million Boxer-Maschinen wurden seit Erscheinen des neuen Boxers (am 21. Januar 1993) gebaut; knapp eine halbe Million davon sind seit 2003 mit dem Boxer der neuen Generation ausgerüstet. Höchste Zeit also, eine Reparaturanleitung zu machen, in der in Bild und Text verständlich erklärt wird, wie man Motor, Einspritzung, Kupplung und Getriebe wartet und (wenn nötig!) repariert.

Mit dabei ist Feinmechanikermeister Helmut Mader, der alle Boxerantriebe aus dem Effeff kennt. Helmut hat sich mit Reparatur, Tuning und Entwicklung einen sehr guten Namen gemacht. Er baute die Boxer-Rennmotoren für das legendäre Boxer-Team und den Paris-Dakar-Einsatz des BMW-Werks auf. Genügend Kompetenz also, von der wir einen großen Teil auf Papier gedruckt haben.

Einige Grundsätze zu diesem Buch:

- Die Lektüre dieses Buches kann weder eine dreijährige Lehre zum Motorradmechaniker noch mehrjährige Praxis im Kraftfahrzeughandwerk ersetzen.
- Die Anwendung der im Buch gezeigten Arbeitsschritte setzt einen gewissen Grundstock an Werkzeug voraus. Auf zusätzlich benötigte BMW-Spezialwerkzeuge gehen wir in den entsprechenden Kapiteln ein.
- Inhalte wie beispielsweise Ventile einstellen, Kupplung reparieren, Lager im Getriebe erneuern oder den Hinterachsantrieb zerlegen und wieder zusammenbauen sind Arbeiten, die eine gesunde Portion Fachwissen und Sorgfalt erfordern.

In diesem Sinne wünsche ich Ihnen allzeit pannenfreie Fahrt mit dem und effizientes Schrauben am BMW-Boxer!

Herzlichst, Ihr F. J. Schermer
(verantwortlicher Redakteur, links im Bild, zeigt mit Finger auf Helmut Mader)

Wenn in diesem Buch von »Fahrern« die Rede ist, meinen wir natürlich auch die weiblichen Leser. Der leichteren Lesbarkeit halber beschränken wir uns jedoch auf die allgemeine (männliche) Form.

Inhalt

Folgende Symbole verdienen im Laufe der Arbeiten besondere Beachtung:

Sichtprüfung:
Teil genau ansehen, besonders beachten

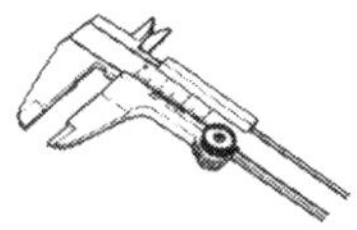

Messen:
Schublehre oder anderes Messwerkzeug nötig

Achtung:
Besondere Vorsicht geboten, Sicherheitshinweise beachten

Tipp:
Wertvoller Hinweis für einfacheres Schrauben

Folgende Symbole verdeutlichen den Schwierigkeitsgrad der Arbeiten:

Ein Schlüssel:
Einfache Arbeit, erweitertes Bordwerkzeug reicht aus

Zwei Schlüssel:
Anspruchsvolle Arbeit, extra Werkzeug notwendig

Drei Schlüssel:
Gutes Werkzeug und Spezialkenntnisse erforderlich

Vier Schlüssel:
Spezialwerkzeug und sehr gute handwerkliche Fertigkeit gefragt

Fünf Schlüssel:
Spezialwerkzeug und meisterliche Fertigkeiten notwendig: Fachwerkstatt!

Der neue BMW-Boxer ab 2004

In diesem Kapitel: Modellgeschichte · Technische Besonderheiten der Vierventil-Boxer der zweiten Generation · Detailbilder von wichtigen Baugruppen · Technische Daten und Modellpflege der in diesem Buch behandelten Modelle:

Die erste Generation des neuen Vierventil-Boxermotors mit vier Ventilen, elektronischem Motormanagement und Hubräumen von 850, 1100, 1150 und 1200 cm³ kam im Frühjahr 1993 auf den Markt und wurde bis 2004 mehr als 500 000 Mal gebaut. Im November 2003 kam eine neue R 1200 GS mit dem stark überarbeiteten Boxertriebwerk. Dieses hat als markanteste Modellpflege eine Ausgleichswelle (Bilder 1 und 2). In den

Bild 1

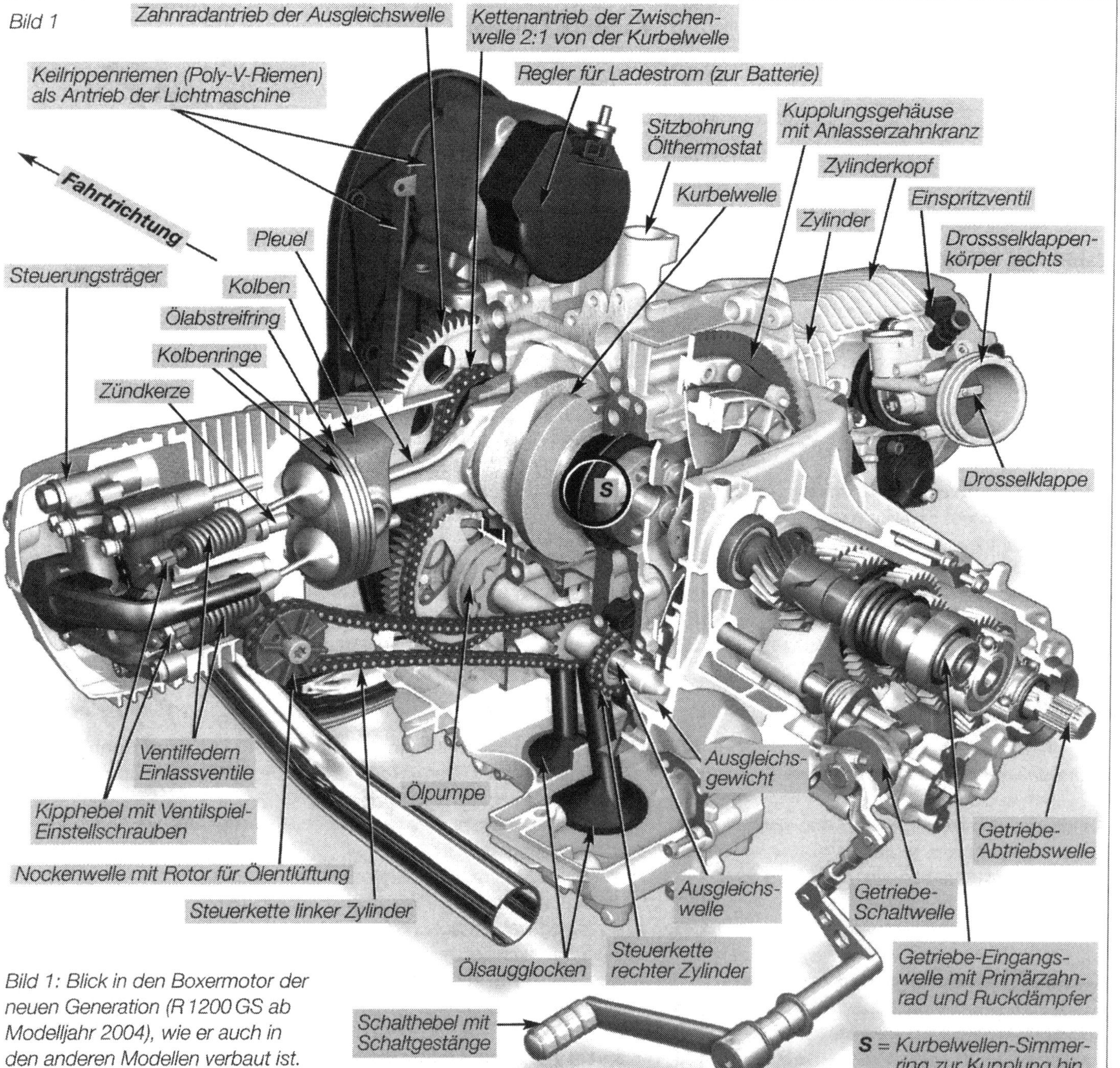

Bild 1: Blick in den Boxermotor der neuen Generation (R 1200 GS ab Modelljahr 2004), wie er auch in den anderen Modellen verbaut ist.

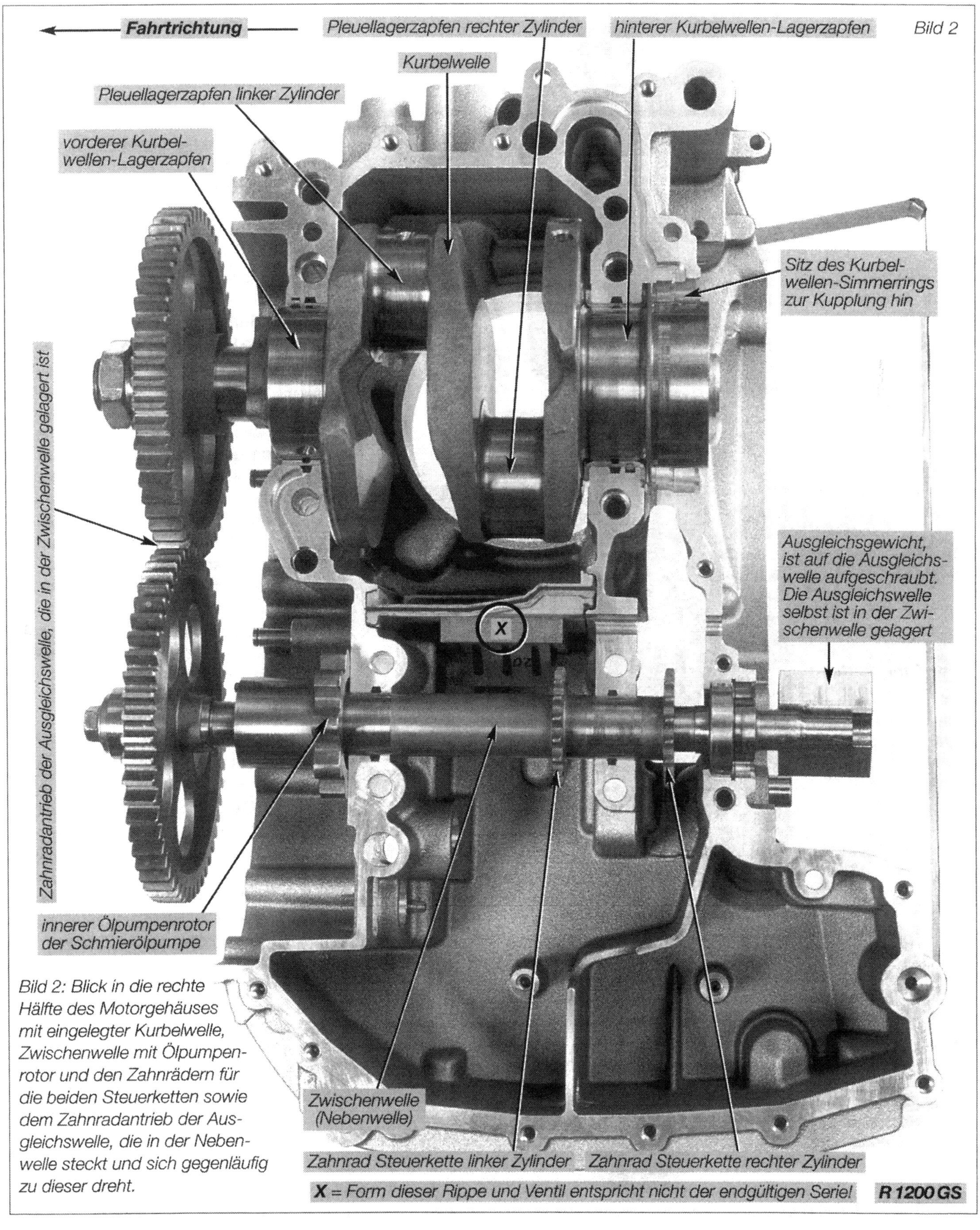

Bild 2: Blick in die rechte Hälfte des Motorgehäuses mit eingelegter Kurbelwelle, Zwischenwelle mit Ölpumpenrotor und den Zahnrädern für die beiden Steuerketten sowie dem Zahnradantrieb der Ausgleichswelle, die in der Nebenwelle steckt und sich gegenläufig zu dieser dreht.

Bild 3: Kurbelwelle mit Kurbelwellen-Hauptlagern und Pleueln.

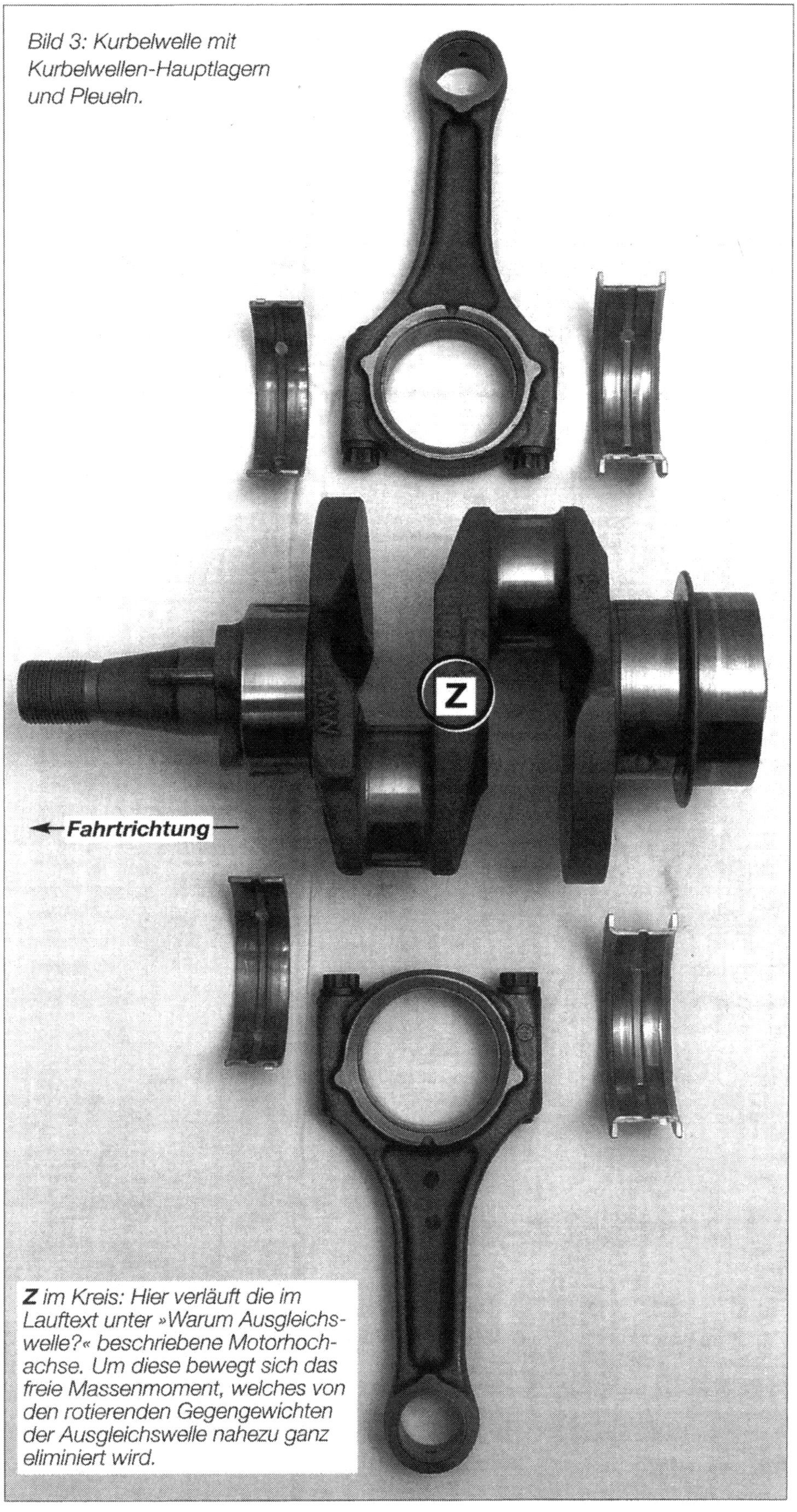

***Z** im Kreis: Hier verläuft die im Lauftext unter »Warum Ausgleichswelle?« beschriebene Motorhochachse. Um diese bewegt sich das freie Massenmoment, welches von den rotierenden Gegengewichten der Ausgleichswelle nahezu ganz eliminiert wird.*

konstruktiven Grundzügen blieb der Boxer der zweiten Generation der Tradition treu: Geschmiedete Kurbelwelle in Gleitlagern, vier Ventile pro Zylinder, zwei halbhoch angeordnete, kettengetriebene Nockenwellen, vier Ventile pro Zylinder sowie elektronische Saugrohreinspritzung und Zündung. Die für den Titel dieses Buches wichtigen Kerndaten der elf verschiedenen 1200er-Boxer-Modelle finden Sie in diesem Kapitel ebenso wie die wichtigsten Modellpflegemaßnahmen.

Hohe Reife

Der neue Boxermotor der ersten Generation kam während der langen Bauzeit (1993 bis 2004) zu einer hohen Reife. Die technischen Änderungen im neuen Boxer der zweiten Generation bewegten sich (bis zum Redaktionsschluss dieses Buches) auf niedrigem Niveau. Gründe für Änderungen waren intern bei BMW entweder von der Technik oder den Kosten bestimmt oder auch auf Grund der Erfahrungen, welche die »Dauererprobung beim Kunden« mit sich brachte – denn über die Jahre wurden bei der Weiterentwicklung durchaus auch die Wünsche der Kunden berücksichtigt.

Gebrochene Schmiedepleuel

Nach einer sehr seltenen Bauart sind die Pleuel gefertigt: Es sind Stahl-Schmiedepleuel mit gebrochener unterer Lagerschale. Die Bruch-Passflächen passen extrem genau zusammen; genauer jedenfalls als bei zwei getrennten Bauteilen mit glatten Kontaktflächen. Zu Beginn des neuen Vierventil-Boxers (1994) waren die Pleuel aus Sintermetall gefertigt. Die Umstellung auf Stahl war 1998, sie hatte technische und kostenbezogene Gründe, denn der Sintermetallpleuel war mehr als sechsmal so teuer wie der heutige Stahlpleuel.

Warum man das nicht früher getan hat? Nun, während der Entwicklung des R 259-Triebwerks Ende der 80er-Jahre gab es noch keine preisvertretbaren Stahlpleuel-Techniken, weswegen Sintermetallpleuel der Vorzug gegeben wurde.

Alle Boxermotoren sind mit kombinierter Einspritz-Zündsteuerung ausgestattet. Ein geregelter Katalysator in der Auspuffanlage ist seit 1996 serienmäßig.

Thermostatgesteuerter Ölkreislauf
Alle Boxer der neuen Generation haben eine thermostatgesteuerte Kühlölführung. Das heißt, dass das Motoröl in kaltem Zustand durch einen »kleinen« Kreislauf geführt wird, ohne dass das Öl den Ölkühler passiert; das Motoröl wird also schneller warm. Ab einer Motoröltemperatur von ca. 80 °C öffnet der Thermostat und das Öl fließt durch den Ölkühler, wo es gekühlt wird.

Weil ein Motor mit Thermostat-Kühlölführung seine Betriebstemperatur schneller erreicht, ist 1.) sein Verbrauch geringer und 2.) das Verschleißverhalten besser, weil ein verschleißintensiver Kaltstartbetrieb kürzer ist.

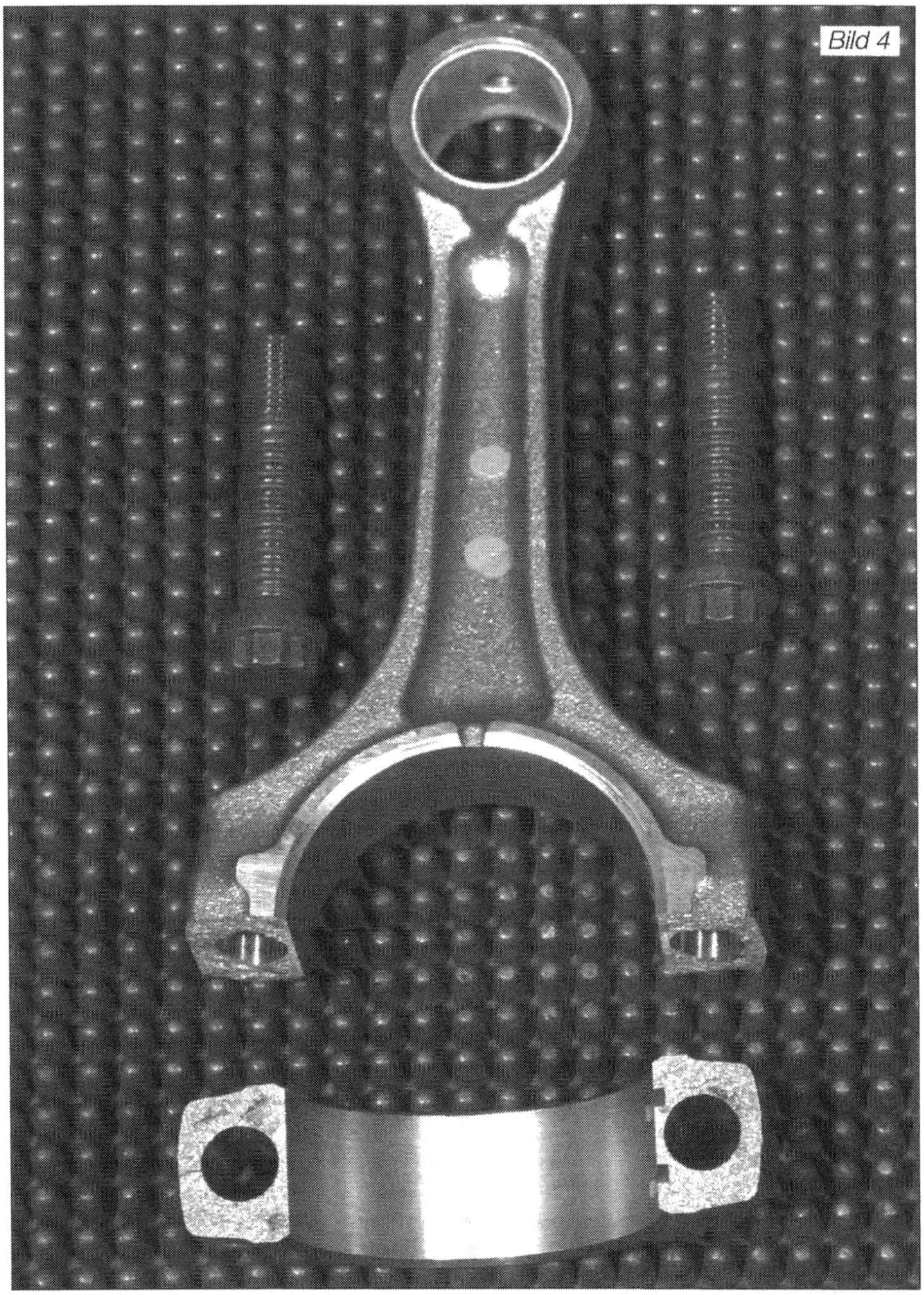
Bild 4

Bilder 4 bis 6: Die Pleuel der ersten Serie des neuen Boxers ab 1994 waren aus Sintermetall hergestellt. Ab 1998 kamen Stahl-Schmiedepleuel zum Einsatz, wie sie auch im Boxer der neuen Generation ab 2004 noch verbaut werden (Bilder 5 und 6). Sowohl die Sinter- als auch die Stahlpleuel haben ein gebrochenes (»gecracktes«) unteres Pleuelauge.
■ *In den Pleuel der Bilder 5 und 6 sind Lagerschalen mit einer Laufleistung von 50 000 km eingebaut. Trotz der deutlichen Auswaschungen wären sie für weitere 50 000 km gut. Weil der Motor jedoch zerlegt ist, werden neue Pleuellagerschalen eingebaut.*

Bild 5

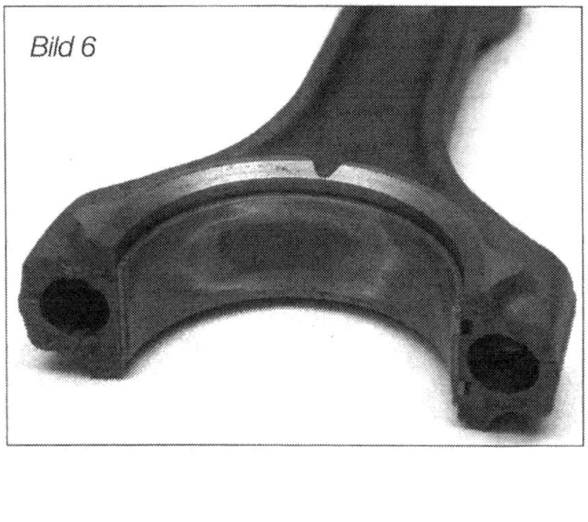
Bild 6

Sechsganggetriebe
Die Getriebe aller Maschinen der neuen Boxer-Generation haben sechs Gänge, wie es 1998 mit der Markteinführung der R 1100 S (dem damals sportlichsten und mit 98 PS leistungsfähigsten Serienboxer aller Zeiten) in Serie ging. Die Einscheiben-Trockenkupplung ist seither hydraulisch betätigt, der Durchmesser der Kupplungsreibscheibe beträgt 165 mm.

Einzigartiges Fahrwerk
Das erste Modell mit dem neuen Vierventil-Boxer war 1993 die R 1100 RS. Schon sie hatte die Doppelgelenk-Einarmschwinge »BMW Paralever« eingebaut, die einzigartig ist in der Motorradwelt und nur von BMW verwendet wird. Ihre Grundkonstruktion mit zwei Gelenkstellen geht auf das Modell R 100 GS des Jahres 1987 zurück. Damit war endgültig Schluss mit dem »Fahrstuhlfahren« beim Gas geben – denn die alten Boxer mit der »ungelenkigen« Hinterradschwinge hatten die Eigenart, dass das Heck der Maschine beim Beschleunigen angehoben wurde, weil sich der Kardanantrieb ja irgendwo abstützen musste.

Auf den folgenden Seiten finden Sie alle Modelle mit dem modellgepflegten Boxermotor seit der Markteinführung der R 1200 GS im Jahre 2004 in Bild und mit den für das Thema dieses Buchs wichtigsten Daten. Auch die wichtigsten Modellpflegepunkte sind aufgeführt. Auf weitere Änderungen im Detail gehen wir bei Bedarf in den einzelnen Kapiteln ein.

Warum Ausgleichswelle?
Beim Boxermotor gehen Kolben und Pleuel exakt gleichzeitig auf und ab. Durch diese symmetrische Bewegung erzeugt der Motor keine oszilierenden (»freien«) Massenkräfte I. und II. Ordnung, weswegen der Boxermotor sehr laufruhig ist; er hat kaum Vibrationen.

Aber: Aus dem beim Boxermotor konstruktionsbedingt nicht zu vermeidenden Versatz der Pleuelebenen (= Hubzapfen, damit auch Kolben und Zylinder, siehe Bilder 2 und 3) und den Zylinderversatz (Bild 7) resultieren »umlaufende Massenmomente I. und II. Ordnung«.

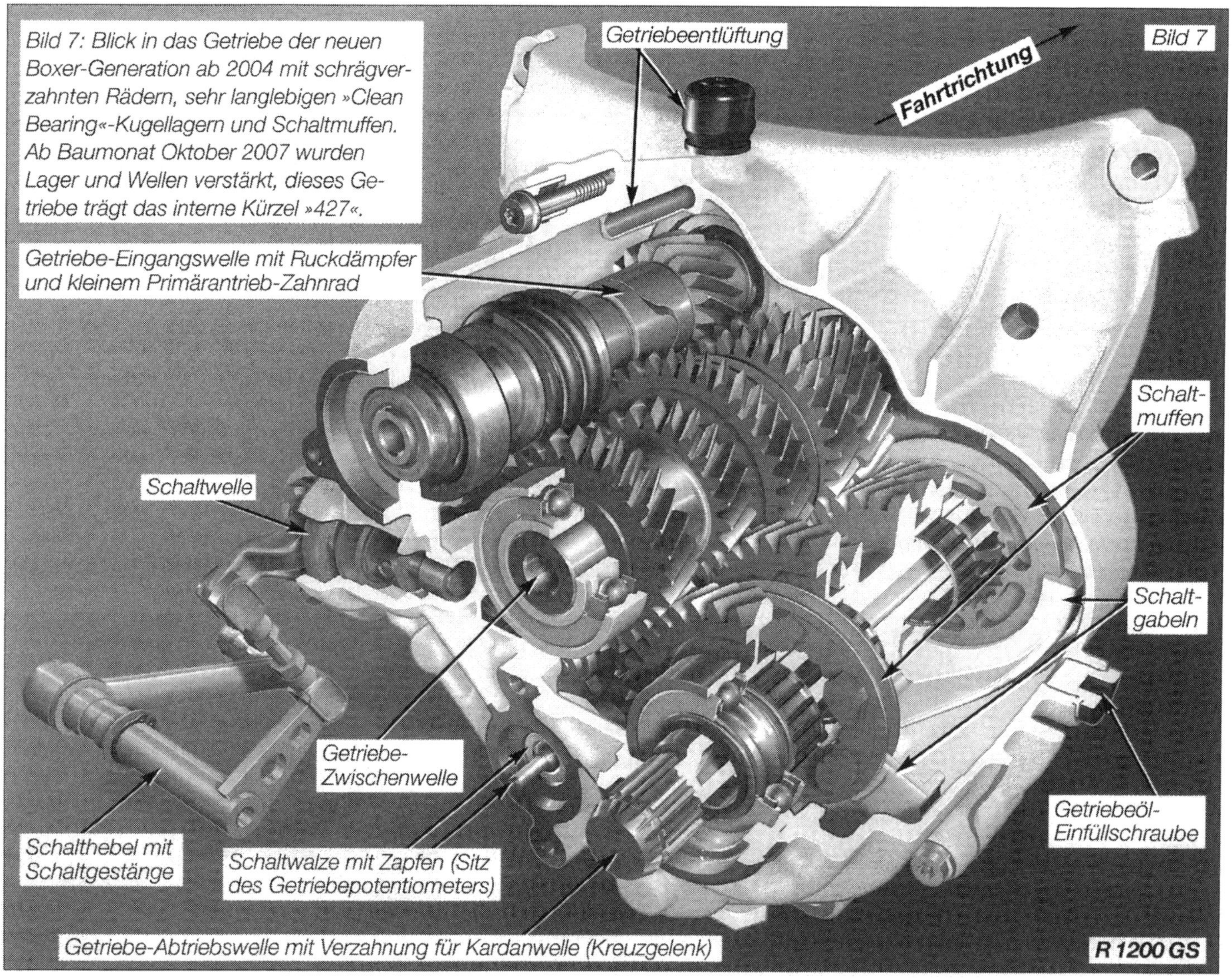

Bild 7: Blick in das Getriebe der neuen Boxer-Generation ab 2004 mit schrägverzahnten Rädern, sehr langlebigen »Clean Bearing«-Kugellagern und Schaltmuffen. Ab Baumonat Oktober 2007 wurden Lager und Wellen verstärkt, dieses Getriebe trägt das interne Kürzel »427«.

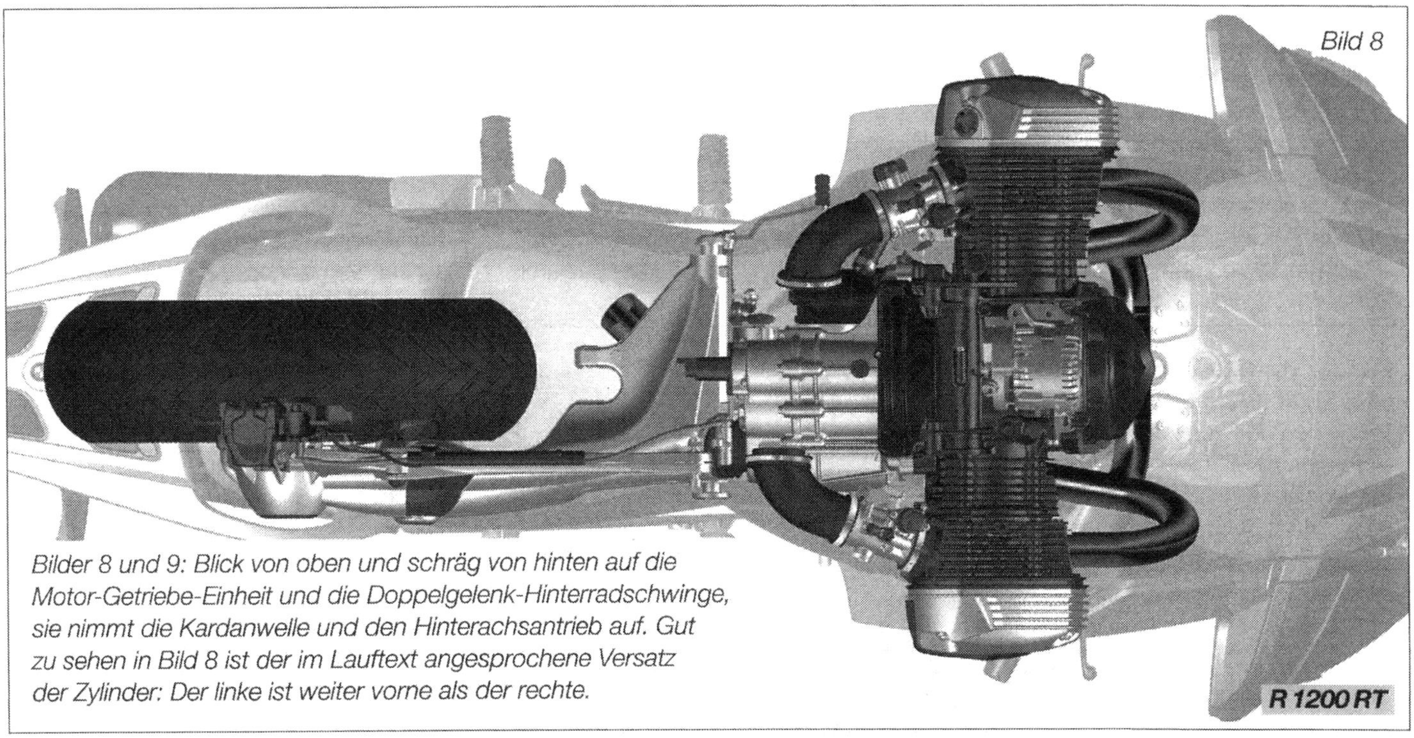

Bilder 8 und 9: Blick von oben und schräg von hinten auf die Motor-Getriebe-Einheit und die Doppelgelenk-Hinterradschwinge, sie nimmt die Kardanwelle und den Hinterachsantrieb auf. Gut zu sehen in Bild 8 ist der im Lauftext angesprochene Versatz der Zylinder: Der linke ist weiter vorne als der rechte.

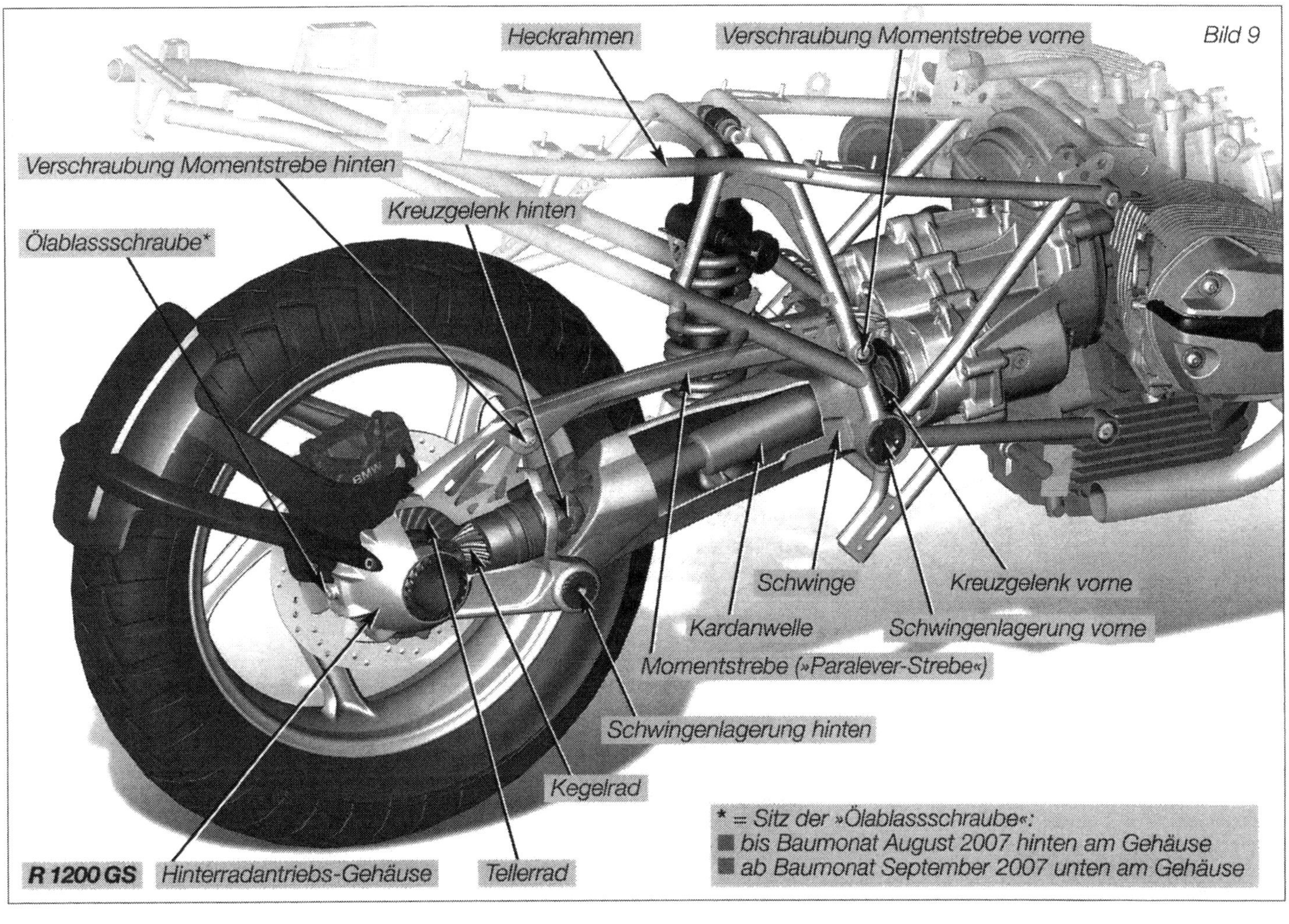

Dieses regt zu störenden Schwingungen an, der Motor »vibriert«. Vibrationen verschlechtern im Allgemeinen nicht nur den Fahrkomfort, weil sie in Lenker, Sitzbank und Fußrasten unangenehm zu spüren sind, sondern sie versetzen auch ganz unterschiedliche Bauteile der Maschine in Schwingungen, die im Extremfall nicht mehr zu kontrollieren sind und bis zum Bruch der Bauteile führen können (sie erleiden dann einen so genannten »Schwingungsbruch«).

Wenn solche motor- bzw. konstruktiv bedingte Schwingungen (samt ihrer schädlichen Auswirkungen) bekannt sind, kann man die betreffenden Bauteile entsprechend gestalten, wodurch sie allerdings massiver (»dicker«) und somit auch schwerer werden. Und eben dieses »schwerer« wurde schon bei den Grundkonstruktionen aller Maschinen mit dem Boxer der zweiten Generation versucht zu vermeiden – weswegen die neuen R 1200 GS & Co. ein geringeres Trockengewicht haben (= leichter sind) als ihre Vorgängermodelle.

Bild 10: Ventilsteuerung der HP2 Sport. Vier radial angeordnete Ventile werden von zwei oben liegenden Nockenwellen betätigt. Die Nockenbahnen sind konisch geschliffen, zwischengeschaltete Schlepphebel verhindern Seitendrücke auf den Ventilschaft.

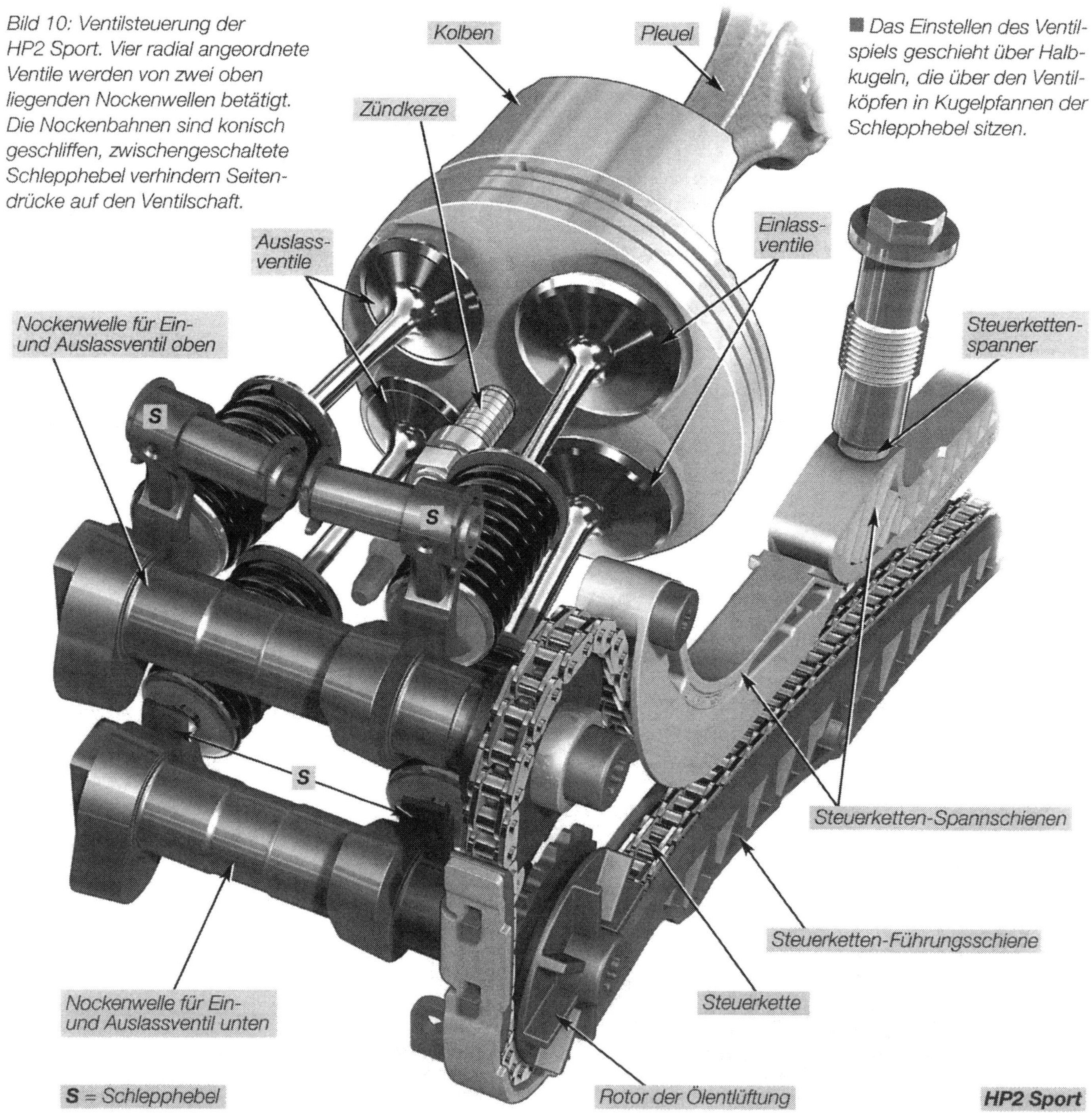

■ Das Einstellen des Ventilspiels geschieht über Halbkugeln, die über den Ventilköpfen in Kugelpfannen der Schlepphebel sitzen.

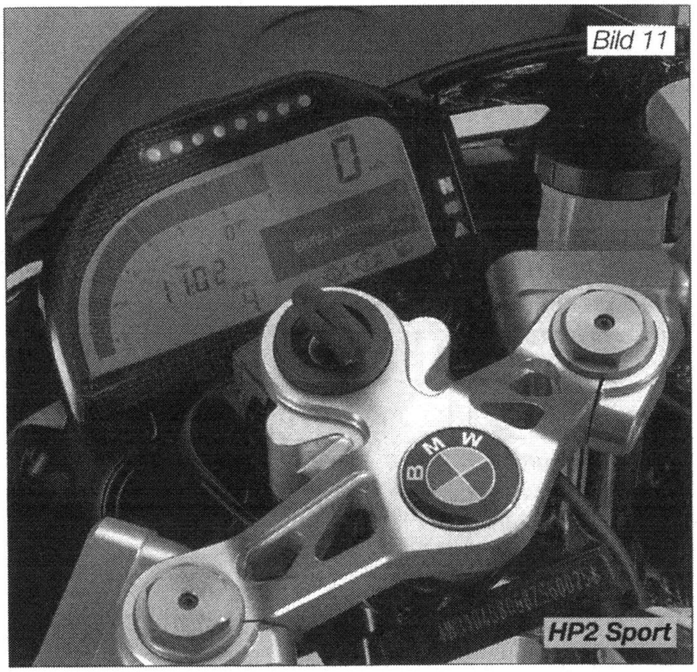

Bilder 11 bis 13: Details der HP2 Sport.

In Bild 11 das GP-Dashboard von 2D-Systems mit erweiterten Funktionen für die Rennstrecke. Die Gabelbrücke ist aus Aluminium geschmiedet und gefräst.

Bild 12 zeigt die verstellbare Fußrastenanlage mit dem Schaltautomat, der ein Hochschalten unter Last ohne Kuppeln erlaubt.

Bild 13 zeigt das Schnittbild des HP2 Sport-Motors mit den zwei obenliegenden Nockenwellen je Zylinder.

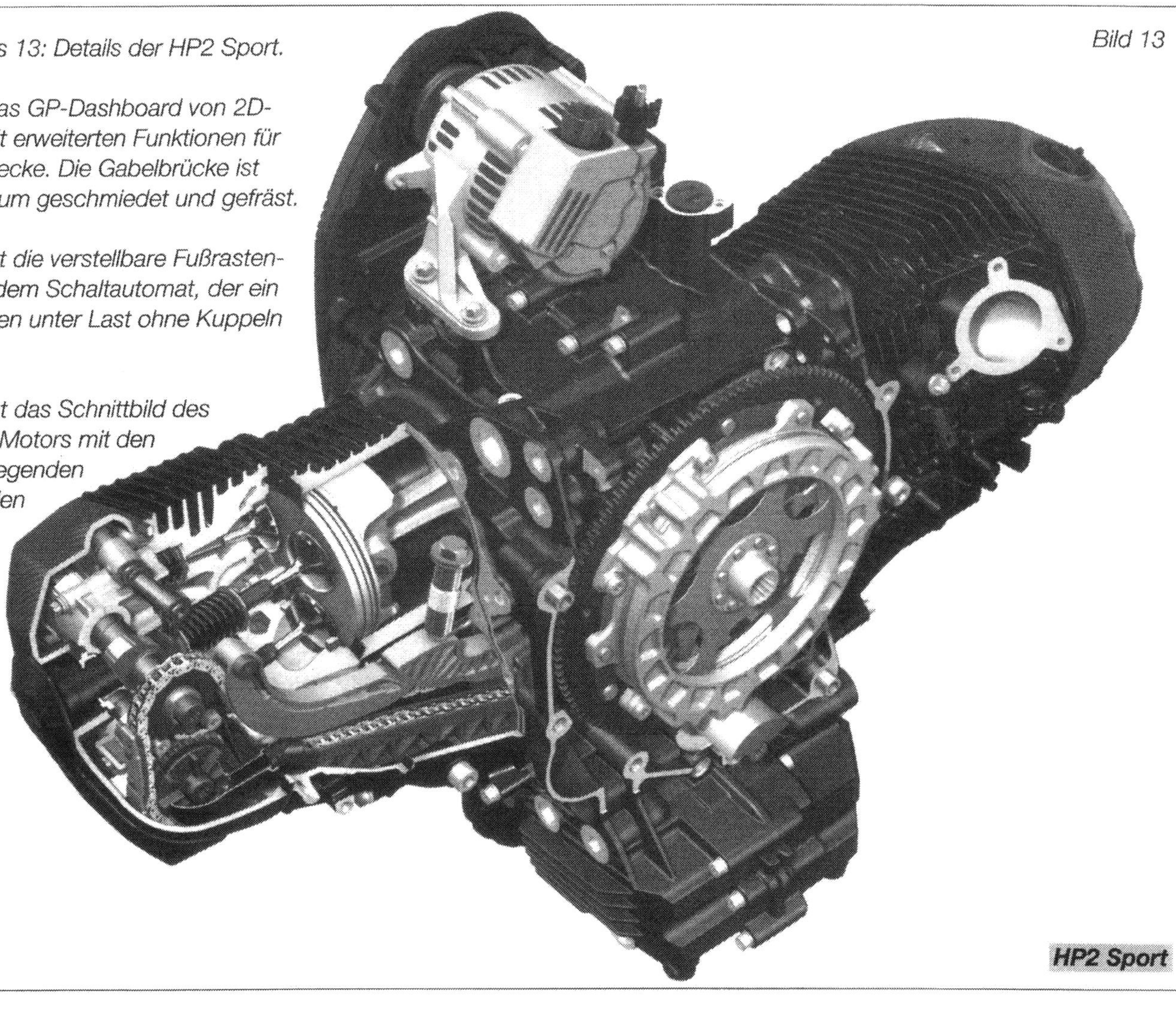

Versatz der Hubzapfen

Zurück zum vorhin im Text schon genannten »Versatz der Hubzapfen«: Dieser ist beim Boxer konstruktionsbedingt und somit nicht zu vermeiden. Bei laufendem Motor entsteht dadurch ein »oszillierendes Massenmoment«, das zu störenden Schwingungen (»Vibrationen«) anregt.

Der Begriff »oszillierendes Massenmoment« ist folgendermaßen zu verstehen: Von oben betrachtet will sich ein Boxermotor, wenn er läuft, dauernd hin und her drehen, die Drehachse ist innerhalb der Kurbelwelle im Mittelpunkt des Hubzapfenversatzes (also in der Wange zwischen den beiden Hubzapfen, siehe »**Z**« im Kreis in Bild 3). Mit steigendem Hubraum und bei höheren Drehzahlen wird die Neigung des Motors, sich »um sich selbst« drehen zu wollen, immer stärker; er muss also mit immer höheren Gegenkräften daran gehindert werden. Mit steigendem Hubraum (= höhere Gewichte der hin und her gehenden sowie sich drehenden Motorbauteile) und höherer Drehzahl neigt der Motor dann auch zu immer stärkeren Vibrationen.

Ausgleichsgewichte

Mit einem konstruktiven Kniff wurden die Ausgleichsgewichte nahe am Zentrum allen Übels platziert: In der Zwischenwelle ist eine Welle, die vorne über einen Stirnradsatz angetrieben wird (Bild 14).

Bild 14: In jedem der beiden Antriebs-Zahnräder der Ausgleichswelle ist ein Gegengewicht.

Bild 15: Blick von hinten auf den Motor als Schemaskizze der Motor-Einspritzung und Zündelektronik mit allen Bauteilen und Anbaulage.

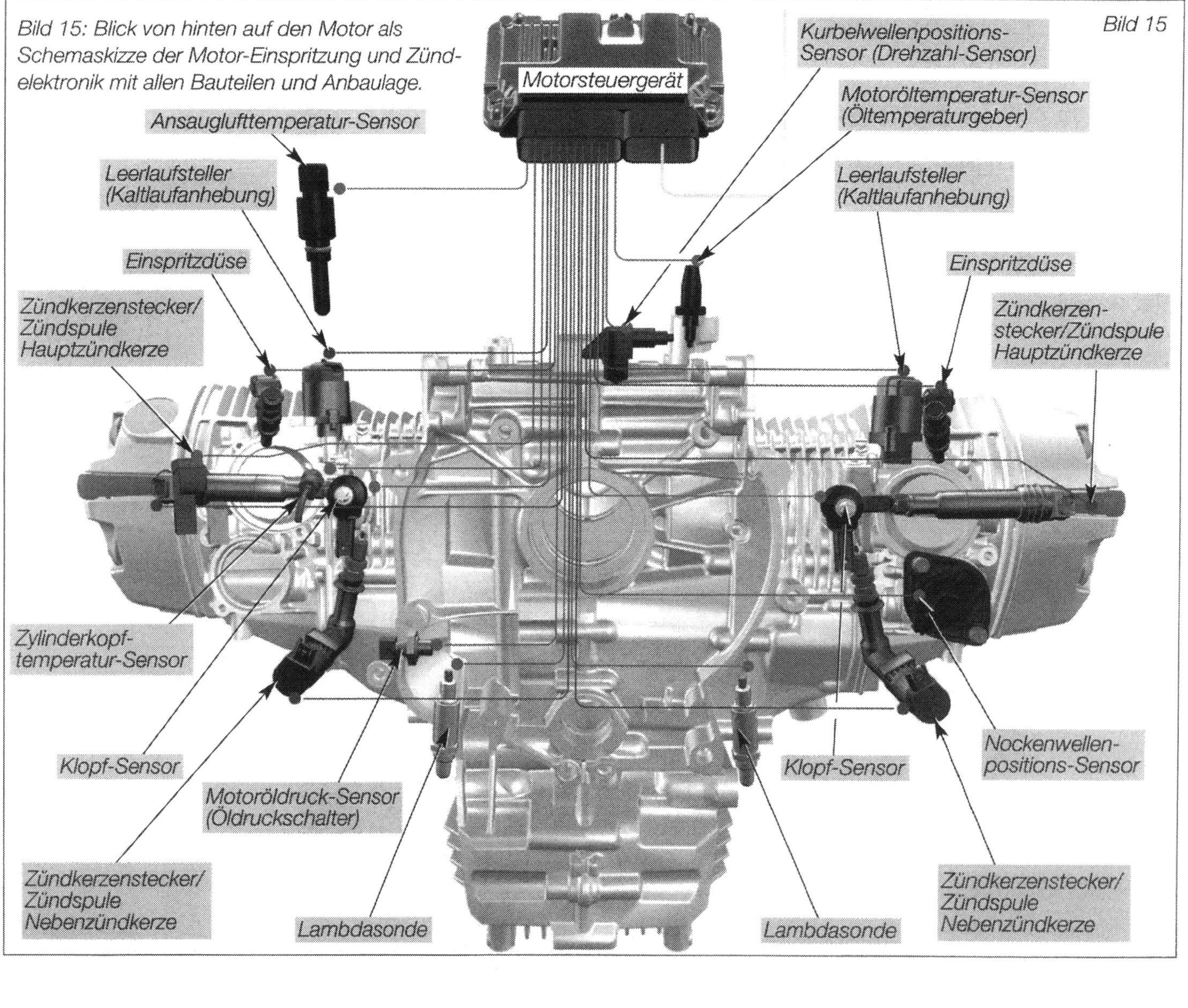

Bild 16: Hinten auf der Ausgleichswelle montiertes Ausgleichsgewicht.

Innerhalb der beiden Stirnräder sind Gewichte (Oval in Bild 14) platziert, ähnlich wie bei den Antriebsrädern einer Dampflokomotive. Am hinteren Ende der Ausgleichswelle ist eine »Exzentermasse« angeschraubt (»Ausgleichsgewicht« in Bild 16). Weiterhin ist am Schwungrad eine definierte Ausgleichsmasse berücksichtigt.

Technisch gesehen wirken die hinteren Ausgleichsmassen und die Exzentermassen in den vorderen Zahnrädern wie »zwei um 180 Grad zueinander versetzte Unwuchtmassen«, die von der Größe so abgestimmt sind, dass sie ein entgegengesetztes Moment zur Kurbelwelle erzeugen. Die Ausgleichswelle läuft gegenläufig zur Kurbelwelle und außerdem wirken die vorderen Unwuchtmassen innerhalb der Zahnräder gegenläufig zueinander.

Die Ausgleichswelle bewirkt also durch die Überlagerung des Massenmoments der Kurbelwelle, dass die resultierenden Vibrationen (bis auf eine vertretbare Restgröße) eliminiert werden: Der Motor vibriert weniger, läuft ruhiger, der Fahrkomfort nimmt zu und die Beanspruchung bestimmter Bauteile durch zerstörerische Vibrationen nimmt ab.

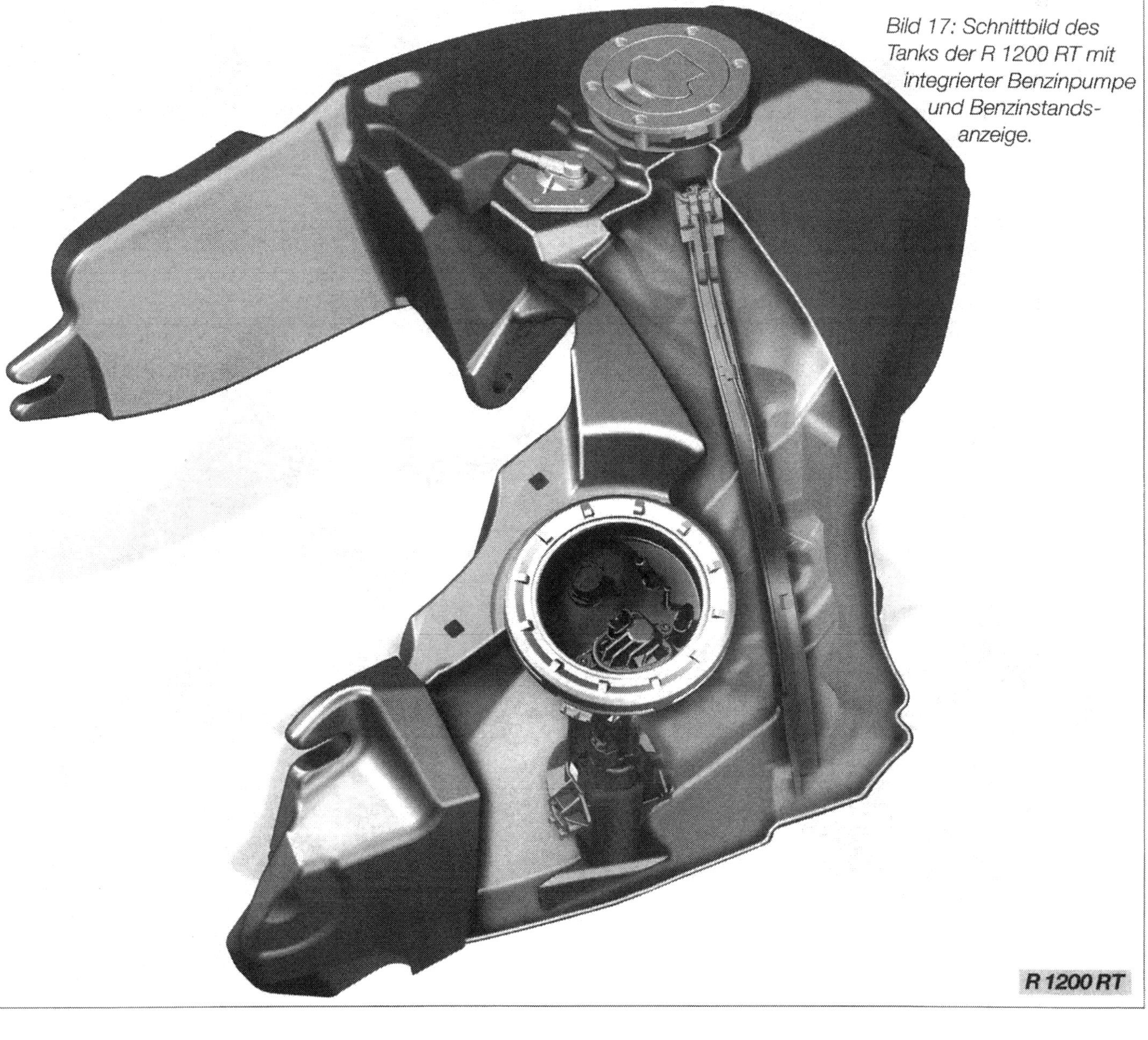

Bild 17: Schnittbild des Tanks der R 1200 RT mit integrierter Benzinpumpe und Benzinstandsanzeige.

Bild 18

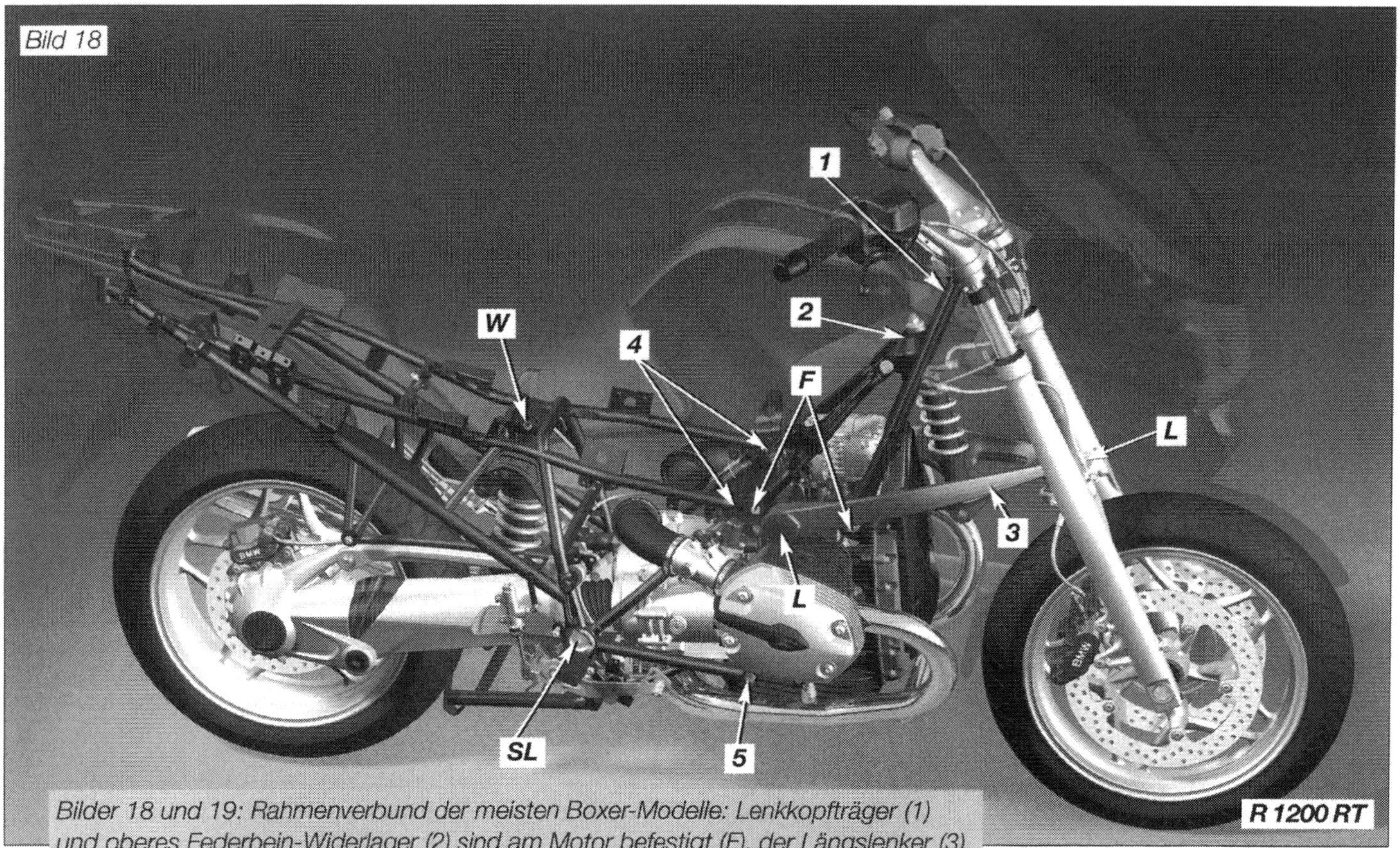

Bilder 18 und 19: Rahmenverbund der meisten Boxer-Modelle: Lenkkopfträger (1) und oberes Federbein-Widerlager (2) sind am Motor befestigt (F), der Längslenker (3) ist oben am Motor und vorne an der unteren Gabelbrücke beweglich gelagert (L). Der Heckrahmen ist oben (4) und unten am Motor (5) befestigt. Die vorderen Schwingenlager sind mit (SL) bezeichnet; das Widerlager des hinteren Federbeins mit (W).

Bild 19

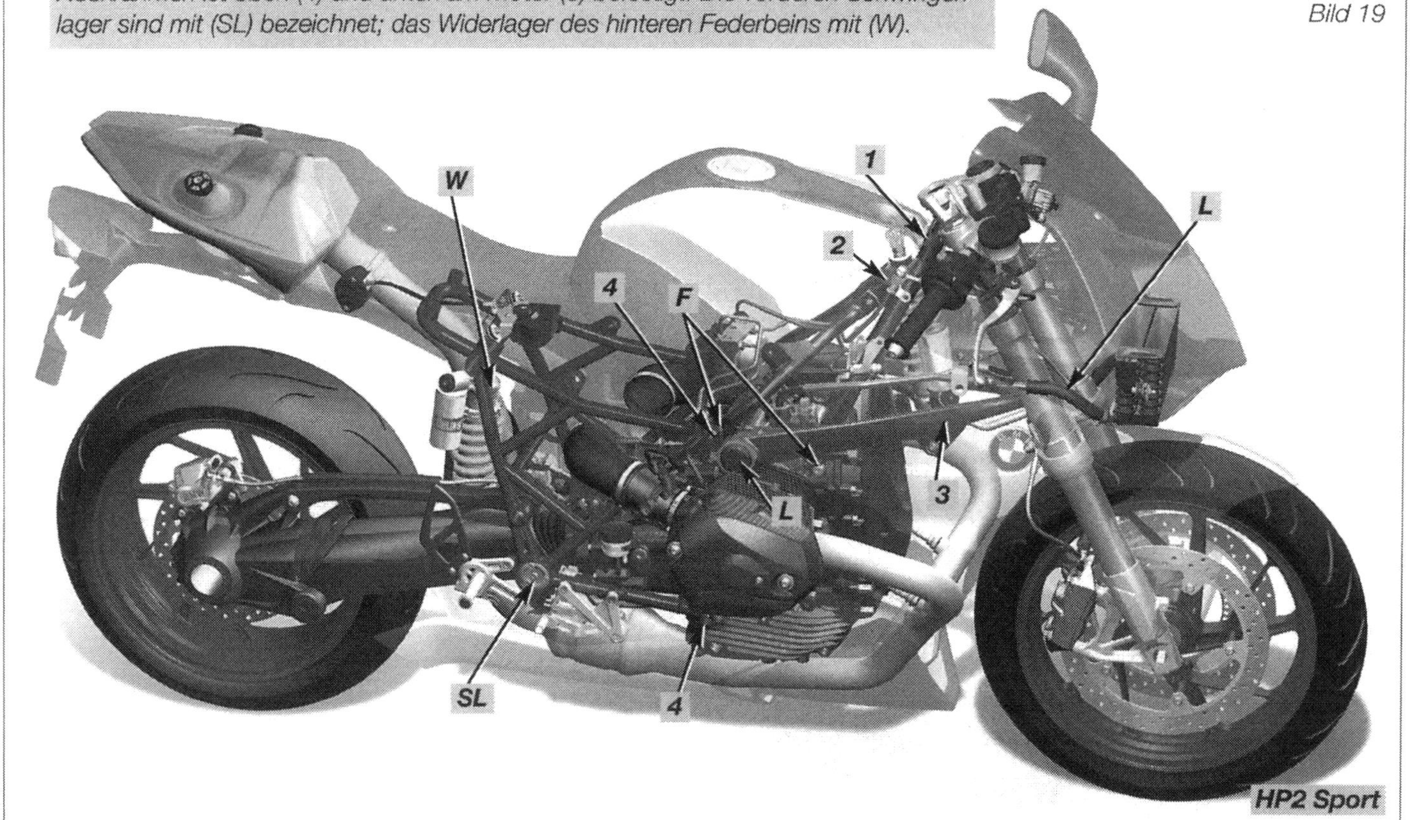

Bilder 20, 21 und 22: Die Modelle HP2 Enduro und HP2 Megamoto haben eine konventionelle Lenklagerung mit durchgehendem Lenkkopfrohr (L) und einer herkömmlichen Telegabel mit oberer (O) und unterer (U) Gabelbrücke. Front- (F) und Heckrahmen (H) sind zwei Bauteile, die am Motor verschraubt (S) sind und zusätzlich oben miteinander (OS).

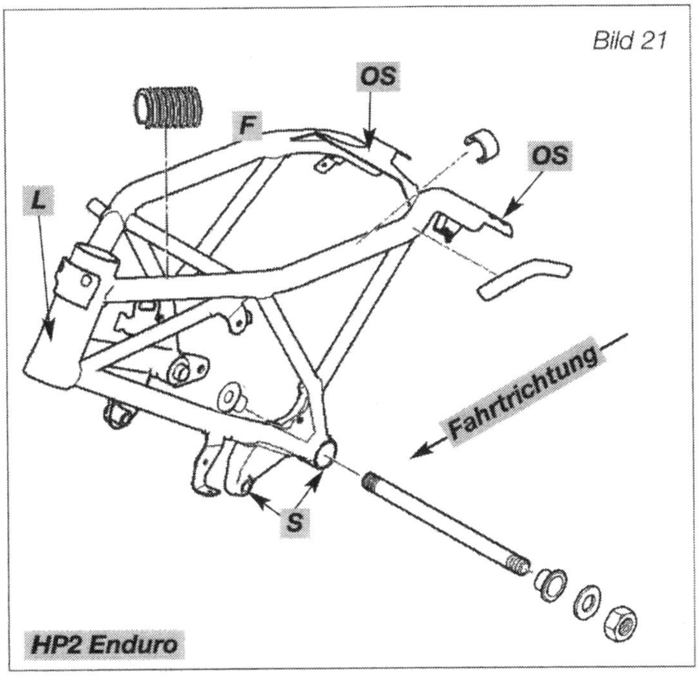

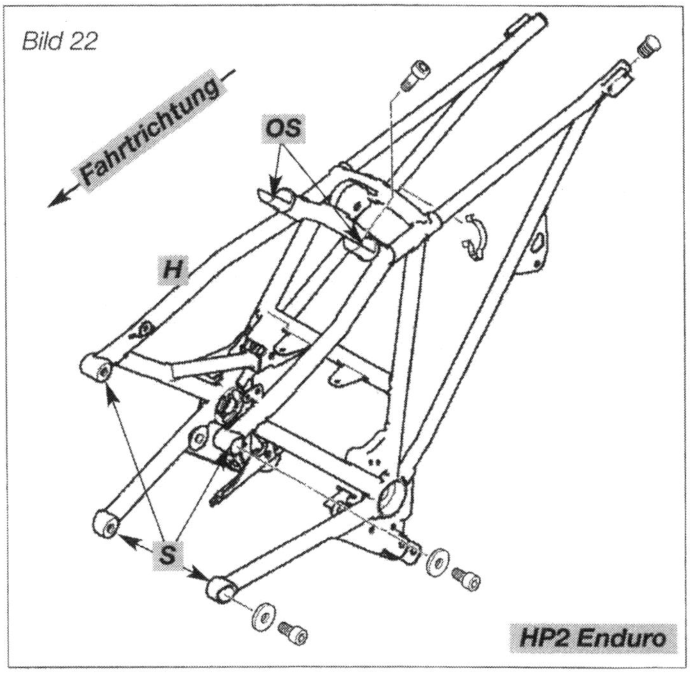

1 Modelle · Daten: R 1200 GS

Modell (Modelljahre)	**R 1200 GS** (2004, 05, 06, 07)
Leistung in PS (kW)	98 PS (72 kW) bei 7000/min
maximales Drehmoment	115 Nm bei 5500/min
Bohrung x Hub (Hubraum)	101 x 73 mm (1170 cm^3)
Verdichtung (Kraftstoffart)	11,0 : 1 (Super)
Ausgleichswelle	ja
Ventilbetätigung	1 halbhoch angeordnete, kettengetriebene Nockenwelle pro Zylinder, Stößel, Stößelstangen, Kipphebel
Ventile pro Zylinder	4, Spieleinstellung: Einstellschrauben
Ventildurchmesser	Einlass 36,35 mm, Auslass 31 mm
Steuerzeiten	Einlass öffnet 2 Grad vor OT Einlass schließt 30 Grad nach UT Auslass öffnet 28 Grad vor UT Auslass schließt 4 Grad vor OT
Ø der Drosselklappen	47 mm
Zündung	2 Zündkerzen pro Zylinder
Kupplung (Betätigung)	1 Scheibe Ø 180 mm (hydraulisch)
Getriebe	6 Gänge, Schaltgestänge
Primärantrieb	schrägverzahnt, i_{prim} 1,824 (Z 31/17)
Gangabstufungen	1. Gang: 2,277 (Z 41/18) | 4. Gang: 1,033 (Z 31/30) 2. Gang: 1,583 (Z 38/24) | 5. Gang: 0,903 (Z 28/31) 3. Gang: 1,259 (Z 34/27) | 6. Gang: 0,805 (Z 29/36)
Endantrieb	Kardanwelle, Kegel- und Tellerrad, i_{sec} 2,82 (Z 31/11)

Bereifung, Abmessungen, Gewichte:

Reifen vorn	110/80 H 19
Reifen hinten	150/70 H 17
Federweg vorne/hinten	190/200 mm
Radstand	1519 mm
Länge	2210 mm
Breite (über die Spiegel)	915 mm
Höhe (Verkleidungsscheibe)	1430 mm
Sitzhöhe	840 oder 860 mm
Leergewicht (vollgetankt)	225 kg
zulässiges Gesamtgewicht	425 kg
Tankinhalt	20,0 Liter

Wichtige Modellpflege

ab September 2004: Schaltmuffe für4./6.Gang verstärkt.
ab Oktober 2004: Getriebeölfüllmenge 0,9 Liter anstatt 0,8 Liter.
ab Februar 2005: Schaltbetätigung verbessert.
ab September 2005: Antriebsrad, Antriebsdämpfer und Schaltmuffe 4./6. Gang verstärkt.
ab Modelljahr 2006: Instrumenteneinheit mit segmentierter Anzeige.
ab August 2006: Integral-ABS der Generation II wird verbaut.
ab August 2007: Bremsscheiben-Befestigung am Vorderrad und neues Wartungskonzept: Details siehe Seite 29.
ab September 2007: Ölablassschraube am Hinterachsantriebs-Gehäuse jetzt unten.
ab Oktober 2007: Technische Änderungen an Ausgleichswelle: Details siehe Seite 29.

Modell (Modelljahre)	**R 1200 GS** (ab 2008)
Leistung in PS (kW)	105 PS (77 kW) bei 7500/min
maximales Drehmoment	115 Nm bei 5750/min
Bohrung x Hub (Hubraum)	101 x 73 mm (1170 cm^3)
Verdichtung (Kraftstoffart)	12,0 : 1 (Super)
Ausgleichswelle	ja
Ventilbetätigung	1 halbhoch angeordnete, kettengetriebene Nockenwelle pro Zylinder, Stößel, Stößelstangen, Kipphebel
Ventile pro Zylinder	4, Spieleinstellung: Einstellschrauben
Ventildurchmesser	Einlass 36,35 mm, Auslass 31 mm
Steuerzeiten	Einlass öffnet 3 Grad vor OT Einlass schließt 35 Grad nach UT Auslass öffnet 27 Grad vor UT Auslass schließt 5 Grad vor OT
Ø der Drosselklappen	47 mm
Zündung	2 Zündkerzen pro Zylinder
Kupplung (Betätigung)	1 Scheibe Ø 180 mm (hydraulisch)
Getriebe	6 Gänge, Schaltgestänge
Primärantrieb	schrägverzahnt, i_{prim} 1,737 (Z 33/19)
Gangabstufungen	1. Gang: 2,375 (Z 38/16) | 4. Gang: 1,065 (Z 33/31) 2. Gang: 1,696 (Z 39/23) | 5. Gang: 0,939 (Z 31/33) 3. Gang: 1,296 (Z 35/27) | 6. Gang: 0,848 (Z 28/33)
Endantrieb	Kardanwelle, Kegel- und Tellerrad, i_{sec} 2,91 (Z 32/11)

Bereifung, Abmessungen, Gewichte:

Reifen vorn	110/80 H 19
Reifen hinten	150/70 H 17
Federweg vorne/hinten	190/200 mm
Radstand	1507 mm
Länge	2210 mm
Breite (über die Spiegel)	915 mm
Höhe (Verkleidungsscheibe)	1450 mm
Sitzhöhe	850 oder 870 mm
Leergewicht (vollgetankt)	229 kg
zulässiges Gesamtgewicht	440 kg
Tankinhalt	20,0 Liter

Wichtige Modellpflege/Änderungen zum Baustart der »neuen« R 1200 GS ab August 2007:

- Bremsscheiben-Befestigung am Vorderrad auf »Nietpaket« umgestellt.
- Neues Wartungskonzept: Je nach Zeit und zurückgelegten km seit der letzten Wartung zeigt eine »Service-Anzeige« im Cockpit, welche Wartungsarbeiten durchgeführt werden müssen.
- Ölablassschraube am Hinterachsantriebs-Gehäuse jetzt unten.
- Technische Änderungen an Ausgleichswelle, Ausgleichsgewicht, Antriebszahnrädern sowie am Deckel vorne am Motor (»Räderkastendeckel«) mit Wegfall der Abdeckung der Ausgleichswelle.
- Neues Getriebe »Nr. 427« wird eingebaut: Stärkere Lagerung der Getriebewellen, größerer Achsabstand von Antriebs- zu Zwischenwelle, verstärkte Getriebewellen, andere Abstufung (siehe Daten oben links).

1 Modelle · Daten: R 1200 GS Adventure

Modell (Modelljahre)	**R 1200 GS Adventure** (2006, 07)
Leistung in PS (kW)	98 PS (72 kW) bei 7000/min
maximales Drehmoment	115 Nm bei 5500/min
Bohrung x Hub (Hubraum)	101 x 73 mm (1170 cm³)
Verdichtung (Kraftstoffart)	11,0 : 1 (Super)
Ausgleichswelle	ja
Ventilbetätigung	1 halbhoch angeordnete, kettengetriebene Nockenwelle pro Zylinder, Stößel, Stößelstangen, Kipphebel
Ventile pro Zylinder	4, Spieleinstellung: Einstellschrauben
Ventildurchmesser	Einlass 36,35 mm, Auslass 31 mm
Steuerzeiten	Einlass öffnet 2 Grad vor OT Einlass schließt 30 Grad nach UT Auslass öffnet 28 Grad vor UT Auslass schließt 4 Grad vor OT
Ø der Drosselklappen	47 mm
Zündung	2 Zündkerzen pro Zylinder
Kupplung (Betätigung)	1 Scheibe Ø 180 mm (hydraulisch)
Getriebe	6 Gänge, Schaltgestänge
Primärantrieb	schrägverzahnt, i_{prim} 1,824 (Z 31/17)
Gangabstufungen	1. Gang: 2,277 (Z 41/18) | 4. Gang: 1,033 (Z 31/30) 2. Gang: 1,583 (Z 38/24) | 5. Gang: 0,903 (Z 28/31) 3. Gang: 1,259 (Z 34/27) | 6. Gang: 0,805 (Z 29/36)
Endantrieb	Kardanwelle, Kegel- und Tellerrad, i_{sec} 2,82 (Z 31/11)

Bereifung, Abmessungen, Gewichte:

Reifen vorn	110/80 H 19
Reifen hinten	150/70 H 17
Federweg vorne/hinten	210/220 mm
Radstand	1511 mm
Länge	2250 mm
Breite (über die Spiegel)	955 mm
Höhe (Verkleidungsscheibe)	1470 mm
Sitzhöhe	895 oder 917 mm
Leergewicht (vollgetankt)	256 kg
zulässiges Gesamtgewicht	475 kg
Tankinhalt (Reserve)	33,0 Liter (4,0 Liter)

Wichtige Modellpflege

Zum Baustart im Spätjahr 2005 bekam die R 1200 GS Adventure folgende Modellpflege der R 1200 GS mit auf den Weg:

- Antriebsrad, Antriebsdämpfer und Schaltmuffe 4./6. Gang verstärkt.
- Instrumenteneinheit mit segmentierter Anzeige

ab August 2006: Integral-ABS der Generation II wird verbaut.

ab August 2007: Bremsscheiben-Befestigung am Vorderrad und neues Wartungskonzept: Details siehe Seite 29.

ab September 2007: Ölablassschraube am Hinterachsantriebs-Gehäuse jetzt unten.

ab Oktober 2007: Technische Änderungen an Ausgleichswelle: Details siehe Seite 29.

Modell (Modelljahre)	**R 1200 GS Adventure** (ab 2008)
Leistung in PS (kW)	105 PS (77 kW) bei 7500/min
maximales Drehmoment	115 Nm bei 5750/min
Bohrung x Hub (Hubraum)	101 x 73 mm (1170 cm³)
Verdichtung (Kraftstoffart)	12,0 : 1 (Super)
Ausgleichswelle	ja
Ventilbetätigung	1 halbhoch angeordnete, kettengetriebene Nockenwelle pro Zylinder, Stößel, Stößelstangen, Kipphebel
Ventile pro Zylinder	4, Spieleinstellung: Einstellschrauben
Ventildurchmesser	Einlass 36,35 mm, Auslass 31 mm
Steuerzeiten	Einlass öffnet 3 Grad vor OT Einlass schließt 35 Grad nach UT Auslass öffnet 27 Grad vor UT Auslass schließt 5 Grad vor OT
Ø der Drosselklappen	47 mm
Zündung	2 Zündkerzen pro Zylinder
Kupplung (Betätigung)	1 Scheibe Ø 180 mm (hydraulisch)
Getriebe	6 Gänge, Schaltgestänge
Primärantrieb	schrägverzahnt, i_{prim} 1,737 (Z 33/19)
Gangabstufungen*	1. Gang: 2,375 (Z 38/16) | 4. Gang: 1,065 (Z 33/31) 2. Gang: 1,696 (Z 39/23) | 5. Gang: 0,939 (Z 31/33) 3. Gang: 1,296 (Z 35/27) | 6. Gang: 0,848 (Z 28/33)
Endantrieb	Kardanwelle, Kegel- und Tellerrad, i_{sec} 2,91 (Z 32/11)

Bereifung, Abmessungen, Gewichte:

Reifen vorn	110/80 H 19
Reifen hinten	150/70 H 17
Federweg vorne/hinten	210/220 mm
Radstand	1510 mm
Länge	2240 mm
Breite (über die Spiegel)	990 mm
Höhe (Verkleidungsscheibe)	1525 mm
Sitzhöhe	890 oder 910 mm
Leergewicht (vollgetankt)	256 kg
zulässiges Gesamtgewicht	475 kg
Tankinhalt (Reserve)	33,0 Liter (4,0 Liter)

Wichtige Modellpflege

Zum Baustart im Spätjahr 2007 bekam die R 1200 GS Adventure folgende Modellpflege der »neuen« R 1200 GS mit auf den Weg:

- Bremsscheiben-Befestigung am Vorderrad auf »Nietpaket« umgestellt.
- Neues Wartungskonzept: Je nach Zeit und zurückgelegten km seit der letzten Wartung zeigt eine »Service-Anzeige« im Cockpit, welche Wartungsarbeiten durchgeführt werden müssen.
- Ölablassschraube am Hinterachsantriebs-Gehäuse jetzt unten.
- Technische Änderungen an Ausgleichswelle, Ausgleichsgewicht, Antriebszahnrädern sowie am Deckel vorne am Motor (»Räderkastendeckel«) mit Wegfall der Abdeckung der Ausgleichswelle.
- Neues Getriebe »Nr. 427« wird eingebaut: Stärkere Lagerung der Getriebewellen, größerer Achsabstand von Antriebs- zu Zwischenwelle, verstärkte Getriebewellen.

* = auf Wunsch kurzer erster Gang i = 2,6 (Z39/15) Sonderausstattung bei Neumaschinenbestellung

Modell (Modelljahre)	**R 1200 R** (ab 2006)
Leistung in PS (kW)	109 PS (80 kW) bei 7500/min
maximales Drehmoment	115 Nm bei 6000/min
Bohrung x Hub (Hubraum)	101 x 73 mm (1170 cm³)
Verdichtung (Kraftstoffart)	12,0 : 1 (Super plus)
Ausgleichswelle	ja
Ventilbetätigung	1 halbhoch angeordnete, kettengetriebene Nockenwelle pro Zylinder, Stößel, Stößelstangen, Kipphebel
Ventile pro Zylinder	4, Spieleinstellung: Einstellschrauben
Ventildurchmesser	Einlass 36,35 mm, Auslass 31 mm
Steuerzeiten	Einlass öffnet 3 Grad vor OT Einlass schließt 35 Grad nach UT Auslass öffnet 27 Grad vor UT Auslass schließt 5 Grad vor OT
Ø der Drosselklappen	47 mm
Zündung	2 Zündkerzen pro Zylinder
Kupplung (Betätigung)	1 Scheibe Ø 180 mm (hydraulisch)
Getriebe	6 Gänge, Schaltgestänge
Primärantrieb	schrägverzahnt, i_{prim} 1,824 (Z 31/17)

Gangabstufungen		
	1. Gang: 2,277 (Z 41/18)	4. Gang: 1,033 (Z 31/30)
	2. Gang: 1,583 (Z 38/24)	5. Gang: 0,903 (Z 28/31)
	3. Gang: 1,259 (Z 34/27)	6. Gang: 0,805 (Z 29/36)

Endantrieb	Kardanwelle, Kegel- und Tellerrad, i_{sec} 2,75 (Z 33/12)

Bereifung, Abmessungen, Gewichte:

Reifen vorn	120/70 ZR17
Reifen hinten	180/55 ZR17
Federweg vorne/hinten	120/140 mm
Radstand	1495 mm
Länge	2145 mm
Breite (über die Spiegel)	872 mm
Höhe (Verkleidungsscheibe)	1285 mm
Sitzhöhe	800 mm
Leergewicht (vollgetankt)	223 kg
zulässiges Gesamtgewicht	450 kg
Tankinhalt	18,0 Liter

Wichtige Modellpflege

ab August 2007: Bremsscheiben-Befestigung am Vorderrad und neues Wartungskonzept: Details siehe Seite 29.

ab September 2007: Ölablassschraube im Hinterradantriebsgehäuse jetzt unten.

ab Oktober 2007: Technische Änderungen an Ausgleichswelle: Details siehe Seite 29.

ab Januar 2008: Neues Getriebe »Nr. 427« wird eingebaut: Details siehe Seite 29.

Modell (Modelljahre)	**R 1200 RT** (ab 2005)
Leistung in PS (kW)	110 PS (81 kW) bei 7500/min
maximales Drehmoment	115 Nm bei 6000/min
Bohrung x Hub (Hubraum)	101 x 73 mm (1170 cm³)
Verdichtung (Kraftstoffart)	12,0 : 1 (Super plus)
Ausgleichswelle	ja
Ventilbetätigung	1 halbhoch angeordnete, kettengetriebene Nockenwelle pro Zylinder, Stößel, Stößelstangen, Kipphebel
Ventile pro Zylinder	4, Spieleinstellung: Einstellschrauben
Ventildurchmesser	Einlass 36,35 mm, Auslass 31 mm
Steuerzeiten	Einlass öffnet 3 Grad vor OT Einlass schließt 35 Grad nach UT Auslass öffnet 27 Grad vor UT Auslass schließt 5 Grad vor OT
Ø der Drosselklappen	47 mm
Zündung	2 Zündkerzen pro Zylinder
Kupplung (Betätigung)	1 Scheibe Ø 180 mm (hydraulisch)
Getriebe	6 Gänge, Schaltgestänge
Primärantrieb	schrägverzahnt, i_{prim} 1,824 (Z 31/17)
Gangabstufungen	1. Gang: 2,277 (Z 41/18) | 4. Gang: 1,033 (Z 31/30) 2. Gang: 1,583 (Z 38/24) | 5. Gang: 0,903 (Z 28/31) 3. Gang: 1,259 (Z 34/27) | 6. Gang: 0,805 (Z 29/36)
Endantrieb	Kardanwelle, Kegel- und Tellerrad, i_{sec} 2,62 (Z 34/13)

Bereifung, Abmessungen, Gewichte:

Reifen vorn	120/70 ZR17
Reifen hinten	180/55 ZR17
Federweg vorne/hinten	120/135 mm
Radstand	1485 mm
Länge	2230 mm
Breite (über die Spiegel)	905 mm
Höhe (Verkleidungsscheibe)	1430 mm
Sitzhöhe	820 oder 840 mm
Leergewicht (vollgetankt)	259 kg
zulässiges Gesamtgewicht	495 kg
Tankinhalt	27,0 Liter

Wichtige Modellpflege

ab Februar 2005: Schaltbetätigung verbessert.
ab August 2005: Verlegung des Außentemperaturfühlers aus dem Heckbereich in den Motorspoiler; Verkürzung Abgriff Ölstandgeber (nur in Verbindung mit Bordcomputer); Doppelfanfare wird durch einfaches Horn ersetzt (Fanfare wird SA).
ab September 2005: Antriebsrad, Antriebsdämpfer und Schaltmuffe von 4./6. Gang verstärkt.
ab Juli 2006: Integral-ABS der Generation II wird verbaut.
ab August 2007: Bremsscheiben-Befestigung am Vorderrad und neues Wartungskonzept: Details siehe Seite 29.
ab September 2007: Ölablassschraube am Hinterachsantriebs-Gehäuse jetzt unten.
ab Oktober 2007: Technische Änderungen an Ausgleichswelle: Details siehe Seite 29.
ab Januar 2008: Neues Getriebe »Nr. 427« wird eingebaut: Details siehe Seite 29.
ab September 2008: Geänderter Kraftstoffbehälter und Tankdeckel.

Modelle · Daten: R 1200 S

Modell (Modelljahre)	**R 1200 S** (2006, 07, 08)
Leistung in PS (kW)	122 PS (90 kW) bei 8250/min
maximales Drehmoment	112 Nm bei 6800/min
Bohrung x Hub (Hubraum)	101 x 73 mm (1170 cm^3)
Verdichtung (Kraftstoffart)	12,5 : 1 (Super plus)
Ausgleichswelle	ja
Ventilbetätigung	1 halbhoch angeordnete, kettengetriebene Nockenwelle pro Zylinder, Stößel, Stößelstangen, Kipphebel
Ventile pro Zylinder	4, Spieleinstellung: Einstellschrauben
Ventildurchmesser	Einlass 36,35 mm, Auslass 31 mm
Steuerzeiten	Einlass öffnet 3 Grad vor OT Einlass schließt 35 Grad nach UT Auslass öffnet 27 Grad vor UT Auslass schließt 5 Grad vor OT
Ø der Drosselklappen	52 mm
Zündung	2 Zündkerzen pro Zylinder
Kupplung (Betätigung)	1 Scheibe Ø 180 mm (hydraulisch)
Getriebe	6 Gänge, Schaltgestänge
Primärantrieb	schrägverzahnt, i_{prim} 1,824 (Z 31/17)

Gangabstufungen		
	1. Gang: 2,277 (Z 41/18)	4. Gang: 1,033 (Z 31/30)
	2. Gang: 1,583 (Z 38/24)	5. Gang: 0,903 (Z 28/31)
	3. Gang: 1,259 (Z 34/27)	6. Gang: 0,805 (Z 29/36)

Endantrieb	Kardanwelle, Kegel- und Tellerrad, i_{sec} 2,62 (Z 34/13)

Bereifung, Abmessungen, Gewichte:

Reifen vorn	120/70 ZR17
Reifen hinten	180/55 ZR17
Federweg vorne/hinten	110/120 mm
Radstand	1487 mm
Länge	2151 mm
Breite (über die Spiegel)	870 mm
Höhe (Verkleidungsscheibe)	1177 mm
Sitzhöhe	830 mm
Leergewicht (vollgetankt)	213 kg
zulässiges Gesamtgewicht	410 kg
Tankinhalt (Reserve)	17,0 Liter (4,0 Liter)

Wichtige Modellpflege

ab August 2007: Bremsscheiben-Befestigung am Vorderrad und neues Wartungskonzept: Details siehe Seite 29.

ab Oktober 2007: Technische Änderungen an Ausgleichswelle: Details siehe Seite 29.

ab Januar 2008: Neues Getriebe »427« wird eingebaut: Stärkere Lagerung der Getriebewellen, größerer Achsabstand von Antriebs- zu Zwischenwelle, verstärkte Getriebewellen.

■ Übersetzung Primärtrieb geändert wie bei HP2 Sport (ab 2008): i_{prim} 1,737 (Z 33/19)

■ Gangabstufungen wie bei HP2 Sport (ab 2008):

1. Gang: 2,176 (Z 37/17)	4. Gang: 1,065 (Z 33/31)
2. Gang: 1,625 (Z 39/24)	5. Gang: 0,939 (Z 31/33)
3. Gang: 1,296 (Z 35/27)	6. Gang: 0,848 (Z 28/33)

Technische Anmerkung zum Ventiltrieb: *Bei der R 1200 S sind die Nockenwellen dreifach gelagert (zweifache Lagerung bei allen anderen 1200er-Boxern).*

Modell (Modelljahre)	**R 1200 ST** (2005, 06, 07, 08)
Leistung in PS (kW)	110 PS (81 kW) bei 7500/min
maximales Drehmoment	115 Nm bei 6000/min
Bohrung x Hub (Hubraum)	101 x 73 mm (1170 cm³)
Verdichtung (Kraftstoffart)	12,0 : 1 (Super plus)
Ausgleichswelle	ja
Ventilbetätigung	1 halbhoch angeordnete, kettengetriebene Nockenwelle pro Zylinder, Stößel, Stößelstangen, Kipphebel
Ventile pro Zylinder	4, Spieleinstellung: Einstellschrauben
Ventildurchmesser	Einlass 36,35 mm, Auslass 31 mm
Steuerzeiten	Einlass öffnet 3 Grad vor OT Einlass schließt 35 Grad nach UT Auslass öffnet 27 Grad vor UT Auslass schließt 5 Grad vor OT
Ø der Drosselklappen	47 mm
Zündung	2 Zündkerzen pro Zylinder
Kupplung (Betätigung)	1 Scheibe Ø 180 mm (hydraulisch)
Getriebe	6 Gänge, Schaltgestänge
Primärantrieb	schrägverzahnt, i_{prim} 1,824 (Z 31/17)
Gangabstufungen	1. Gang: 2,277 (Z 41/18) | 4. Gang: 1,033 (Z 31/30) 2. Gang: 1,583 (Z 38/24) | 5. Gang: 0,903 (Z 28/31) 3. Gang: 1,259 (Z 34/27) | 6. Gang: 0,805 (Z 29/36)
Endantrieb	Kardanwelle, Kegel- und Tellerrad, i_{sec} 2,62 (Z 34/13)

Bereifung, Abmessungen, Gewichte:

Reifen vorn	120/70 ZR17
Reifen hinten	180/55 ZR17
Federweg vorne/hinten	110/140 mm
Radstand	1502 mm
Länge	2165 mm
Breite (über die Spiegel)	890 mm
Höhe (Verkleidungsscheibe)	1220 mm
Sitzhöhe	806 oder 830 mm
Leergewicht (vollgetankt)	229 kg
zulässiges Gesamtgewicht	460 kg
Tankinhalt	21,0 Liter

Wichtige Modellpflege

ab Februar 2005: Schaltbetätigung verbessert.

ab September 2005: Antriebsrad, Antriebsdämpfer und Schaltmuffe von 4./6. Gang verstärkt.

ab Modelljahr 2006: Instrumenteneinheit mit segmentierter Anzeige.

ab August 2006: Integral-ABS der Generation II wird verbaut.

ab August 2007: Bremsscheiben-Befestigung am Vorderrad und neues Wartungskonzept: Details siehe Seite 29.

ab September 2007: Ölablassschraube am Hinterachsantriebs-Gehäuse jetzt unten.

ab Oktober 2007: Technische Änderungen an Ausgleichswelle: Details siehe Seite 29.

ab Januar 2008: Neues Getriebe »Nr. 427« wird eingebaut: Details siehe Seite 29.

Modell (Modelljahre)	**HP2 Enduro** (2006, 07, 08)
Leistung in PS (kW)	105 PS (77 kW) bei 7000/min
maximales Drehmoment	115 Nm bei 5500/min
Bohrung x Hub (Hubraum)	101 x 73 mm (1170 cm^3)
Verdichtung (Kraftstoffart)	11,0 : 1 (Super plus)
Ausgleichswelle	nein
Ventilbetätigung	1 halbhoch angeordnete, kettengetriebene Nockenwelle pro Zylinder, Stößel, Stößelstangen, Kipphebel
Ventile pro Zylinder	4, Spieleinstellung: Einstellschrauben
Ventildurchmesser	Einlass 36,35 mm, Auslass 31 mm
Steuerzeiten	Einlass öffnet 2 Grad vor OT Einlass schließt 30 Grad nach UT Auslass öffnet 28 Grad vor UT Auslass schließt 4 Grad vor OT
Ø der Drosselklappen	47 mm
Zündung	2 Zündkerzen pro Zylinder
Kupplung (Betätigung)	1 Scheibe Ø 180 mm (hydraulisch)
Getriebe	6 Gänge, Schaltgestänge
Primärantrieb	schrägverzahnt, i_{prim} 1,824 (Z 31/17)
Gangabstufungen	1. Gang: 2,277 (Z 41/18) | 4. Gang: 1,033 (Z 31/30) 2. Gang: 1,583 (Z 38/24) | 5. Gang: 0,903 (Z 28/31) 3. Gang: 1,259 (Z 34/27) | 6. Gang: 0,805 (Z 29/36)
Endantrieb	Kardanwelle, Kegel- und Tellerrad, i_{sec} 2,82 (Z 31/11)

Bereifung, Abmessungen, Gewichte:

Reifen vorn	90/90-21
Reifen hinten	140/80-17
Federweg vorne/hinten	270/250 mm
Radstand	1610 mm
Länge	2350 mm
Breite (über die Spiegel)	880 mm
Höhe (Verkleidungsscheibe)	1266 mm
Sitzhöhe	920 mm
Leergewicht (vollgetankt)	195 kg
zulässiges Gesamtgewicht	380 kg
Tankinhalt	13,0 Liter

Wichtige Modellpflege
ab September 2007: Ölablassschraube am Hinterachsantriebs-Gehäuse jetzt unten.
ab Januar 2008: Neues Getriebe »Nr. 427« wird eingebaut: Details siehe Seite 29.

HP2 Enduro mit Supermoto-Radsatz 17/17 Zoll

HP2 Enduro mit Enduro-Radsatz 21/17 Zoll

Technische Anmerkung zum Fahrwerk: *Die HP2 Enduro hat eine konventionelle Telegabel mit »normaler« Lenkkopf-Lagerung, siehe dazu auch Rahmenzeichnungen auf Seite 17. Als weitere Besonderheit ist hinten ein Luftfederbein engebaut.*

Modell (Modelljahre)	**HP2 Megamoto** (ab 2007)
Leistung in PS (kW)	113 PS (83 kW) bei 7500/min
maximales Drehmoment	115 Nm bei 6000/min
Bohrung x Hub (Hubraum)	101 x 73 mm (1170 cm³)
Verdichtung (Kraftstoffart)	12,0 : 1 (Super plus)
Ausgleichswelle	ja
Ventilbetätigung	1 halbhoch angeordnete, kettengetriebene Nockenwelle pro Zylinder, Stößel, Stößelstangen, Kipphebel
Ventile pro Zylinder	4, Spieleinstellung: Einstellschraube
Ventildurchmesser	Einlass 36,35 mm, Auslass 31 mm
Steuerzeiten	Einlass öffnet 3 Grad vor OT Einlass schließt 35 Grad nach UT Auslass öffnet 27 Grad vor UT Auslass schließt 5 Grad vor OT
Ø der Drosselklappen	47 mm
Zündung	2 Zündkerzen pro Zylinder
Kupplung (Betätigung)	1 Scheibe Ø 180 mm (hydraulisch)
Getriebe	6 Gänge, Schaltgestänge
Primärantrieb	schrägverzahnt, i_{prim} 1,824 (Z 31/17)
Gangabstufungen	1. Gang: 2,277 (Z 41/18) | 4. Gang: 1,033 (Z 31/30) 2. Gang: 1,583 (Z 38/24) | 5. Gang: 0,903 (Z 28/31) 3. Gang: 1,259 (Z 34/27) | 6. Gang: 0,805 (Z 29/36)
Endantrieb	Kardanwelle, Kegel- und Tellerrad, i_{sec} 2,82 (Z 31/11)

Bereifung, Abmessungen, Gewichte:

Reifen vorn	120/70 ZR17
Reifen hinten	180/55 ZR17
Federweg vorne/hinten	160/160 mm
Radstand	1610 mm
Länge	2350 mm
Breite (über die Spiegel)	922 mm
Höhe (Verkleidungsscheibe)	1050 mm
Sitzhöhe	845 oder 890 mm
Leergewicht (vollgetankt)	198 kg
zulässiges Gesamtgewicht	380 kg
Tankinhalt	13,0 Liter

Wichtige Modellpflege
ab Januar 2008: Neues Getriebe »Nr. 427« wird eingebaut: Details siehe Seite 29.

HP2 Megamoto mit anderem Kotflügel vorne

Technische Anmerkung zum Fahrwerk: *Die HP2 Megamoto hat einen ähnlichen Rahmen mit Telegabel wie die HP2 Enduro. Weitere Besonderheiten sind Doppelscheibenbremse vorne und hinten ein Öhlins-Federbein.*

Modell (Modelljahre)	**HP2 Sport** (ab 2008)
Leistung in PS (kW)	133 PS (98 kW) bei 8750/min
maximales Drehmoment	115 Nm bei 6000/min
Bohrung x Hub (Hubraum)	101 x 73 mm (1170 cm³)
Verdichtung (Kraftstoffart)	12,5 : 1 (Super plus)
Ausgleichswelle	ja
Ventilbetätigung	2 obenliegende, kettengetriebene Nockenwellen pro Zylinder, Schlepphebel
Ventile pro Zylinder	4, Spieleinstellung: Halbkugeln
Ventildurchmesser	Einlass 39 mm, Auslass 33 mm
Steuerzeiten	Einlass öffnet 2 Grad vor OT Einlass schließt 34 Grad nach UT Auslass öffnet 40 Grad vor UT Auslass schließt 4 Grad vor OT
Ø der Drosselklappen	52 mm
Zündung	1 Zündkerze pro Zylinder
Kupplung (Betätigung)	1 Scheibe Ø 180 mm (hydraulisch)
Getriebe	6 Gänge, Schaltautomat im Schaltgestänge
Primärantrieb	schrägverzahnt, i_{prim} 1,737 (Z 33/19)
Gangabstufungen	1. Gang: 2,176 (Z 37/17) | 4. Gang: 1,065 (Z 33/31) 2. Gang: 1,625 (Z 39/24) | 5. Gang: 0,939 (Z 31/33) 3. Gang: 1,296 (Z 35/27) | 6. Gang: 0,848 (Z 28/33)
Endantrieb	Kardanwelle, Kegel- und Tellerrad, i_{sec} 2,75 (Z 33/12)

Bereifung, Abmessungen, Gewichte:

Reifen vorn	120/70 ZR17
Reifen hinten	190/55 ZR17
Federweg vorne/hinten	105/120 mm
Radstand	1485 mm
Länge	2135 mm
Breite (über die Spiegel)	750 mm
Höhe (Verkleidungsscheibe)	1163 mm
Sitzhöhe	830 mm
Leergewicht (vollgetankt)	199 kg
zulässiges Gesamtgewicht	330 kg
Tankinhalt (Reserve)	16,0 Liter (4,0 Liter)

Wichtige Modellpflege

Unveränderter Serienstand bis zum Redaktionsschluss dieses Buchs im August 2009.

Wichtige Modellpflege der Modelle
...R 1200 R, R 1200 RT, R 1200 S, R 1200 ST
ab August 2007: Bremsscheiben-Befestigung am Vorderrad auf »Nietpaket« umgestellt. Neues Wartungskonzept: Je nach Zeit und zurückgelegten km seit der letzten Wartung zeigt eine »Service-Anzeige« im Cockpit, welche Wartungsarbeiten durchgeführt werden müssen.
...R 1200 R, R 1200 RT, R 1200 S, R 1200 ST
Oktober 2007: Technische Änderungen an Ausgleichswelle, Ausgleichsgewicht, Antriebszahnrädern sowie am Deckel vorne am Motor (»Räderkastendeckel«) mit Wegfall der Abdeckung der Ausgleichswelle.
...R 1200 R, R 1200 RT, R 1200 ST, HP2 Enduro, HP2 Megamoto
ab Januar 2008: neues Getriebe »Nr. 427« wird eingebaut: Stärkere Lagerung der Getriebewellen, größerer Achsabstand von Antriebs- zu Zwischenwelle, verstärkte Getriebewellen. Getriebeölfüllmenge 0,7 Liter anstatt 0,9 Liter.
Primärantrieb mit
i_{prim} 1,737 (Z 33/19)

Gangabstufungen:
1. Gang: 2,375 (Z 38/16)
4. Gang: 1,065 (Z 33/31)
2. Gang: 1,696 (Z 39/23)
5. Gang: 0,939 (Z 31/33)
3. Gang: 1,296 (Z 35/27)
6. Gang: 0,848 (Z 28/33)

Boxer-Modelle in diesem Buch

Verkaufsbezeichnung	BMW-interner Modellcode	Modelljahre	Anmerkungen
R 1200 GS	K25	2004, 05, 06, 07	
R 1200 GS	K25 MÜ*	2008, 09	wird noch gebaut**
R 1200 GS Adventure	K25 ADV	2006, 07	
R 1200 GS Adventure	K25 MÜ* ADV	2008, 09	wird noch gebaut**
R 1200 R	K27	2006, 07, 08, 09	wird noch gebaut**
R 1200 RT	K26	2005, 06, 07, 08, 09	wird noch gebaut**
R 1200 S	K29	2006, 07, 08	
R 1200 ST	K28	2005, 06, 07, 08	
HP2 Enduro	K25 HP	2006, 07, 08	
HP2 Megamoto	K25 HP MEG	2007, 08, 09	wird noch gebaut**
HP2 Sport	K29 HP	2008, 09	wird noch gebaut**

* = MÜ steht für »Modellüberarbeitung«; ** = Stand zum Redaktionsschluss dieses Buchs im August 2009

Schmier-, Dicht- und Pflegemittel

Bilder 1 bis 28: Von BMW empfohlene Schmier-, Dicht- und Pflegemittel.

In diesem Kapitel: Schmier-, Dicht- und Pflegeprodukte in der Übersicht · Tabelle · Schmier-, Dicht- und Pflegestellen in Schaubildern am Beispiel der BMW R 1200 GS.

Auf den sechs Seiten dieses Kapitels sind alle von BMW vorgeschriebenen oder empfohlenene Schmier-, Dicht- und Pflegemittel aufgelistet und in Bildern gezeigt, welche für die Kapitel dieses Buchs und damit für die gezeigten Arbeiten wichtig sind. In der Tabelle auf der rechten Seite nennen wir stichwortartig die Eigenschaften der Produkte. Wenn Sie von BMW direkt geliefert werden können (man kann sie also beim BMW-Händler kaufen), haben wir die BMW-Bestellnummer mit aufgeführt.

Manche Produkte, wie z. B. Loctite Schraubensicherung oder Reifenmontagepaste, erhält man im normalen KFZ-Werkzeughandel; das Würth Flächendichtmittel »orange« ist in den Würth-Niederlassungen erhältlich.

1 Castrol Power1 Grand Prix 4T in SAE 10W-40 (Motoröl teilsynthetisch)

2 Castrol Power1 Twin 4T in SAE 20W-50 (Motoröl teilsynthetisch)

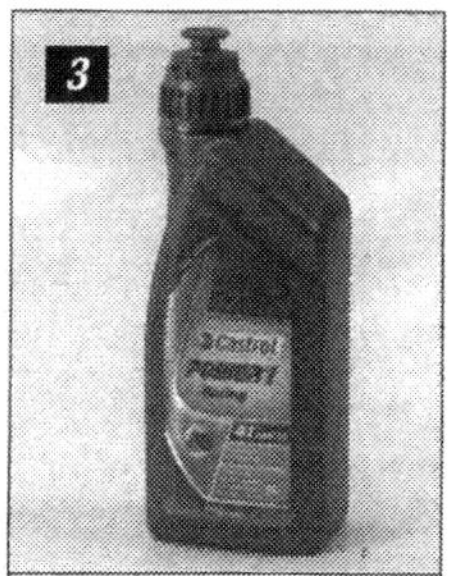
3 Castrol Power1 Racing 4T in SAE 10W-50 (Motoröl vollsynthetisch)

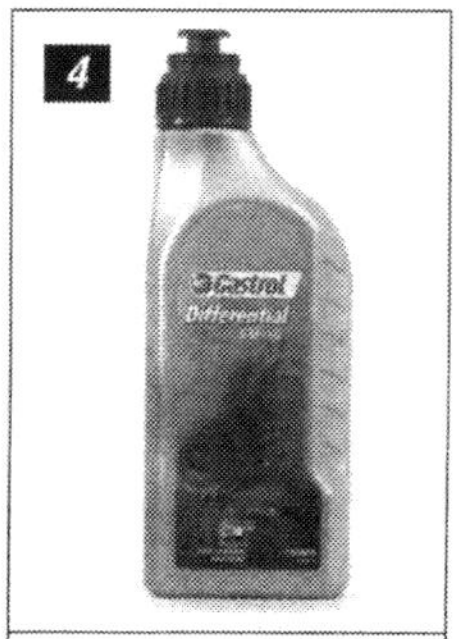
4 Castrol SAF-XO in SAE 75W-90 (Getriebeöl)

5 Castrol MTX in SAE 75W-140 (Getriebeöl)

6 Castrol SAF-XJ in SAE 75W-140 (Getriebeöl)

7 Vitamol V10 Kupplungsflüssigkeit (synthetisch)

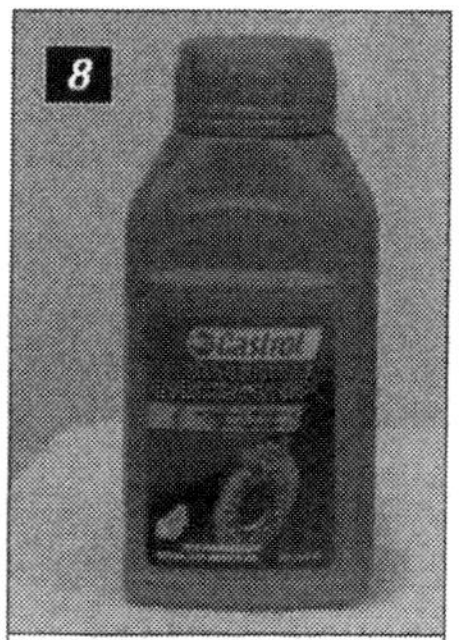
8 Castrol Motorcycle Brakefluid DOT 4

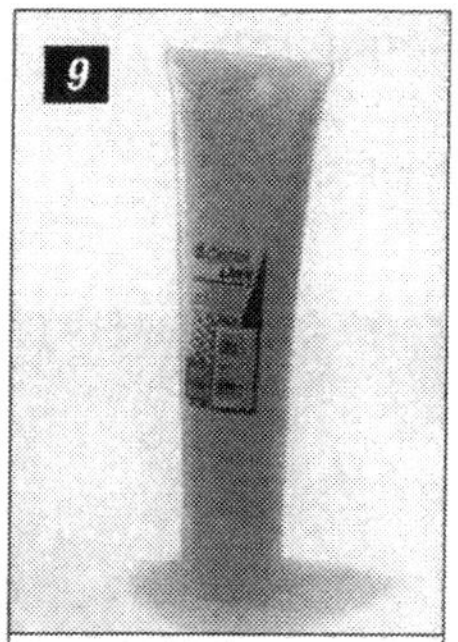
9 Castrol LMX Komplexfett auf Lithiumbasis

10 Säurefreies Wälzlagerfett Renolit LZR 2 H

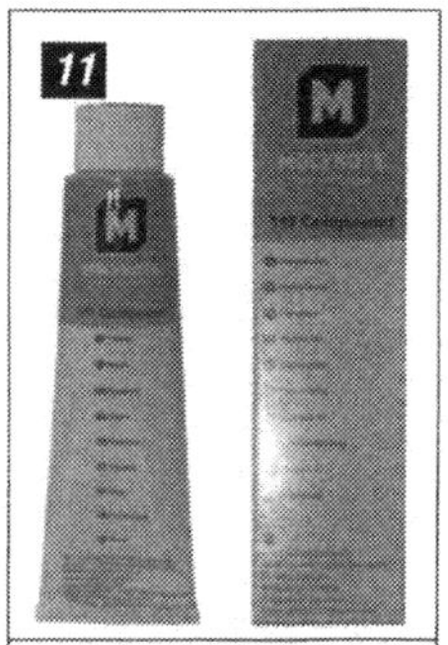
11 Molykote 111 Silikonfett

12 Staburags NBU 30 PTM Hochleistungs-Schmierfett

13 Optimoly MP3 Hochleistungs-Schmierfett

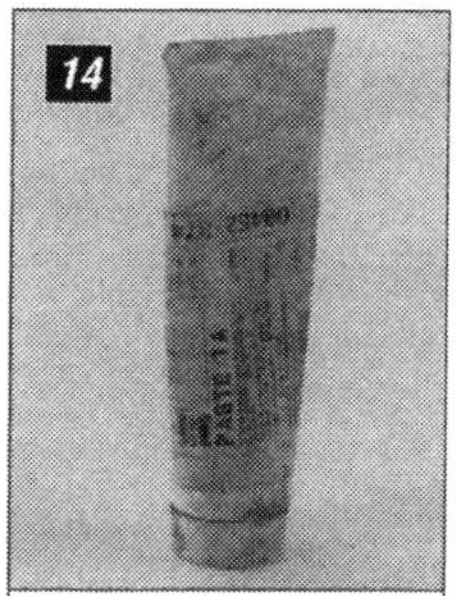
14 Optimoly TA Paste Hochtemperatur-Montagefett

15 Never-Seez Regular Grade Montagepaste

16 Klüberpaste 46 MR 401 Schmier-/Montagepaste

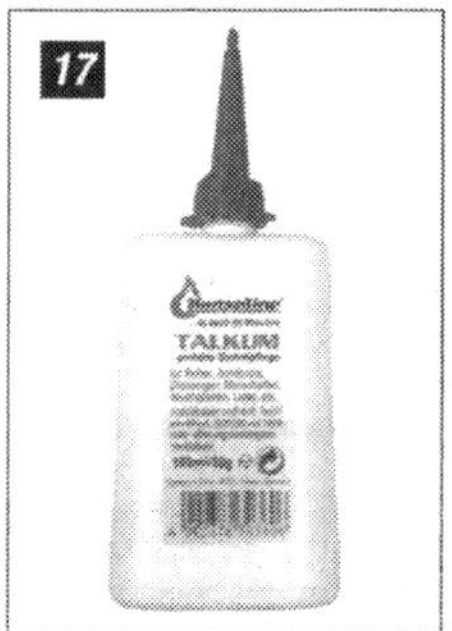

17 Talkum (Trennmittel)

18 Würth Flächendichtmittel »orange«

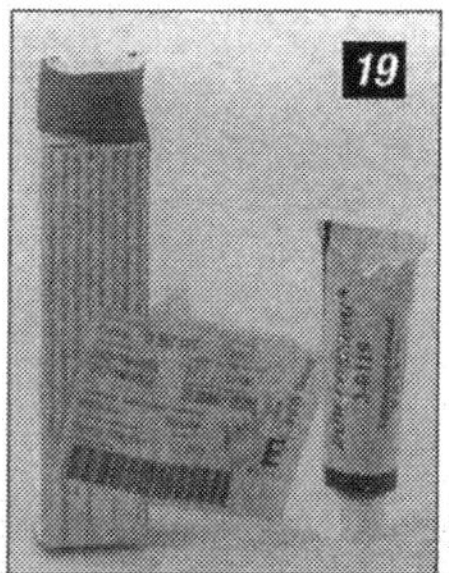
19 Dow Corning 3-0115 Dichtmasse

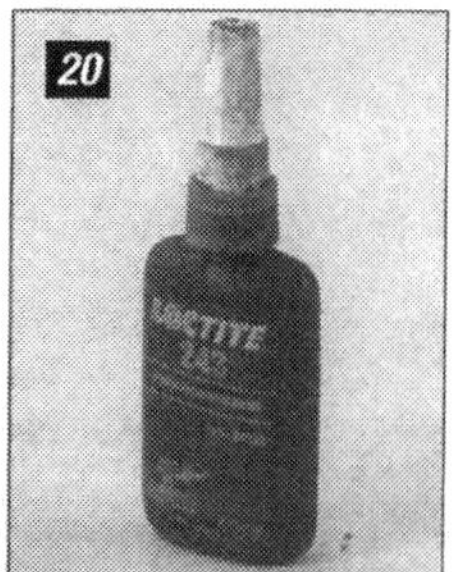

20 Loctite 243 Schraubensicherung »mittelfest«

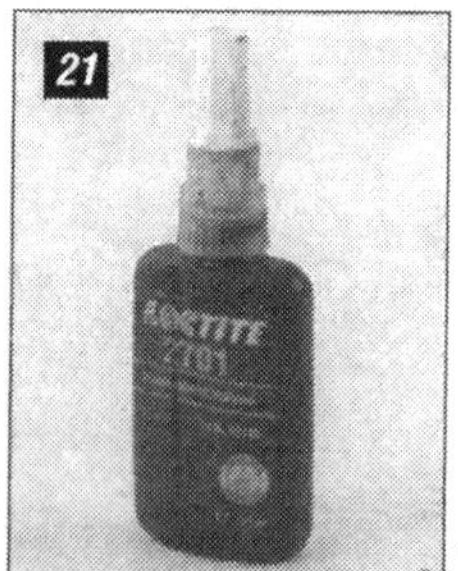

21 Loctite 2701 Schraubensicherung »hochfest«

22 Loctite 648 Kleber »hochfest« (Fügemittel)

Schmier-, Dicht- und Pflegemittel für die Vierventil-Boxer-Modelle der neuen Generation*				
Schmier-/Pflegestoff	**Bild ...**	**BMW-Bestell-Nr.**	**Kurzbeschreibung**	**Eigenschaften**
Castrol Power 1 Grand Prix 4T (SAE 10W-40)	1		Motoröl teilsynthetisch	Reduziert interne Reibungsverluste, gewährleistet dadurch maximale Leistung.
Castrol Power 1 Twin 4T (SAE 20W-50)	2		Motoröl teilsynthetisch	Speziell für luftgekühlte 2-Zylinder-Boxer und V-Motoren entwickelt. Reduziert den Ölverbrauch, Verschleiß und leistungsmindernde Ablagerungen.
Castrol Power 1 Racing 4T (SAE 10W-50)	3		Motoröl vollsynthetisch	Geeignet für extreme Temperaturbedingungen. Reduziert den Ölverbrauch. Ausgezeichnete Scherstabilität.
Castrol SAF-XO (SAE 75W-90)	4	33 11 7 695 240	Getriebeöl vollsynthetisch	Extrem hohes Druckaufnahmevermögen, besonders guter Verschleißschutz, ausgeprägte Hochtemperaturstabilität, deutlich gesenkte Getriebeöltemperatur. Verhinderung von Ablagerungen, absolute Scherstabilität, optimiertes Kaltstartverhalten. Neutrales Dichtungsverhalten, ausgezeichnete Schaumresistenz.
Castrol Full Synthetic MTX (SAE 75W-140)	5		Getriebeöl vollsynthetisch	Exzellenter Verschleißschutz, reduzierte Getriebetemperaturen, ausgezeichnete Schaltbarkeit, erhebliche Reduzierung der Geräuschentwicklung.
Castrol SAF-XJ (SAE 75W-140)	6		Getriebeöl vollsynthetisch	Exzellente Scherstabilität, ausgezeichnete Alterungsbeständigkeit, bester Verschleißschutz. Hervorragendes Kältefließverhalten, reduzierte Getriebegeräusche, reduzierte Temperaturen, geringerer Kraftstoffverbrauch.
Vitamol V 10	7	21 52 0 392 546	Hydraulik(Kupplungs-)flüssigkeit	Synthetisch, mit sehr hohem Viskositätsindex (VI = 182). Biologisch abbaubar.
Castrol Motorcycle Brakefluid	8		Bremsflüssigkeit (DOT 4)	In Qualität DOT 4. Hohe Sicherheitsreserve durch hohen Nass-/Trockensiedepunkt.
Castrol LMX Li-Komplexfett 2	9		Komplexfett auf Lithiumbasis	Speziell entwickelt für den Einsatz in Gleit-, Wälz- und Kugellagern, wie z.B. Radlager. Hohe Belastbarkeit und guter Verschleißschutz.
Säurefreies Wälzlagerfett Renolit LZR 2 H	10	81 22 9 407 174	Wälzlagerfett	Exzellente Beständigkeit gegen mechanische Dauerbelastung. Resistent gegen feuchte, aggressive Atmosphäre und Wasser. Hochwirksamer Verschleißschutz, ausgezeichnete Korrosionsschutzeigenschaften.
Molykote 111	11	11 00 7 660 832	Silikonfett	Gute Beständigkeit gegen Chemikalien, weiter Gebrauchstemperaturbereich von –40 °C bis +200 °C. Geringe Flüchtigkeit, ausgezeichnete Wasserbeständigkeit.
Staburags NBU 30 PTM	12	07 55 9 056 992	Hochleistungs-Schmierfett	Festschmierstoffhaltiges, wasserbeständiges Montagefett gegen Passungs- und Reibrostbildung.
Optimoly MP3	13	07 55 9 062 476	Hochleistungs-Schmierfett	Besonders hohe Druckstabilität, hitzebeständig. Wird auch »Keramikfett« genannt.
Optimoly TA	14	18 21 9 062 599	Hochtemperatur-Montagefett	Hochtemperaturfestigkeit bei gleichzeitig guter Druckstabilität.
Never Seez Regular Grade	15	83 23 9 407 830	Montagepaste	Wirksam gegen Festfressen, Passungsrost und Verschleiß, auch bei hohen Temperaturen und Druckbelastungen. Temperaturbereich –180°C bis +1100°C.
Klüberpaste 46 MR 401	16	11 00 7 660 831	Schmier- und Montagepaste	Für Langzeit- und Lebensdauerschmierung, für reibrostgefährdete Schmierstellen, als Montagehilfe.
Talkum	17		Pulverförmiges Trennmittel	Trenn- und Gleitmittel mit isolierenden und wasserabweisenden Eigenschaften.
Würth Flächendichtmittel »orange« oder Loctite 5203	18	83 19 0 422 969	Flächendichtmittel	Flüssigdichtmittel zum Abdichten von Gehäusetrennflächen. Rasch aushärtend, kann leicht wieder entfernt werden. Für Kunststoffe nicht geeignet.
Dow Corning 3-0115 oder Omnivisc	19	07 58 0 397 777	Dichtmasse aus Silikonkautschuk	Hochtemperatur-Silikonkautschuk zum Kleben und Dichten am Motor, dauerelastisch. Dow Corning 3-0115 ersetzt das früher vorgeschriebene Omnivisc.
Loctite 243	20	07 58 9 056 031	Schraubensicherung »mittelfest«	Mit normalem Werkzeug noch demontierbar.
Loctite 2701	21	33 17 2 331 095	Schraubensicherung »hochfest«	Für stark vibrations- und schlagbeanspruchte Gewindeverbindungen (siehe Kap. 19).
Loctite 648	22	07 58 9 067 732	Kleber »hochfest« (Fügemittel)	Befestigen von Zahn-/Kettenrädern auf Wellen, verhindert selbständiges Losdrehen.
Castrol Metal Parts Cleaner oder BMW Bremsenreiniger	23	83 11 9 407 848	Reinigungsmittel, für Dichtflächen sehr zu empfehlen	Zur Reinigung von verölten bzw. fettigen Metallteilen, nicht korrosiv, greift Gummi und Kunststoffteile nicht an, verflüchtigt schnell und rückstandslos.
Castrol Motorcycle DWF	24		Wasserverdrängendes Spray für elektrische Kontakte	Verdrängt Feuchtigkeit aus Motor, Zündung und elektrischen Kontakten, schützt vor Korrosion.
Castrol Greentec Bike Cleaner	25		Motorradreiniger, vor Nassreinigung aufzusprühen	Schnelle und effektive Reinigung. Kompatibilität mit über 30 Materialien (Metalle, Legierungen, Kunststoff, Gummi und Lack) geprüft, biologisch abbaubar.
Castrol Bike Polish	26		Reinigungs- und Polierspray	Zum Reinigen von leichten Verschmutzungen ohne Wasser und Entfernen von Insekten. Aufbereiten, Konservieren und Polieren von Oberflächen.
Castrol Silikon Spray	27		Silikonspray, auch zur Anti-Statik-Lackbehandlung	Frischt Gummi und Kunststoffe auf. Erleichtert Reinigung bei starker Verschmutzung bei vorheriger Anwendung und konserviert sie. Bietet UV-Schutz gegen Ausbleichen.
Reifenmontagepaste	28		Montagepaste	Wird verwendet zur Reifenmontage und zum Einsetzen des Ölschauglases im Motor.

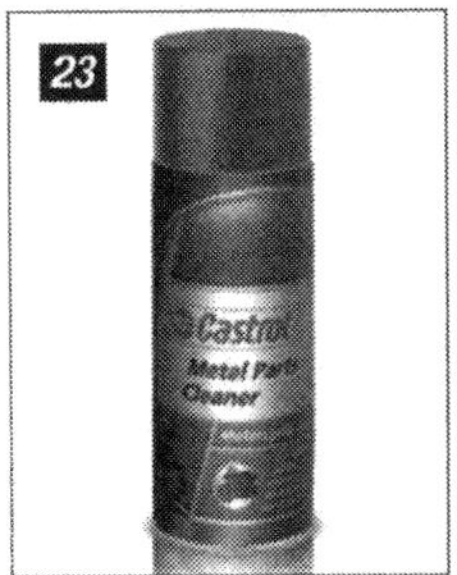
Metall-/Bremsenreiniger von Castrol oder BMW

Castrol Motorcycle DWF (wasserverdrängend)

Castrol Greetec Bike Cleaner Motorradreiniger

Castrol Bike Polish für leichte Verschmutzungen

Castrol Silikonspray Gummi-/Kunststoffpflege

Reifenmontagepaste

* = Stand der Recherche zum Redaktionsschluss im August 2009

2 Schmier-, Dicht- und Pflegemittel

Großes Bild auf dieser Doppelseite: Blick von links auf wichtige Schmier-, Pflege- und Dichtstellen der R 1200 GS mit zugehörigen Produktnamen. Die Bildnummern ■ und erklärenden Texte zu den Produkten finden Sie auf der Doppelseite am Anfang dieses Kapitels.

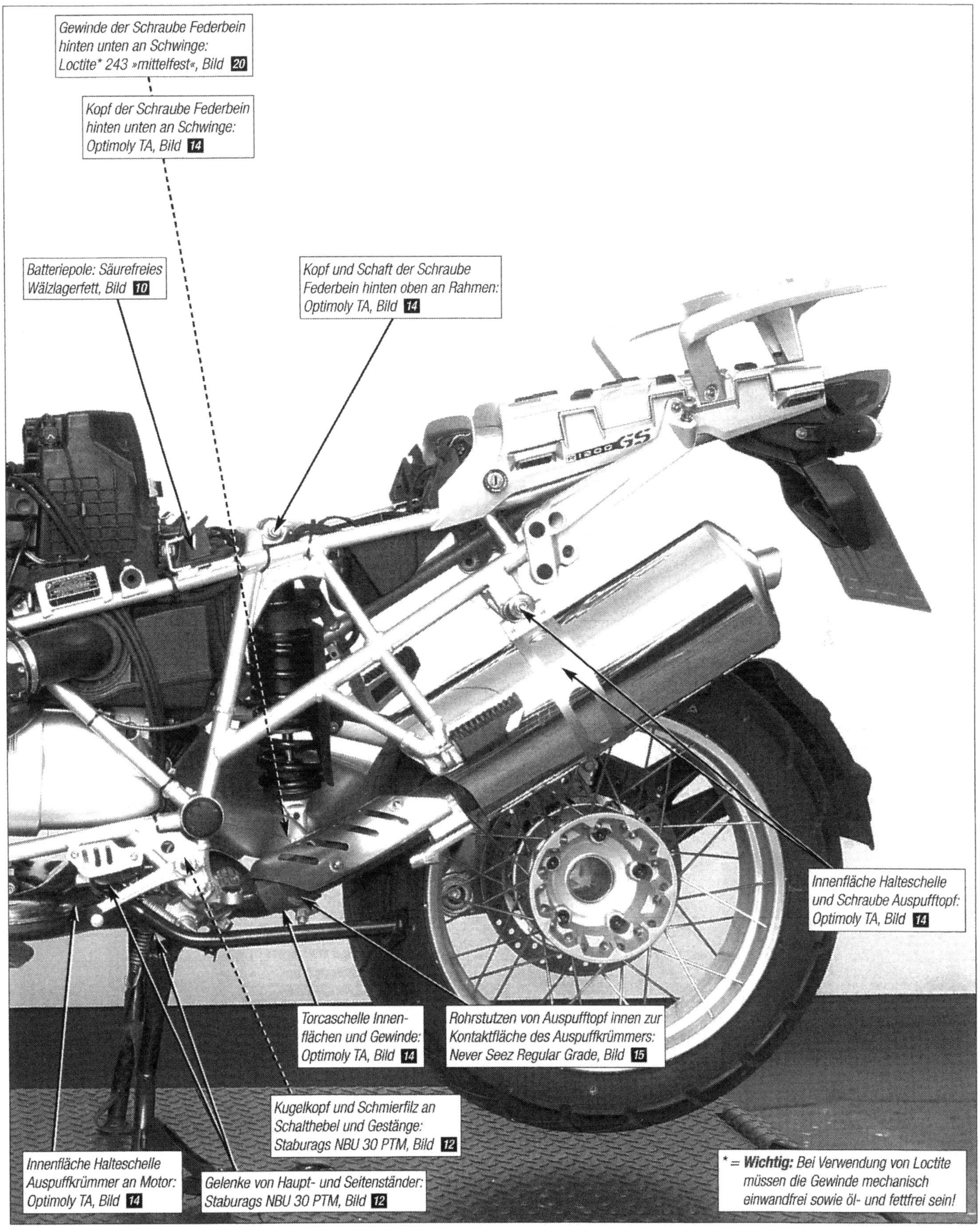
Gewinde der Schraube Federbein hinten unten an Schwinge: Loctite* 243 »mittelfest«, Bild 20
Kopf der Schraube Federbein hinten unten an Schwinge: Optimoly TA, Bild 14
Batteriepole: Säurefreies Wälzlagerfett, Bild 10
Kopf und Schaft der Schraube Federbein hinten oben an Rahmen: Optimoly TA, Bild 14
Innenfläche Halteschelle und Schraube Auspufftopf: Optimoly TA, Bild 14
Torcaschelle Innenflächen und Gewinde: Optimoly TA, Bild 14
Rohrstutzen von Auspufftopf innen zur Kontaktfläche des Auspuffkrümmers: Never Seez Regular Grade, Bild 15
Kugelkopf und Schmierfilz an Schalthebel und Gestänge: Staburags NBU 30 PTM, Bild 12
Innenfläche Halteschelle Auspuffkrümmer an Motor: Optimoly TA, Bild 14
Gelenke von Haupt- und Seitenständer: Staburags NBU 30 PTM, Bild 12
* = **Wichtig:** Bei Verwendung von Loctite müssen die Gewinde mechanisch einwandfrei sowie öl- und fettfrei sein!

Großes Bild auf dieser Doppelseite: Blick von rechts auf wichtige Schmier-, Pflege- und Dichtstellen der R 1200 GS mit zugehörigen Produktnamen. Die Bildnummern ■ und erklärenden Texte zu den Produkten finden Sie auf der Doppelseite am Anfang dieses Kapitels.

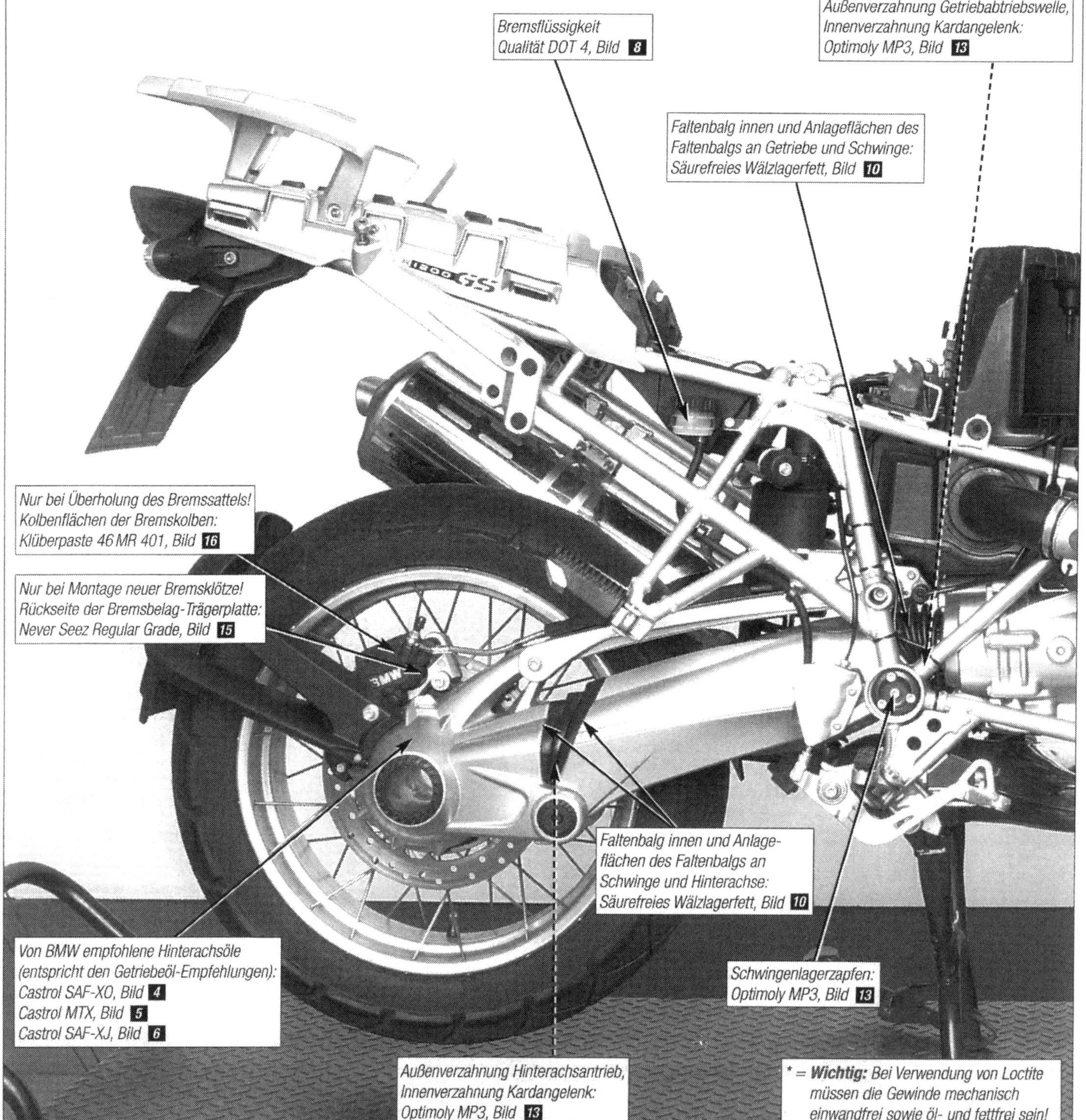

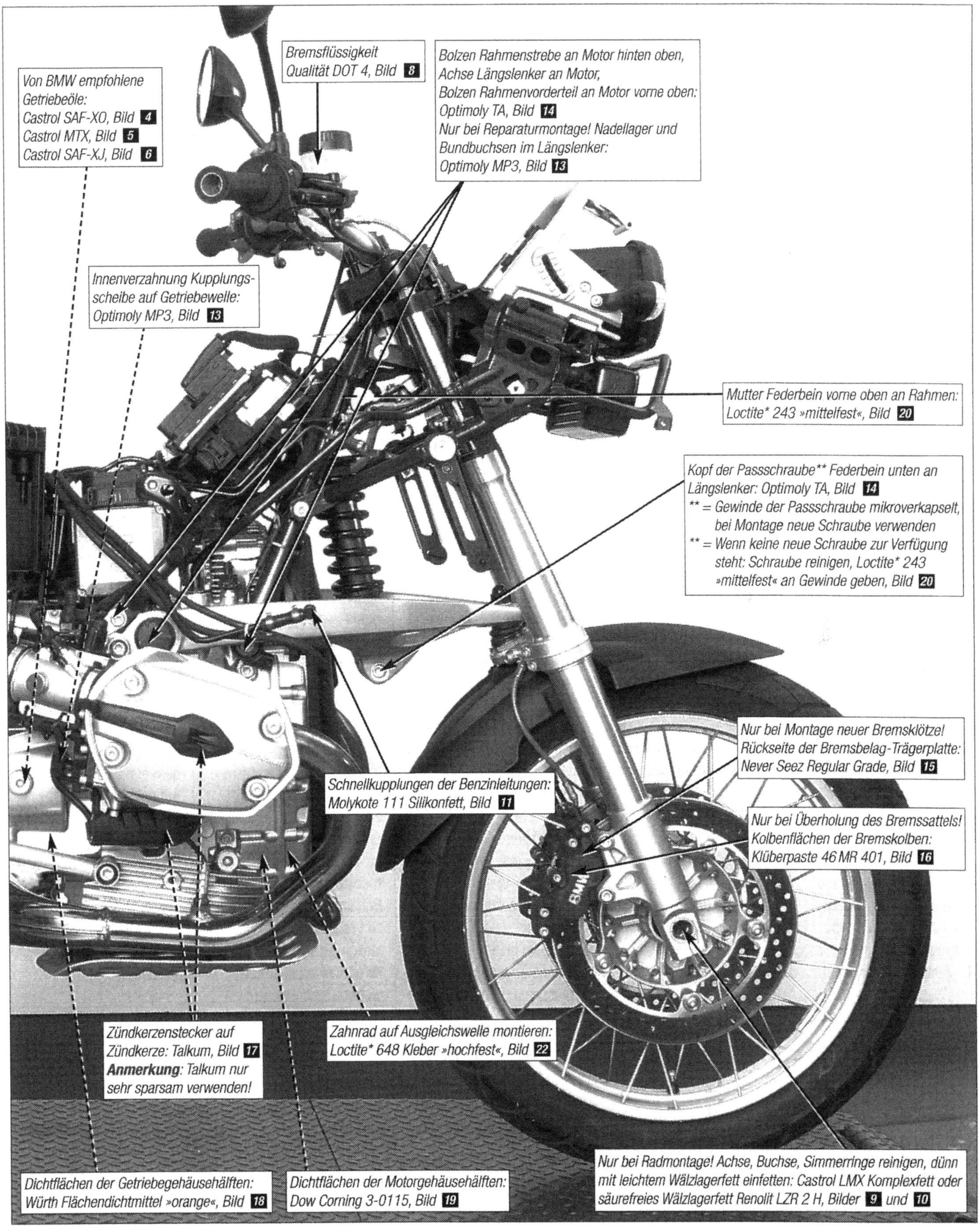
Von BMW empfohlene Getriebeöle:
Castrol SAF-XO, Bild 4
Castrol MTX, Bild 5
Castrol SAF-XJ, Bild 6
Bremsflüssigkeit Qualität DOT 4, Bild 8
Bolzen Rahmenstrebe an Motor hinten oben,
Achse Längslenker an Motor,
Bolzen Rahmenvorderteil an Motor vorne oben:
Optimoly TA, Bild 14
Nur bei Reparaturmontage! Nadellager und Bundbuchsen im Längslenker:
Optimoly MP3, Bild 13
Innenverzahnung Kupplungsscheibe auf Getriebewelle: Optimoly MP3, Bild 13
Mutter Federbein vorne oben an Rahmen: Loctite* 243 »mittelfest«, Bild 20
Kopf der Passschraube** Federbein unten an Längslenker: Optimoly TA, Bild 14
** = Gewinde der Passschraube mikroverkapselt, bei Montage neue Schraube verwenden
** = Wenn keine neue Schraube zur Verfügung steht: Schraube reinigen, Loctite* 243 »mittelfest« an Gewinde geben, Bild 20
Nur bei Montage neuer Bremsklötze! Rückseite der Bremsbelag-Trägerplatte: Never Seez Regular Grade, Bild 15
Schnellkupplungen der Benzinleitungen: Molykote 111 Silikonfett, Bild 11
Nur bei Überholung des Bremssattels! Kolbenflächen der Bremskolben: Klüberpaste 46 MR 401, Bild 16
Zündkerzenstecker auf Zündkerze: Talkum, Bild 17
Anmerkung: Talkum nur sehr sparsam verwenden!
Zahnrad auf Ausgleichswelle montieren: Loctite* 648 Kleber »hochfest«, Bild 22
Dichtflächen der Getriebegehäusehälften: Würth Flächendichtmittel »orange«, Bild 18
Dichtflächen der Motorgehäusehälften: Dow Corning 3-0115, Bild 19
Nur bei Radmontage! Achse, Buchse, Simmerringe reinigen, dünn mit leichtem Wälzlagerfett einfetten: Castrol LMX Komplexfett oder säurefreies Wälzlagerfett Renolit LZR 2 H, Bilder 9 und 10

Kapitel »Ölwechsel« besteht aus drei Teilkapiteln:

- Ölwechsel I: Motor
- Ölwechsel II: Getriebe
- Ölwechsel III: Hinterradantrieb

Bild 1: Eine solche Ölauffang-Transportwanne eignet sich prima zum Ölwechsel.

Ölwechsel I · Motor

In diesem Kapitel: Das richtige Motoröl · Castrol-Motoröle · Mineralöl, Halb- oder Vollsynthetiköl? · Füllmengen · Motorölstand · Öl nachfüllen · Ölwechsel selbst machen beim Motor.

Motoröle

BMW schreibt für die Boxermotoren der neuen Generation folgende Motoröle vor: *»Viskositätsklasse in Abhängigkeit von der Außentemperatur.*

Die Temperaturgrenzen der SAE-Klassen können kurzfristig über- oder unterschritten werden. Von BMW Motorrad sind verschiedene Öle der Marke Castrol freigegeben und beim BMW-Partner erhältlich. Ölzusätze jeglicher Art werden werkseitig abgelehnt.«

Einsatz der Motoröle nach Außentemperaturen:

- von –10 °C bis über 40 °C.......... SAE 20W-50
- von –15 °C bis über 40 °C.......... SAE 15W-50
- von –15 °C bis 30 °C.................. SAE 15W-40
- von –20 °C bis 30 °C.................. SAE 10W-40
- von –20 °C bis 10 °C.................. SAE 10W-30

Je nach Modell und Modelljahr können die von BMW vorgeschriebenen Viskositätsklassen geringfügig voneinander abweichen: So wurde für die erste R 1200 GS aus dem Modelljahr 2004 SAE 20W-50 vorgeschrieben, für die R 1200 R

Sicherheitshinweise ⚠ Achtung und ☞ Tipps für dieses Kapitel

⚠ Zur Kontrolle des Ölstands soll das Motorrad waagerecht und senkrecht stehen. Schon wenige Winkelgrade nach rechts oder links, Steigung oder Gefälle des Untergrunds verfälschen ein genaues Ablesen des Ölstandes.

☞ Richtiges Ablesen des Ölstands:

1. Motor muss mindestens 15 Minuten gelaufen sein.
2. Motor ausschalten.
3. Maschine auf Mittelständer abstellen.
■ Wenn keiner vorhanden ist: Mit dem rechten Lenkerende gegen eine Wand lehnen; ggf. Gang einlegen, damit das Motorrad nicht davonrollt.
4. Ölstand erst dann kontrollieren, wenn der Motor gut 5 Minuten abgestellt ist, weil erst dann alles Öl von oben nach unten in die Ölwanne abgelaufen ist.

☞ Sollten Sie den Motorölstand vor einer Fahrt kontrollieren, wenn der Motor längere Zeit noch nicht gelaufen ist, beachten Sie bitte, dass der Ölstand dann höher ist als wenn er bei einige Zeit abgestelltem, aber warmem Motor kontrolliert wird.

⚠ NIEMALS so viel Öl einfüllen, dass das Ölschauglas ganz voll oder gar übervoll ist! Wenn Öl nachgeschüttet werden muss, nur bis »knapp über die Mitte« des Ölschauglases auffüllen.

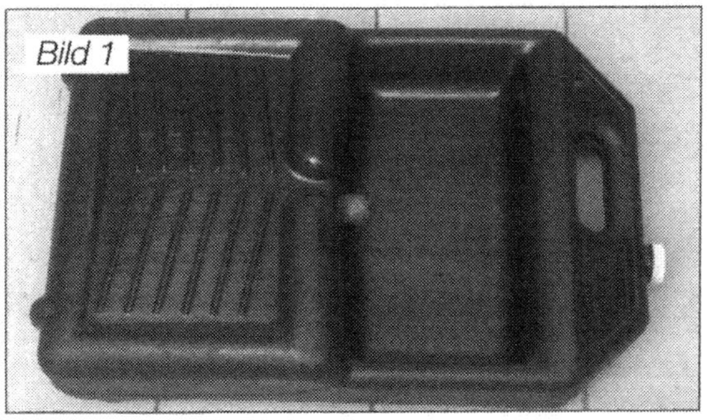

☞ Wer auf eine längere, mehrtägige Fahrt geht, sollte sich eine flache, 0,5 bis 1,0 Liter fassende Plastikflasche mit dem Motoröl auffüllen, das derzeit im Motor verwendet wird, und die Flasche auslaufsicher (!) ins Gepäck packen. Entsprechende Flaschen gibt es z. B. im Chemiefachhandel.

☞ Motoröl grundsätzlich in betriebswarmem Zustand wechseln, also vorher den Motor mindestens zehn Kilometer warm fahren. Damit wird sichergestellt, dass Metallabriebteile, die sich noch nicht abgesetzt haben, sondern noch in der Schwebe sind, vom heißen Öl aufgenommen und beim Ablassen mit herausgespült werden.

☞ Im Motorrad-Zubehörhandel gibt es für kleines Geld kombinierte Ölfangwannen-Behälter, bei denen das Öl in eine Wanne und von dort direkt in den Sammelbehälter läuft (Bild 1). Sie sind groß genug, um den Bereich von Ölablassöffnung und Ölfilter unter dem Motor mit genügend Überstand abzudecken. Diese Ablass-Auffang-Transportbehälter sind verschließbar, mit einem Tragegriff versehen und damit leicht transportabel. Das Altöl kann man damit bequem zur Ölsammelstelle bringen, wo es dann fachgerecht entsorgt wird.

⚠ Dem Altöl keine Flüssigkeiten beimischen, wie z. B. Brems- oder Kühlflüssigkeit. Diese extrem giftigen und wenig umweltfreundlichen Betriebsstoffe müssen in extra Behältern aufgefangen und zu Problemstoff-Sammelstellen gebracht werden.
■ Altöl niemals einfach wegschütten, sondern an einer Sammelstelle oder Tankstelle abliefern.
■ Jeder Ölverkäufer ist zur Rücknahme einer entsprechenden Menge Altöls verpflichtet!
■ Beim Kauf von neuem Öl die Quittung aufbewahren und bei der Rückgabe des Altöls vorzeigen!

⚠ Keine Getränkeflaschen als Altölbehälter verwenden! Besser sind etwa alte Benzinkanister, die mit einem Klebeetikett »Altes Motoröl« versehen werden.

⚠ Wenn die Ölablassschraube ihren letzten Gewindegang erreicht hat, beginnt das Öl bereits zu laufen. Finger rasch wegziehen! Es ist besser, die Ölablassschraube mit dem ersten Schuss Öl ins Auffanggefäß fallen zu lassen, als sich am heißen Öl die Finger zu verbrühen! Öl läuft erst im Strahl, nach einiger Zeit nur noch tropfenweise. Also geduldig warten, bis auch der letzte Tropfen im Auffanggefäß gelandet ist.

⚠ Im Verschlussstopfen für die Öleinfüllbohrung ist ein kleiner O-Ring eingesetzt. Diesen kontrollieren, ob er in Ordnung ist, also keine geklemmte oder ausgerissene Stelle hat (Bild 10), sonst zieht der Fahrtwind Öl heraus.

von 2006 dagegegen SAE 10W-40. Der Grund liegt darin, dass Motoröle ständig weiterentwickelt werden und »dünneres« SAE 10W-40 die Anforderungen des älteren SAE 20W-50 ebenfalls erfüllt. BMW-Spezialisten empfehlen Castrol Power 1 Racing 4T in SAE 10W-50. Im Zweifelsfall fragen Sie beim Kauf von neuem Motoröl beim BMW-Händler, welches Öl und in welcher Viskositätsklasse von BMW für Ihre Maschine aktuell empfohlen wird.

Von BMW empfohlene Castrol-Motoröle
Die bekannte Ölmarke Castrol ist seit vielen Jahren Partner von BMW Motorrad. Eine solche Partnerschaft beginnt schon bei der Entwicklung neuer Motoren und reicht über den Motorsport bis zu Langzeittests. BMW empfiehlt deswegen generell Motoröl der Marke Castrol, bei allen BMW-Motorradhändlern gibt es ausschließlich Öle dieser Marke.

Für alle Boxermotoren der neuen Generation empfiehlt BMW folgende Öle (Bild 2):

- Castrol Power 1 Twin 4T in SAE 20W-50 (teilsynthetisch)
- Castrol Power 1 Racing 4T in SAE 10W-50 (vollsynthetisch)

Diese Öle können ab –20 °C verwendet werden; Castrol nennt keine Grenz- bzw. Maximaltemperatur. Nach Erfahrungen von BMW-Spezialisten halten diese Öle sehr hohe Temperaturen aus. Praktische Beispiele: Mit Castrol fuhren auch die Boxer-Rennmaschinen bei der Rallye Paris-Dakar und in der Rennserie »Boxer-Cup«: Bei Umgebungstemperaturen von mehr als 40 °C stiegen die Motoröltemperaturen auf über 150 °C. Der Kunde ist mit diesen Ölen auch im Hochsommer auf der sicheren Seite.

Speziell für das vollsynthetische Spitzenöl **»Power 1 Racing 4T«** in SAE 10W-50 verspricht Castrol unter anderem *»volle Motorpower und verbesserte Beschleunigung, mehr Dynamik in allen Drehzahlbereichen, extreme Schmierfilmstabilität, schnelle Ölversorgung beim Kaltstart, perfekte Sauberkeit des Motors, deutlich geringerer Ölverbrauch, hervorragender Verschleißschutz für den Motor, maximaler Schutz für Abgasreinigungssysteme«*.

Ein weiteres, von BMW-Spezialisten gerne empfohlenes Castrol-Öl ist das **»Power 1 Twin 4T«** in SAE 20W-50. Dieses Öl wurde von Castrol speziell für großvolumige 2-Zylinder-Boxer und V-Motoren entwickelt und reduziert laut Castrol noch wirkungsvoller Ölverbrauch, Verschleiß und leistungsmindernde Ablagerungen.

Mineralöl, Teil- oder Vollsynthetiköl?
Mineralöl: Für alle Vierventil-Boxermotoren der neuen Generation soll kein Mineralöl verwendet werden, sondern ausschließlich teil- oder vollsynthetisches Öl. Mineralöl ist zwar das billigste Öl, aber es soll auch deswegen nicht benutzt werden, weil die Ölwechselintervalle bei 10 000 km liegen – und dafür ist Mineralöl nicht geeignet.

Teilsynthetisches Öl: Die so genannten teil- oder halbsynthetischen Öle sind zum Hauptbestandteil mineralisch und werden in einem besonderen Verfahren (HC Synthese) veredelt. Ein teil- oder halbsynthetisches Öl ist etwas teuerer als Mineralöl. BMW hat das teilsynthetische Castrol-Öl »Power 1 Twin 4T« freigegeben.

Synthetisches Öl: Synthetiköle werden in einem aufwändigen Produktionsprozess für ihr Einsatzgebiet maßgeschneidert und sind typische Mehrbereichsöle, die mit weniger Additiven des Typs der so genannten »Viskositätsindex-Verbesserer«

Bild 2

Bild 2: Speziell auf Motorräder abgestimmt sind die von BMW empfohlenen Castrol-Öle für den Motor.

■ Beim BMW-Händler gibt es so genannte »Ölwechsel-Sets« zu kaufen. Darin enthalten sind alle Teile, die man zu einem Ölwechsel braucht: Ölfilter, Dichtring für die Ölablassschraube und vier Liter Motoröl.

> **Achtung:** Bei Motoren mit thermostatgesteuertem Ölkreislauf führt das Ablesen des Ölstands nach einer Kurzstreckenfahrt oft zur Irritation: Bei kaltem Motor vor der Fahrt war der Ölstand in Ordnung, beim Stopp nach 3 km Fahrt ist das Ölschauglas jedoch leer. Doch keine Panik, der Grund ist simpel: Der Thermostat hat noch nicht aufgemacht, weil der Motor nicht warm genug geworden ist, weswegen das Öl oberhalb des Thermostats nicht in die Ölwanne zurücklaufen konnte. KEIN Öl nachfüllen! Sie werden sehen, dass, wenn der Motor weitere sieben bis zehn Kilometer gefahren wurde und das Öl mehr als 80 °C Temperatur hat, der Ölstand nach dem Abstellen des Motors wieder in Ordnung ist.

auskommen. Synthetiköle sind zwar die teuersten Motorenöle, jedoch in Schmiersicherheit, Kaltfließverhalten sowie Alterungsbeständigkeit den Mineralölen und den teilsynthetischen überlegen.

Vollsynthetisches Motoröl bietet auch eine höhere Schmierfilm-Sicherheitsreserve als teilsynthetisches Öl, weswegen Viel- und Langstreckenfahrer darauf schwören.

Motorölmenge, Motorölstand

Motoröl-Füllmenge .... 3,95 Liter
Wichtig: Die angegebene Ölmenge »3,95 Liter« bezieht sich auf »Motor vor der Ölbefüllung innen trocken«. Bei einem Ölwechsel sind die Innenwände des Motors jedoch mit Restöl benetzt und in verschiedenen Ecken sitzt auch Öl, weswegen wichtig ist: Bei einem Ölwechsel niemals diese 3,95 Liter auf einmal einfüllen, sondern zuerst knapp 3 Liter, Motor einige Minuten laufen lassen, und dann den benötigten Rest auffüllen (wird weiter hinten detailliert beschrieben).

Motorölstand

Die sichtbare Ölmenge im Ölschauglas beträgt ca. 0,5 Liter. Der Ölstand sollte sich immer zwischen der Mitte und dem oberen Rand des Ölschauglases befinden (Bild 3). Zur Kontrolle des Motorölstandes die Maschine auf dem Mittelständer auf ebenem Untergrund senkrecht und waagerecht abstellen. Wenn kein Mittelständer an der Maschine ist (bei S und HP2): Maschine mit dem rechten Lenkerende möglichst gegen eine Hauswand lehnen. Nach dem Abstellen des Motors einige Minuten warten, bis alles Öl in die Ölwanne abgelaufen ist und dann erst den Ölstand beurteilen.

Bild 3

Bild 3: Der Ölstand sollte sich etwas oberhalb der Mitte des Schauglases befinden.

Bild 4

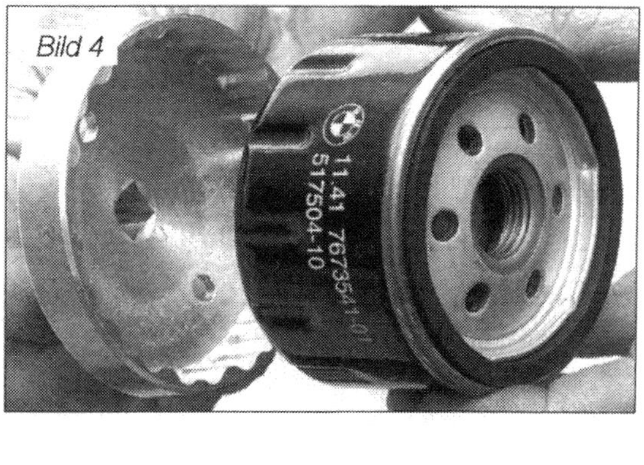

Bild 4: Ölfilterschlüssel.

Motoröl nachfüllen

Die Vierventil-Boxermotoren der neuen Generation dürfen bis zu einem Liter Motoröl auf 1000 km verbrauchen. Die meisten Motoren begnügen sich mit 0,1 bis 0,3 Liter.

Wird ein Motor vor allem auf Langstrecken mit hohen Drehzahlen (und dementsprechendem Tempo!) gefahren, ist der Ölverbrauch höher als bei Bummelfahrten mit niedrigen Drehzahlen.

Falls Sie unterwegs kein Öl zum Nachfüllen dabei haben, lassen Sie sich vom Tankwart nicht einen Liter vom teuersten Öl aufschwatzen, sondern kaufen exakt die Ölsorte (Viskositätsklasse), die sich bereits im Motor befindet. Wenn es das nicht gibt, kann man zum Nachfüllen problemlos teil- und vollsynthetische Öle mischen.

Ölwechsel

10 000 km oder einmal im Jahr

Erster Ölwechsel mit Filterwechsel nach 1000 km, bei 10 000 km und alle weiteren 10 000 km. Wenn eine Jahresfahrleistung von 10 000 km nicht erreicht wird, sollen Motoröl und Ölfilter dennoch einmal pro Jahr gewechselt werden: Auch das beste Öl verschleißt schon durch Kontakt mit der Luft, es »oxidiert«.

Ölfilter

Der Ölfilter hat die Aufgabe, kleinste Schmutzpartikel aus dem Motoröl herauszufiltern. Sobald der Motor läuft, befindet sich das Öl in ständigem Kreislauf vom Ölsumpf durch den Ölfilter zu allen Motorschmierstellen. Von dort tropft es wieder zurück in den Ölsumpf, kühlt dort ab und wird erneut durch den Filter zu den Schmierstellen gedrückt.

Der Ölfilter soll bei jedem Ölwechsel erneuert werden, auch wenn man nur auf eine Jahresfahrleistung von z. B. 3000 km kommt und deswegen einen »Jahres-Ölwechsel« macht. Weil der Ölfilter von unten versenkt in den Motor eingebaut ist, braucht man zum Aus- und Einschrauben des Ölfilters einen speziellen Ölfilterschlüssel (Bild 4). Nur damit lässt sich der Ölfilter aus- und einbauen (Bild 8), mit einer Zange oder einem Ölfilterband hat man keine Chance.

Wichtig: Motoröl in betriebswarmem Zustand wechseln, also vorher den Motor mindestens zehn Kilometer warm fahren. Damit wird sichergestellt, dass alle Metallabriebteile, die sich noch nicht abgesetzt haben, sondern sich noch in der Schwebe befinden, vom heißen Öl aufgenommen und beim Ablassen mit herausgespült werden.

Motoröl ablassen

1. Maschine auf Mittelständer aufbocken.
■ Wenn keiner vorhanden ist: Heck-Montageständer verwenden.
Wichtig: NIEmals das Motoröl ablassen, wenn Maschine auf Seitenständer abgestellt ist!
2. Auffanggefäß mit mindestens fünf Litern Fassungsvermögen unter Motor schieben (Bild 1).
3. Stopfen aus Öleinfüllöffnung herausdrehen (Bild 5).
4. Ölablassschraube öffnen (Bild 6), ausdrehen – Öl läuft aus, Vorsicht heiß (Bild 7)!
5. Ölfilter mit Ölfilterschlüssel (Bild 4) abschrauben (Bild 8). Öl auch aus dieser Öffnung lange genug auslaufen und abtropfen lassen.
Achtung: Auch dieses Öl ist heiß und der Ölfilter ebenfalls.

Neuen Ölfilter anschrauben, Öl einfüllen

1. Ölfilter-Anlageflächen am Motor mit einem sauberen, nicht fusselnden Lappen abwischen.
2. Dichtring und Einschraubgewinde des neuen Ölfilters mit frischem Motoröl benetzen (Bild 9).
3. Ölfilter ans Gewinde am Motor ansetzen, so weit andrehen, bis die Filterdichtung die Dichtfläche am Motorgehäuse leicht berührt.
3.1. Drehmomentschlüssel benutzen: Ölfilter mit Ölfilterschlüssel mit 11 Nm festziehen.
4. Ölablassschraube mit neuem Dichtring versehen, mit frischem Motoröl bestreichen, exakt am Gewinde am Motorgehäuse ansetzen und eindrehen.
4.1. Drehmomentschlüssel benutzen: Mit 32 Nm festziehen.
5. Durch die Öleinfüllöffnung im linken Ventildeckel 3,0 Liter neues Öl einfüllen.
■ Das Ölschauglas wird jetzt wahrscheinlich ganz voll sein.
6. Nicht vergessen: In die Einfüllöffnung den Stopfen einsetzen und mit einer 1/4-Drehung bis zum Anschlag festdrehen (Bilder 5 und 10).
7. Motor starten, einige Minuten im Leerlauf laufen lassen, bis das Öl ca. 95 °C warm ist: Ölthermostat ist geöffnet und lässt das Öl zurück in die Ölwanne fließen. Ölfilterrand und Ölablassschraube auf Dichtheit überprüfen.
8. Motor abstellen. Nach ein paar Minuten den Ölstand kontrollieren und so viel Öl nachfüllen, bis der Ölstand sich zwischen Mitte und oberem Rand des Ölschauglases befindet.
■ Motoröl nicht über Maximalstand auffüllen.

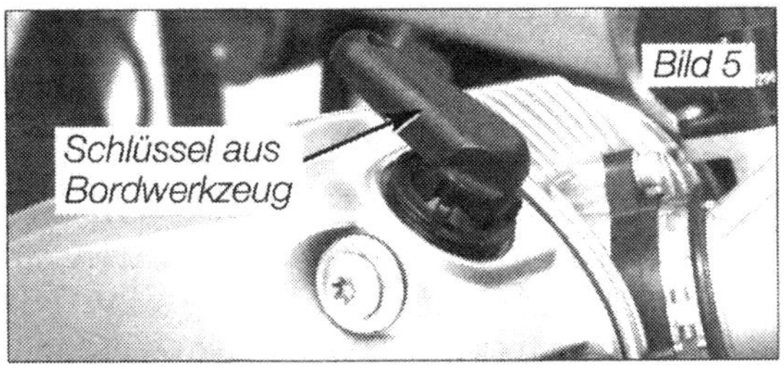

Bild 5: Schlüssel zum Öffnen des Öleinfüllstopfens (liegt dem Bordwerkzeug bei).

Bild 6: Ölablassschraube des Motors öffnen.

Bild 7: Öl ablassen – Finger weg, HEISS!

Bild 8: Ölfilter ab- und anschrauben mit Ölfilterschlüssel.

Bild 9: Frisches Öl an Dichtgummi.

Bild 10: O-Ring im Einfüllstutzen muss ringsum in Ordnung sein.

Kapitel »Ölwechsel« besteht aus drei Teilkapiteln:
- Ölwechsel I: Motor
- Ölwechsel II: Getriebe
- Ölwechsel III: Hinterradantrieb

Bilder 1 bis 3: Im Lauftext sind die zu den Bildern gehörenden Arbeitsschritte nummeriert beschrieben.

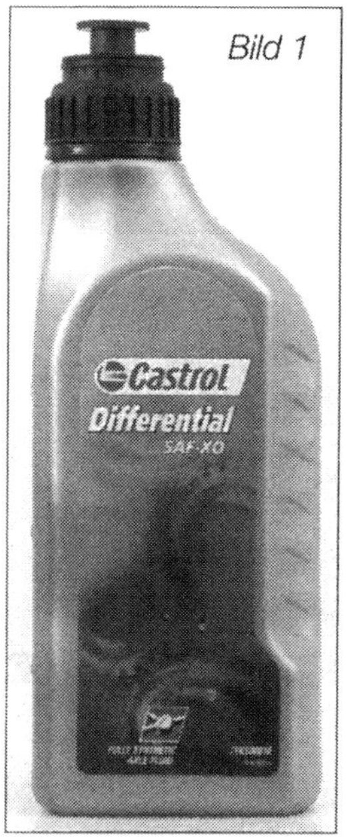

Bild 1

Ölwechsel II · Getriebe

In diesem Kapitel: Getriebeöl, Ölablassschraube · Ölmenge · Getriebeöl wechseln.

Getriebeöl, Ölablassschraube

Ölwechselintervalle
Das Getriebeöl muss alle 40 000 km (oder alle 2 Jahre) gewechselt werden.

Von BMW vorgeschriebene Getriebeöle
Castrol SAF-XO in der Viskosität SAE 75W-90 (Bild 1, wird auch für Hinterradantrieb verwendet).
- Wenn dieses Öl nicht zur Verfügung steht, können Sie auch ein von BMW für die Getriebe der ersten Vierventiler-Generation vorgeschriebenes, markenunabhängiges Öl nehmen: Hypoidgetriebeöl SAE 90, Qualitätsklasse API GL 5
- Oder eines der von BMW für die ersten Vierventil-Getriebe empfohlenen Castrol-Öle: MTX 75W-140 GL5 oder SAF-XJ 75W-140 GL5.

Grundsätzlich raten wir dringend zur Verwendung des oben als Erstes genannte Castrol-Getriebeöls, mit dem ist eine lange Lebensdauer für Lager, Zahnräder und andere Getriebebauteile garantiert.

Ölablassschraube
Zwei Arten von Ablassschrauben und Dichtringe:
- Ölablassschraube mit abnehmbaren Dichtring, muss beim Getriebeölwechsel erneuert werden.
- Ölablassschraube mit fest aufgerolltem Dichtring, der nicht abgenommen werden kann: Man muss also eine neue Ölablassschraube mit neuem aufgerolltem Dichtring kaufen.

Man kann auch den aufgerolltem und nach dem Ausbau gequetschten Dichtring abzwicken und einen neuen Dichtring aufstecken.

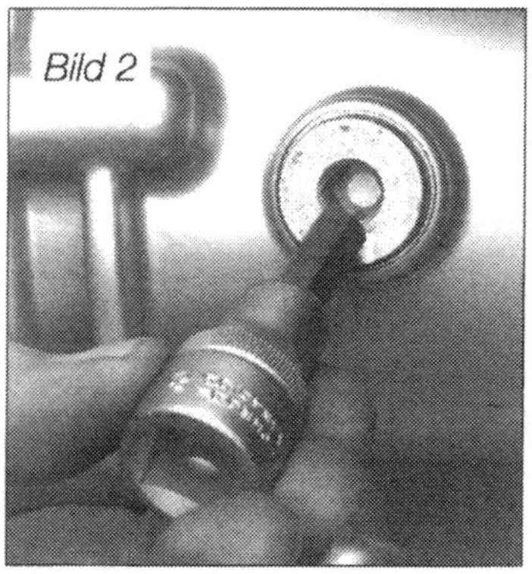
Bild 2

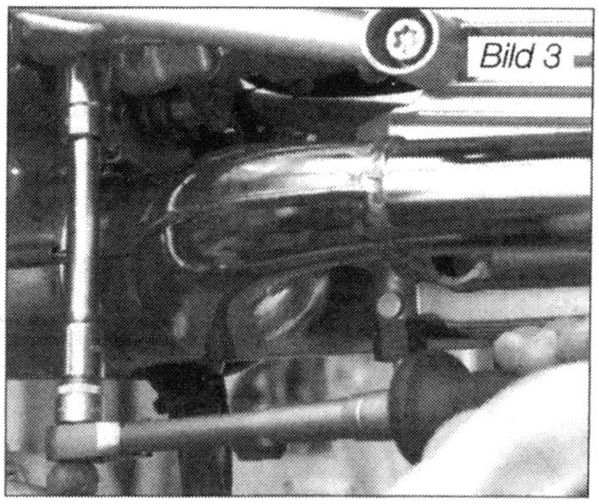
Bild 3

Ölmenge

- **0,8 Liter** R 1200 GS bis September 2004.
- **0,9 Liter** R 1200 GS, R 1200 GS Adventure, R 1200 R, R 1200 RT, R 1200 S, R 1200 ST, HP2 Enduro, HP2 Megamoto ab Oktober 2004 bis Dezember 2007.
- **0,7 Liter** R 1200 GS, R 1200 GS Adventure, R 1200 R, R 1200 RT, R 1200 S, R 1200 ST, HP2 Enduro, HP2 Megamoto, HP2 Sport ab Januar 2008 (bis heute*).

Neben der Literzahl gibt es noch eine weitere Bezugsgröße für »richtige Getriebeöl-Füllmenge«: »bis zur Unterkante der Einfüllöffnung«:
- Frisches Getriebeöl so lange langsam einfüllen, bis die Unterkante der Einfüllöffnung ereicht ist.
- Mit der Taschenlampe in die Einfüllöffnung reinleuchten: Wenn genügend Öl eingefüllt ist, muss das Öl gerade eben beginnen wollen wieder auszulaufen. Maschine muss dabei exakt senk- und waagerecht stehen.

Getriebeöl wechseln

Vorbereitende Arbeiten
Getriebeöl in betriebswarmem Zustand ablassen. Maschine auf Mittelständer senk- und waagerecht abstellen. Bei R 1200 RT abbauen: Sitzbank, Tankreling, Staufachdeckel, Verkleidung und Tankabdeckung rechts. Bei R 1200 ST: Verkleidungsunterteil rechts.

Getriebeöl ablassen
1. Ölauffangwanne unter Getriebe stellen.
2. Öleinfüllschraube (Bild 2) ausdrehen.
3. Ölablassschraube (Bild 3) öffnen und ausdrehen, Altöl ablassen, lange austropfen lassen.
4. Sitz der Ölablass- und Einfüllschrauben am Getriebegehäuse und Schrauben reinigen.
4.1. Späne am Magneten der Ölablassschraube kontrollieren:
- Wenige, feine Späne – kein Schaden.
- Größere Späne können abgebröckelte Kanten von Schalt- und Getriebezahnrädern sein! Dann nach 1000 bis 1500 km einen weiteren Ölwechsel machen und erneut auf Späne untersuchen.

Getriebeöl einfüllen
1. Ölablassschraube mit neuem Dichtring versehen, einschrauben und mit 30 Nm festziehen.
2. Frisches Öl einfüllen: Ölfüllmengen siehe Text weiter vorne.
3. Öleinfüllschraube mit neuem Dichtring versehen, einschrauben und mit 30 Nm festziehen.

* = Redaktionsschluss dieses Buchs August 2009

Ölwechsel III · Hinterradantrieb

In diesem Kapitel: Wartungsanweisungen · Typ und Menge des Hinterachsöls · Ölwechsel machen.

Wartungsanweisungen

Je nach Modell und Modelljahr sind die BMW-Wartungsanweisungen zum »Ölwechsel im Hinterachsgetriebe« unterschiedlich. Beim ersten Modell mit dem neuen Boxermotor (R 1200 GS, Mj. ab 2004) sagte BMW: *»Wartungsfrei, kein Ölwechsel nötig, Ölfüllung ist eine Lifetime-Füllung. Nur bei außergewöhnlicher Belastung soll Öl gewechselt werden«* – wäre z. B. längeres Fahren bei großer Hitze in tiefem Sand.

Aktuell* schreibt BMW einen Ölwechsel alle 20 000 km bzw. alle 2 Jahre vor. Daran sollte man sich halten, auch wenn im Fahrzeughandbuch der Maschine *»Wartungsfrei, Lifetime-Füllung«* angegeben ist, denn das Öl im Hinterachsgetriebe ist großen Belastungen ausgesetzt.

Typ (Menge) des Hinterachsöls
Von BMW vorgeschriebenes Öl:
- SAE 75W-90, API GL5 (0,22 Liter)
- BMW empfiehlt Castrol-Öl SAF-XO.

Ölwechsel machen

Bilder 1 und 2:
- Maschinen bis Baumonat August 2007 (<u>mit Ablassschraube hinten</u> am Hinterachsgehäuse): R 1200 GS, R 1200 GS Adventure, R 1200 R, R 1200 RT, R 1200 S, R 1200 ST.
- Maschinen ohne Baumonat-Beschränkung: R 1200 S, HP2 Enduro, HP2 Megamoto.

1. Hinterrad ausbauen.
2. Bremssattel abschrauben (Bremsschlauch-Verschraubung NICHT lösen!) und zur Seite hängen.
2.1. Drehzahl-(ABS-)Sensor ausbauen.
3. Hintere Verschraubung der Paraleverstrebe ausbauen.
4. Hinterradantrieb nach unten klappen.
- Kardanwelle bleibt im Schwingenholm.

4.1. Geeigneten Ölauffang-Behälter unterstellen.
5. Hinterachsöl-Ablassschraube öffnen und ausdrehen, Öl lang genug ablaufen lassen.
6. Ölauslaufbohrung und Ablassschraube reinigen. Schraube eindrehen (O-Ring nicht vergessen!), mit 20 Nm festziehen.
7. Hinterradantrieb nach oben klappen, Momentstrebe befestigen: Neue Mutter verwenden, mit 42 Nm festziehen.
8. Öl mit Spritze einfüllen (Bild 2): Einfüllöffnung ist die Sitzbohrung des Drehzahl-(ABS-)Sensors im Lagerdeckel des Hinterradantriebs.
9. Einbauen: Drehzahl-(ABS-)Sensor (8 Nm), Bremssattel (22 Nm), Hinterrad (65 Nm über Kreuz), Bremsschlauch-Abdeckung.

Bilder 3 und 4: Maschinen ab Baumonat September 2007 (<u>mit Ablassschraube unten</u> am Hinterachsgehäuse): Hinterradantrieb muss nicht abgeklappt werden. Eine Öleinfüllbohrung ist vorhanden (siehe Bild 4).

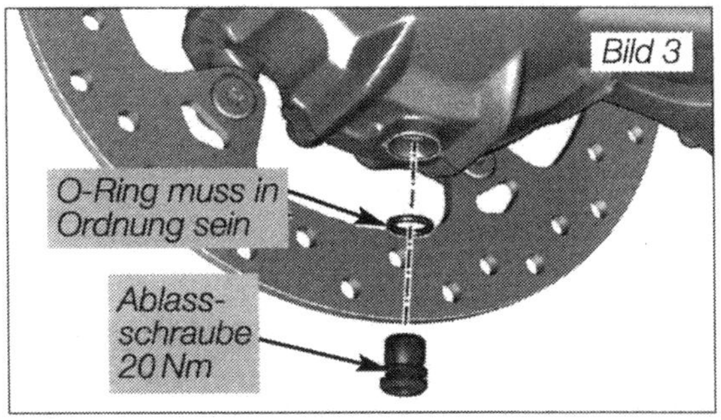

Kapitel »Ölwechsel« besteht aus drei Teilkapiteln:
- Ölwechsel I: Motor
- Ölwechsel II: Getriebe
- Ölwechsel III: Hinterradantrieb

Weitere Details
zum Thema »Abklappen des Hinterradantriebs« finden Sie in Kapitel 16 »Schwinge aus- und einbauen«.

Bilder 1 und 2: Beim Hinterradantrieb der frühen neuen Boxer ist die Ölablassschraube hinten am Gehäuse, der Hinterradantrieb muss zum Ölablassen abgeklappt werden. Eingefüllt wird durch die Sitzbohrung des Raddrehzahl-(ABS-)Sensors.

Bilder 3 und 4: Ab September 2007 sind Ölablassschraube unten und Öleinfüllschraube oben angebracht.

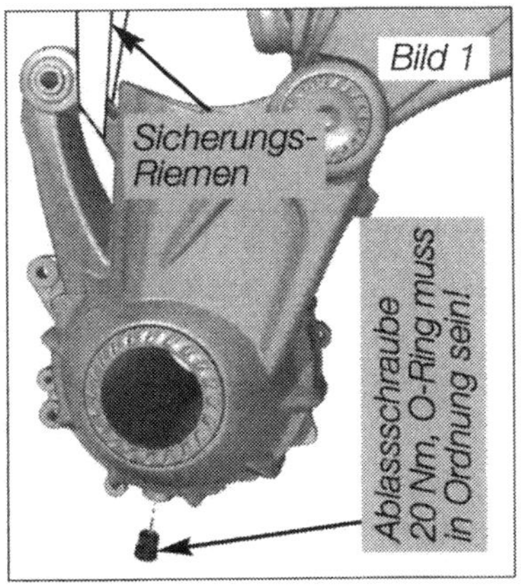

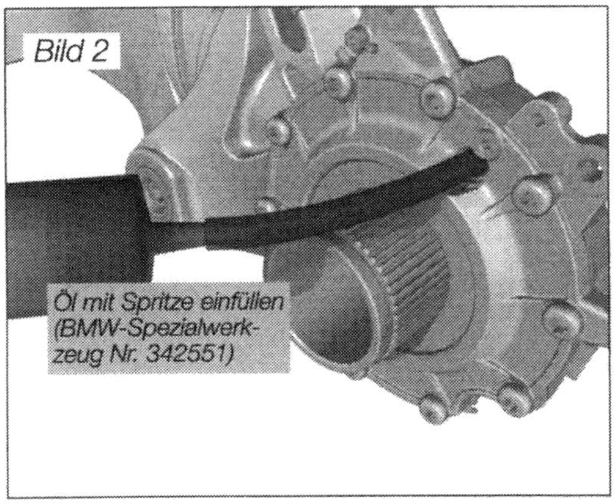

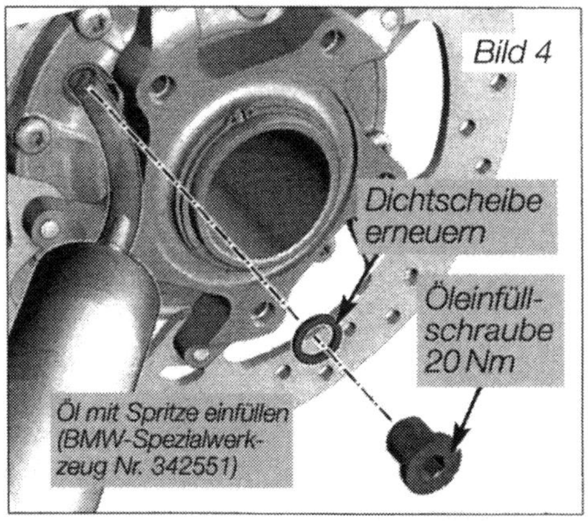

* = Stand der Recherche zum Redaktionsschluss dieses Buchs im August 2009

Schmiersystem

In diesem Kapitel: Ölkühler · Öldruck messen · Öldruckschalter prüfen, auswechseln · Ölthermostat ausbauen, prüfen, einbauen · Ölpumpe · Ölschauglas · Anziehdrehmomente, Daten und Verschleißmaße des Schmiersystems.

Ölkühler

Alle Boxer-Motoren der neuen Generation sind mit einem Ölkühler ausgestattet. Zum Ab- und Anbau müssen entweder die Ölkühlerblenden (z. B. R 1200 R, Bild 3) oder die jeweiligen Anbauteile abgebaut werden (z. B. Schutzblechschnabel bei der R 1200 GS). Sorgen Sie beim Anbau dafür, dass die runden Gummizwischenstücke (Bild 1) exakt in die Halterung eingesetzt sind und der Ölkühler nirgendwo ansteht.

Die vom Motor zum Ölkühler führenden Schlauchleitungen sind mit Federklemmschellen und mit Einmal-Schlauchschellen gesichert (Bild 2). Als Ersatz für die Federklemmschellen und Einmal-Schlauchschellen können handelsübliche Schraubklemmschellen verwendet werden.

Wichtig: Diese dürfen nicht allzu fest angezogen werden, sonst wird der Schlauch zu stark gequetscht und es besteht Bruch- oder Rissgefahr.

Bild 1

Bild 1: Die Gummihalterung des Ölkühlers muss formstabil vorhanden und einwandfrei sein.

Bild 2
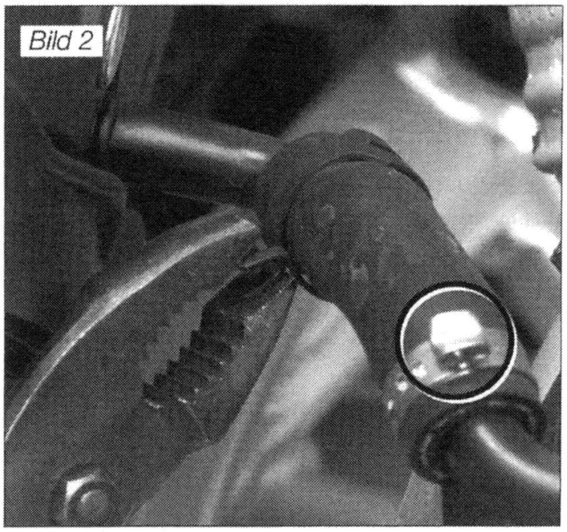

Bild 2: An den Ölleitungen werden zwei verschiedene Klemmschellen verwendet: Die obere in Bild 2 wird hier mit einer Zange geöffnet und kann wieder verwendet werden. Die untere mit dem zusammengedrückten Ende im Kreis muss aufgezwickt werden; beim Zusammenbau ist eine neue Schelle nötig.

Bild 3
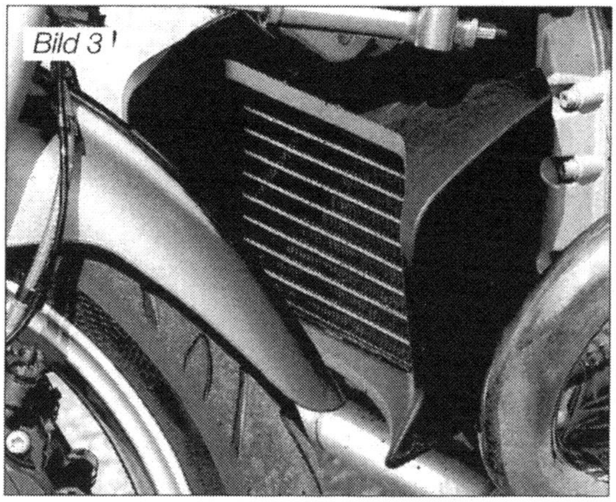

Bild 4

Bilder 3 und 4: Verschmutzte Ölkühler. Zur Reinigung mit Motorradreiniger einsprühen und reichlich klares Wasser verwenden. Hartnäckigen Dreck mit Wurzelbürste abschrubben. Lamellen nicht verbiegen!

Die Ölleitungen zwischen Motor und Ölkühler müssen »trocken« sein. Anziehdrehmomente: Schrauben der Vorlaufleitung am Thermostat 8 Nm, Hohlschrauben-Anschluss der Rücklaufleitung 35 Nm.

Wird ein Ölleitungsanschluss abgeschraubt, müssen beim Wiederanbau der Vorlaufleitung die Dichtung geprüft und gegebenfalls erneuert, bei der Rücklaufleitung die Dichtungsscheiben grundsätzlich erneuert werden. Alle Leitungen, die zum Ölkühler hin oder vom Ölkühler weg führen, dürfen nirgends anstehen, geklemmt werden oder irgendwo scheuern.

Achtung: Der Ölkühler ist über vibrationshemmende Gummiformteile an ihren Befestigungsstellen verschraubt. Diese Gummiformelemente dürfen nicht entfernt werden, sondern müssen formstabil vorhanden sein. Ein Ölkühler darf nicht starr angeschraubt sein!

Achtung: Wenn ein Haltewinkel eines Ölkühlers abgebrochen ist und geschweißt werden muss, vor dem Anschweißen des Winkels den Ölkühler abschrauben und vom Fahrzeug trennen. Nicht versuchen, einen gebrochenen Ölkühler zu schweißen, solange dieser am Fahrzeug angebaut ist, sonst wird die Fahrzeugelektronik beschädigt oder komplett zerstört (und dann wird's richtig teuer!).

Weil der Ölkühler voll im Fahrtwind steht, verschmutzt er mit der Zeit (Bild 4). Wenn Fliegenleichen die Lamellen des Ölkühlers bevölkern, kann dieser die vom durchfließenden Motoröl angelieferte Wärme nicht mehr optimal an die Umgebungsluft abgeben und die Öltemperatur steigt um bis zu 20 Prozent an. Zum Reinigen des Ölkühlers heißes Wasser, eine weiche Bürste und Druckluft verwenden. Verbogene Kühlerlamellen mit einer kleinen Spitzzange oder Pinzette und einem Schraubenzieher gerade biegen. Bei der Reparatur des Motors nach einem kapitalen Motorschaden (z. B. Lagerschaden, Kolbenfresser, abgerissene Ventile, etc.) müssen alle Ölleitungen und der Ölkühler gut gereinigt und mit Pressluft ausgeblasen werden.

Öldruck

Wenn trotz korrekten Ölstandes die Öldruck-Kontrollleuchte bei steigender Motordrehzahl nicht erlischt oder sie unterwegs plötzlich aufleuchtet, sollte man umgehend den Öldruck überprüfen.

Zum Messen des Öldrucks wird ein Öldruckmanometer (Bild 5) mit passenden Anschlussstücken (Winkel, Schlauch, Adapter) benötigt.

Öldruck messen

Der Öldruck wird bei betriebswarmem Motor und korrektem Ölstand gemessen.

1. Öldruckschalter:
1.1. Stecker vom Öldruckschalter trennen: Verriegelung ausziehen, Stecker abziehen (Bild 6).

Bild 5

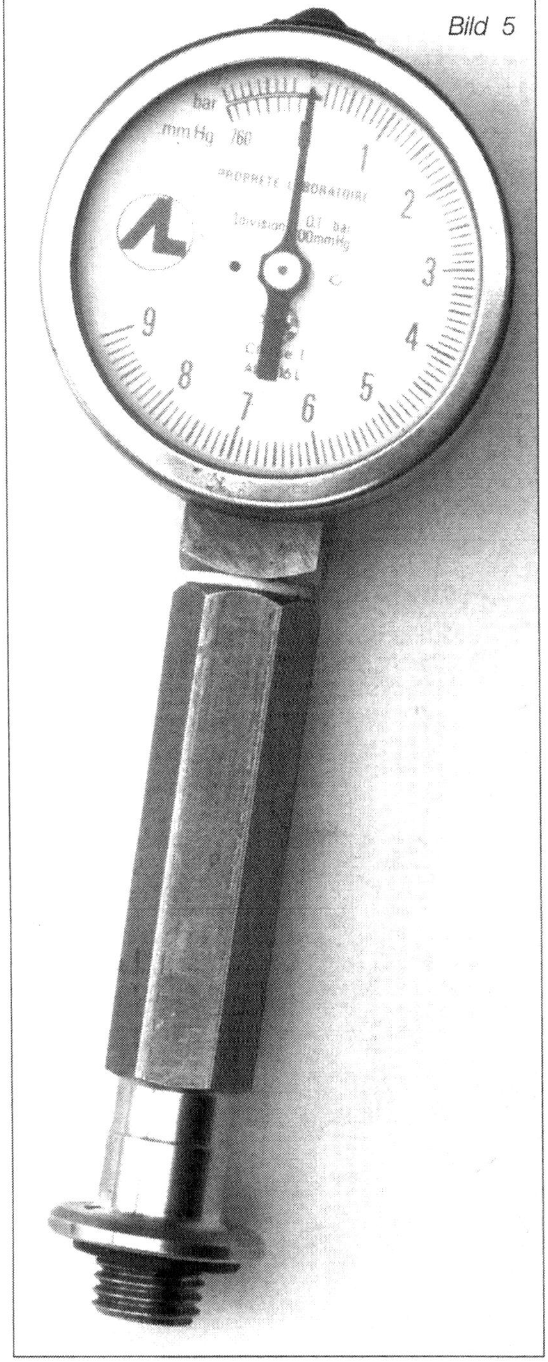

Bild 5: Öldruck-Manometer.

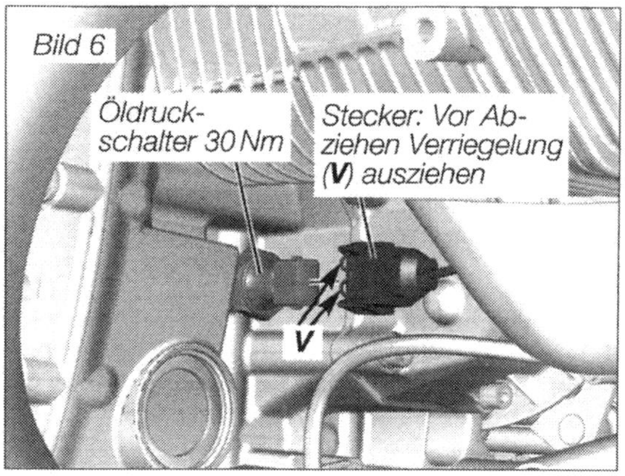

Bild 6: Der Öldruckschalter sitzt über dem Ölschauglas.

1.2. Öldruckschalter aus dem Motorgehäuse ausschrauben.

1.3. Gewinde im Motorgehäuse gut reinigen.

2. Öldruckmesser mit einem passenden Adapter am Gewinde des Öldruckschalters anschließen.

3. Motor starten und warm laufen lassen: Im Sommer 10, im Winter 20 Minuten bei jeweils 1500/min.

4. Drehzahl auf 3000/min erhöhen und den zugehörigen Wert am Druckmessgerät ablesen:

■ Öldruck muss bei 80 °C Öltemperatur zwischen 5,5 und 7,5 bar betragen.

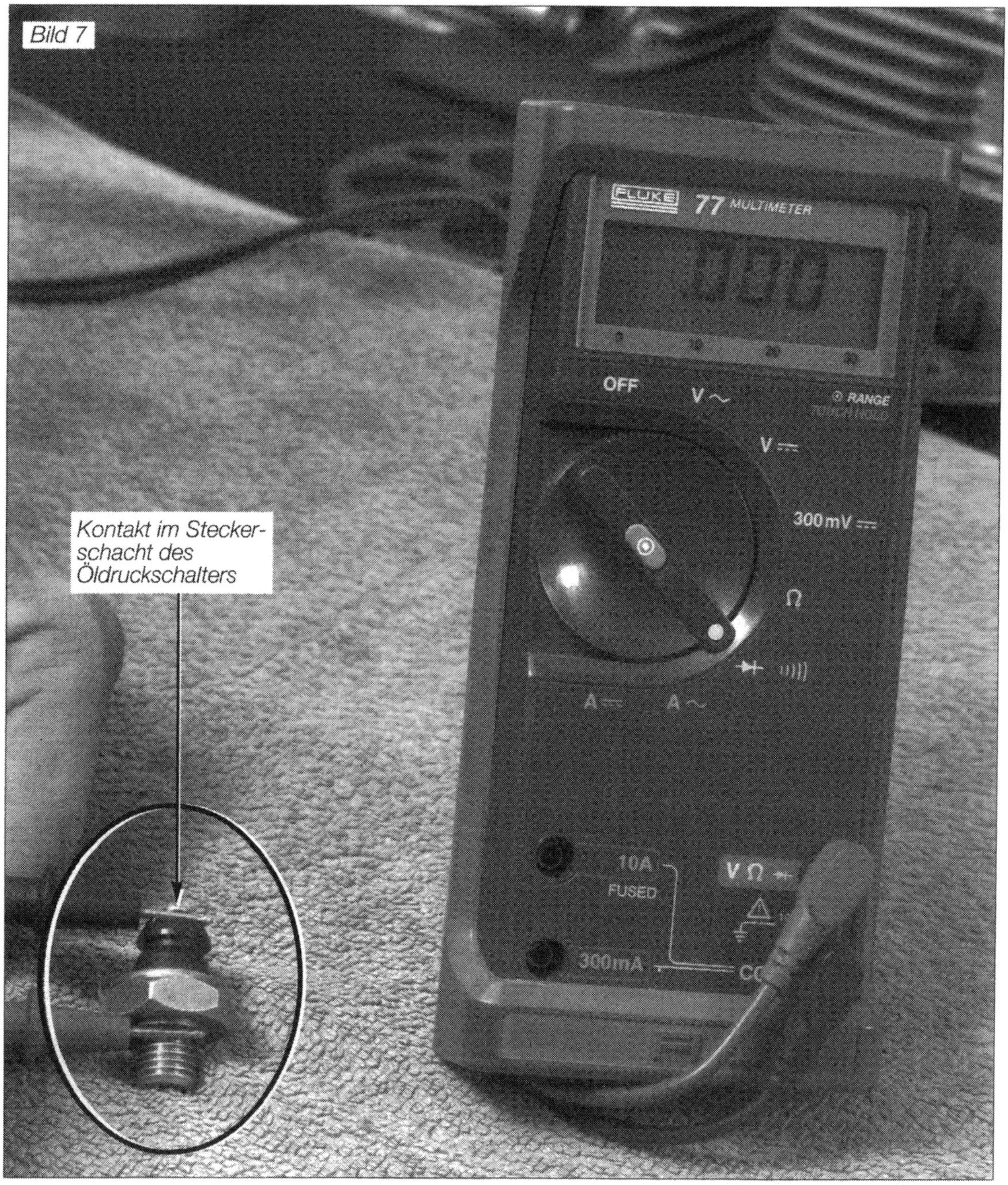

Bild 7: Prüfung des Öldruckschalters auf Stromdurchgang in ausgebautem Zustand mit einem Multimeter. Der Öldruckschalter muss Stromdurchgang aufweisen, Multimeter zeigt 0 an.

Falls der Öldruck niedriger ist als vorgeschrieben, also weit unter 5,5 bar liegt, können folgende Ursachen vorliegen:

- Ölfilter verstopft
- Verschraubungen der Ölpumpe lose
- Ölpumpe defekt
- zu großes Spiel in den Kurbelwellenlagern oder Pleuellagern, die Lager sind dann meist verschlissen
- eventuell liegt auch eine Kombination mehrerer Fehler vor

Falls der Öldruck höher ist als maximal zulässig, also bei mehr als 7,5 bar liegt, können folgende Ursachen vorliegen:

- Motorölviskosität zu hoch (zu dickes Öl im Motor)
- Öldurchgang verstopft
- Ölüberdruckventil (Bild 8) klemmt in geschlossenem Zustand

Öldruckschalter

Der Öldruckschalter sitzt links außen am Motorgehäuse über dem Ölschauglas (Bild 6). Sein Schaltbereich liegt zwischen 0,3 und 0,5 bar. Steigt der Öldruck über den Schaltbereich an, erlischt die Öldruck-Kontrollleuchte im Cockpit. Brennt sie weiter und signalisiert »kein Öldruck!«, kann auch der Öldruckschalter defekt sein.

Öldruckschalter prüfen

Der Öldruckschalter kann in eingebautem Zustand auf Durchgang geprüft werden (Bilder 6 und 7).

1. Multimeter auf Widerstandsmessung schalten: Rote Spitze an Masse, schwarze an Kontakt (Bild 7, kann auch umgekehrt gepolt werden).

2. Multimeter muss 0 anzeigen. Zeigt es andere Werte an, ist der Öldruckschalter defekt.

Öldruckschalter auswechseln

1. Kabelstecker vom Öldruckschalter abziehen.

2. Öldruckschalter mit einem 24er-Steckschlüssel ausdrehen.

3. Neuen Öldruckschalter ins Gewinde eindrehen. Anziehdrehmoment 30 Nm.

4. Kabelstecker an Öldruckschalter anbringen.

Drahtverriegelung vorsichtig einschieben. Kontrollieren, ob der Stecker satt sitzt und guten Kontakt hat.

5. Motor starten, Probelauf: Über 1500/min muss die Öldruckwarnleuchte erlöschen.

Ölthermostat

In allen Boxer-Motoren der neuen Generation ist ein Ölthermostat eingebaut, der von unten mit einer Feder beaufschlagt wird. Im geschlossenen Zustand wird das Motoröl durch einen kleinen Ölkreislauf gedrückt und erwärmt sich rascher, als wenn es in kaltem Zustand schon durch den Ölkühler geführt werden würde.

Wird der Motor (bzw. das Öl) ca. 80 Grad heiß, dann wird das innen im Ölthermostat eingeschlossene Wachs heiß und drückt einen Stift aus dem Thermostat, der sich über eine Scheibe

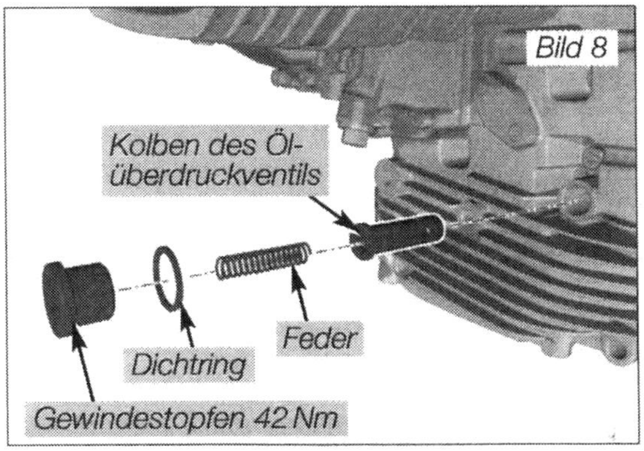

Bild 8: Das Ölüberdruckventil ist rechts über den Ölwannenkühlrippen in den Motorblock eingeschraubt.

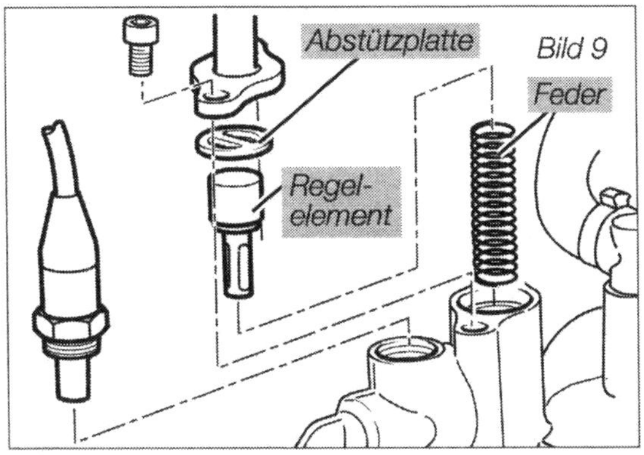

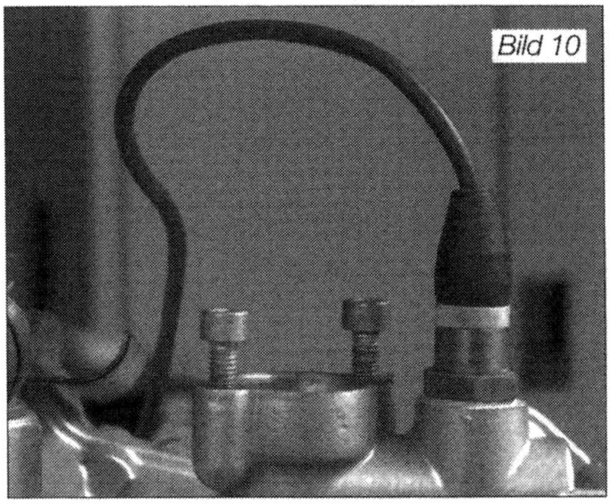

Bilder 9 und 10: Einzelteile des Ölthermostats in der Explosionszeichnung und sein Einbauort am Motor.

Sichtprüfung Messen

abstützt (Bilder 11 und 12) und den Ölkanal zum Ölkühler frei gibt; das Öl läuft dann durch den Ölkühler und wird dort gekühlt.

Wenn das Öl zu heiß wird, was man an der Öltemperaturanzeige im Cockpit sehen kann, kann der Ölthermostat defekt sein: Er gibt dann den Weg des Öls durch den Ölkühler nicht mehr frei.

Ölthermostat ausbauen und prüfen

1. Thermostat ausbauen (Bilder 9 und 10): Beide Schrauben am Rohrflansch öffnen, Flansch ausziehen, durchbrochene Blechscheibe entnehmen, Thermostat herausziehen.

2. Sichtprüfung auf Dichtheit und Unversehrtheit des Thermostatgehäuses.

3. Thermostat mit der Unterseite auf ein Blech stellen (Bild 11 links) und mit dem Feuerzeug erwärmen. Nach wenigen Sekunden muss der oben mittig sitzende Stift beginnen auszufahren (Bild 11 rechts).

Fährt der Stift nicht aus, ist der Thermostat defekt und muss erneuert werden.

Bild 11: Ölthermostat (»Regelelement«) im Ruhezustand bei Öltemperaturen bis ca. 80 °C, daneben geöffnet.

Bild 12 : Die unterhalb des Thermostats eingesetzte Feder.

Ölthermostat einbauen

1. Feder einsetzen (falls sie herausgenommen wurde, Bild 12).

2. Thermostat ganz nach unten eindrücken.

3. Durchbrochene Scheibe einsetzen, Rohrflansch einsetzen.

■ Auf unversehrten O-Ring achten!

3.1. Beide M6-Inbusschrauben eindrehen und mit 8 Nm festziehen.

Ölpumpe

Bei den Boxer-Motoren der neuen Generation sitzt die Ölpumpe zentral im Motor auf der Zwischenwelle. Konstruktiv bedingte Schäden der Ölpumpe sind nicht bekannt; besonders hoher Verschleiß aller Ölpumpenbauteile ebenso wenig. Man kann also durchaus behaupten, dass eine Ölpumpe so lange funktioniert wie der Rest des Motors auch – sie ist nicht losgelöst vom Motor als verschleißendes Bauteil zu sehen.

Ausnahmen bestätigen die Regel: Wenn ein Motor einen Lagerschaden hat, wird eine entsprechende Menge an Spänen durch die Ölpumpe durchgezogen, während der Motor seine letzten Zuckungen erlebt. Dann muss der Motor komplett zerlegt und repariert werden. Im Rahmen dessen wird die Ölpumpe in ihre Bauteile zerlegt, begutachtet und vermessen.

Details dieser Arbeiten entnehmen Sie bitte dem Kapitel 19 »Motor zerlegen · zusammenbauen«.

Ölschauglas

Wenn das Ölschauglas defekt ist, etwa durch Fremdeinwirkung bei einem Unfall, muss es erneuert werden (Bild 14).

Ölschauglas aus- und einbauen

1. Sicherungsring (Bild 13) ausbauen: Ring mit dünnem Schraubenzieher aus Nut hebeln.
2. Defektes Ölschauglas mit einem dicken Schraubenzieher heraushebeln (ähnlich wie beim Entfernen eines Simmerrings).
2.1. Sitzbohrung reinigen und auf einwandfreien Zustand kontrollieren. Sie muss fett- und ölfrei (!) sein.
3. Rand des neuen Ölschauglases dünn mit Reifenmontierpaste einstreichen.
4. Das neue Ölschauglas vorsichtig und ohne zu verkanten mit der passenden Nuss nach ganz unten satt in seinen Sitz eintreiben.
Hinweis: Das Ölschauglas hat einen Außendurchmesser von 40 mm. Eine passende Nuss mit knapp 40 mm Außendurchmesser als Einschlagwerkzeug nehmen.
5. Sicherungsring durch Aufbiegen etwas vorspannen und einbauen. Unbedingt auf korrekten Sitz prüfen.

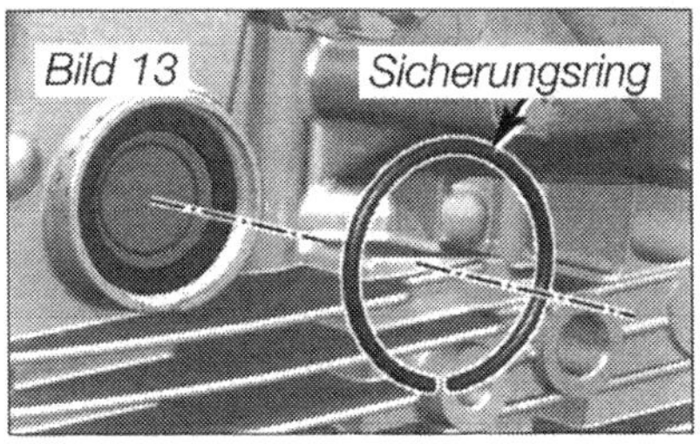

Bild 13: Sicherungsring mit einem dünnen Schraubenzieher aus seiner Nut hebeln.

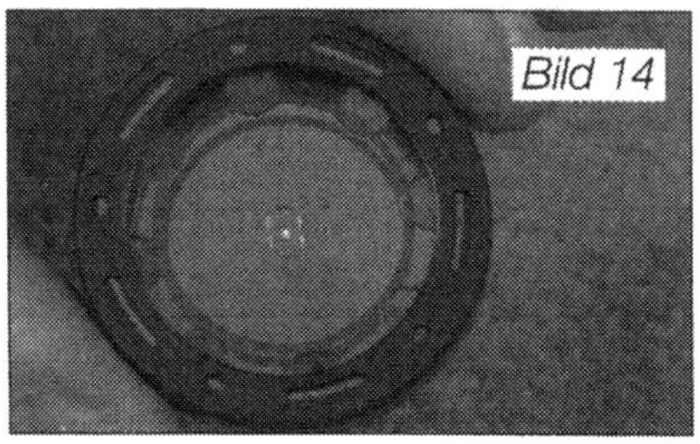

Bild 14: Neues Ölschauglas.

Anziehdrehmomente, Daten und Verschleißmaße des Schmiersystems

Anziehdrehmomente

Ölpumpe an Motorgehäuse	Voranzug 4 Nm
■ Weiterdrehwinkel 90° für Endanzug	
Steuerkettenräder an Kurbelwelle und Zwischenwelle	8 Nm
Steuerkettenspanner an Motorgehäuse	8 Nm
Kühlölleitung an Kurbelgehäuse links	8 Nm
Hohlschraube der Kühlölleitung	25 Nm
Zahnrad an Ausgleichswelle:	
Schraube bis Baumonat September 2007	19 Nm
Mutter ab Baumonat Oktober 2007	75 Nm
Schraube Ausgleichsgewicht an Ausgleichswelle	Voranzug 10 Nm
■ Weiterdrehwinkel 90° für Endanzug	
Räderkastendeckel an Kurbelgehäuse	9 Nm
Lagerdeckel (Verschlussdeckel) der Zwischenwelle bis Baumonat September 2007	8 Nm
Riemenrad an Kurbelwelle	140 Nm
■ Voranzug 40 Nm, Endanzug 140 Nm	
Riemenabdeckung an Motor	5 Nm
Verschlussschraube Überdruckventil	42 Nm
Öldruckschalter in Motorgehäuse	30 Nm

Motoröl

Ölfüllmenge mit Filterwechsel	4,0 l
Differenzmenge »min« zu »max« im Ölschauglas	0,5 l
zulässiger Ölverbrauch auf 1000 km	1,0 l
Ölfilter: Filterpatrone im Hauptstrom	
■ Weitere Informationen siehe Kapitel 2 und 3.	

Differenzdruck zur Öffnung des Umgehungsventils	2,5 ±0,3 bar
Einschaltdruck für Ölkontrollleuchte	0,3 bis 0,5 bar
Überdruckventil öffnet bei	6,5 bar
Betriebsdruck	6,5 ±1,0 bar

Ölpumpe: 2 Duocentric-Pumpen für Schmier- und Kühlöl

Gehäusetiefe Schmieröl	10,02 bis 10,05 mm
Rotorhöhe Schmieröl	9,95 bis 9,98 mm
Gehäusetiefe Kühlöl	11,02 bis 11,05 mm
Rotorhöhe Kühlöl	10,95 bis 10,98 mm
Axialspiel	0,04 bis 0,10 mm
Verschleißgrenze	0,25 mm

Ventilspiel

In diesem Kapitel: Ventiltrieb · Ventilspiel prüfen und einstellen · Ventildeckel anbauen · Ventilspiel prüfen und einstellen bei HP2 Sport · Halbkugeln aus- und einbauen.

Ventiltrieb

Der Ventiltrieb des BMW-Boxermotors besteht aus ziemlich vielen Bauteilen: Jeder Zylinder besitzt eine eigene, halbhoch liegende Nockenwelle, die über eine Kette angetrieben wird. Die Nockenbahnen betätigen Stößel, welche ihre Bewegung an Stößelstangen weitergeben, sie wirken wiederum auf Kipphebel, welche über Einstellschrauben die Ventile betätigen.

Bild 1

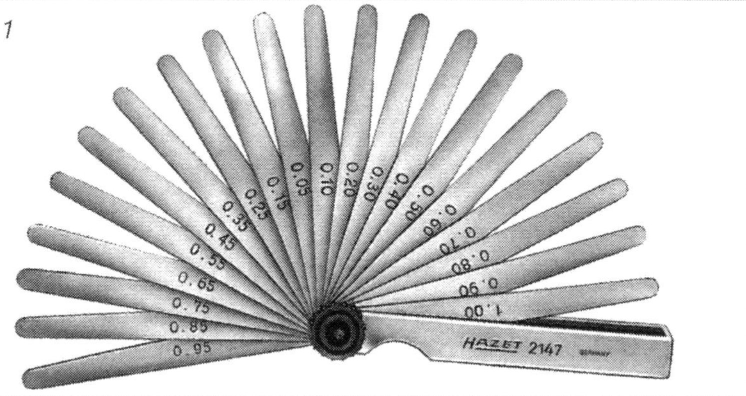

Bild 1: Zum Einstellen des Ventilspiels wird eine präzise Fühlerlehre mit verschieden dicken Blättern benötigt.

Bild 2

Bild 2: Bohrung im Getriebgehäuse und Absteckdorn.

Bild 3

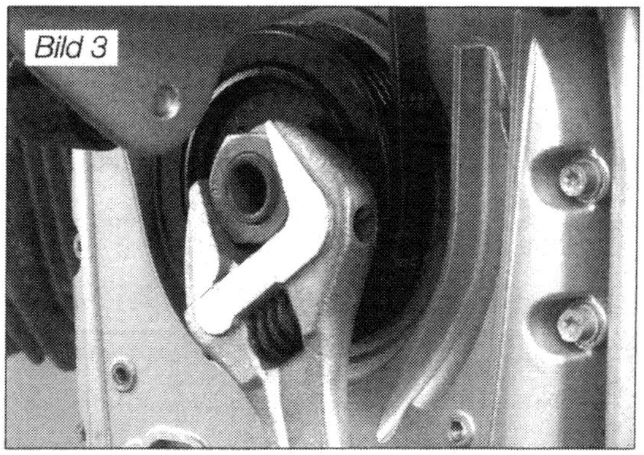

Bild 3: Motor an Mutter der Riemenscheibe rechts herum drehen, bis der entsprechende Zylinder auf Zünd-OT steht.

Keine Regel ohne Ausnahme: Der supersportliche Boxermotor in der HP2 Sport hat zwei obenliegende Nockenwellen pro Zylinder mit indirekter Betätigung der Ventile: Zwischen Nocke und Ventilkopf ist ein Schlepphebel eingebaut, in den eine Halbkugel eingesetzt ist. Vorteil der Schlepphebel-Konstruktion ist, dass auf den Ventilschaft nur minimale Seitenkräfte wirken. Durch die Verwendung einer entsprechend dicken Halbkugel wird das Ventilspiel eingestellt.

Ob HP2 Sport oder »normaler« Boxer: Jeder Motor braucht eine gewisse Zeit, bis die vielen Lager- und Kontaktstellen aufeinander eingelaufen sind: Nockenwellenlager, Nockengleitbahn, Stößelanlage auf dem Nocken, Stößelstangenkopf unten im Stößel sowie oben am Kipphebel, Kipphebellagerung (»Steuerungsträger« heißt diese Baugruppe bei BMW), Einstellschrauben mit Kontaktteil auf dem Kugelkopf (»Elefantenfuß«), Ventilkopf, Ventilsitz im Zylinder – es sind eine ganze Menge Bauteile, die sich »setzen« müssen. Deswegen ist der erste Kundendienst des Boxermotors bei 1000 km einer der wichtigsten überhaupt. Dabei werden auch die Zylinderkopfschrauben nachgezogen.

Ventilspiel

Ein gewisses Spiel zwischen Ventilkopf und Ventilspiel-Einstellschraube ist nötig, damit die Ventile den Brennraum bei allen Betriebstemperaturen dicht abschließen, kein Gas unkontrolliert entweicht und die Wärme am Ventilsitz gut abgeleitet werden kann.

Das Ventilspiel muss alle 10 000 km (bzw. ein Mal pro Jahr) überprüft und, wenn notwendig, eingestellt werden. Es wird bei kaltem Motor (höchstens 35 °C = »handwarm«) kontrolliert und eingestellt und ist dank der freistehenden Zylinderköpfe keine sehr schwierige Arbeit.

Oberen Totpunkt (OT) suchen

1. Maschine auf Mittelständer oder Montageständer abstellen. Ein Ölauffanggefäß unter den Zylinderkopf stellen, der bearbeitet werden soll, denn beim Abnehmen der Zylinderkopfhaube läuft etwas Öl aus.
2. Hauptzündkerzen aus beiden Zylinderköpfen ausschrauben; Arbeitsschritte siehe Kapitel 8 »Zündkerzen«. Die Nebenzündkerzen können eingebaut bleiben.
3. Zylinderkopfhaube (»Ventildeckel«) abnehmen:

3.1. Dazu die vier von außen zu sehenden Schrauben lösen und ausdrehen.
3.2. Mit beiden Händen am Ventildeckel etwas wackeln, damit sich die Dichtungen von den Dichtflächen lösen, Ventildeckel abnehmen. Nun liegt der Steuerungsträger frei.
Hinweis: Die Ventildeckeldichtung kann zwar aufgelegt bleiben, es ist jedoch besser, sie abzunehmen und zu reinigen und die Dichtflächen an Zylinderkopf und Ventildeckel ebenfalls.
4. Oberen Totpunkt (OT) suchen: Hinten rechts oben im Getriebegehäuse hinter dem rechten Zylinder (in Fahrtrichtung gesehen) ist eine Bohrung (Ø 12 mm, Bild 2). Wenn die Kurbelwelle so weit entsprechend gedreht ist, dass diese Bohrung mit dem Ausschnitt in der Kupplung fluchtet, stehen beide Kolben im OT: Einer im Zünd-OT und der andere im Überschneidungs-OT. Die genaue Flucht von Bohrung und Ausschnitt kann mit dem BMW-Spezialwerkzeug »Absteckdorn« (Nr. 11 2 650) überprüft werden.
Hinweis zum Suchen des OT: Wenn die Kurbelwelle so weit gedreht ist, dass der Kolben des zu bearbeitenden Zylinders den OT erreicht hat, muss man prüfen, ob der Kolben in dem OT steht, wo alle Ventile geschlossen sind (der »Zünd-OT« ist auch der »Ventilspiel-OT«), oder in dem anderen OT, in dem Ein- und Auslassventile auf Überschneidung stehen.
■ Der »richtige« Ventilspiel-OT ist eingestellt, wenn etwas Spiel zwischen Ventilköpfen und Kipphebeln zu spüren ist. Zu diesem Zweck etwas an den Kipphebeln wackeln, sie dürfen nicht unter Spannung zu den Ventilen stehen, sondern es muss das Ventilspiel zu spüren sein.
■ Den »falschen« Ventilspiel-OT sieht und spürt man daran, dass die Kipphebel Druck auf die Ventile ausüben. Wenn der Motor in diesem OT steht, muss man die Kurbelwelle eine Umdrehung (360 Grad) weiter drehen.
4.1. OT-Suchmöglichkeit 1: Sechsten Gang einlegen, kräftig und langsam (!) am Hinterrad drehen, Kipphebel beobachten. Wenn sich die hinteren Kipphebel von den Einlassventilen gelöst und diese freigegeben haben, ist der OT knapp erreicht.
■ Wenn Sie das BMW-Spezialwerkzeug »Absteckdorn« haben, stecken Sie diesen in die Bohrung im Getriebegehäuse und erfühlen den Ausschnitt in der Kupplung, indem Sie den Absteckdorn etwas eindrücken und dabei ganz langsam am Hinterrad weiter drehen, bis die Spitze des Absteckdorns im Ausschnitt des Anlasserzahnkranzes einrastet.
■ Wenn Sie keinen Absteckdorn haben, führen Sie ein langes Holzstückchen (z. B. einen langen Bleistift oder einen Schaschlikspieß) durch die offene Bohrung der zentralen Zündkerze in den Zylinder ein und »erfühlen« damit den Kolbenboden. Wenn am Hinterrad weiter gedreht wird, drückt es das Holzstückchen nach draußen – und wenn der Umkehrpunkt erreicht ist, war es der OT.
4.2. OT-Suchmöglichkeit 2: Vorderen Deckel am Motor abnehmen (»Riemengehäusedeckel«) und mit einem passenden Schlüssel über die untere Mutter, welche die Riemenscheibe hält, die Kurbelwelle rechts herum drehen (Bild 3).
Hinweis: Damit der Riemengehäusedeckel abgenommen werden kann, muss bei R 1200 R und HP2 Megamoto der Ölkühler abgeschraubt werden. Wenn der Deckel nicht ab muss, z. B. um die Spannung des Lichtmaschinen-Antriebsriemens zu kontrollieren, dann ist das Suchen des OT durch Drehen des Hinterrads die einfachere OT-Suchmöglichkeit.

Ventilspiel prüfen
1. Fühlerlehre mit 0,15 mm für Einlass bzw. 0,30 mm für Auslass nehmen und versuchen, zwischen Einstellschraube und Ventilkopf durchzuziehen (Bild 6).
2. Wenn sich diese Fühlerlehren »satt« durch den Spalt durchschleifen lassen und keine der nächstdickeren Fühlerlehren durch den Spalt passen, ist das Ventilspiel in Ordnung.
3. Wenn aber diese Fühlerlehren entweder nicht in den Spalt hineingehen oder sich die nächst-

Bilder 4 und 5: Dichtring der Zündkerzenöffnung im Zylinderkopfdeckel, Ventildeckeldichtung und Gummidichtscheiben der Deckelschrauben vor Wiedereinbau prüfen.

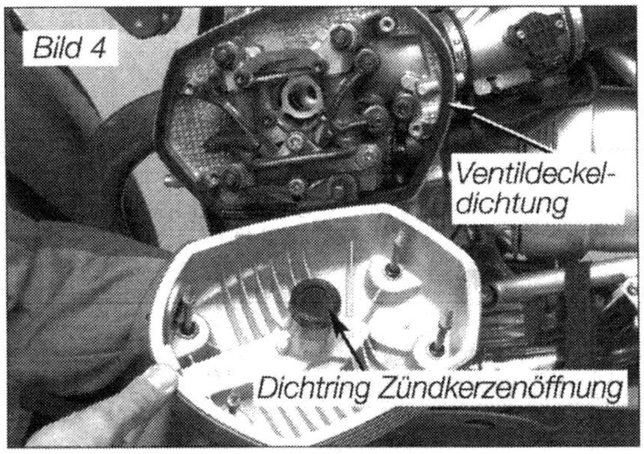

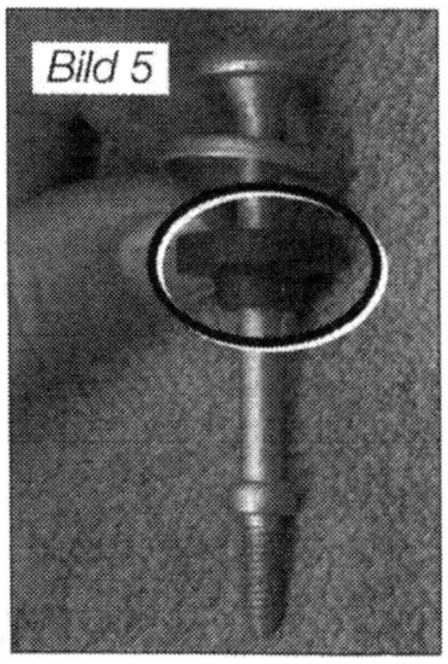

Bild 6: Die passende Fühlerlehre muss satt zwischen Ventilkopf und Einstellschraube durchschleifen.
Ventilspiel:
■ *Einlass 0,15 mm*
■ *Auslass 0,30 mm*

dickere Fühlerlehre durch den Spalt durchziehen lässt, ist das Ventilspiel entweder zu eng oder zu weit.

■ Generell gilt für das Prüfen des Ventilspiels: So lange mit verschieden dicken Fühlerlehren prüfen, bis man eine Fühlerlehre gefunden hat, die sich zwischen Ventilkopf und Ventilspiel-Einstellschraube satt durchziehen lässt. Dies nennt man »Ist-Ventilspiel«.

Ventilspiel einstellen

1. Wenn das Ventilspiel zu weit oder zu eng ist, muss es korrigiert werden. Dazu die Kontermutter der Ventileinstellschraube leicht lösen und die Schraube ganz wenig (!) ein- oder ausdrehen, bis das Ventilspiel stimmt:

■ Einlassventil 0,15 mm

■ Auslassventil 0,30 mm

Wichtig: Fühlerlehre muss satt durch den Spalt durchschleifen (Bild 6).

2. Mutter kontern: Dabei die Ventileinstellschraube auf Zug in der korrekten Position halten (Bild 7). Anziehdrehmoment der Kontermutter 8 Nm.

3. Nach dem Kontern der Mutter das Ventilspiel noch einmal prüfen.

Ventildeckel anbauen

1. Innerer Dichtring und äußere Dichtung müssen fettfrei und unbeschädigt sein.

2. Dichtring auf Bund von Zündkerzenöffnung im Ventildeckel setzen, äußere Dichtung auf Zylinderkopf auflegen.

2.1. Ventildeckel aufsetzen.

3. Dichtscheiben der Halteschrauben (Bild 5) kontrollieren: Wenn sie »hart« oder »angefressen« sind, erneuern.

3.1. Halteschrauben eindrehen und über Kreuz mit 10 Nm festziehen.

4. Zündkerzen einbauen, Stecker aufstecken.

Bild 7

Bild 7: Beim Festziehen der Kontermutter darauf achten, dass sich die Ventilspiel-Einstellschraube nicht verdreht: Mit einem Inbusschlüssel in der exakten Einstellposition auf Zug gegenhalten.

Ventilspiel einstellen bei HP2 Sport

Ist-Ventilspiel feststellen

1. Schleifschutz abbauen: Schrauben ausdrehen (Bild 8), Schleifschutz abnehmen.

2. Zündkerzenstecker abziehen, Zündkerzen ausschrauben (siehe Kapitel 8 »Zündkerzen«).

3. Zylinderkopfhaube (»Ventildeckel«) abbauen (Bild 9). Dazu die zwei von außen zu sehenden Schrauben ausschrauben. Zylinderkopfhaube mit der Faust leicht anstoßen, damit sich die Dichtungen lösen; Zylinderkopfhaube abnehmen.

4. Oberen Totpunkt (OT) einstellen: 6. Gang einlegen, langsam am Hinterrad in Fahrtrichtung drehen, bis die Markierungen an den Nockenwellen senkrecht zueinander stehen (Bild 11).

5. Ventilspiel prüfen: Fühlerlehre zwischen Nocken und Schlepphebeln durchziehen (Bild 12). So lange mit verschieden dicken Fühlerlehren prüfen, bis man eine Fühlerlehre gefunden hat, die sich zwischen Nocke und Schlepphebel satt durchziehen lässt. Dieses so genannte »Ist-Ventilspiel« mit der Zylinderbezeichnung »links« oder »rechts« sowie »E« und »A« (für Einlass und Auslass) und jeweils »oben« und »unten« notieren. Es dient später dazu, neue Halbkugeln auszuwählen, um das Ventilspiel auf die vorgeschriebenen Werte einzustellen.

5.1. Vorgeschriebenes Ventilspiel bei HP2 Sport:

■ für Einlassventile .... 0,13 mm bis 0,23 mm

■ für Auslassventile .... 0,30 mm bis 0,40 mm

6. Ergebnisse bewerten:

■ Wenn die gemessenen Ventilspiele innerhalb der vorgeschriebenen Toleranzen liegen, kann der Motor wieder zusammengebaut werden.

■ Wenn das Ventilspiel bei einem oder mehreren Ventilen nicht der Vorschrift entspricht, müssen entsprechende neue Halbkugeln eingebaut werden.

Ventilspiel einstellen

Zur Auswahl der passenden Halbkugel (Bild 14) stehen 23 verschiedene Halbkugeln zur Verfügung mit Dicken von 4,60 bis 5,70 mm in Abstufungen von 0,05 mm.

Beispiel: Bestimmung einer neuen Halbkugel für das vorgeschriebene Einlass-Ventilspiel von 0,13 bis 0,23 mm.

■ Gemessenes Einlass-Ventilspiel 0,28 mm.

■ Dicke der eingebauten Halbkugel 4,70 mm.

■ Die eingebaute Halbkugel ersetzen durch eine neue mit einer Dicke von 4,80 mm.

Ergebnis: Das neue Einlass-Ventilspiel beträgt 0,18 mm.

Achtung: Auf keinen Fall versuchen, eine Halbkugel mit Feile oder Schleifpapier passend zu machen!

Halbkugel aus- und einbauen

■ Zum Abziehen der Sicherungsclipse empfiehlt BMW das Werkzeug »Zange« (Nr. 11 1 911). Man kann aber auch mit einem kleinen Schraubenzieher und einer Flachspitzzange arbeiten.

■ BMW schreibt vor, dass die Sicherungsclipse erneuert werden müssen. Wenn sie noch genügend Spannung haben, können sie noch einmal verwendet werden. Beim Einbau darauf achten, dass der Sicherungsclip mit der scharfen Kante nach außen (= vom Schlepphebel weg) eingebaut wird.

1. Zylinderkopfhaube ist abgebaut wie weiter vorne beschrieben. Der Verschiebeschutz (Bild 10) kann montiert bleiben.

2. Schlepphebel ausbauen.

2.1. Auslass-Schlepphebel: Sicherungsclip mit Zange packen und ausziehen (Bild 13), Schlepphebel von Schlepphebelwelle abziehen.

2.2. Einlass-Schlepphebel: Sicherungsclip ausziehen, Schlepphebelwelle nach vorn schieben, Schlepphebel ausbauen.

■ Unbedingt darauf achten, dass die Halbkugel nicht herausfällt (Bild 14).

3. Halbkugel aus Sitz herausnehmen.

4. Neue Halbkugel in den Schlepphebel einsetzen: Etwas Fett daran geben und in ihren Sitz eindrücken bzw. »einkleben« (Bild 14).

5. Schlepphebel einbauen.

5.1. Auslass-Schlepphebel: Auf Schlepphebelwelle aufschieben, Sicherungsclip einbauen.

5.2. Einlass-Schlepphebel: Schlepphebelwelle muss nach vorne ausgeschoben sein, Schlepphebel ansetzen, Schlepphebelwelle bis ganz nach hinten einschieben.

■ Unbedingt darauf achten, dass die Halbkugel nicht herausfällt.

5.3. Sicherungsclip einbauen. Prüfen: Er muss stramm sitzen!

6. An den eingestellten Ventilen das Ventilspiel erneut prüfen.

7. Verschiebeschutz (Bild 10): Wenn er demontiert war, einbauen.

8. Zylinderkopfhaube aufbauen: Dichtung und Dichtflächen reinigen. Darauf achten, dass beim Aufbau kein Clips heruntergedrückt oder abgeschoben wird.

8.1. Beide Schrauben einschrauben, mit 10 Nm festziehen.

9. Zündkerzen und Zündkerzenstecker einbauen.

10. Schleifschutz anschrauben.

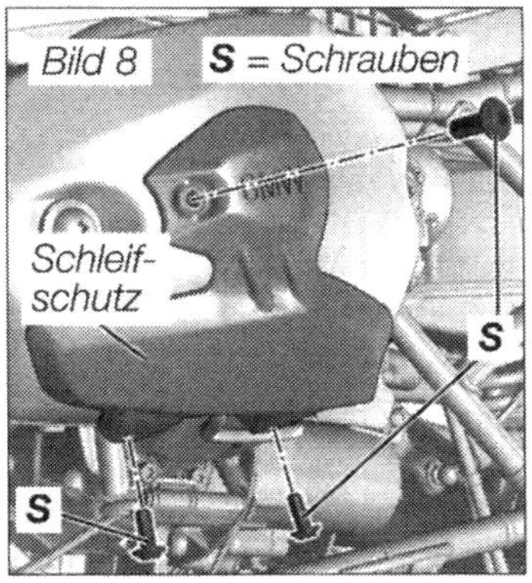

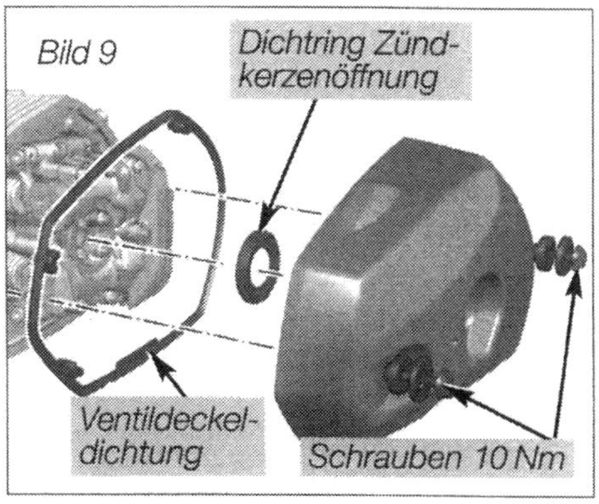

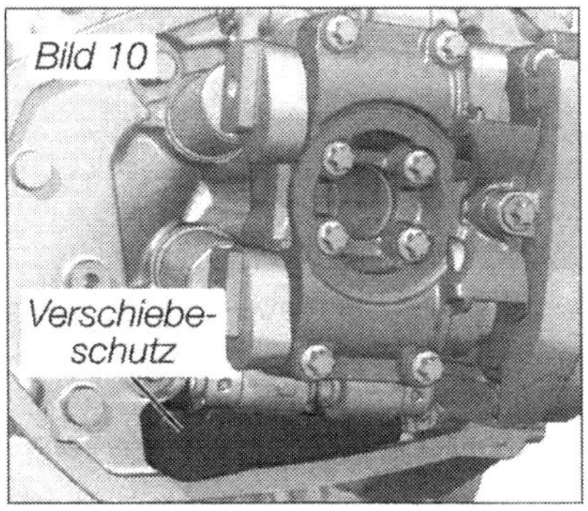

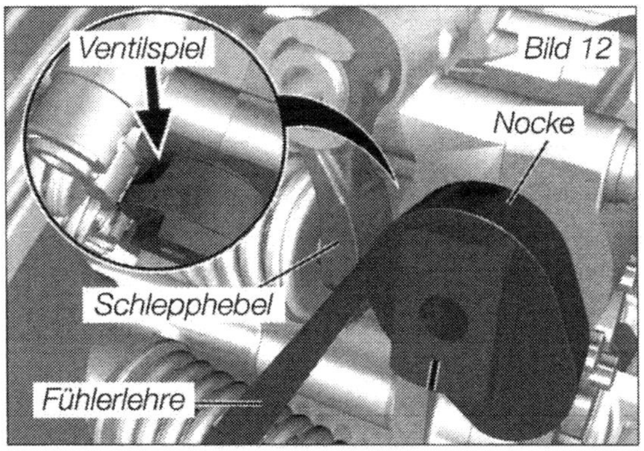

Bilder 8 bis 14: Im Lauftext sind die zu den Bildern gehörenden Arbeitsschritte nummeriert beschrieben.

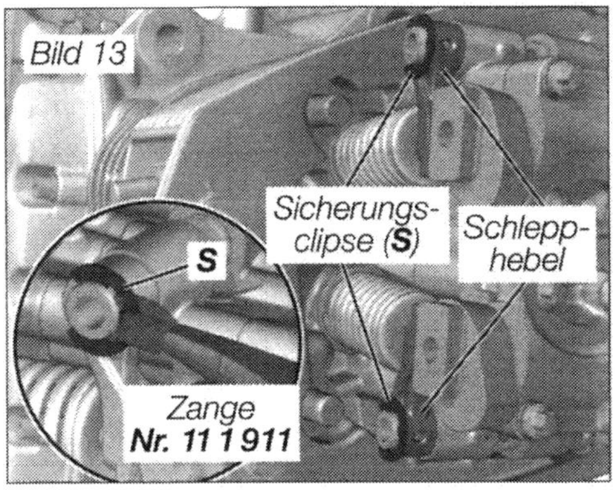

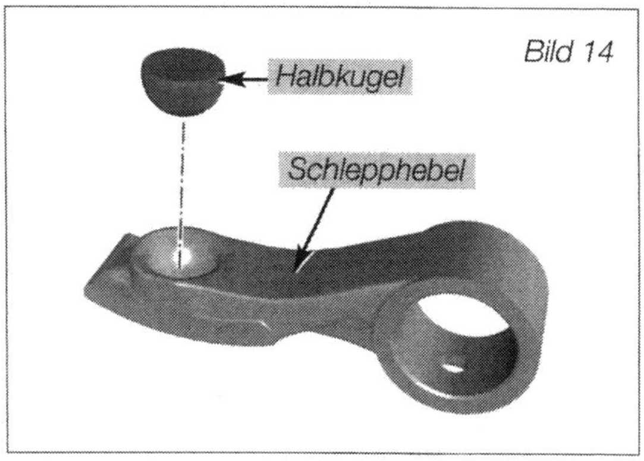

Ansaugsystem

In diesem Kapitel: Luftfilter ausbauen, reinigen einbauen · Benzineinspritzung · Leerlaufdrehzahl · Drosselklappen synchronisieren · Gaszüge kontrollieren und wechseln · Einspritzventile · Drosselklappengehäuse ab- und anbauen.

Luftfilter

Der Luftfilter muss laut BMW-Vorschrift alle 20 000 km erneuert werden. Bei Fahrten durch staubige Gebiete ist eine Reinigung öfter nötig. Bei der Reinigung kann nur der grobe Schmutz abgeklopft werden; feiner Staub wird im ölgetränkten Filterpapier gebunden.

■ Alle Modelle haben einen Papier-Plattenluftfilter, der hinter den Ansaugrohren im Luftfiltergehäuse sitzt.
■ Im Deckel des Luftfiltergehäuses sitzt der Ansauglufttemperatur-Sensor.

Hinweis: Der Motor zieht seine Ansaugluft durch ein Ansaugrohr mit nach vorne gerichteter Öffnung, weswegen viel Dreck von der Straße sowie Bremsabrieb angesaugt wird. Bei Einsatz einer GS in staubigen Gebieten empfehlen wir, alle 3000 km den Luftfilter zu reinigen, ggf. zu erneuern und das Ansaugrohr gut auszuputzen. Wenn eine R 1200 S oder HP2 Sport auf der Rennstrecke (Renn- oder Sportfahrertraining) gefahren wird, gelangt reichlich Bremsabrieb ins Ansaugrohr, öfteres Reinigen empfiehlt sich.

Bilder 1 und 2: Halterung des Ansaugrohres am Luftfiltergehäuse. Haken am Haltebügel mit dem Daumen oder einem Schraubenzieher leicht eindrücken und dabei entriegeln.

Bilder 3 und 3a: Ansaugrohr vorne aus der Zapfenhalterung ziehen und hinten ausschieben.

Bild 4: Wenn das Filterpapier stark verschmutzt ist, muss ein neuer Filter eingebaut werden.

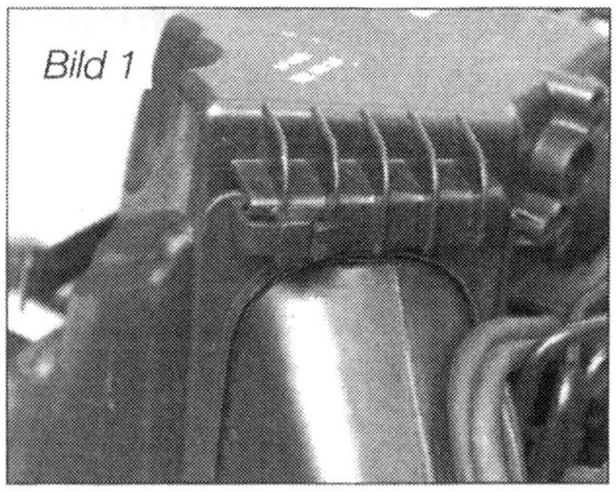
Bild 1

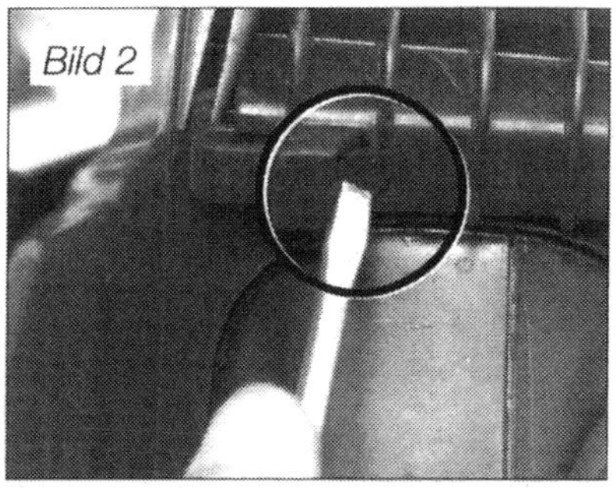
Bild 2

Bild 3
Bild 3a

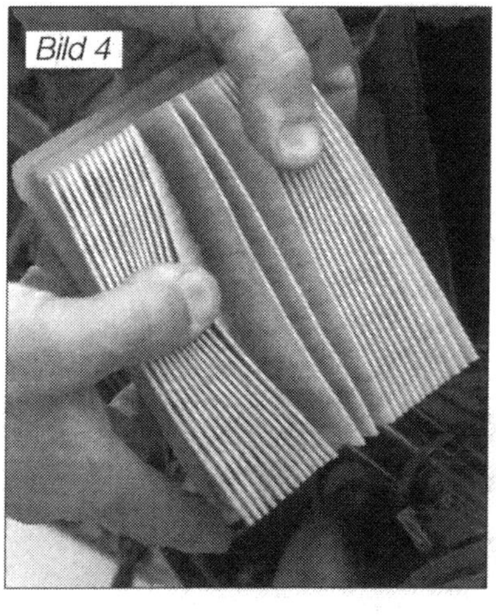
Bild 4

Luftfilter ausbauen, reinigen, einbauen
Zum Aus- und Einbau des Luftfilters müssen folgende Teile abgebaut werden:
R 1200 GS und R 1200 GS Adventure: Sozius- und Fahrersitz, Seitenblende rechts, Seitenteil rechts, Tankverkleidung rechts
R 1200 R: Sitzbank, Seitenblende rechts, Seitenverkleidung rechts
R 1200 RT: Sozius- und Fahrersitz, Tankreling, Staufachdeckel, Tankverkleidung rechts
R 1200 S und HP2 Sport: Fahrersitz, Tankverkleidung rechts
R 1200 ST: Sozius- und Fahrersitz, Verkleidungsunterteil, Verkleidungsseitenteil rechts
HP2 Enduro und HP2 Megamoto: Seitenverkleidung rechts

1. Haltebügel des Ansaugrohres entriegeln (Bilder 1 und 2):
1.1. Haken am Ende mit einem Schraubenzieher leicht eindrücken (Bild 2).
1.2. Zapfen vorne am Ansaugrohr (Kreis in Bild 3a) aus der Halterung ziehen, Ansaugrohr leicht anheben und herausziehen (Bild 3).
2. Luftfilter oben etwas zusammendrücken und aus seinem Sitz herausziehen.
3. Luftfilterkasten und Ansaugrohr mit einem mit Motorradreiniger getränkten Lappen ausreiben und trocken putzen.
4. Luftfilter reinigen: Die Elemente vorsichtig auseinanderfächern (Bild 4), den daran haftenden Schmutz auf einer Holzunterlage abklopfen, oder mit weicher Druckluft abblasen/mit einem Staubsauger vorsichtig absaugen.
5. Gereinigten bzw. neuen Luftfilter einsetzen, ihn dabei etwas zusammendrücken.
■ Darauf achten, dass die Dichtung ringsum exakt auf dem Bund des Luftfiltergehäuses sitzt.
6. Ansaugrohr am Luftfiltergehäuse ansetzen und einschieben, bis die Haltebügel hörbar einrasten.
■ Gleichzeitig den vorderen Zapfen am Ansaugrohr vollständig in die Gummimuffe schieben.
■ Darauf achten, dass der Drosselklappenzug in der Führung des Ansaugrohres sitzt: Die Drosselklappe muss dabei am Anschlag stehen.
7. Abgebaute Teile wieder anbauen.

Benzineinspritzung

Achtung: Bei allen Arbeiten mit dem extrem gesundheitsschädlichen, feuergefährlichen und explosiven Benzin sind jegliche Wärmequellen, offenes Feuer, Funkenflug und brennende Zigaretten fehl am Platze. Benzin nicht schlucken. Wenn's doch passiert, sofort einen Arzt aufsuchen! Benzin nur in geeigneten Behältern lagern (Benzinkanister). Mit offenem Benzin nur in gut gelüfteten Räumen arbeiten!

Steuerung und Regelung der Benzineinspritzung sind mit der Zündung zu einer Baugruppe zusammengefasst. Eine Überprüfung von Einspritzung und Zündung wird in der BMW-Motorradwerkstatt beim Auslesen des Fehlerspeichers im Rahmen der Inspektionen vorgenommen.

Zur Durchführung des von BMW alle 10 000 km vorgeschriebenen Inspektionspunktes »Synchronisation der Drosselklappen: Prüfen, ggf. einstellen« ist das BMW-Diagnosesystem ebenfalls nötig, denn es erfasst auch, ob die beiden Leerlaufsteller (je einer an jedem Drosselklappengehäuse) sowohl beim Kaltlauf als Gemischanreicherer als auch im Leerlauf bei warmem Motor richtig arbeiten.

Man kann also an Kraftstoffsystem und Einspritzung nicht viel selbst machen oder reparieren, weswegen die nachstehenden Wartungs- und Reparaturtipps in diesem Kapitel nur für Notfälle gelten.

Leerlaufdrehzahl

Achtung: Die versiegelten Anschlagschrauben der Drosselklappen dürfen nicht geöffnet bzw. verdreht werden, da sonst der Leerlauf-Grunddurchsatz beim Hersteller neu eingestellt werden muss! **Beachten:** Siegellack an beiden Anschlagschrauben muss unbeschädigt sein.

Die vorgeschriebene Leerlaufdrehzahl bei warmem Motor beträgt 1150 ± 50/min. Der Gasgriff muss dabei ganz geschlossen sein.

■ Wenn die Leerlaufdrehzahl zu hoch ist, kann einer der Gaszüge unter Spannung stehen, die Drosselklappen sind also um einen bestimmten Betrag offen (Einstellung des oberen und der unteren Gaszüge siehe weiter hinten in diesem Kapitel).

■ Es kann aber auch sein, dass einer der Gaszüge innen aufgespleißt ist und die Drosselklappen (oder auch nur eine davon) sich deswegen nicht schließen lassen. Dann muss der entsprechende Gaszug erneuert werden.

■ Wenn die Leerlaufdrehzahl zu niedrig ist, und der Motor deswegen möglicherweise immer wieder aus geht, stimmt etwas anderes im System nicht: z. B. können die Drosselklappen-Anschlagschrauben so verdreht sein, dass die Drosselklappen ganz schließen. Dann ist Schicht – die Drosselklappenstutzen müssen abgebaut und über den BMW-Händler ins Werk eingeschickt werden, weil nur dort der Grunddurchsatz eingestellt werden kann.

Hinweis: Es kann aber auch sein, dass die Leerlaufsteller (Leerlaufstepper) falsche oder keine Signale bekommen und/oder die Zündkerzen/Zündspulen defekt sind. Dann ist der Gang in die BMW-Motorradwerkstatt angesagt, denn nur mit dem BMW-Diagnosesystem lässt sich ein solcher Fehler aufspüren.

Drosselklappen synchronisieren

Tipp: Zum Einstellen des Drosselklappenabgleichs (»Gleichlauf der Zylinder«) gibt es im Zubehörhandel entsprechende Prüf- und Einstellgeräte. Wir empfehlen für diese Arbeiten den Boehm-Synchrontester.

Wie im Text zu Anfang dieses Kapitels schon erwähnt, ist es besser, diese Arbeit mit dem BMW-Diagnosesystem in der BMW-Motorradwerkstatt durchführen zu lassen. Wenn im Zuge von Heimarbeit eine Inspektion gemacht wird und es sonst

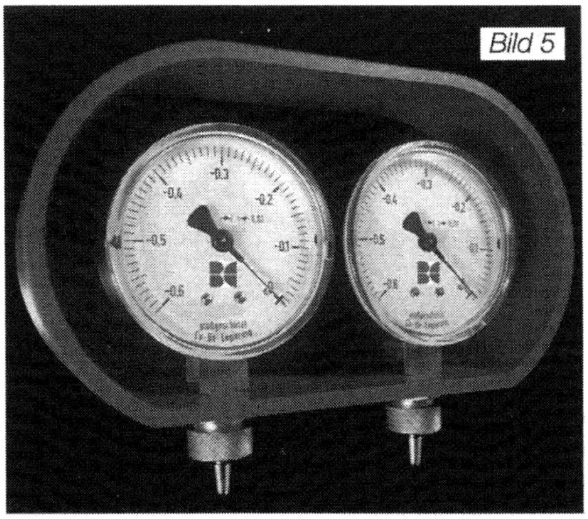

Bild 5

Bild 5: Boehm-Unterdruckuhren.

Kontakt:
Boehm Synchrontester
Peter-Kreuder-Straße 21
D-81245 München
www.boehm-synchrontester.de

keine (noch zu behebenden) Probleme gibt mit dem Einspritz-Zündsystem, die Ventile exakt eingestellt und die Zündkerzen in Ordnung sind, kann man das Synchronisieren wie nachstehend beschrieben auch selbst durchführen.

Unbedingt gemacht werden sollte eine Synchronisation dann, wenn ein Gaszug gerissen war und ein neuer eingebaut wurde (bzw. alle Gaszüge gewechselt wurden, siehe entsprechender Textabsatz weiter hinten in diesem Kapitel).

1. Motor mindestens zehn Kilometer warm fahren. Die Öltemperatur soll rund 80 °C betragen.
■ Motor ausschalten.
2. Am Gasgriff oben am Lenker: Seilzugspiel am oberem Gaszug einstellen (Bild 12): Kontermuttern öffnen und Seilzugeinsteller ein- oder ausdrehen, bis das Spiel ca. 0,5 mm beträgt.
3. Unten an den Drosselklappen (Bild 15): Gummischutzkappe an Gaszug vom Seilzugeinsteller weg nach oben schieben. Kontermuttern an beiden Seilzugeinstellern lösen und ca. 2 Umdrehungen zurückdrehen.
4. Abdeckungen beider Drosselklappengehäuse abnehmen: Verriegelungslasche vorsichtig aufbiegen, Abdeckung nach oben abziehen und abnehmen.

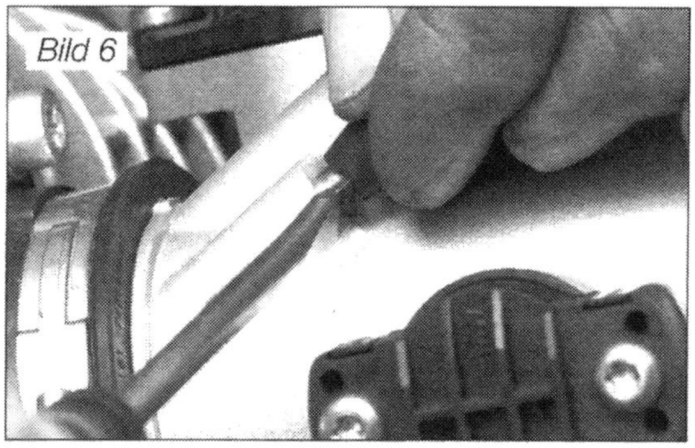

Bild 6: Gummikappen über den Rohrstutzen vorsichtig abziehen bzw. abschieben.

Bild 7: Unterdruck-Messuhren über Schläuche angeschlossen.

5. Am Seilzugeinsteller eines jeden Gaszugs ein Seilzugspiel von jeweils ca. 1 mm einstellen.
6. Gummikappen von den Rohrstutzen an den Drosselklappengehäusen (Bild 6) abziehen/abschieben, Schläuche der Unterdruck-Messuhren an die Rohrstutzen anschließen (Bild 7).
■ Spätestens jetzt die Gebrauchsanleitung des verwendeten Unterdruck-Messgerätes beachten!
7. Motor starten.
■ Beide Drosselklappen müssen geschlossen sein (Gasgriff auf »zu«) und die Hebel beider Drosselklappenwellen sicher an ihren Anschlagschrauben anstehen.
8. Nun etwas Gas geben auf 1400 bis 1800/min und die Unterdruckuhren beobachten:
■ Der Unterschied rechter zu linkem Zylinder darf nicht mehr als 15 mbar betragen.
9. Durch wiederholtes Gasgeben bis auf ca. 2500/min den Gleichlauf der Drosselklappen prüfen: Die Anzeigenadeln in den Synchronuhren müssen sich synchron bewegen, also gleichmäßig miteinander absinken bzw. ansteigen. Ggf. entsprechend korrigieren durch Verstellen der Seilzüge an den Seilzugeinstellern.
10. Wenn alles ok ist, die Seilzugeinsteller mit den Kontermuttern sichern.
■ Beim Anziehen der Kontermutter vorsichtig zu Werke gehen, damit sich der Seilzugeinsteller nicht mitdreht. Anzeige im Synchrontester darf sich nicht verändern!
11. Motor ausschalten. Unterdruck-Messschläuche abziehen, Gummikappen auf Rohrstutzen aufschieben.

Gaszüge

Alle Vierventil-Boxermotoren der zweiten Generation sind mit drei einzelnen Gaszügen ausgestattet (Bilder 8 und 9):
■ Ein Bowdenzug führt vom Gasgriff zu dem am Luftfilterkasten sitzenden Gaszugverteiler (Bild 8).
■ Zwei weitere Bowdenzüge führen vom Gaszugverteiler nach rechts und links zu den Seilzugrollen der Drosselklappen (Bild 9).

Gaszüge kontrollieren und einstellen

1. Der Gaszug vom Gasgriff nach unten zum Gaszugverteiler muss frei verlegt sein. Er darf auch bei vollem Lenkeinschlag nach rechts oder links nirgends anstehen, klemmen, gezogen werden oder scheuern.
2. Stehender Motor: Der Gasgriff muss, wenn er losgelassen wird, aus jeder Öffnungsstellung und

bei jedem Lenkeinschlag von selbst schließen.
3. Stehender Motor: Beim »Gas geben« und »Gas wegnehmen« muss der Gasgriff in jeder Position und bei jedem Lenkeinschlag leicht laufen, es dürfen keine schwergängigen oder hakelnden Stellen zu spüren sein.
4. Laufender Motor: Bei vollem Lenkeinschlag nach rechts und links dürfen sich weder das Standgas noch die momentane Motordrehzahl verändern.
5. Oberer Gaszug (Gaszugspiel prüfen): Unter »Gaszugspiel« versteht man den Leerweg des Gasdrehgriffs, bis der Gaszug angezogen wird. Das Spiel im Zug sollte ca. 0,5 mm betragen; am Umfang des Gasgriffgummis zum Gasgriffgehäuse sind es ca. 2 bis 4 mm.
5.1. In Stellung »Gas zu« einen dünnen Kreidestrich am Gasgriffgummi anbringen, der sich mit dem Schlitz der Lenkerarmatur deckt (Bild 10).
5.2. Motor starten, ganz leicht Gas geben und beobachten, ab wann die Motordrehzahl steigt:
■ Wie weit sind Strich auf dem Gasgriffgummi und Schlitz (Bild 11) auseinander?
6. Gaszugspiel einstellen: Einstellung erfolgt am Gaszugeinsteller unterhalb des Gasgriffs (Bild 12).
6.1. Gummitülle vom Einsteller abschieben. Wenn sie auf der Außenhülle des Bowdenzugs verklebt ist, etwas WD-40 in die Gummitülle sprühen, dann lässt sie sich leicht zurückschieben.
6.2. Kontermutter des Einstellers lösen und zwei bis drei Umdrehungen vom Einsteller wegdrehen.
6.3. Einsteller aus- bzw. eindrehen, bis das benötigte Spiel am Gasdrehgriff erreicht ist.
6.4. Kontermutter festziehen, Gummitülle aufschieben. KEINE Zange zum Festziehen der Kontermutter benutzen.
7. Untere Gaszüge prüfen: Bei ganz geschlossenem Gasgriff muss jeder der beiden Gaszüge, die zu den Seilzugrollen der Drosselklappen führen, am freien Ende zwischen Einstellschraube und der Seilzugrolle in sich etwas »Luft« haben.
■ Das Spiel der Gaszüge wird geprüft, wenn der Gasgriff geschlossen und der Motor ausgeschaltet ist: Das Gasseil muss am freien Ende etwas »Luft« haben (Bild 9), darf also nicht unter Spannung stehen. Andersrum gesagt: Keiner der beiden Züge darf Spannung haben, wenn der Gasgriff geschlossen ist.
Anmerkung: Im Normalfall verändert sich das Spiel der Gaszüge nicht ins Negative, denn die Gaszüge werden ja nicht »kürzer«, wodurch sie in sich Spannung bekämen. Dank der guten Qualität der serienmäßigen Gaszüge wird weder der Innenzug länger noch der Außenzug kürzer, die Bowdenzüge »ziehen« sich nicht.
Guter Rat: Immer serienmäßige Bowdenzüge verwenden, also Originalgaszüge kaufen und einbauen!

Gaszüge wechseln

Zum Wechsel eines Gaszugs muss der Tank abgebaut werden, der Gaszugverteiler sitzt vorne am Luftfilterkasten (Bild 8).

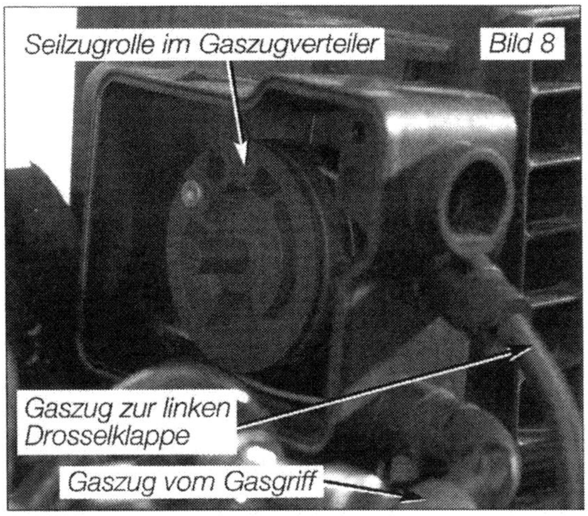

Bild 8: Gaszugverteiler vor dem Luftfilterkasten.

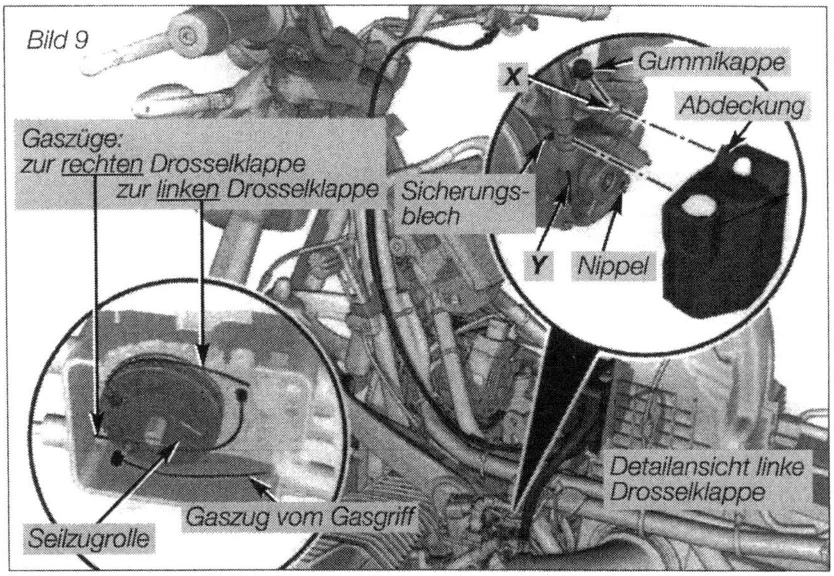

Bild 9: Schemazeichnung von Gaszugverteiler, Gaszugverlegung und Drosselklappenbetätigung.
***X** = Anschlagschraube NICHT verdrehen!*
***Y** = etwas »Luft« am freien Ende des Gaszugs!*

Bilder 10 und 11: Der Leerweg am Gasgriff muss zwischen 2 und 4 mm betragen. Er wird am oberen Gaszugeinsteller eingestellt (entspricht einem Spiel im Gaszug von ca. 0,5 mm).

Der Gaszug darf NICHT geschmiert werden, sonst wird die Gleiteigenschaft der Kunststoff-Innenhülle zerstört. Gasgriff und Gaszug hin und wieder auf freien Lauf prüfen (siehe Lauftext). Hakt die Gasgriffbewegung, sind ein oder mehrere Drähte des Innenzugs gebrochen und reiben im Inneren der Außenhülle. Ein defekter Gaszug muss umgehend ersetzt werden.

Wenn einer der Gaszüge gerissen ist oder wegen eines anderen Defekts, z. B. rauer Lauf wegen eines aufgespleißten Innenzugs, ausgebaut und ein neuer Zug eingebaut werden soll, dann raten wir, gleich alle Züge zu erneuern. Das schafft Sicherheit für die nächsten zigtausend Kilometer.

Beim Einbau eines neuen Zuges gilt: Sicherstellen, dass er scheuer- und knickfrei verlegt ist und keine anderen Bauteile behindert oder abklemmt! Zur richtigen Verlegung nehmen Sie sich bitte die Zeichnung in Bild 9 zu Hilfe.

Oberen Gaszug aus- und einbauen

1. Rechte Lenkerarmatur abschrauben.
2. Gasgriff abnehmen.
2.1. Wenn nur der Lenker gewechselt wird: Beide Schrauben des Gasgriffgehäuses (***D*** in Bild 13) und Klemmschraube (***G*** in Bild 13) leicht lösen.
2.2. Obere Lenkerklemmböcke abschrauben, Lenker aus den unteren Lagerböcken nehmen.
2.3. Abgenommenen Lenker aus Gasgriff ziehen.
3. Gasgriff ersetzen: Soll der Gasgriff ersetzt oder ein neuer Gaszug eingebaut werden, folgendermaßen vorgehen.
3.1. Rändel-Kontermutter (***A*** in Bild 13) von der Gaszug-Einstellschraube (***B*** in Bild 13) lösen, ganz nach vorne drehen. Gaszug-Einstellschraube nachdrehen, damit der Gaszug genügend »Luft« zum Ausbau bekommt.
3.2. Befestigungsmutter des Gaszug-Fühungsbogens (***C*** in Bild 13) ganz losschrauben.
3.3. Schrauben des Gasgriffgehäuses (***D*** in Bild 13) lösen und ausdrehen, Oberteil des Gaszuggehäuses (***E*** in Bild 13) abnehmen.
3.4. Nippel des Gaszugs (***F*** in Bild 13) aushängen, Gaszug nach unten herausziehen.
3.5. Klemmschraube des Gasgriffs (***G*** in Bild 13) lösen, Gasgriff vom Lenker abziehen.
4. Tank abbauen, Seilzugverteiler herausnehmen. Deckel des Seilzugverteilers öffnen, dazu die vier Haltelaschen vorsichtig aufbiegen.
5. Seilzugrolle herausnehmen, Gaszug aushängen.
■ Einbaulage der Züge im Verteiler gut merken! Die Zeichnung in Bild 9 hilft, den Gaszugverteiler wieder richtig zusammenzusetzen.

Einbau in umgekehrter Reihenfolge.
■ Nippel des Gaszugs mit leichtem Wälzlagerfett fetten und einsetzen.
■ Spieleinstellung des oberen Gaszugs sowie Leerweg am Gasgriff siehe weiter vorne in diesem Kapitel.
■ **Anbau der Lenkerarmatur:** Zuerst den Lenker in den Gasgriff stecken, dann den Lenker auf die Lenkerböcke aufsetzen und handfest anschrauben. Lenker einstellen, Schrauben festziehen wie weiter hinten in diesem Kapitel beschrieben. Der Anbau der rechten und linken Lenkerarmatur geschieht prinzipiell in umgekehrter Reihenfolge des Abbaus. Achten Sie darauf, dass keine Kabel im Schalter geklemmt sind und der kleine Zapfen an jedem Schaltergehäuse (Bild 14) in den hinteren Spalt der Lenkerarmatur ragt. Torx-Klemmschrauben mit 5 Nm festziehen.

Bowdenzüge zu den Drosselklappen aus- und einbauen

1. Am Drosselklappengehäuse: Kontermutter am Seilzugeinsteller lösen, ganz eindrehen (Bild 15).
2. Gummikappe der Anschlagschraube abnehmen, Abdeckkappe nach oben abziehen (Bild 9).
3. Seilzugrolle an der Drosselklappenwelle mit dem Finger nach oben drücken, Nippel aushängen (Bild 9).
4. Seilzugeinsteller ganz ausdrehen, Sicherungsblech ausclipsen, Zug herausnehmen.
5. Gaszugverteiler herausnehmen und öffnen, Zug von der Seilzugrolle aushängen.

Einbau in umgekehrter Reihenfolge.

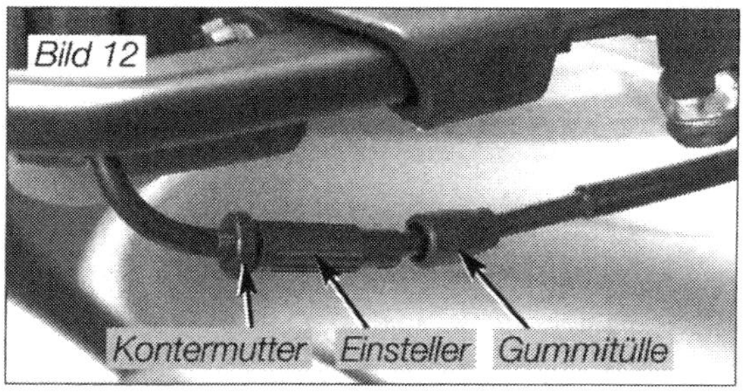

Bild 12: Einsteller oben am Gaszug/Gasgriff.

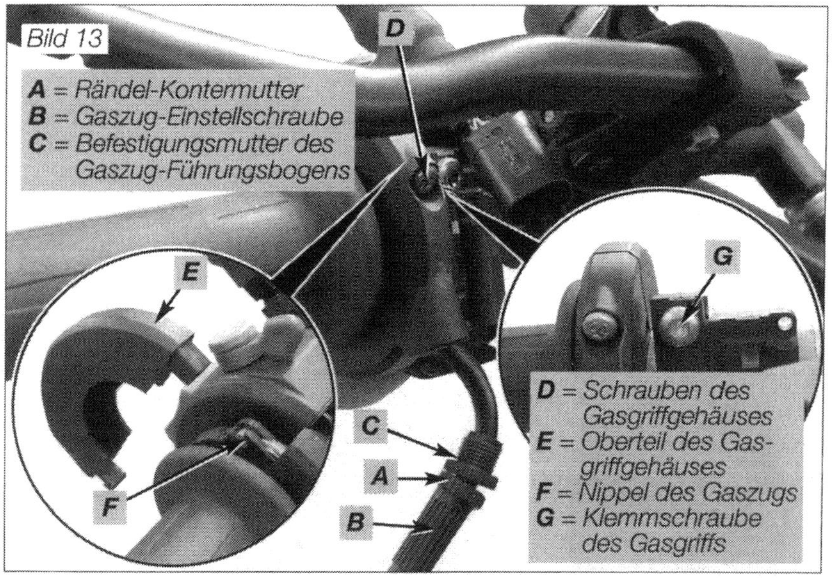

*Bild 13: Gasgriff abnehmen (Teilebezeichnung **A** bis **G** in der Reihenfolge des Abbaus).*

■ Beide Nippel dünn mit leichtem Wälzlagerfett einschmieren.
■ Drosselklappen sychronisieren.

Einspritzventile

Falls der Motor auf einem oder beiden Zylindern nicht laufen will, kann man durch Herausnehmen der Einspritzventile überprüfen, ob sie Sprit fördern. Doch zuerst den Hörtest machen: Wenn die Einspritzventile ihre Stromimpulse bekommen, hört man das von außen, es tickert ganz leicht. Sicherer ist jedoch ausbauen und spritzen lassen. Einspritzventil dabei in ein geeignetes Gefäß halten, damit der Sprit sicher aufgefangen wird!

Einspritzventile ausbauen, prüfen, einbauen
1. Torxschraube, mit der das Einspritzventil befestigt ist, ausschrauben, Einspritzventil ausziehen (Bild 16).
2. Starter kurz betätigen und beobachten:
■ Wenn das Ventil Benzin spritzt, gelangt dieses auch in den Ansaugtrakt.
■ Spritzt es nicht, auch das Einspritzventil des anderen Zylinders überprüfen.
■ Wenn dieses Ventil spritzt, ist das andere kaputt und muss ersetzt werden.
■ Wenn beide nicht spritzen, kann ein Schaden an der Benzinpumpeneinheit oder der Motorelektronik vorliegen.

Hinweis: Wenn KEIN Benzin durch beide Einspritzdüsen kommt, sehen Sie sicherheitshalber nach, ob auch Sprit im Tank ist. Lachen Sie nicht, es ist alles schon passiert...

Anmerkung: An der Benzinpumpe im Tank sowie am Füllstandsgeber, an den Benzinleitungen und dem Druckregler geht nichts kaputt. Mögliche Defekte lassen sich am besten mit dem BMW-Diagnosesystem lokalisieren.

Drosselklappengehäuse ab- und anbauen

Sitzbank und Verkleidungsteile abbauen. Das Drosselklappenpotentiometer nur ausbauen, wenn es ersetzt werden muss. Es muss nicht eingestellt werden (»selbstlernendes System«).

1. Stecker Leerlaufsteller trennen.
2. Kabelbinder am Drosselklappengehäuse trennen.
3. Stecker Drosselklappenpotentiometer trennen.
4. Drosselklappengaszug aushängen: Abdeckkappe nach oben schieben, Zugnippel aushängen, Sicherungsblech ausclipsen, Gaszug nach oben herausziehen.
5. Drosselklappengehäuse abbauen: Zum Öffnen der Schelle wird eine BMW-Spezialzange benötigt (Bild 17, Nr. 13 1 512).
Hinweis: Ohne diese Zange lässt sich die Schelle nicht zerstörungsfrei abbauen. Wenn Zange nicht zur Verfügung steht, Ansaugstutzen mit montiertem Drosselklappengehäuse vom Zylinderkopf abbauen.
■ Da auch die Ansaugleitung zwischen Drosselklappengehäuse und Luftfilterkasten auf Drosselklappenseite mit diesen Schellen befestigt ist, Drosselklappe mit Ansaugleitung abnehmen.
■ Bei der R 1200 GS und R 1200 GS Adventure ist allerdings die Ansaugleitung zwischen Drosselklappengehäuse und Luftfilterkasten auf beiden Seiten mit diesen Spezialschellen befestigt, sodass man ohne die BMW-Zange das Drosselklappengehäuse nicht ausbauen kann.
Einbau in umgekehrter Reihenfolge.

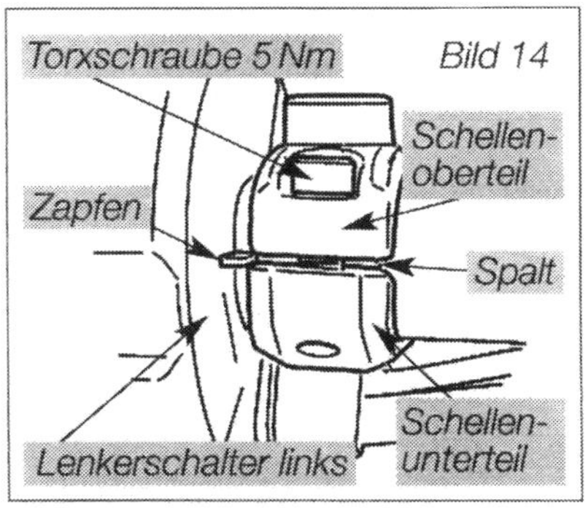

Bild 14: Zapfen am Schaltergehäuse muss in den Spalt der Lenkerarmatur ragen.

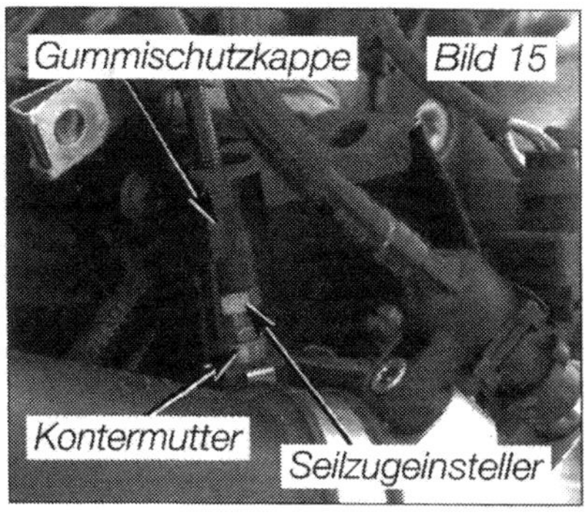

Bild 15: Einstellmöglichkeiten am unteren Gasseilzug.

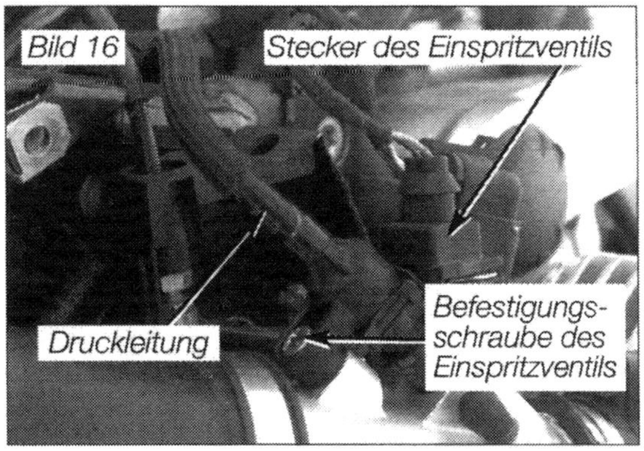

Bild 16: Wenn der Motor nicht läuft und der Verdacht besteht, dass das Einspritzventil kein Benzin spritzt, zuerst den Stecker abziehen und auf einwandfreie Kontakte überprüfen.

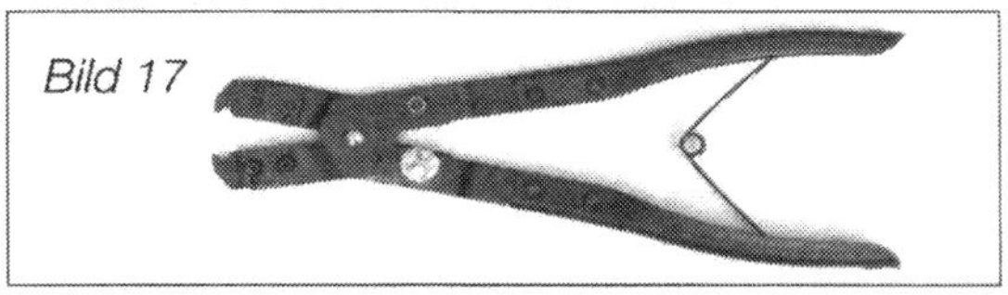

Bild 17: Zum Öffnen der Ansaugschelle wird die BMW-Spezialzange Nr. 13 1 512 benötigt.

Bilder 1 bis 4: Übersicht wichtiger elektrischer Bauteile, Steckverbindungen und Kabelverlegungen am Beispiel der R 1200 R.

Elektronik

In diesem Kapitel: Ein Wort zuvor zur Elektronik · Übersicht der Bauteile · Fehlersuche · Elektronikbauteile · Fahrzeugelektronik: SWS und CAN-Bus, Identifier · Bus-Technologie, Echtzeit, Leitungspfad · Drei Steuergeräte · Keine Schmelzsicherungen · Elektronische Wegfahrsperre · Instrumentenkombi in Digitaltechnik · Motorsteuerung: Einspritzung · Leerlaufanhebung, Kaltanreicherung · Schubschaltung, Doppelzündung, Klopfregelung, Lichtmaschine, Batterie · Stecker · Kabel · Wichtige Tipps zur elektrischen und elektronischen Fehlersuche.

Bild 1

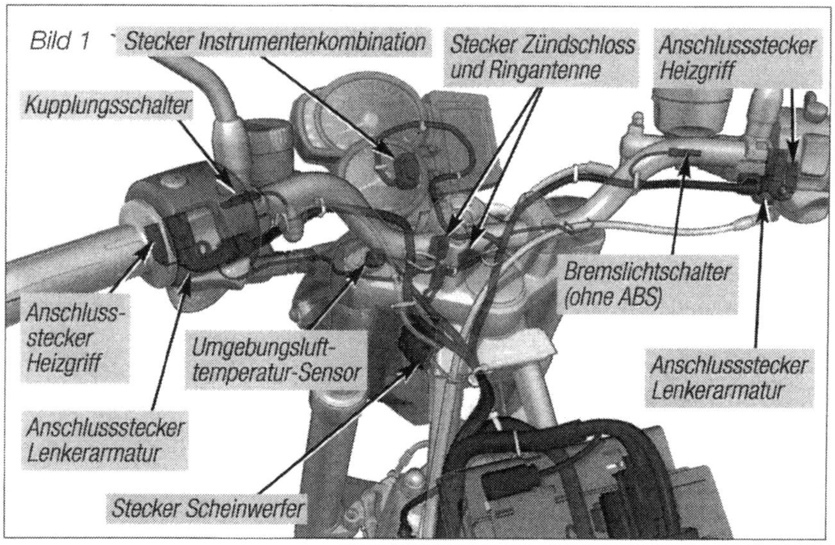

Ein Wort zuvor

Die Motor- und Fahrzeugelektronik der BMW-Modelle mit den Vierventil-Boxermotoren der zweiten Generation (ab 2004) repräsentiert modernsten fahrzeugtechnischen Stand mit deutlichen Anleihen aus dem Automobilbau. Sie hat ihre Basis im elektronischen System der ersten Generation der Vierventil-Boxer (Modelljahre 1994 bis 2004); wie diese hat sie keine einzige Schmelzsicherung.

Auch ist der Kabelbaum kein kilometerlanges Gewirr mit allen möglichen verschiedenen Verzweigungen und Anschlüssen, sondern besteht, bildlich gesprochen, aus ein paar Strippen mit verschiedenen Steckern, deren Enden zu den Steuergeräten führen, worin die Daten verarbeitet werden. Deswegen gibt es auch für die Elektronik der Vierventil-Boxermotoren der zweiten Generation keine Schaltpläne im herkömmlichen Sinne.

Bild 2

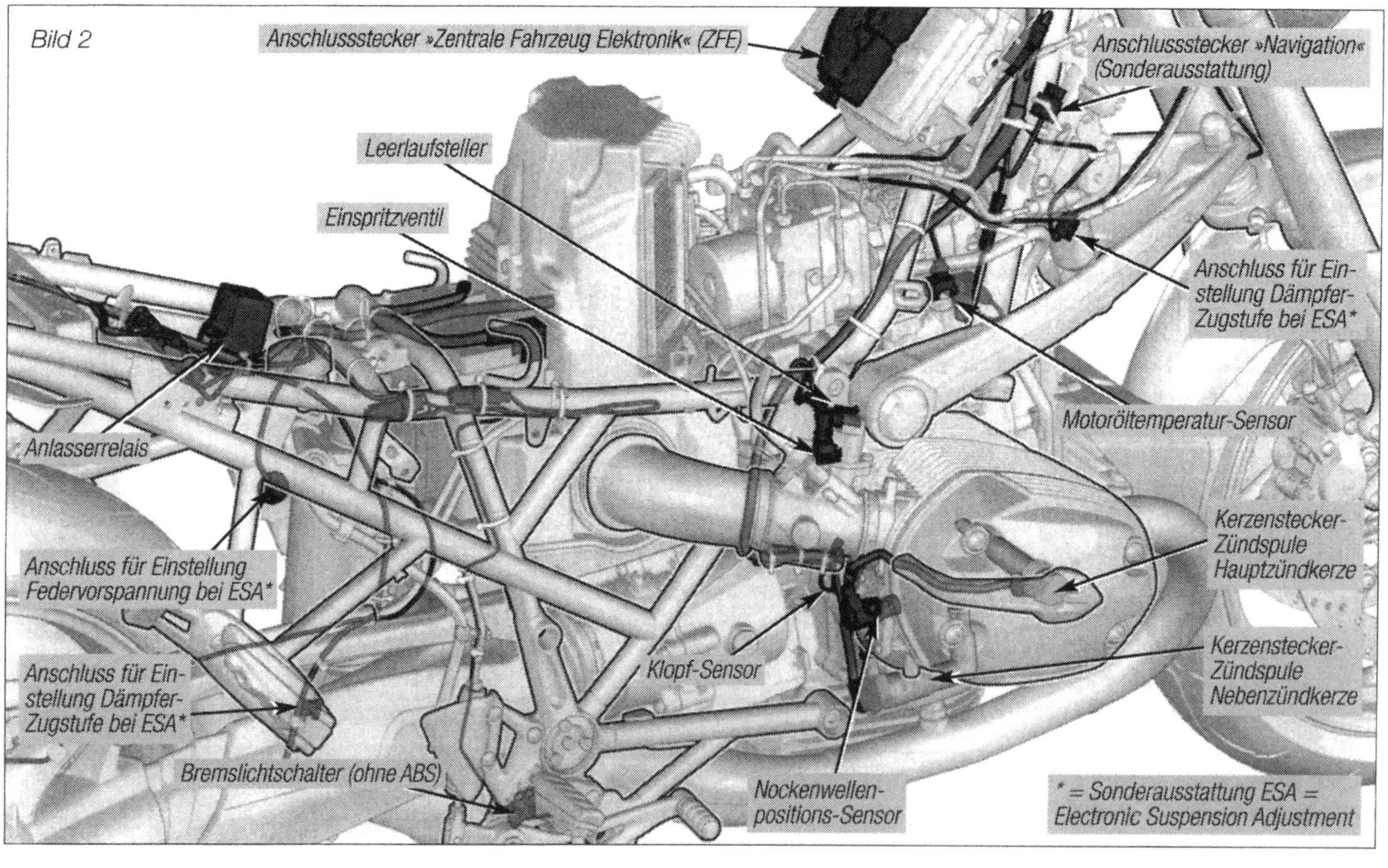

Elektonikbauteile

Motor- und Fahrzeugelektronik
Auf diesen Seiten zeigen wir einige Schemazeichnungen und Bilder der Motor- und Fahrzeugelektronik der R 1200 R. Bitte nutzen Sie diese zur Lokalisierung der nachstehend beschriebenen Bauteile, die in der Motor- und Fahrzeugelektronik verbaut sind.

Kombiinstrument: Der Stecker sitzt auf der Rückseite des Gehäuses (Bild 1).

Zündschloss mit Ringantenne: Die Stecker sitzen unter der vorderen Abdeckung des Zündschlosses (Bild 1).

Steuergeräte Zentrale Fahrzeug-Elektronik (ZFE) und Motorelektronik (BMS-K): Beide Steuergeräte sitzen unter dem Tank auf dem oberen Rahmenrohr (Bilder 2, 4, 5, 24, 25).

Batterie: Sitzt hinter dem Tank im Rahmen (Bild 4): Minuspol ist links, Pluspol rechts.

Lichtmaschine (Stromgenerator) mit eingebautem Regler: Denso Dreiphasen-Wechselstromgenerator mit integriertem vollelektronischem Regler. Die Lichtmaschine sitzt vorne oben auf dem Motor (Bilder 4 und 18).

Service-Anmerkung: Die Lichtmaschine wird durch einen Vielkeilriemen (»Elastriemen«) von der Kurbelwelle angetrieben. Dieser Riemen wird bei jeder Inspektion auf Spannung und Zustand kontrolliert. Alle 60 000 km muss er erneuert werden.

Hinweis: Technische Angaben zur Lichtmaschi-

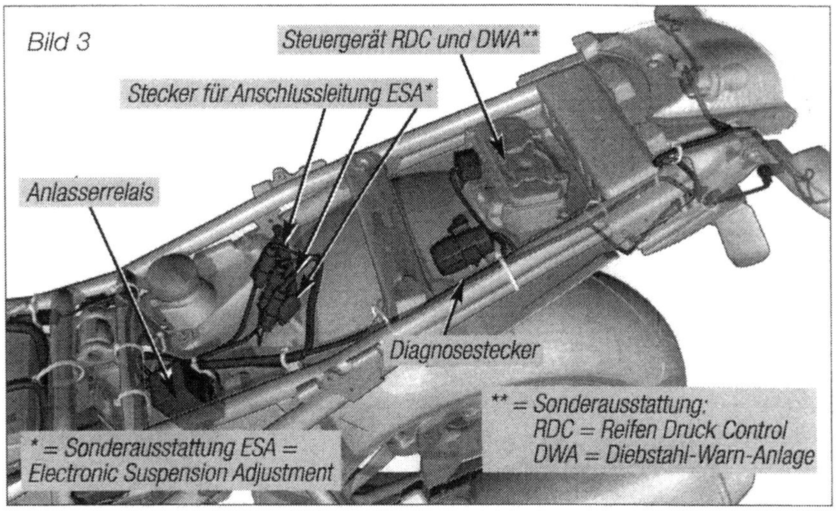

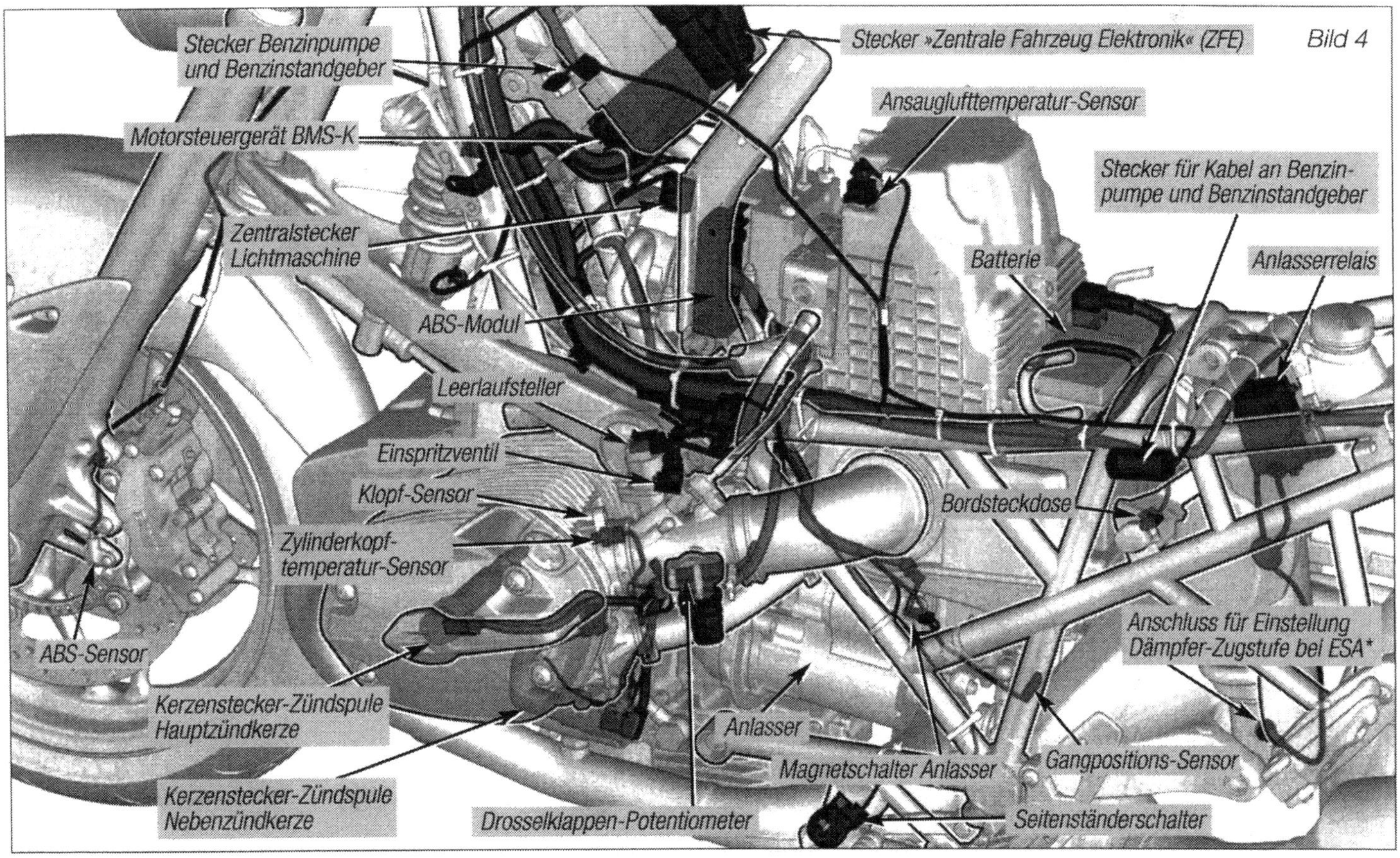

Bild 5: Blick von hinten auf den Motor als Schemaskizze der Motor-Einspritzung und Zündelektronik mit allen Bauteilen und Anbaulage.

Bilder 6 bis 16: Bauteile in echter Einbaulage an einer R 1200 R.

ne entnehmen Sie bitte der Tabelle »Technische Daten der Boxer-Lichtmaschinen« auf Seite 68.

Diagnosestecker: Daran wird das BMW-Motorrad-Diagnosesystem angesteckt (Bilder 6 und 7).
Service-Anmerkung: Einbaulage des Diagnosesteckers:
■ R 1200 GS, R 1200 GS Adventure, R 1200 R, R 1200 RT, R 1200 ST: auf dem Hinterradkotflügel.
■ R 1200 S, HP2 Enduro, HP2 Megamoto: hinten am Luftfilterkasten
■ HP2 Sport: rechts unter der Sitzbank im Rahmendreieck

Kupplungsschalter: Sitzt an der Kupplungshebelarmatur (Bild 8).

Bremslichtschalter: Bei Maschinen ohne ABS ist je ein Bremslichtschalter an der Handbrems- und Fußbremshebelarmatur angebracht (Bilder 1 und 2).
Wichtig zu wissen: Bei Maschinen mit ABS sind keine Bremslichtschalter eingebaut, stattdessen wird das Aufleuchten des Bremslichts über Drucksensoren gesteuert; diese sind im Ventilblock des ABS-Steuergeräts eingebaut.

Benzinpumpe und Benzinstandsanzeige: Einbaulage dieser beiden Bauteile:
■ R 1200 GS, R 1200 GS Adventure, R 1200 S, HP2 Sport: Als Einheit in der linken Tankhälfte eingebaut.
■ R 1200 R: Als Einheit in der rechten Tankhälfte von unten eingebaut (Bild 9).

Bild 5

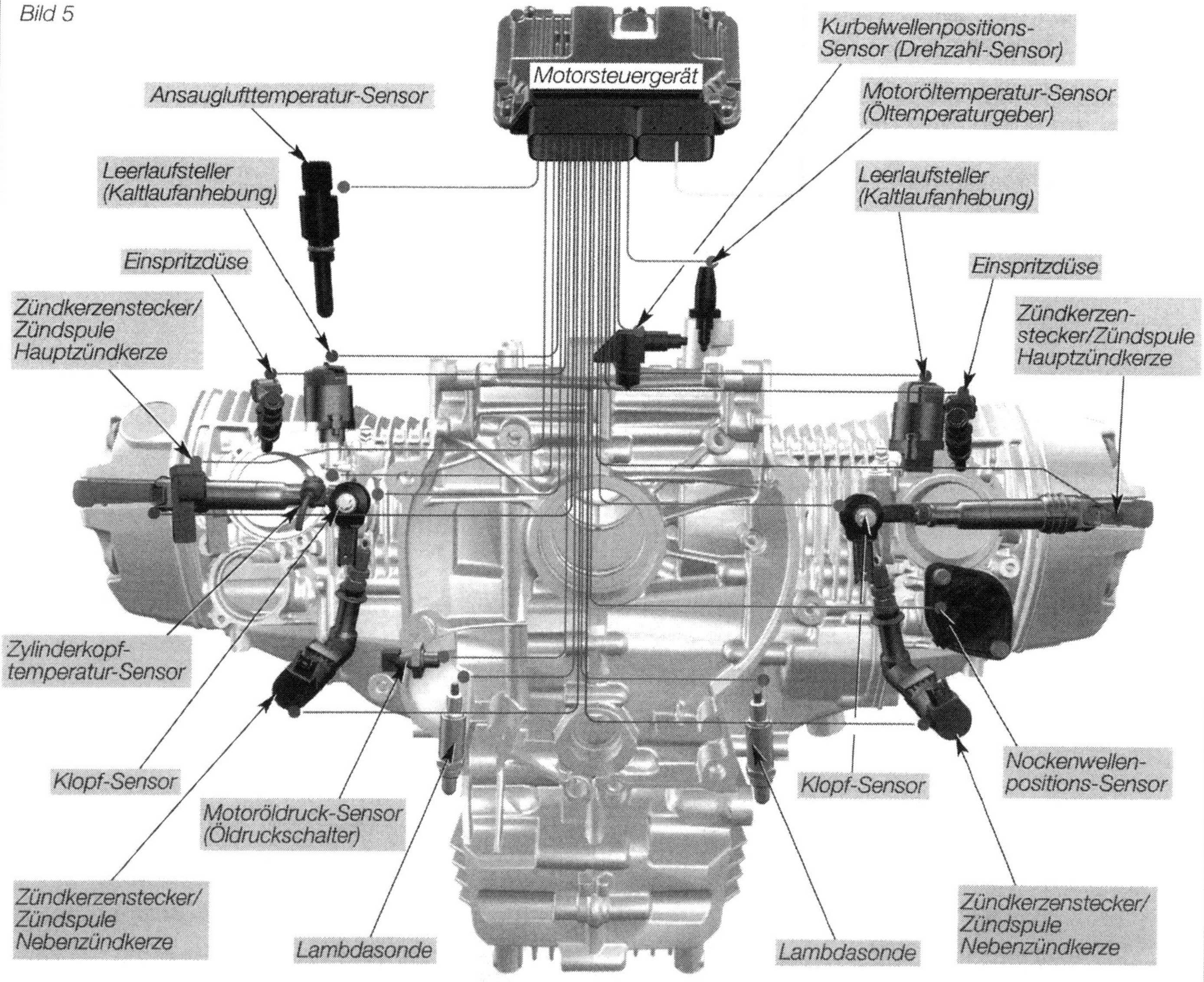

■ R 1200 RT, R 1200 ST: Pumpe in der linken Tankhälfte, Anzeige ist getrennt davon am Tankeinfüllstutzen angebracht.
■ HP2 Enduro, HP2 Megamoto: Pumpe im Tank hinter Tankeinfüllstutzen, Anzeige ist getrennt davon am Tankeinfüllstutzen angebracht.

Einspritzventile: Je eines pro Zylinder rechts und links oben in den Drosselklappengehäusen eingebaut (Bilder 2, 4 und 10).

Drosselklappen-Potentiometer: Ist am linken Drosselklappengehäuse links außen angebaut (Bilder 4, 5 und 10).

Leerlaufsteller (»Kaltlauf-Anreicherung« oder »Kaltlauf-Drehzahlanhebung«): Je einer im linken und rechten Drosselklappengehäuse eingebaut, sie regeln den Leerlauf (Bilder 2, 4, 5, 10 und 11).

Umgebungsluftdruck-Sensor: In die Zentrale Fahrzeugelektronik eingebaut (Bilder 5, 12, 24).

Lufttemperaturfühler (»Ansauglufttemperatur-Sensor«): Oben im Luftfilterkasten (Bilder 4, 5, 14 und 15).

Kurbelwellenpositions-Sensor (»OT-/Drehzahl-Sensor«): Vorne oben am Motorgehäuse (Bilder 5, 17, 18 und 20).

Nockenwellenpositions-Sensor: Rechts hinten am Zylinderkopf unterhalb des Ansaugstutzens in der Nockenwellenabdeckung (Bilder 2, 5 und 13).

Motortemperatur-Fühler (»Zylinderkopftemperatur-Sensor«): Am linken Zylinderkopf bei Ansaugstutzen und Klopf-Sensor (Bilder 4, 5 und 16).

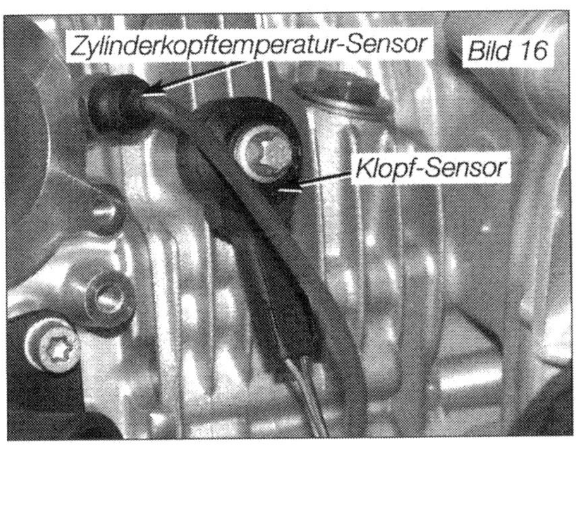

Bild 16

Bild 6

Bild 7

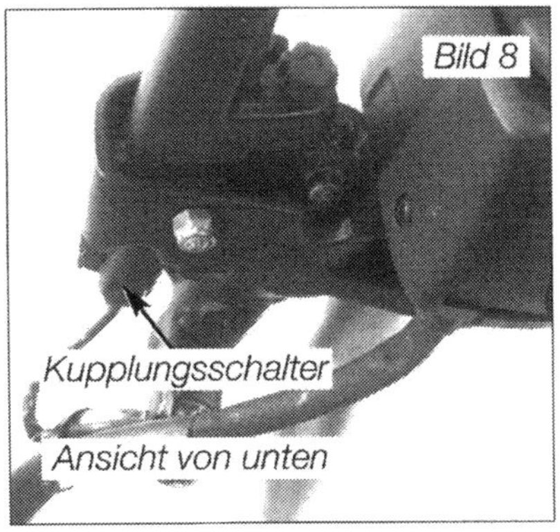

Bild 8

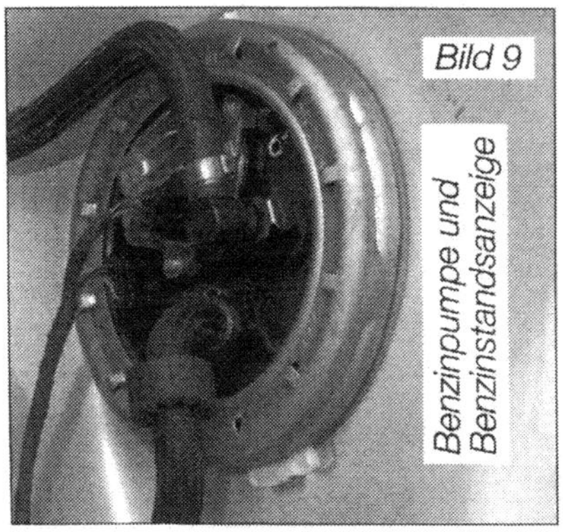

Bild 9

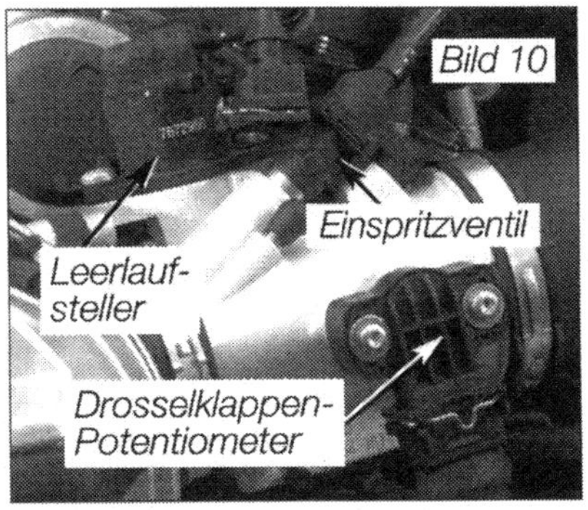

Bild 10

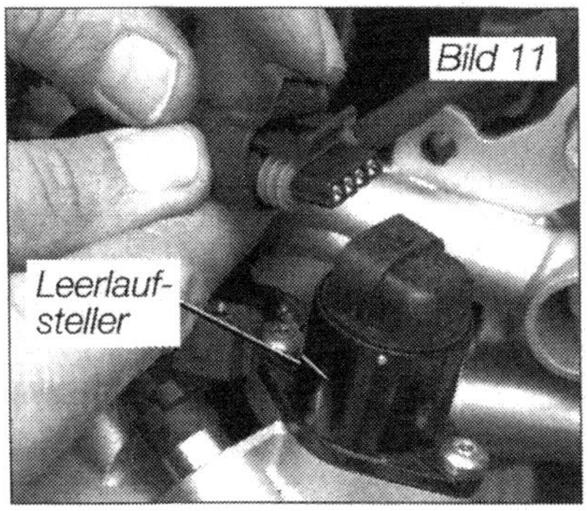

Bild 11

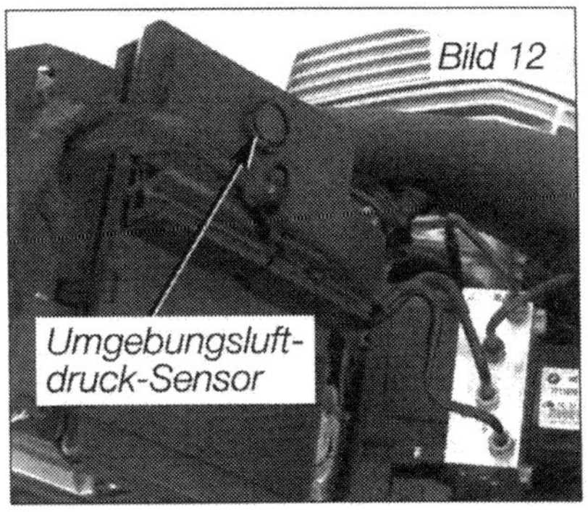

Bild 12

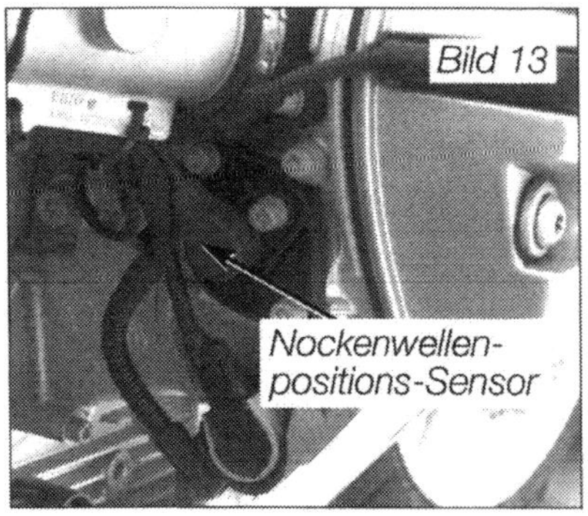

Bild 13

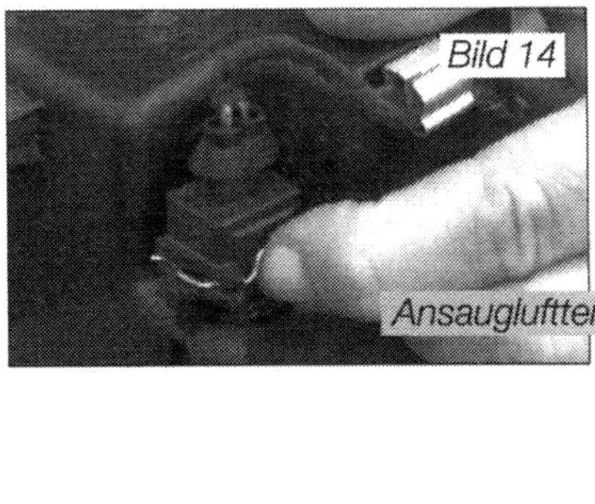

Bild 14

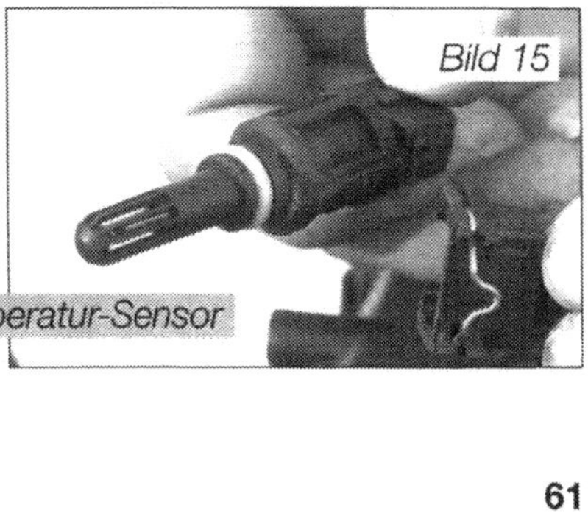
Bild 15

Sichtprüfung Messen

Klopf-Sensoren: Am rechten und linken Zylinderkopf neben dem Ansaugstutzen (Bilder 2, 4, 5 und 16).

Öltemperatur-Sensor: Rechts oben am Motorgehäuse (Bilder 2, 5 und 20) neben der Lichtmaschine (»Stromgenerator«).

Öldruckschalter: Links am Motorgehäuse oberhalb des Ölschauglases (Bild 5).

Lambdasonden: In jedem Auspuffkrümmer eine rechts und links neben dem Motor (Bilder 5, 19).

Geschwindigkeits-Sensor (»Raddrehzahl-Sensor«): Bei Maschinen ohne ABS nimmt der im Hinterachsgehäuse eingebaute Sensor die Raddrehzahl auf, die dann entsprechend umgewandelt wird und die Bewegung des Zeigers im Tacho bewirkt. Bei Maschinen mit ABS fungiert der hintere Sensor noch als **ABS-Sensor**, von dem ein weiterer am Vorderrad eingebaut ist (Bild 4). Wenn die Maschine mit einer »Antischlupf-Regelung« (»ASC – Automatic Stability Control«) ausgerüstet ist, übernimmt der hintere ABS-Sensor auch die Datenlieferung an die ASC-Regeleinheit.

Massekabel: Am rechten und linken Zylinderkopf unter den Ansaugstutzen. Ein weiteres Massekabel kommt aus dem links oben am Rahmen verlegten Kabelbaum, es wird auf der Oberseite des Motors links hinter der Lichtmaschine mit einer M6-Inbusschraube befestigt. Weiterhin gibt es noch das klassische Batterie-Massekabel.

Anlasser: Links hinten unten am Motorgehäuse (Bild 4).
Service-Anmerkung: Anlasserbauart mit Vorgelege, Planetengetriebe, Übersetzung 5,66 :1; Anlasserleistung 1,2 kW (1,63 PS).

Zündung: Elektronische Kennfeldzündung, in Motorsteuerung integriert.

Zündauslösung: Vom Nockenwellen- und Kurbelwellenpositions-Sensor empfängt das Motorsteuergerät entsprechende Signale und bestimmt dann, in welchem Zylinder wann gezündet wird.
Service-Anmerkung: Der Zündzeitpunkt kann nicht manuell verstellt werden.

Zündkerzen: Haupt- und Nebenzündkerzen (Bild 21) Bosch YR5LDE oder NGK DCPR8EKC, Gewinde M12x1,25, Elektrodenabstand 0,8 mm (± 0,1 mm), Verschleißgrenze 1,0 mm.
■ Ausnahmen für die R 1200 GS und die R 1200 GS Adventure ab Modelljahr 2008 wird nur die Zündkerze NGK DCPR8EKC empfohlen.
■ HP2 Sport: Nur eine Zündkerze pro Zylinder, NGK MAR9A-J, Gewinde M10x1,0

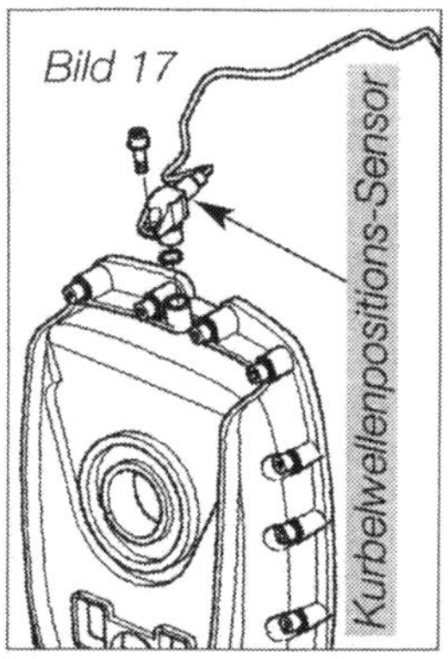

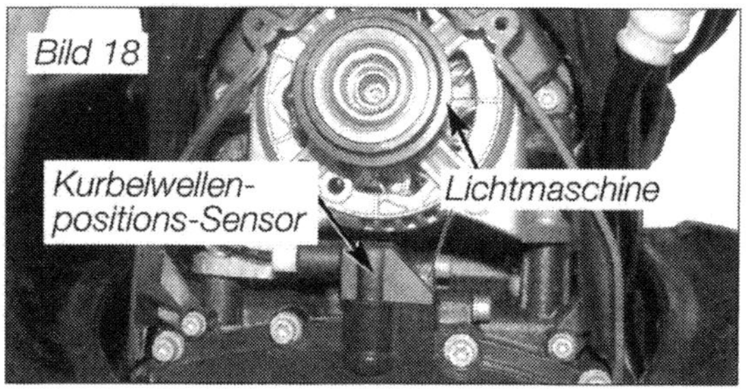

Bilder 17, 18 und 20: Kurbelwellen-positions-Sensor oben in Frontdeckel eingebaut.

Bild 19: Lambdasonde im Auspuffkrümmer eingeschraubt.

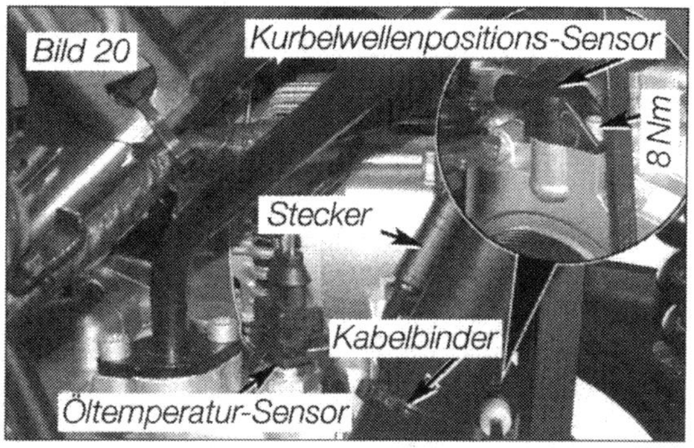

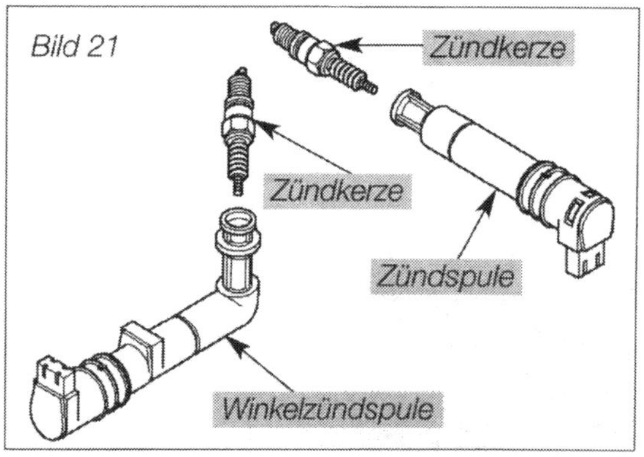

Bild 21: Kerzenstecker-Zündspulen mit Haupt- und Nebenzündkerze.

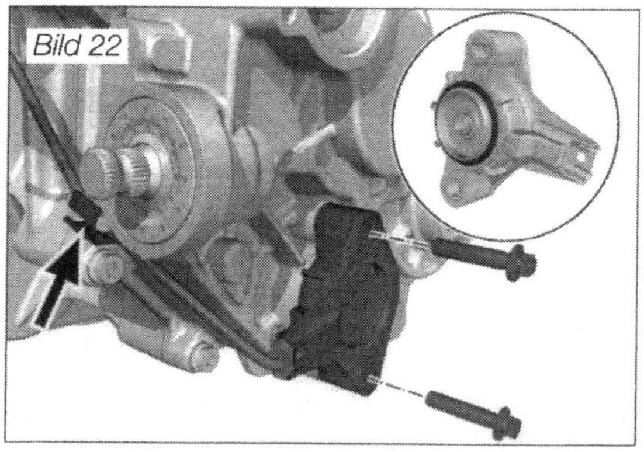

Bild 22: Gangpositions-Sensor hinten am Getriebegehäuse.

Hauptzündspulen »BREMI-Kerzenschachtzündspule« (»Zündspule« in Bilder 2, 4, 5 und 21).
Service-Anmerkung: Primärwiderstand 0,87 Ω zwischen Klemme 15 und 1 (in kaltem Zustand) Sekundärwiderstand 6,0 kΩ zwischen Klemme 4a und 4b (in kaltem Zustand).

Nebenzündspulen »BREMI-Winkelzündspule« (Bilder 2, 4, 5 und 21).
Service-Anmerkung: Primärwiderstand 0,87 Ω zwischen Klemme 15 und 1 (in kaltem Zustand) Sekundärwiderstand 6,0 kΩ zwischen Klemme 4a und 4b (in kaltem Zustand).

Ganganzeige (»Getriebepotentiometer« oder »Gangpositions-Sensor«): Hinten am Getriebegehäuse (Bilder 4 und 22). Er meldet den eingelegten Gang an die Fahrzeugelektronik, durch ihn werden im Cockpit »N« (»Neutral« für Leerlauf) und Ganganzeige geschaltet.

Fahrzeugelektronik

SWS und CAN-Bus

Das elektrische Bordnetz ist ein Single-Wire-System (SWS): Ein Daten-Vernetzungskonzept, das unter Einsatz von Elektronik und der so genannten CAN-Bus-Technologie (Controller Area Network) die Steuergeräte im Fahrzeug miteinander verbindet. Dieses Netz bietet bei erheblich reduziertem Kabelaufwand einen stark erweiterten Funktionsumfang gegenüber herkömmlichen Bordnetzen. Informationen werden in diesem Netz nur noch über einen Pfad (daher »single-wire«) übertragen. Dieser Pfad ist allerdings als Zweileitungssystem ausgeführt, deren Litzen miteinander verdrillt sind.

Identifier

Bei der Can-Bus-Datenübertragung werden keine Empfänger adressiert, sondern der Inhalt einer Nachricht (z. B. Motordrehzahl oder Motortemperatur) wird durch einen netzweit eindeutigen Identifier gekennzeichnet. Bei diesen Identifiers handelt es sich um Zahlenschlüssel, die von den empfangenden Steuergeräten erkannt und zugeordnet werden können. Diejenigen Steuergeräte, für die diese Daten relevant sind, verarbeiten die bereitgestellten Nachrichten. Sind dagegen Nachrichten nicht relevant, werden sie vom empfangenden Steuergerät nicht beachtet.

Bus-Technologie

Der Name »Bus-Technologie« kommt daher, dass die Steuergeräte, welche an die CAN-Bus-Leitung angeschlossen sind, wie Bushaltestellen an einer Buslinie nacheinander liegen. Im CAN-Bus-System kann stets nur ein Steuergerät senden. Die anderen Steuergeräte sind in diesem Moment auf Empfangsmodus. Denn Daten lassen sich im digitalen Bus bidirektional, also in beiden Richtungen, austauschen.

Echtzeit

Um Daten in Echtzeit verarbeiten zu können, müssen sie schnell übertragen werden. Dies setzt einerseits eine physikalische Datenübertragungsrate mit 500 Kilobites pro Sekunde voraus, andererseits aber auch eine rasche Bus-Zuteilung, sofern mehrere Stationen gleichzeitig Daten übertragen wollen.

Bei der Echtzeit-Verarbeitung können die Dringlichkeiten von Informationen, die über den Bus ausgetauscht werden, sehr unterschiedlich sein: Eine sich schnell ändernde Größe, wie z. B. die Motordrehzahl, muss häufiger und deshalb mit geringerer Verzögerung übertragen werden, als eine andere, sich weniger rasch ändernde Größe, z. B. die Motortemperatur. Die Priorität, mit der eine dringliche Botschaft vor einer anderen, weniger dringlichen übertragen wird, ist ebenfalls durch den Identifier der jeweiligen Botschaft festgelegt. Sicherheitsrelevanten Signalen wird eine höhere Priorität eingeräumt als weniger wichtigen Signalen (»priorisiert«).

Alle aufgelaufenen Übertragungsanforderungen werden in der Reihenfolge der Wichtigkeit, die sie für das Gesamtsystem darstellen, abgearbeitet. Dabei wird die vorhandene Übertragungskapazität für die zu übertragenden Nutzdaten in effizienter Weise genutzt, da zeitliche Lücken bei der Bus-Vergabe sehr klein gehalten werden können. Ein Kollaps aufgrund von Überlastung ist bei CAN ausgeschlossen. CAN erlaubt somit die Realisierung eines schnellen, bedarfsabhängigen Bus-Zugriffs. Bei einer Übertragungsgeschwindigkeit von 500 Kbits/s auf dem CAN-Bus können um die 4500 Nachrichtentelegramme pro Sekunde übertragen werden.

Neben der Funktionsvielfalt sind Gewichtseinsparungen beim Kabelbaum, Störsicherheit und volle Diagnosefähigkeit die wesentlichen Vorzüge dieser Kombination von Elektrik und Elektronik. Möglichkeiten zu einer flexiblen Systemerweiterung bestehen teilweise schon durch einfache Neuprogrammierung (»update«), die jedoch aus-

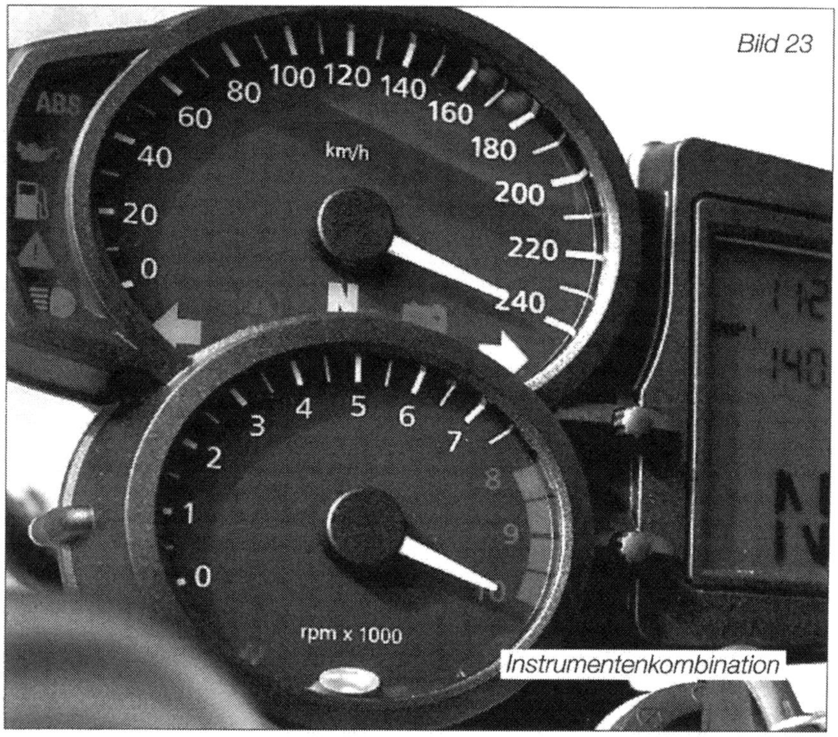

Bild 23

Instrumentenkombination

Bilder 23, 24 und 25: Die drei Steuergeräte Instrumentenkombination, ZFE und BMS-K.

■ Bitte beachten, in Bild 24 ist das Steuergerät ZFE abgenommen, in Bild 25 aufgebaut.

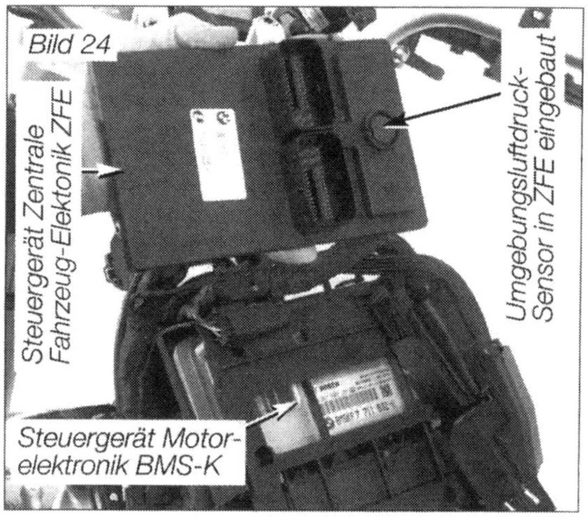
Bild 24

Steuergerät Zentrale Fahrzeug-Elektronik ZFE

Umgebungsluftdruck-Sensor in ZFE eingebaut

Steuergerät Motorelektronik BMS-K

Umgebungsluftdruck-Sensor in ZFE eingebaut

Bild 25

schließlich beim BMW-Motorradhändler durchgeführt werden kann.

Leitungspfad

Im Grundprinzip sind bei der CAN-Bus-Technologie alle Steuergeräte, Sensoren und Verbraucher über einen einzigen, gemeinsamen Leitungspfad zu einem Netz zusammengeschaltet, durch das alle Signale unabhängig von ihrer späteren Funktion laufen. In diesem Netz stehen damit sämtliche Informationen für alle angeschlossenen Komponenten immer zur Verfügung.

Die Signalzuordnung und gezielte Weiterleitung an die Verbraucher erfolgt an Knotenpunkten in der Elektronik eines jeweiligen Steuergerätes. Dort werden die Signale (beziehungsweise die Informationen) verarbeitet und danach die gewünschten Funktionen im Verbraucher angesteuert. Die aufwändige Verkabelung jeder Einzelfunktion mit einer eigenen Leitung entfällt also. Damit reduzieren sich auch potentielle Fehlerquellen herkömmlicher Bordnetze aufgrund ihrer Leitungsvielfalt; ein wichtiger Faktor für hohe Zuverlässigkeit.

Drei Steuergeräte

Das elektronische Gesamtsystem enthält drei Steuergeräte:

■ **Instrumentenkombination** (Bild 23): In ihr sind die Fahrzeugdaten genau wie in der zentralen Fahrzeug-Elektronik (ZFE) hinterlegt, wodurch eine Identifikation der Steuergeräte zum Fahrzeug gewährleistet ist.

■ **Steuergerät der Digitalen Motorelektronik (BMS-K)** (Bilder 24 und 25): Es ist nicht nur für die Motorsteuerung zuständig, sondern übergibt auch sämtliche Daten an die zentrale Diagnose.

■ **Zentrale Fahrzeug-Elektronik (ZFE):** Sie ist für die Steuerung der nicht-motorspezifischen Elektrik zuständig, z. B. Licht und Hupe.

ABS, RDC, DWA

Wenn die Maschine mit Zubehör ausgestattet ist, wie z. B. ABS (Anti-Blockier-System), RDC (Reifen Druck Control) oder DWA (Diebstahl-Warn-Anlage), sind deren Steuergeräte ebenfalls in das Netz eingebunden: ABS hat ein eigenes Steuergerät, während RDC und DWA in einem gemeinsamen Steuergerät untergebracht sind (Bild 3).

Batterie für RDC/DWA

Im RDC-/DWA-Steuergerät sind zwei 3-Volt-Batterien eingesetzt; sie haben eine Lebensdauer von 2 bis 5 Jahren. Wenn ihre Spannung zur Neige geht, wird dies im Display der Instrumentenkombination angezeigt. Dann müssen neue Batterien eingebaut werden.

Wichtig: Wenn Sie neue Batterien benötigen, bauen Sie originale BMW-Ersatzteilbatterien ein (»CR123A Lithium«): Keine Billig-Batterien aus dem Supermarkt verwenden und auch keine Akkus aus dem Fotofachgeschäft.

Steuergeräte im Verbund miteinander

Alle Steuergeräte stehen untereinander in einem Verbund, sie können miteinander kommunizieren und bidirektional Daten austauschen. Eine einfache und umfassende Diagnose des Gesamtsystems wird somit zentral durchgeführt.

Die Elektronik filtert durch entsprechende Programmierung unwichtige Daten und Störsignale innerhalb einer definierten Toleranz aus, was die Unempfindlichkeit zum Beispiel gegen elektromagnetische Einstreuungen erhöht.

Keine Schmelzsicherungen

Das gesamte Bordnetz hat keinerlei der bei Motorrädern normalerweise eingebauten Schmelzsicherungen. Bei Kurzschluss oder Fehlfunktion schaltet die Elektronik die betreffende Funktion einfach ab. Der Fehler muss dann beim BMW-Händler mit dem BMW-Motorrad-Diagnosesystem geortet (und behoben!) werden.

Bei einer bestimmten Störung sind die anderen Funktionen nicht betroffen. Relaisfunktionen werden ebenfalls von den Steuergeräten übernommen. Lediglich der Anlasser wird weiterhin über ein herkömmliches Relais angesteuert.

Elektronische Wegfahrsperre

Die »Elektronische Wegfahrsperre« (EWS) gehört zum Serienumfang: Beim Einstecken des Zündschlüssels und Einschalten der Zündung kommuniziert ein Chip im Schlüssel über die im Zündschloss integrierte Ringantenne mit der EWS, die im Steuergerät der Digitalen Motorelektronik untergebracht ist.

Dabei findet ein Austausch und Vergleich zwischen den codierten Chipdaten und den EWS-Daten statt. Stimmen die Daten überein, findet »Handshake« statt zwischen EWS und BMS-K, worauf das Motorsteuergerät Anlasser, Zündung und Benzineinspritzung freischaltet und der Motor gestartet werden kann. Dieser Vorgang erfolgt bei jedem Einschalten der Zündung.

Service-Anmerkung: Das Zündschloss übernimmt über den Zündschlüssel sowohl die Lenkschloss-Funktion wie auch das Ein- und Ausschalten der Zündung. Jedoch ist der eigentliche »Zündschalter« unterhalb des Zündschlosses getrennt von diesem angebracht. Wenn sich die Zündung beim Drehen des Zündschlüssels auf ON nicht einschaltet, obwohl der Zündschlüssel zweifelsfrei zum Fahrzeug gehört, kann der Zündschalter defekt sein. Erneuert werden muss er in der BMW-Motorradwerkstatt, denn er ist mit »Abreißschrauben« befestigt.

Starterschalter, Motorstoppschalter

Rechts am Lenker ist der »Anlasserknopf« in der elektrischen Schaltereinheit eingebaut. Er wird umfasst vom einflügeligen Motorstoppschalter, der bei entsprechender Stellung den Drückkontakt des Anlasserknopfs blockiert.
Service-Anmerkung: Ein Defekt im Starterschalter kann passieren. Am Ende des Kapitels zeigen wir die Innereien dieses Schalters und geben Tipps zur Reparatur.

Seitenständerschalter

Am Seitenständer angebracht, verhindert ein Starten bei eingelegtem Gang und ein Losfahren mit ausgeklapptem Seitenständer.

Service-Anmerkung: Wenn der Motor trotz eingeklapptem Seitenständer nicht startet, kann der Seitenständerschalter defekt sein. Wenn der Motor beim Fahren zeitweilige Aussetzer hat (»stottert«), kann der Grund ebenfalls ein defekter Seitenständerschalter sein.

Digitale Instrumentenkombi

Entspechend der Bordelektronik ist ein komplett auf Digitaltechnik basierendes, leichtes Instrumentenkombi mit Tachometer, Drehzahlmesser und einem Informationsdisplay (»Info-Flatscreen«) angebaut. Dieses informiert den Fahrer permanent über Fahrgeschwindigkeit, Motordrehzahl, eingelegten Gang und Uhrzeit. Wählbar sind die Anzeigen für Gesamtkilometerstand und Tageskilometerzähler.

Wenn das Zubehör »Bordcomputer« eingebaut ist, werden zusätzlich angezeigt: Umgebungstemperatur, Benzinstand (auch »Tankinhalt« oder

»Kraftstoffvorrat« genannt), Motoröltemperatur, Durchschnittsgeschwindigkeit, Durchschnittsverbrauch und restliche Reichweite.

Störungen werden über entsprechende Hinweise angezeigt. Die Instrumenteneinheit wird bei einsetzender Dunkelheit, von einer Fotozelle gesteuert, automatisch beleuchtet.

In der Instrumentenkombi sind die Fahrzeugdaten genau wie in der ZFE (Zentrale Fahrzeug-Elektronik) hinterlegt. Hierdurch ist eine eindeutige Identifikation zum Fahrzeug gewährleistet.

Service-Anmerkung: Bei zeitweiligen Aussetzern der Anzeigen zuerst die Steckverbindung der Instrumentenkombination auf Wackelkontakt überprüfen (sitzt hinter dem Tachometer).

Zentraleinheit der Bordelektrik

Diese sitzt beim Motorsteuergerät unter dem Tank und steuert alle elektrischen Verbraucher wie z. B. Licht, Blinker, Heizgriffe, etc.
Service-Anmerkung: Wenn die Bordelektrik nicht richtig funktioniert, z. B. das Licht nicht brennt, obwohl alle Kabelverbindungen und die Lampen in Ordnung sind, kann der Fehler in der Zentraleinheit der Bordelektrik liegen: Zuerst deren Steckverbindung auf korrekten Sitz kontrollieren!

Motorsteuerung

Die digitale Motorelektronik wird BMS-K (»BMW Motor Steuerung Krad«) genannt. Diese BMW-Eigenentwicklung wurde speziell auf die Anforderungen für Motorrädern ausgelegt. Vollsequentielle Einspritzung, integrierte Klopfregelung, schnelle Verarbeitung umfangreicher Sensorsignale durch modernste Mikroelektronik, ein kompaktes Layout und geringes Gewicht sind ihre wichtigsten Kennzeichen.

Basisgrößen für den jeweiligen Motorbetriebspunkt beider Zylinder sind Motordrehzahl (»1/min«) und Drosselklappenwinkel (»wie viel Last der Fahrer momentan vorgibt« bzw. »wie viel Gas der Fahrer im Moment gibt«), der über ein Potentiometer an der linken Drosselklappe erfasst wird.

Weil der Bedarf an »benötigter Benzinmenge pro Verbrennungsvorgang« und der »Zeitpunkt der Einspritzung« sowie der »Zündzeitpunkt« von Kurbelwellenumdrehung zu Kurbelwellenumdrehung unterschiedlich sein können, werden folgende aktuellen Messwerte von Sensoren ständig erfasst und fortlaufend an das Motorsteuergerät der ZFE weitergegeben:

- Temperatur des Motors: Sie wird erfasst vom »Motortemperatur-Sensor« (»Zylinderkopftemperatur-Sensor«), dieser sitzt hinten im linken Zylinderkopf (Bild 16).
- Temperatur der Ansaugluft: Sie wird erfasst vom »Ansauglufttemperatur-Sensor«, der oben im Luftfilterkasten sitzt (Bilder 14 und15).
- Temperatur des Motoröls: Sie wird erfasst vom »Öltemperatur-Sensor«, der rechts oben am Motorgehäuse neben der Lichtmaschine eingebaut ist (Bild 20).
- Luftdruck: Weiterhin ist der momentane Umgebungs-Luftdruck wichtig für eine optimale Gemischbildung: Dieser wird vom »Umgebungsluftdruck-Sensor« gemessen, der rechts oben im Motorsteuergerät eingebaut ist (Bild 24).

Alle von diesen vier Sensoren gemessenen Daten werden an die Motorsteuerung geliefert und dort von Mikroprozessoren innerhalb von Sekundenbruchteilen verarbeitet. Hierzu sind spezifische Kennfelder in der Motorsteuerung hinterlegt, die als Basis zur ständigen Berechnung der optimalen Werte für die Einspritzung und Zündung dienen. Für die Verarbeitung der Daten ist ein »Motorsteuerungs-Programm« verantwortlich, das fest in das Motorsteuergerät eingegeben ist.

Service-Anmerkung: Wird ein neues Motorsteuergerät montiert, muss es in der BMW-Motorradwerkstatt codiert und auf das Zündschloss und den Zündschlüssel (und damit auf die elektronische Wegfahrsperre »EWS«) codiert werden. Mit einem nicht zum Fahrzeug gehörenden Motorsteuergerät kann der Motor nicht in Betrieb genommen werden!

Einspritzung, Lambdasonden

Die optimale Einspritzmenge wird individuell und passend zu jedem Ansaugtakt des jeweiligen Zylinders von einer vollsequentiellen Einspritzung geliefert. Im Auspuffkrümmer eines jeden Zylinders ist eine Lambdasonde eingeschraubt. Diese misst den Restsauerstoffgehalt im Abgas (weswegen die Lambdasonde manchmal auch »Sauerstoff-Sensor« genannt wird) und meldet die Messdaten an das Motorsteuergerät, welches dann die Gemischzusammensetzung für jeden Zylinder regelt. Die Lambdasonden sind nahe an den Brennräumen im rechten und linken Abgaskrümmer platziert und können deswegen die Abgaszusammensetzung präzise und zeitnah erfassen. Korrekturen der Gemischzusammensetzung werden sehr rasch für jeden Zylinder eingesteuert. Vorbildliche Abgasemissionen, geringer Verbrauch, bestes Fahrverhalten bei feinem Ansprechverhalten sind die Ergebnisse.

Leerlaufregelung, Kaltstartanreicherung
In die BMS-K sind auch die Funktionen einer automatischen Leerlaufregelung sowie eine Kaltstartanreicherung mit einer Warmlaufregelung integriert. Die notwendige Leerlaufanhebung (diese ist besonders beim Kaltlauf wichtig) erfolgt automatisch und wird über zwei Leerlaufsteller gesteuert. Wird auch »Leerlaufstepper« genannt: Das sind gesteuerte Bypass-Kanäle für Zusatzluft, die in den Drosselklappengehäusen integriert sind und die entsprechend angepasste Benzineinspritz-Menge regeln.

Schubabschaltung
In die Motorsteuerung ist weiterhin eine Schubabschaltung programmiert. Wenn bei einer Drehzahl von mehr als 2000/min die Drosselklappen geschlossen werden (»Gas zu«), wird die Ansteuerung der Einspritzventile unterbrochen. Wenn die Motordrehzahl unter 1400/min sinkt, wird die Einspritzung wieder aktiviert. Übrigens ist die Schubabschaltung nur in Funktion, wenn die Motoröltemperatur einen Wert von ca. 60 °C erreicht hat.

Doppelzündung
Die seit 2003 in allen 1150er- und 1200er-Boxern eingesetzte Doppelzündung wurde für die R 1200 GS stark modifiziert und für die nach der R 1200 GS auf den Markt gekommenen Modelle mit dem Vierventil-Boxermotor der zweiten Generation unverändert übernommen.

Die Hauptzündkerze sitzt zentral im Zylinderkopf zwischen Ein- und Auslassventilen, die Nebenzündkerze ist am äußeren Rand des Zylinderkopfs angeordnet.

Ausnahme: Die HP2 Sport hat nur eine Zündkerze pro Zylinder.

Zündzeitpunkt
Der Zündzeitpunkt beider Zündkerzen wird jeweils frei programmiert. Er kann abhängig von Last und Drehzahl einen Zeitunterschied haben, um Laufkultur, Schadstoffemission und Verbrauch zu optimieren. Diese Phasenverschiebung erfolgt kontinuierlich von Teillast zu Volllast. In der Praxis bedeutet dies unterschiedliche Zündzeitpunkte an beiden Zündkerzen innerhalb definierter Kennfeldbereiche. Hin zur Volllast, bei der eine Doppelzündung keine Vorteile mehr bringt, ist die Phasenverschiebung so groß gewählt, dass der Funkenüberschlag an der Nebenkerze erst im Expansionstakt (60 Grad nach OT) stattfindet. Faktisch entspricht das dann einer Einfachzündung an der zentralen Zündkerze bei Volllast.

Klopfregelung
Die Modelle mit Vierventil-Boxermotor der zweiten Generation sind mit einer Klopfregelung ausgestattet, die in dieser Form erstmals im Motorrad-Motorenbau bei der R 1200 GS (Modelljahr 2004) zum Einsatz kam und für alle weiteren Modelle mit Vierventil-Boxermotor der zweiten Generation übernommen wurde. Zur Erkennung klopfender Verbrennung dienen zwei Körperschallsensoren, die rechts und links hinten an jedem Zylinderkopf angeschraubt sind.

Ihre Funktion kann man einfach erklären: Wenn der Motor aufgrund einer unkontrolliert ablaufenden Verbrennung zu »klopfen« beginnt, wird dieses Signal vom Körperschall-Sensor »gehört« und an die Motorelektronik gesendet, diese reagiert sofort und verstellt den Zündzeitpunkt (»Zündwinkel«) in Richtung »spät«, wodurch der Motor vor möglichen Schäden geschützt wird.

Zusätzlich geht die Erfassung der Zylinderkopftemperatur durch den Zylinderkopftemperatur-Sensor in die Signalauswertung mit ein und ergänzt die Schutzfunktion. Durch die Klopfregelung konnte die geometrische Verdichtung des Motors bis auf 12,5:1 erhöht werden, was einen beachtlichen Wert für einen luft-/ölgekühlten Motor dieser Zylindergröße darstellt.

Regulär sind die Motoren auf bleifreies Benzin »Super Plus« (ROZ 98) ausgelegt, mit Ausnahme der R 1200 GS und R 1200 GS Adventure (»Super« ROZ 95). Dank der Klopfregelung kann der Motor auch mit »Super« (ROZ 95) oder »Normalbenzin« (ROZ 91) betrieben werden. Entsprechend schlechtere Kraftstoffqualitäten, wie sie in fernen Ländern manchmal anzutreffen sind, schaden dem Motor auch nicht, denn die Klopfregelung passt (innerhalb der möglichen Grenzen) die Zündzeitpunkte selbsttätig an die getankte Kraftstoffqualität an. Auch auf extremste Bedingungen, wie z. B. die sehr hohe thermische Belastung des Motors in tropischen Gegenden, stellt sich die Klopfregelung im Zusammenspiel mit der umfangreichen Sensorik ein.

Wichtig 1: Wenn bei sehr schlechtem Sprit der Zündzeitpunkt von der Motorelektronik zwar weit zurückgenommen wurde, der Motor aber dennoch weiter klingelt oder klopft, steigt dadurch die Temperatur im Verbrennungsraum stark an. Wenn dies vom Zylinderkopftemperatur-Sensor festgestellt und an die Motorsteuerung gemeldet wird, verstellt diese die Zündung weiter in Richtung »spät«.

Wichtig 2: Deswegen gilt bei Verwendung von schlechtem Benzin der Hinweis: Lassen Sie den Motor nicht untertourig »ziehen«, sondern gehen Sie dann dosiert ans Gas und lassen den Motor möglichst »zugfrei« im mittleren Drehzahlbereich laufen!

Lichtmaschine, Batterie

Bilder 26 und 27: Aufgescheuertes Kabel mit Isolierband reparieren.

Lichtmaschine

Versorgt wird die elektrische Anlage durch eine gewichtsoptimierte Lichtmaschine. Der Regler ist in die Lichtmaschine integriert. Die technischen Daten entnehmen Sie bitte der untenstehenden Tabelle »Technische Daten der Boxer-Lichtmaschinen«.

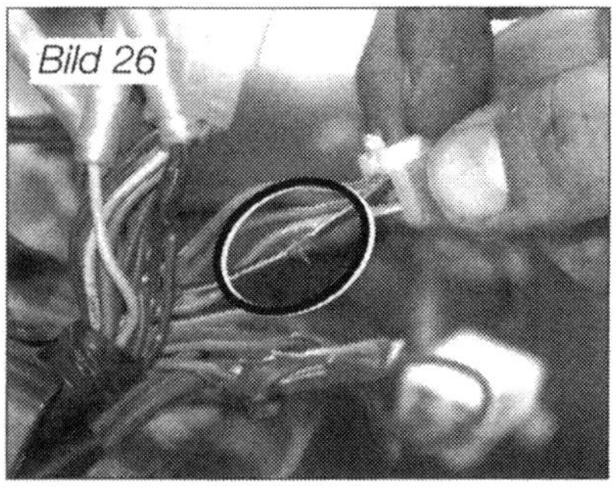
Bild 26

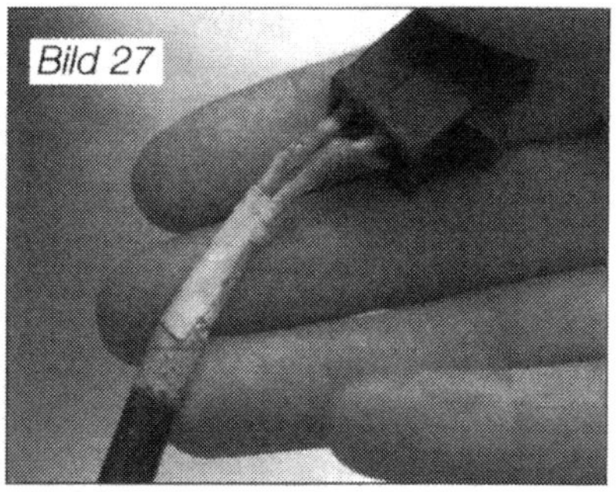
Bild 27

Batterie

Die Batterie ist über dem Getriebe hinter dem Tank unter der Sitzbank zwischen den Rahmenrohren eingebaut. Sie ist wartungsfrei und hat folgende Kapazität und Bezeichnung:

- R 1200 GS, R 1200 GS Adventure, R 1200 R, R 1200 S, R 1200 ST: Kapazität 14 Ah, Bezeichnung EXT 14 BS
- R 1200 RT: Kapazität 19 Ah, Bezeichnung GEL 19
- HP2 Enduro, HP2 Megamoto: Kapazität 11 Ah, Bezeichnung YTX 12 S
- HP2 Sport: Kapazität 12 Ah, Bezeichnung ETZ 12-BS

Service-Anmerkung: Die Mindest-Ruhespannung einer Boxerbatterie beträgt 12,4 Volt. Liegt die Spannung unter diesem Wert, dann startet der Motor wahrscheinlich überhaupt nicht, weil weder der Anlasser durchgedreht wird noch die Motorelektronik in Funktion treten kann.

Kabel

Wie schon erwähnt, hat die Elektronik (bzw. das Single-Wire-System) keinen herkömmlichen Kabelbaum, sondern zwei Glasfaserkabel zur Datenübertragung zwischen Schaltern, Sensoren und Steuergeräten. Diese Glasfaserkabel können weder repariert noch stückweise ausgetauscht werden. Sie gehen nur durch mechanische Einwirkung kaputt (Knicken, Ziehen, Reißen). Eine Durchgangskontrolle mit einer Prüflampe ist nicht

Technische Daten der Boxer-Lichtmaschinen

Verkaufsbezeichnung der Maschinen	Übersetzungs-verhältnis Riemenräder	Bezeichnung der Antriebs-riemen	Länge der Antriebsriemen	Höchstleistung der Lichtmaschinen	Maximalstrom bei Motordreh-zahl 4000/min	Nennstrom bei Motordrehzahl 1000/min	Ladebeginn bei Generator-drehzahl	entspricht Motordrehzahl
R 1200 GS bis Mj. 2007	1 : 1,5	4PK592	592 mm ± 4 mm	bei 14 Volt/660 Watt	55 A	12 A	1100/min	733/min
R 1200 GS Adventure bis Mj. 2007	1 : 1,5	4PK592	592 mm ± 4 mm	bei 14 Volt/660 Watt	55 A	12 A	1100/min	733/min
R 1200 GS ab Mj. 2008	1 : 1,8	4PK582	582 mm ± 4 mm	bei 13,5 Volt/820 Watt	60 A	28 A	1200/min	677/min
R 1200 GS Adventure ab Mj. 2008	1 : 1,8	4PK582	582 mm ± 4 mm	bei 13,5 Volt/820 Watt	60 A	28 A	1200/min	677/min
R 1200 R	1 : 1,5	4PK592	592 mm ± 4 mm	bei 14 Volt/660 Watt	55 A	12 A	1200/min	800/min
R 1200 RT	1 : 1,8	4PK582	582 mm ± 4 mm	bei 14 Volt/660 Watt	55 A	12 A	1200/min	677/min
R 1200 S	1 : 1,5	4PK592	592 mm ± 4 mm	bei 14 Volt/600 Watt	60 A	12 A	1200/min	800/min
R 1200 ST	1 : 1,5	4PK592	592 mm ± 4 mm	bei 14 Volt/660 Watt	55 A	12 A	1200/min	800/min
HP2 Enduro	1 : 1,5	4PK592	592 mm ± 4 mm	bei 14 Volt/660 Watt	55 A	12 A	1100/min	733/min
HP2 Megamoto	1 : 1,5	4PK592	592 mm ± 4 mm	bei 14 Volt/660 Watt	55 A	12 A	1100/min	733/min
HP2 Sport	1 : 1,8	4PK582	582 mm ± 4 mm	bei 13,5 Volt/540 Watt	40 A	11 A	1400/min	778/min

* = MÜ steht für »Modellüberarbeitung«; ** = Stand zum Redaktionsschluss dieses Buchs im August 2009

möglich, sondern nur mit dem BMW-Motorrad-Diagnosesystem kann eine einwandfreie Funktionsüberprüfung durchgeführt werden.

Weiterhin befinden sich an den Maschinen einige wenige »normale« elektrische Leitungen für Front- und Rücklicht, Blinker, Hupe, Heizgriffe, Sensoren und Anlasser. Diese Leitungen oder Kabel bestehen aus einem Verbund mehrerer isolierter Drähte und sind mit einem Gummi- oder PVC-Mantel überzogen – das ist die so genannte »Isolierung«.

Problem: Falls ein Kabel mal eingeklemmt war oder an einem Bauteil gescheuert hat, ist meistens die Isolierung beschädigt und die blanken Drähte sind zu sehen (Bild 26). Wenn die innere Kupferleitung noch in der Gänze vorhanden (also nicht durchgescheuert) ist, muss man solche Stellen mit Isolierband sorgfältig abkleben, damit kein Kurzschluss entsteht.

Lösung: Isolierband so weit um die Scheuerstelle herum kleben, bis es ca. zwei Zentimeter davor und dahinter anliegt (Bild 27). Das Kabel ist jetzt geschützt, es kann kein Wasser eindringen und bei Kontakt zu einem Metallteil (Rahmen, Motor) keinen Kurzschluss auslösen.

Wichtig: Ursache der Beschädigung herausfinden und abstellen, denn der Einsatz von Isolierband ist keine Dauerlösung.

Stecker

Stecker trennen (Bilder 29, 30 und 32)
Beim Abbau einiger Bauteile müssen elektrische Stecker getrennt werden, z. B. beim Abbau von Lampe und Blinker oder beim Abbau des Tanks (Stecker Benzinpumpen-Kabel) sowie natürlich auch beim Auswechseln elektrischer Bauteile.

Beim Trennen von Steckern beachten:
Wichtig 1: Niemals versuchen, einen Stecker durch Ziehen an den Kabeln zu trennen, sonst reißen die Drähte aus!
Wichtig 2: Generell gilt: Jeden Stecker vor dem Trennen genau ansehen, wie er zusammengesteckt ist, dann sorgsam trennen.

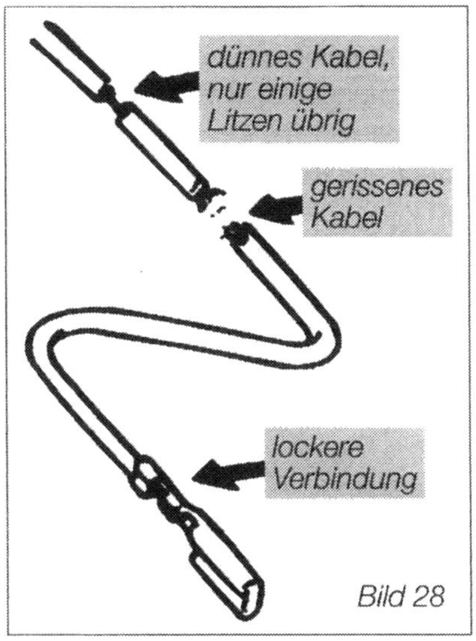

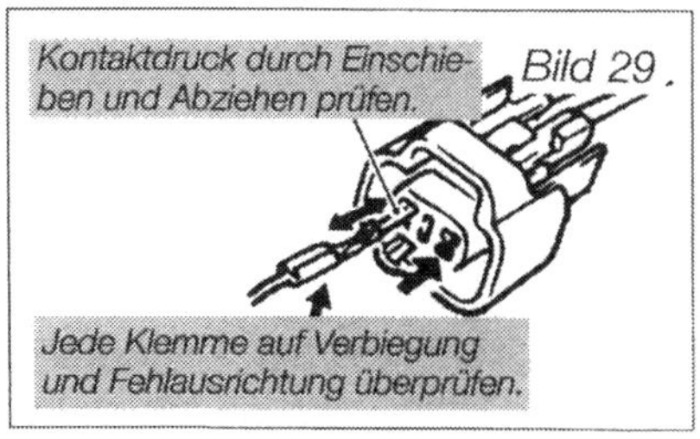

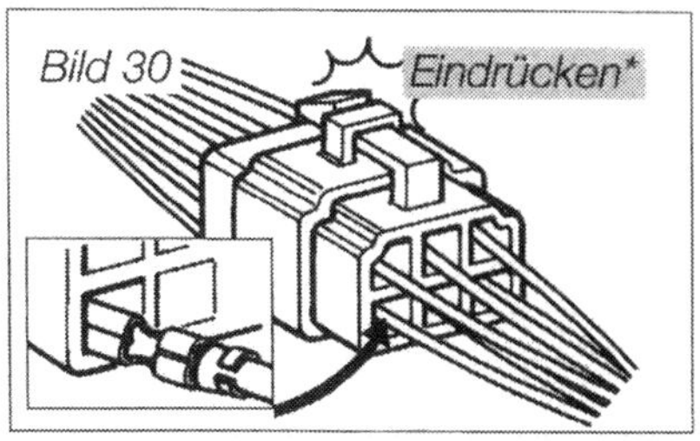

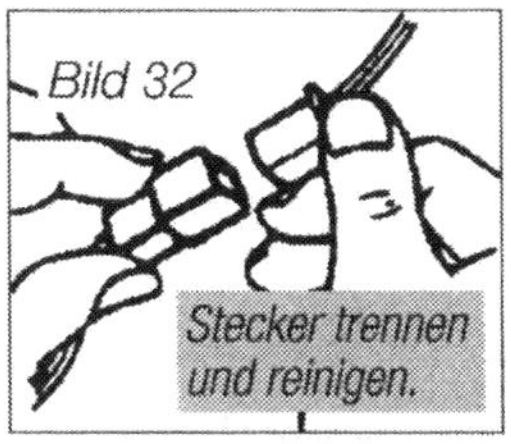

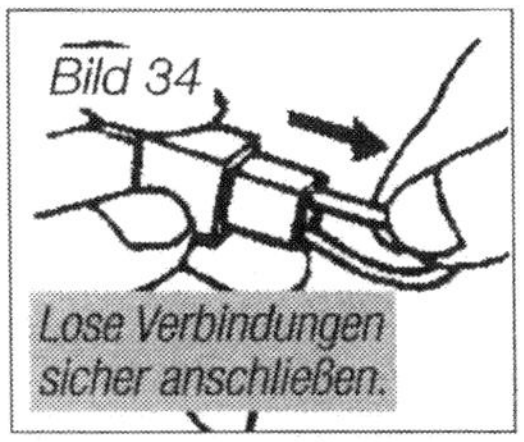

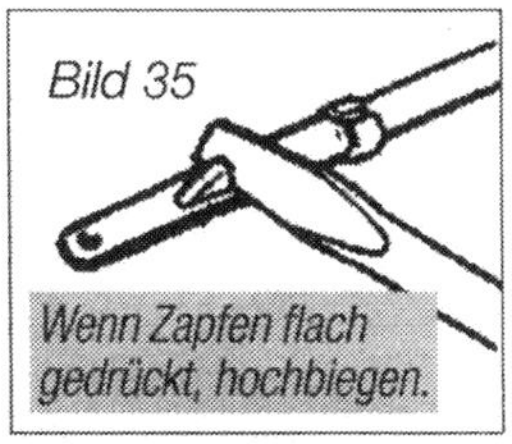

Bilder 28 bis 35: Umgang mit Steckern und Kabeln. Ihre Anschlüsse müssen jederzeit sauber, fettfrei und ohne Korrosion sein.

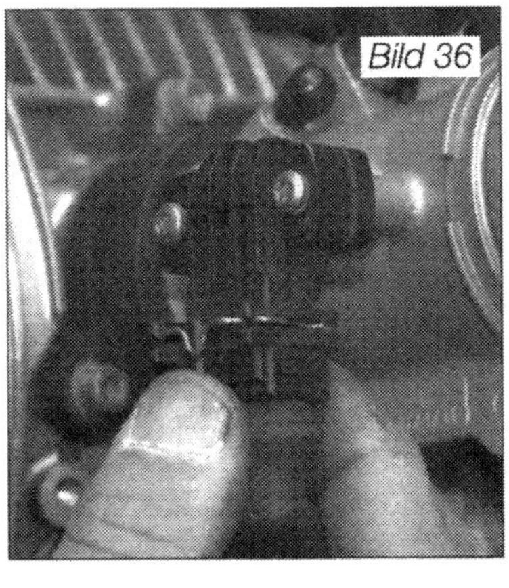

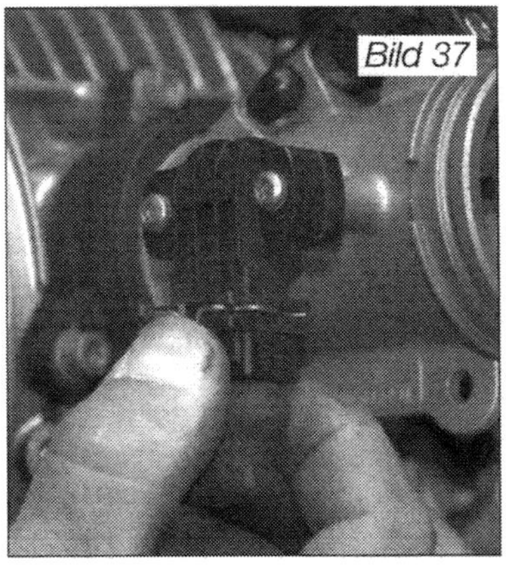

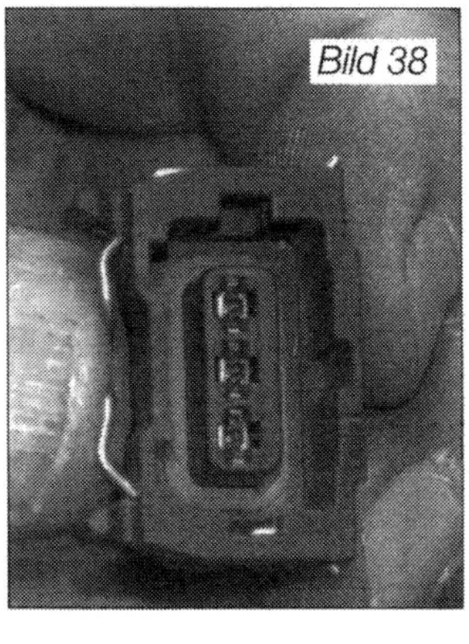

Bilder 36 bis 38: Verriegelungsbügel nicht gewaltsam ausziehen, sondern eindrücken und gleichzeitig den Stecker abziehen.

Sichtprüfung Messen

■ Bei einem einfachen Stecker ist ein Kabelschuh auf einen Kontakt aufgeschoben: Gummikappe anheben, Kabelschuh mit der Hand anpacken und abziehen.

■ Bei den meisten Steckern, egal welche Form sie haben, sind kleine Verriegelungszapfen angebracht: Mit einem spitzen Fingernagel niederdrücken und daduch entriegeln, dann die Steckerhälften auseinanderziehen.

■ Die Stecker von Motorsteuerung und Einspritzung haben Verriegelungsbügel: Verriegelung durch Eindrücken des Bügels lösen (Bilder 36 bis 38), dann kann der Stecker abgezogen werden.

Steckerzungen und Steckerschieber sind von hinten in die Stecker eingeschoben. Ein hochgestellter Zapfen (Bild 35) verhindert, dass sie vom Gegenstück herausgeschoben werden. Bei jedem Trennen und Zusammenstecken eines Steckers einen Blick auf die Zapfen werfen: Alles ok?

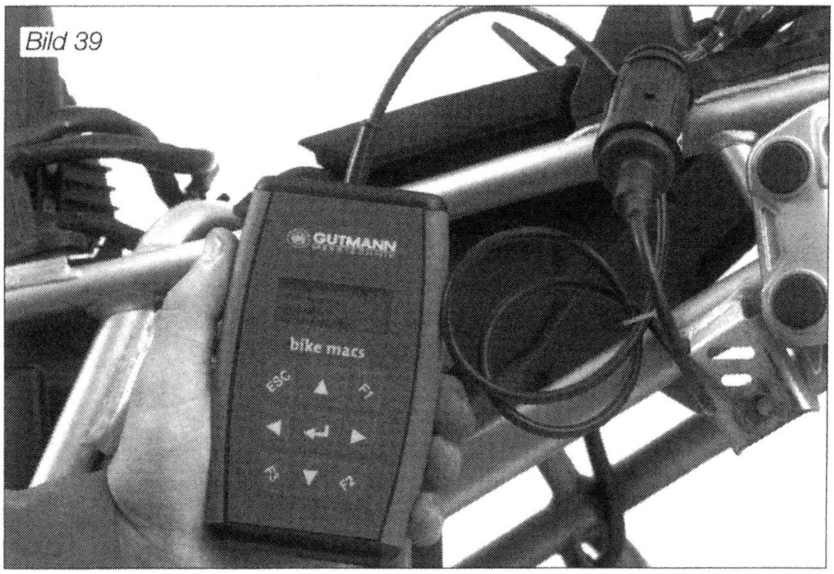

Bild 39

Bild 39: Diagnosegerät »bike macs« der Firma Gutmann Messtechnik für fortgeschrittene Schrauber und Profiwerkstätten.

Bild 40

Bild 40: Einfacheres Diagnosegerät »GS911« der Firma HEXcode für Hobbyschrauber.

Fehlersuche

Nach anfänglichen Kinderkrankheiten, die bei einigen Fahrzeugen zu Störungen geführt haben, die man auch mit dem BMW Motorrad Diagnosesystem nicht auslesen konnte (und deswegen nicht wusste, in welchem Bauteil der Kupferwurm begraben war), präsentiert sich die Motor- und Fahrzeugelektronik der neuen BMW-Boxer als ziemlich betriebssicher. Die meisten Bauteile im Bordelektrik- und Motorsteuerungs-System lassen sich nicht mit herkömmlichen Messgeräten und Instrumenten überprüfen, diagnostizieren oder gar reparieren.

Zur Feststellung eines Defekts und des davon betroffenen Bauteils wird das speziell für BMW-Motorräder entwickelte »BMW Motorrad Diagnosesystem« benötigt, das aus einem Computer mit entsprechender Software und verschiedenen Anschlusssteckern besteht. BMW gibt dieses System weder an freie Werkstätten noch an Privatleute heraus, weswegen es nur in autorisierten BMW-Motorradwerkstätten zu finden ist, was also ganz klar bedeutet: Probleme in der Motorsteuerung und Fahrzeugelektrik müssen zwingend in der BMW-Motorradwerkstatt gesucht und behoben werden (siehe auch Textkasten am Ende dieses Kapitels »Wichtige Tipps zur elektrischen und elektronischen Fehlersuche«).

Doch auch hier gilt: Keine Regel ohne Ausnahme. Es gibt zwei Diagnosegeräte von namhaften Herstellern, mit denen man defekte Bauteile orten und den Fehlerspeicher auslesen und löschen kann:

■ Von Gutmann Messtechnik ist das Gerät »bike macs« für den fortgeschrittenen Schrauber und für Profiwerkstätten gedacht. Es beinhaltet alle elektrischen Anlagen aller BMW-Modelle (also nicht nur der Boxer). Das Gerät »bike macs« kostet ca. 600 Euro (*www.gutmann-messtechnik.com*).

■ Die Firma HEXcode bietet etwas einfacheres Diagnosegerät »GS911« für Hobbyschrauber an, man braucht dazu ein Bluetooth-fähiges Handy, auf dessen Bildschirm die Anzeige der Arbeitsschritte und Fehlermeldung erfolgt. Der Preis liegt je nach Ausführung bei 250 bis 300 Euro (*www.gs911.de*).

Defekten Schalter reparieren?

An unserem Foto- und Reparaturmotorrad R 1200 R war der »Killschalter«-Flügel defekt, weil irgendein Grobmotoriker so stark am Flügel gedreht hat, dass dieser in zwei Teile zerbrochen ist (Kreis in Bild 44). Für den Schalter gibt es keine einzelnen Ersatzteile; das neue Schalter-Oberteil (Bild 42) kostet 190 Euro.

Ganz generell vertragen die Kunststoffteile in den Schaltern keine ungewöhnlichen Drücke und keine »harte« Bedienung, dies gilt für funktionsfähige Schalter wie für alte Schalter, die eventuell schon einmal einen groben Knuff abbekommen haben.

Als generelle Bedienungsanweisung für Schalter gilt: Wenn ein Widerstand im Schalter spürbar ist, nicht grob weiterdrücken, sondern mit viel Gefühl. Wenn der Schalter noch nicht defekt ist, dann öffnen Sie ihn vorsichtig und suchen nach der Störung – vielleicht liegt ein kleiner Stein drin oder einige größere Sandkörner?

Zum Schrauben an den Schaltern brauchen Sie kleine Werkzeuge, diese gibt es in Modellbauläden (zur Sicherheit auch beim freundlichen BMW-Motorradhändler fragen). Und wenn Sie auf eine große Reise in ein unbekanntes Land fahren, nehmen Sie diese Werkzeuge mit, denn manchmal muss man eben Schalter reparieren!

Bilder 41 bis 44: Reparieren des rechten Lenkerschalters.

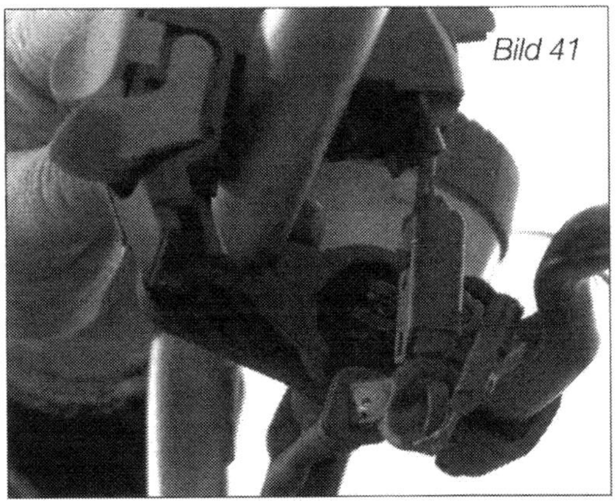
Bild 41

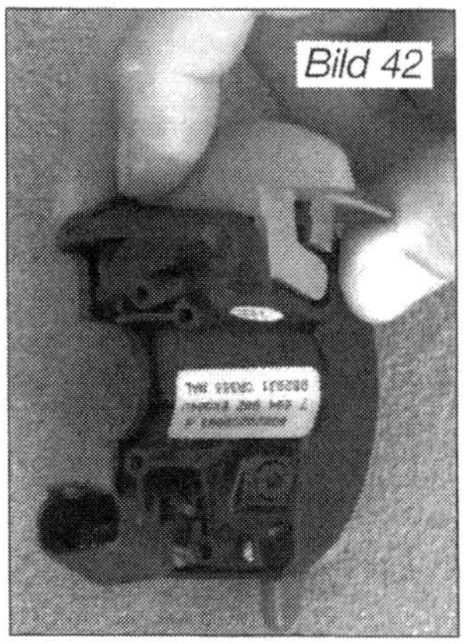
Bild 42

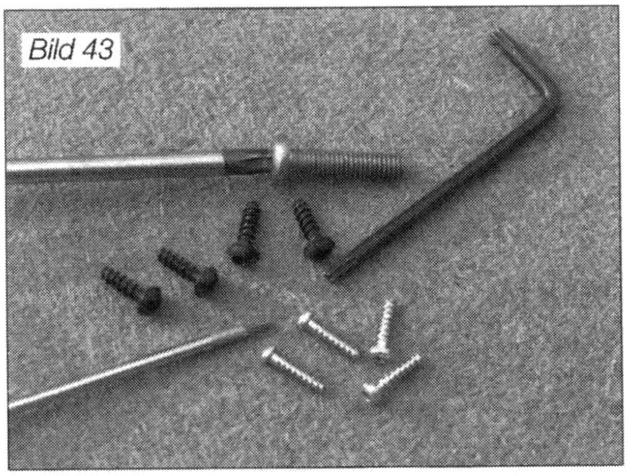
Bild 43

Bild 44

Wichtige Tipps zur elektrischen und elektronischen Fehlersuche

1. Jegliche elektrische und elektronische Störung hat ihre Ursache. Nach Praxiserfahrungen von Fachwerkstätten liegt dies meistens nicht an tatsächlich defekten Bauteilen, sondern zu mehr als 90 Prozent an Kontaktschwächen, die ausschließlich auf schlechte Kontakte in den Steckverbindungen zurückzuführen sind.

2. Wenn Sie ein Bauteil in Verdacht haben, ziehen Sie den betreffenden Stecker am Bauteil ab und kontrollieren diesen auf Korrosion, Nässe und Schmutz.

3. Zum Reinigen von Steckern benutzen Sie eine Messingbürste mit sehr feinen Borsten oder eine harte (trockene!) Zahnbürste sowie Kontaktspray und Druckluft, die sehr »leicht«, zielgerichtet und sorgfältig angewendet werden muss. Harte Korrosion mit einer kleinen Feile (»Schlüsselfeile«) entfernen.

4. Sorgen Sie jederzeit dafür, dass kein Kabel gequetscht oder geknickt am Fahrzeug montiert ist. Wenn Sie bei der Suche nach einem Problem auf ein solches Kabel stoßen, liegt der Fehler meist in einer fehlerhaften Montage. Zur Problembehebung müssen Sie in die BMW-Motorradwerkstatt gehen, denn nur unter Zuhilfenahme eines BMW-Werkstatt-Computers ist es möglich, gebrochene Kabel oder schadhafte Bauteile wie Stecker und Sensoren zu lokalisieren.

5. Beim Single-Wire-System ist es nicht möglich, einzelne Kabelstücke des Kabelbaums zu ersetzen, also z. B. ein Stück aus dem Kabelbaum herauszuschneiden und durch ein neues Stück Kabel zu ersetzen! Auch Anlöten von abgebrochenen Anschlüssen vermeiden!

6. Wenn die entsprechenden Bauteile ausgetauscht sind, wird mit dem BMW-Motorrad-Computersystem ein weiterer Check gemacht: Nur wenn der Computer sein OK signalisiert, ist auch wirklich alles ok.

7. Wichtig: Bei allen Arbeiten am elektronischen System muss die Zündung AUSgeschaltet sein – Zündschlüssel VOR jedem Arbeitsschritt abziehen!

Zündkerzen

In diesem Kapitel: Zündkerzen · Wartungsintervalle · Werkzeuge und Tipps · Zündkerzen aus- und einschrauben · Elektrodenabstand messen, korrigieren · Zündkerzengesicht beurteilen · »Kalte« oder »heiße « Zündkerze? · Zündkerzen im getunten Motor · Zündprobleme.

Zündkerzen

Serienmäßige Zündkerzen in den Vierventil-Boxermotoren der zweiten Generation:

Motoren mit Doppelzündung

- Haupt- und Nebenzündkerzen Bosch YR5LDE oder NGK DCPR8EKC
- Gewinde M12x1,25
- Schlüsselweite 16 mm
- Elektrodenabstand 0,8 mm (± 0,1 mm), Verschleißgrenze 1,0 mm

Ausnahmen:

- Für R 1200 GS und R 1200 GS Adventure ab Modelljahr 2008 wird nur die Zündkerze NGK DCPR8EKC empfohlen.

Motor der HP2 Sport mit Einfachzündung

- Zündkerze NGK MAR9A-J
- Gewinde M10x1,0
- Schlüsselweite 16 mm
- Elektrodenabstand 0,8 mm (± 0,1 mm), Verschleißgrenze 1,0 mm

Diese Zündkerzen sind Standardkerzen für alle normalen Betriebsbedingungen. Ihre Elektroden werden bei normalen Verbrennungstemperaturen

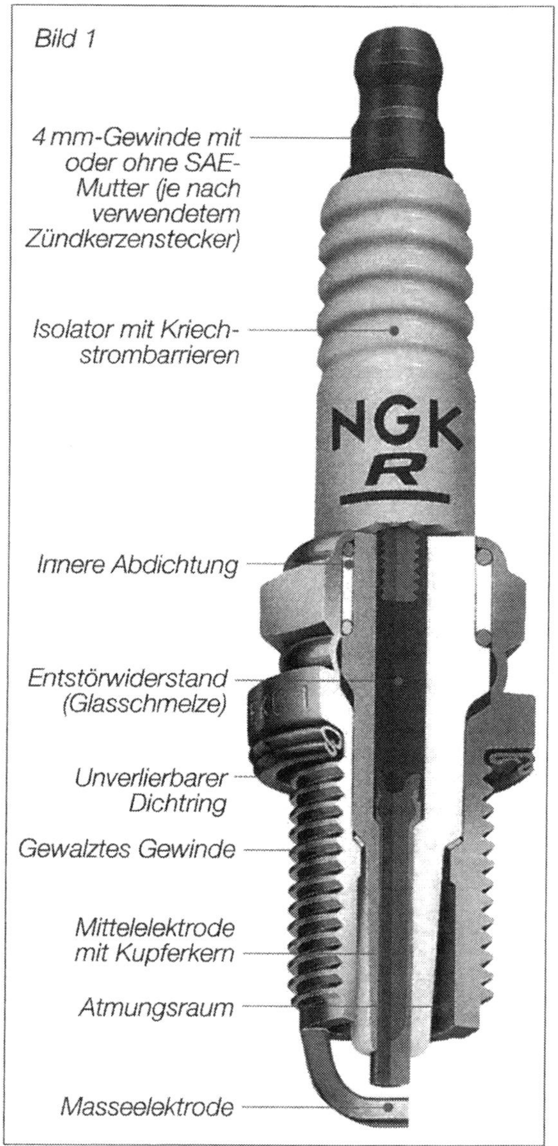

Bild 1: Aufbau einer modernen Motorrad-Zündkerze.

Sicherheitshinweise ⚠ Achtung und ☞ Tipps für dieses Kapitel

⚠ Zu allen Montagearbeiten an den Zündkerzen muss die Zündung zuverlässig ausgeschaltet sein! Zündschlüssel am besten abziehen.

⚠ Zum Abziehen der Zündkerzenstecker immer nur das spezielle Abziehwerkzeug von BMW verwenden, Zange nur im Notfall nehmen! Nicht mit Reifenmontiereisen, Schraubenzieher oder Flacheisen an den Kerzensteckern herumhebeln, denn dadurch kann der Zündkerzenstecker beschädigt werden. Kerzenstecker und Zündkerzen nicht fallen lassen! Dadurch können Teile brechen oder Risse bekommen, wodurch Stromkreisunterbrechungen oder Kurzschlüsse verursacht werden.

⚠ Bei Prüfungen von Bauteilen der Zündanlage keine Stecker bei laufendem Motor abziehen, weil dadurch die Zündanlage beschädigt werden kann.

⚠ Zündkerzenstecker nicht mit Hammer auf Zündkerze auftreiben!

⚠ Kerzenstecker und Zündkerze nicht fallen lassen oder hart anschlagen! Dadurch können Teile innen oder außen brechen bzw. Risse bekommen, was Kurzschlüsse zur Folge hat.

⚠ Halten Sie bei einer Funkenprüfung der Zündkerze bei ausgebauten Zündkerzen einen Feuerlöscher betriebsbereit! Es ist schon passiert, dass der Motor »ersoffen« war, sich das aus dem Zündkerzenloch austretende Gemisch entzündet hat und die ganze Maschine sofort in Flammen stand.

(ca. 400 bis 800 °C) so heiß, dass etwaige Rußablagerungen stets verbrennen, bleiben aber auch so kühl, dass Motor und Kerze nicht beschädigt werden.

Bessere Zündkerzen
NGK hat hochwertige Zündkerzen mit sehr verschleißfester Iridium-Mittelelektrode. Die für den Doppelzündung-Boxermotor geeigneten haben die Bezeichnung DCPR8EIX. Mit diesen Zündkerzen läuft der Motor ruhiger; die Lebensdauer dieser Iridiumkerze liegt bei 60 000 km.

Wartungsintervalle

Motoren mit Doppelzündung
- Nebenzündkerzen überprüfen und ggf. reinigen alle 10 000 km
- Haupt- und Nebenzündkerzen erneuern alle 40 000 km

Motor der HP2 Sport mit Einfachzündung
- Zündkerzen alle 20 000 km erneuern.

Wichtig: Das Alter der Zündkerzen ist nicht ausschlaggebend, ob sie ersetzt werden müssen. Es zählen in erster Linie Laufleistung und Belastung. Bei scharf gefahrenen Motoren kann es sein, dass schon nach 30 000 km die Zündkerzen erneuert werden müssen (bei HP2 Sport nach ca. 10 000 km), wenn sich bei der Kontrolle zeigt, dass die Mittelelektrode abgebrannt ist.

Werkzeuge und Tipps

Abzieher: Mit der bloßen Hand ohne Werkzeug lässt sich der Stecker der zentralen Zündkerze nicht abziehen. Ein Zündkerzenstecker-Abzieher (Bilder 3 und 4) ist nicht im Bordwerkzeug; man kann ihn beim BMW-Händler kaufen (Bestell-Nr. 12 13 7 673 248).
Zündkerzenschlüssel: Im Bordwerkzeug ist auch kein Zündkerzenschlüssel. Kaufen Sie sich einen speziellen Zündkerzenschlüssel mit Schlüsselweite 16, der lang genug ist (Bild 2), denn der Schacht der Hauptzündkerze ist sehr tief.
Drehmoment-Aufsatz: Damit die Zündkerzen mit dem vorgeschriebenen Anziehdrehmoment angezogen werden können, auch einen Nussaufsatz für den Drehmomentschlüssel kaufen.
Einzelkerzen der HP2 Sport: Wenn neue Zündkerzen eingebaut werden:
1. Voranzug mit 12 Nm
2. um 90 Grad lösen
3. Endgültig mit 12 Nm festziehen

Falls kein Drehmomentschlüssel zur Verfügung steht, Zündkerzen folgendermaßen festziehen:
- **Gebrauchte Zündkerze:** Wenn eine bereits benutzte Zündkerze wieder montiert wird, bei der sich der Dichtring schon gesetzt hat: Zündkerze nach Aufsitzen des Gewindebundes um ca. 1/8 Umdrehung festziehen.
- **Neue Zündkerze:** Wenn eine neue Kerze mit neuem Dichtring montiert wird: Zündkerze nach Aufsitzen des Gewindebundes um 1/4 bis 1/2 Umdrehung anziehen, wieder lösen und endgültig um 1/8 Umdrehung anziehen.

Zündkerzengewinde schmieren?
Bei den Motoren mit Doppelzündung ist es nach neuesten Erkenntnissen nicht nötig, beim Einbau von neuen oder gebrauchten Zündkerzen etwas Kupferpaste oder Hochtemperaturfett an das Gewinde zu geben.

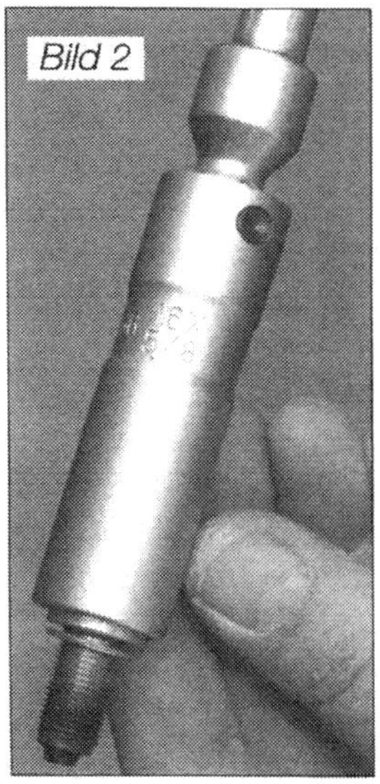

Bild 2: Zum Aus- und Einbau der Zündkerzen einen passenden Schlüssel verwenden.

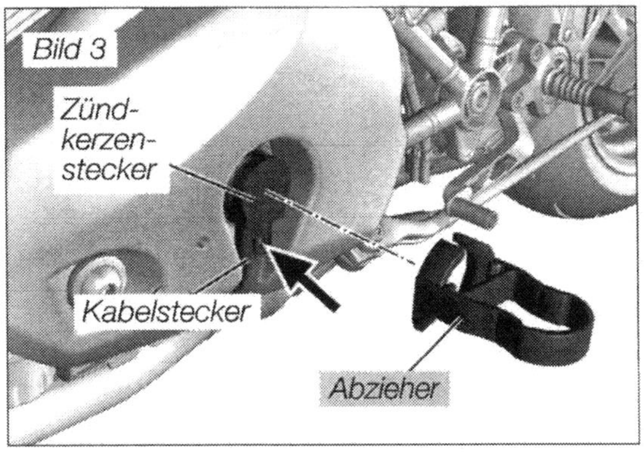

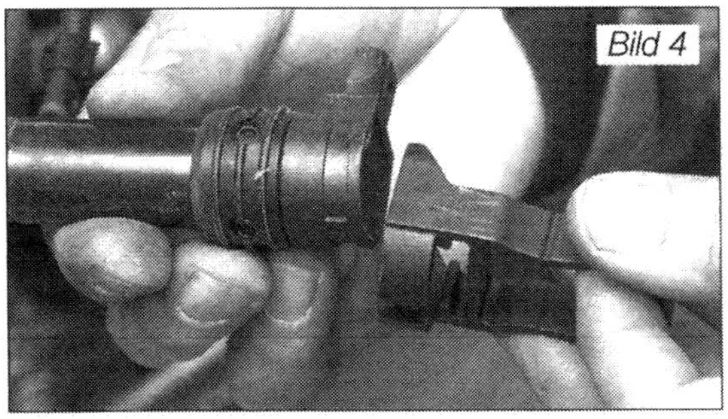

Bilder 3 und 4: Ein Zündkerzenstecker-Abzieher ist nötig, um die kombinierte Kerzenstecker-Zündspule von der Zündkerze ohne Beschädigung abziehen zu können. Er ist nicht serienmäßig im Bordwerkzeug vorhanden, muss also beim BMW-Händler gekauft werden.

Bild 5: Damit der Abzieher nicht abrutscht, ihn mit einer Zange zusammendrücken und gleichzeitig ziehen.

Sichtprüfung Messen

Bild 6: Von hinten unter die Zündkerzenabdeckung greifen und nach vorne abziehen.

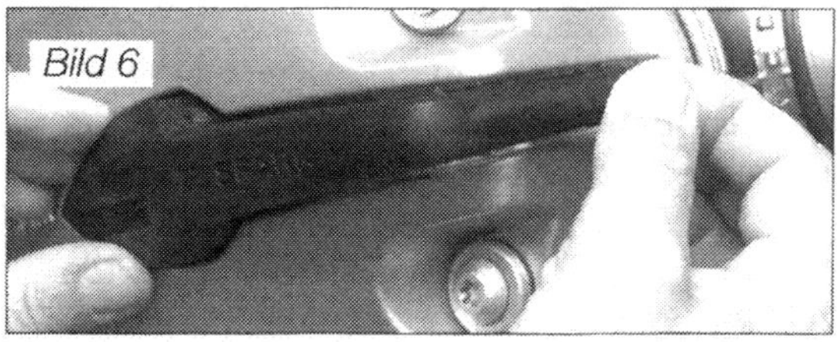
Bild 6

Bild 7: Verriegelung am Kabelsteckers lösen.

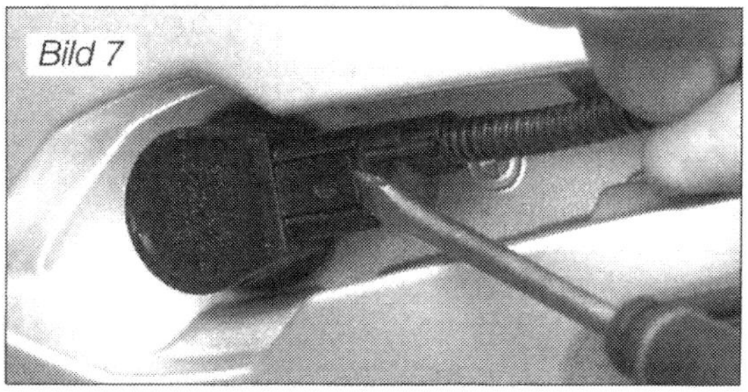
Bild 7

Bilder 8 und 9: Nicht am Kabel ziehen, sondern den Stecker mit kleinem Schraubenzieher ausschieben.

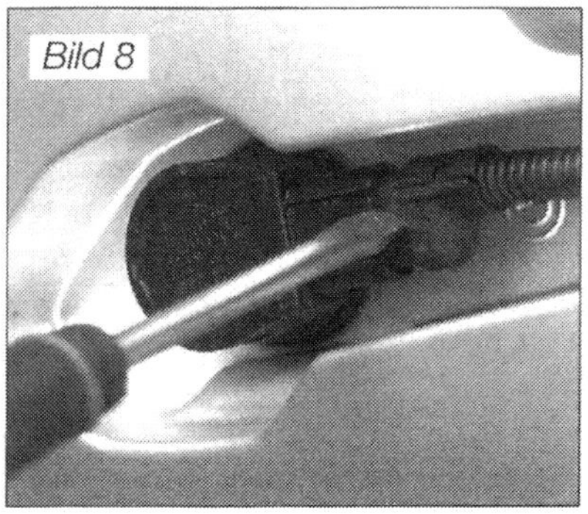
Bild 8

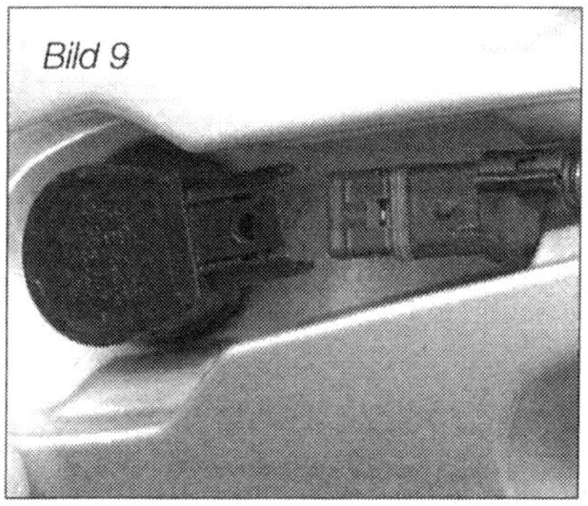
Bild 9

Bild 10: Kerzenstrecker nur zur Not mit einer Zange abziehen.

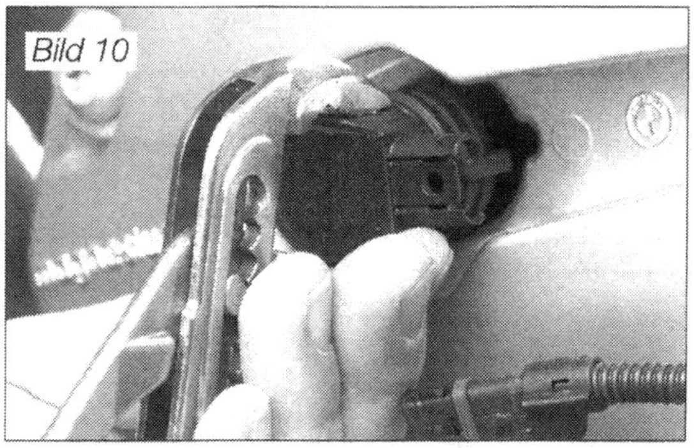
Bild 10

Bilder 11 und 12: Nebenzündkerzenstecker ausbauen: M6-Schrauben ausdrehen, Abdeckung abnehmen, Stecker von Hand abziehen.

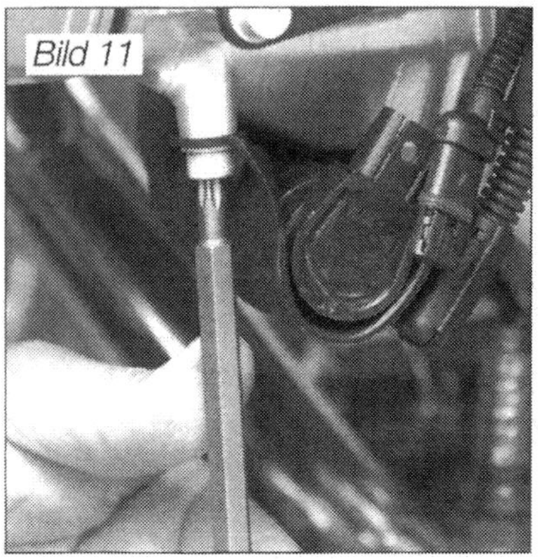
Bild 11

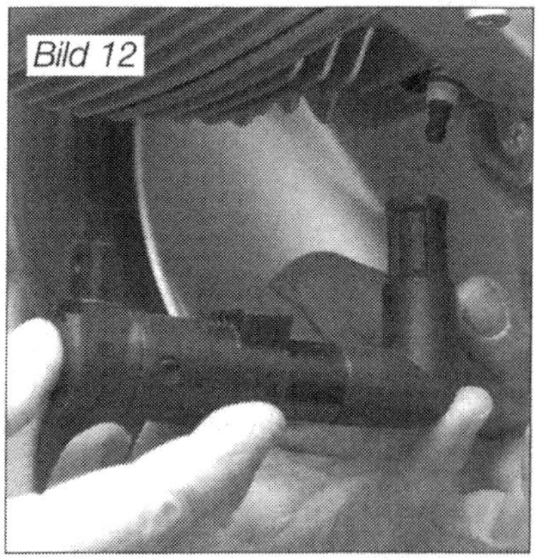
Bild 12

Bei der Einzelkerzen der HP2 Sport müssen laut BMW-Vorschrift die Gewinde der Zündkerzen »leicht« mit Klüberpaste HEL 46-450 bestrichen werden. Weil es diese Klüberpaste nicht in Tuben zu kaufen gibt, sondern nur in großen Gebinden für die Werkstatt, kann man auch das Hochleistungsfett »Optimoly Paste MP3« nehmen (»13« in Kapitel 2, Tube 100 g, Nr. 07 55 9 062 476).

Zündkerzen aus- und einbauen

Hauptzündkerze ausbauen

1. Abdeckung der Hauptzündkerze entfernen: Von hinten unter die Kunststoffabdeckung greifen, etwas anheben und nach vorne abziehen (Bild 6).

2. Kabelstecker vom Zündkerzenstecker abziehen: Verriegelungslasche mit einem kleinen Schraubenzieher vorsichtig lösen (Bild 7), Stecker ausziehen bzw. ausschieben, wie in Bildern 8 und 9 gezeigt.

■ Vorsichtig arbeiten, damit die Lasche nicht abbricht!

3. Zündkerzenstecker abziehen (Bild 5).

■ **Notfall:** Nur im äußersten Notfall den Zündkerzenstecker mit einer Zange vorsichtig packen und abziehen (Bild 10).

■ Spezialwerkzeug »Abzieher« aufschieben, mit einer Zange etwas zusammenklemmen und gleichzeitig daran ziehen (Bild 5).

4. Kerzenstecker herausnehmen und vorsichtig damit umgehen: Nicht fallen lassen, nirgends anschlagen.

5. Zündkerze mit langem Zündkerzenschlüssel lösen und ausdrehen, herausziehen.

Nebenzündkerze ausbauen

1. Schrauben der Abdeckung ausdrehen (Bild 11), Abdeckung abnehmen.

1.1. Kabelstecker vom Zündkerzenstecker abziehen: Verriegelungslasche vorsichtig lösen, Stecker ausziehen.

1.2. Winkelkerzenstecker abziehen (Bild 12).

2. Zündkerze mit Zündkerzenschlüssel lösen und herausdrehen.

Zündkerze reinigen, kontrollieren

1. Kerzen reinigen mit einer speziellen Zündkerzenbürste.

■ Eine solche Bürste besitzt engmaschige, zu kleinen Büscheln zusammengefasste Messingdrähte (Bild 13).

■ Zur Not genügt auch eine harte (trockene!) Zahnbürste (Bild 14).

2. Isolator auf Risse oder Absplitterungen untersuchen. Planflächen des Dichtrings müssen einwandfrei sein.

3. Die Zündkerze muss erneuert werden, wenn sie einen Mangel aufweist, wie zum Beispiel:

- Mittelelektrode stark abgenutzt oder verbrannt
- Isolator gebrochen
- Gewinde beschädigt

Zündkerzen einbauen

1. Zündkerzen in Zündkerzenschlüssel einsetzen, von Hand gefühlvoll und ohne irgendwo anzuschlagen in den Zündkerzenschacht einführen, ans Gewinde ansetzen und einschrauben.

2. Zündkerze so weit ins Gewinde einschrauben, bis Widerstand spürbar wird, dann festziehen:

■ Bosch 23 Nm ■ NGK 20 Nm.

2.1. Bei HP2 Sport: Neue Zündkerzen Voranzug 12 Nm, um 90 Grad lösen, Endanzug 12 Nm.

■ Zündkerzengewinde mit Klüberpaste HEL 46-450 dünn bestreichen (siehe Text weiter vorne).

Achtung: Beim Einschrauben der Zündkerzen unbedingt darauf achten, dass schon der erste Gewindegang richtig greift, das Außengewinde der Kerze also richtig am Innengewinde im Zylinderkopf angesetzt ist. Eine schräg angesetzte Kerze ruiniert mit ihrem harten Stahlgewinde das weiche Gewinde im Aluminiumzylinderkopf schon nach einer halben Umdrehung.

3. Nebenzündkerze: Nebenzündkerzenstecker bis zum Anschlag aufschieben, dabei auf korrekten Sitz des Gummis achten.

3.1. Kabelstecker mit Kerzenstecker verbinden.

3.2. Abdeckung ansetzen und Schrauben wieder eindrehen (8 Nm), dabei auf die untergelegten Hülsen achten.

4. Hauptzündkerze: Hauptzündkerzenstecker bis zum Anschlag einschieben.

4.1. Kabelstecker mit Kerzenstecker verbinden.

4.2. Abdeckung anbringen.

Elektrodenabstand

Wichtig für die ordnungsgemäße Funktion der Zündkerze ist vor allem ein korrekter Elektrodenabstand. Stimmt dieser nicht, muss er korrigiert werden. Die Elektroden dürfen jedoch nur wenig nachgebogen werden, denn für eine zu heftig oder zu oft verbogene Elektrode besteht im Betrieb höchste Bruchgefahr! Im Zweifelsfall lieber eine neue Kerze verwenden.

Elektrodenabstand messen und korrigieren

1. Elektrodenabstand mit Fühlerlehre messen (Bilder 15 bis 18). Der Sollwert beträgt 0,8 mm, die Verschleißgrenze liegt bei 1,0 mm.

2. Ist der Elektrodenabstand zu weit, was meistens der Fall ist, muss die äußere Elektrode nachgebogen werden. Zündkerze kopfüber halten, einen Schraubenzieher verkehrt herum nehmen und mit dem Griff gaaaanz leicht auf die Elektrode klopfen. Gaaaanz leicht heißt: Lieber einen Hau zu wenig als einen zu viel!

3. Wenn die Außenelektrode aus Versehen zu stark zusammengeklopft wurde, der Elektrodenabstand also zu eng ist, die Elektrode vorsichtig mit einer kleinen Flachzange hochbiegen.

■ In jedem Falle gilt: Beim Einstellen des Elektrodenabstandes viel Gefühl walten lassen!

Bilder 13 und 14: Zündkerze entweder mit einer Messingbürste oder harter Zahnbürste reinigen. NICHT mit einer Stahlbürste.

Bilder 15 bis 18: Elektrodenabstand bei NGK- und Bosch-Zündkerze zwischen Mittel- und Außen-(Masse-)elektrode messen.

Bild 13

Bild 14

Bild 15

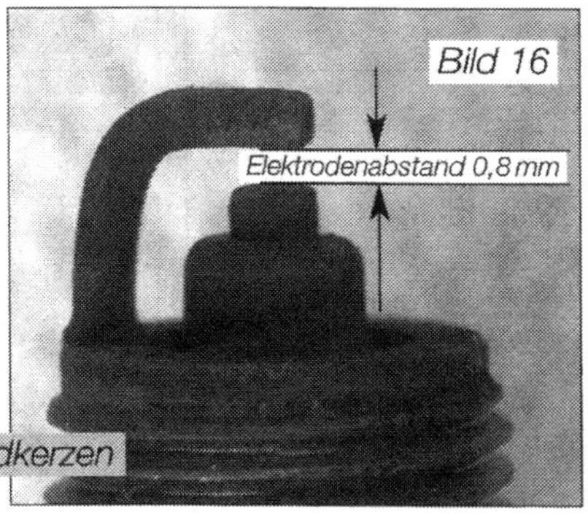

Bild 16

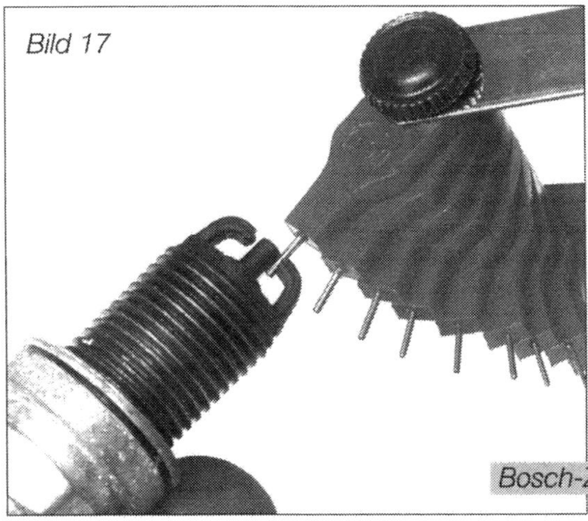
Bild 17

Bild 18

Sichtprüfung Messen

Zündkerzengesicht

Aufschluss über den Verbrennungsablauf im Motor gibt das Erscheinungsgesicht der Zündkerze (»Zündkerzengesicht«). Im Normalfall zeigt die Kerze eine rehbraune Färbung und kaum Abbrand der Elektroden. Sieht sie anders aus, ist im Motor möglicherweise etwas nicht in Ordnung. Zur Beurteilung des Zündkerzengesichts genügt es, sich die Hauptzündkerze anzusehen. Das Bild der Nebenzündkerze kann vernachlässigt werden.

Bilder 19 bis 26:
19 Mittelelektrode herausgefallen
20 normales Zündkerzengesicht
21 Isolator abgebrochen
22 Isolator beschädigt, starke Ablagerungen

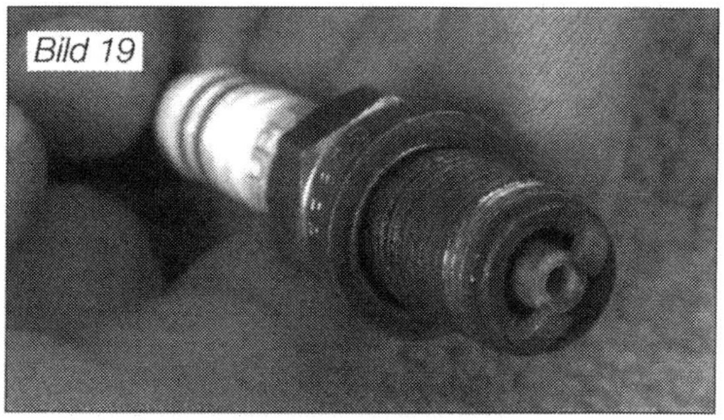
Bild 19

Bild 20

Bild 21

Bild 22

Zündkerzengesicht beurteilen

Motor im mittleren Drehzahlbereich etwa zehn Kilometer warm fahren und möglichst ohne Zwischenstopp zur Werkstatt zurück. Dort den Motor sofort abstellen, also nicht längere Zeit im Leerlauf nachlaufen lassen.

1. Zündkerzen herausschrauben.
2. Sind Keramikisolation und Elektrode rußfrei und zeigt das innere Keramikbauteil einen hellgrauen bis rehbraunen Farbton, passt der Wärmewert der Zündkerze. Die Zusammensetzung des Benzin-Luft-Gemisches ist korrekt.
3. Bei weißem bis aschgrauem Bild ist das Gemisch zu mager. Dieses Zündkerzengesicht deutet auf mögliche Falschluft im Ansaugsystem hin: Es können z. B. die Ansaugstutzen lose oder gerissen oder der Luftfilterkasten an den Ansaugrohren zu den Drosselklappengehäusen hin nicht richtig dicht sein.
3.1. Eine zu helle, weiße Zündkerze beobachtet man auch, wenn ohne Luftfilter gefahren wird.

Bild 23

Bild 24

23 verrußte Kerze
24 Anschmelzungen
25 Koronafleck zwischen Isolator und Metallkörper...
26 ...Ursache ist Gas- und Flammdurchgang

■ Anmerkung zu Bild 25: Es kann durchaus sein, dass eine ausgebaute Zündkerze am Isolator schmutzig ist und nur deswegen ein dunkler Rand (Kreis) vorhanden ist. Wenn der Schmutz nicht festgebacken ist und sich leicht abwischen lässt, ist die Zündkerze nicht defekt.

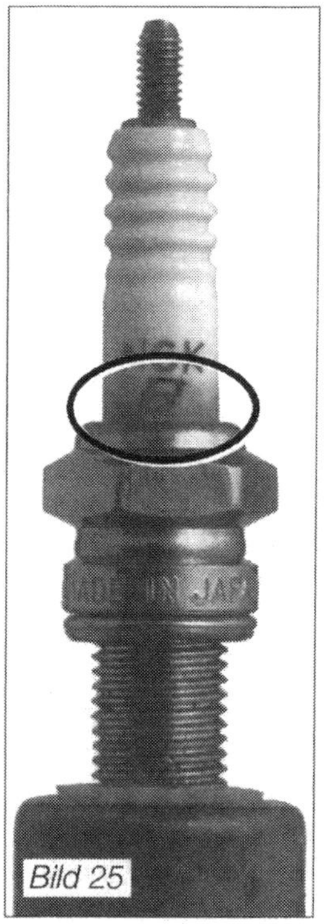
Bild 25

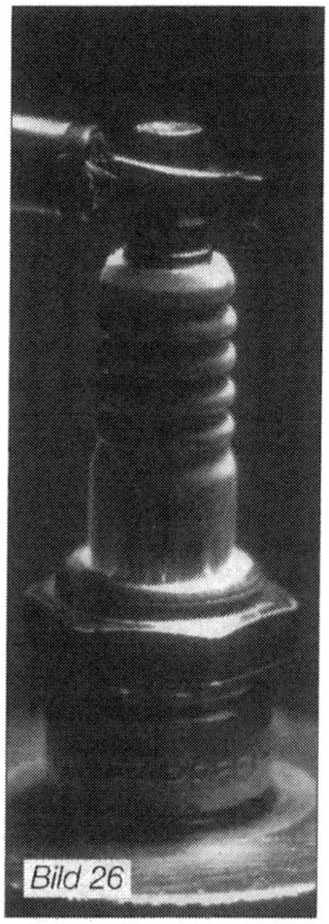
Bild 26

4. Bei dunkelbrauner bis schwarzer Verfärbung ist das Gemisch zu fett. Dieses Zündkerzengesicht deutet auch auf einen zugesetzten Luftfilter hin. Es ist auch schon vorgekommen, dass der Ansaugschnorchel zugestopft war – mit einem bei der Montage vergessenen Putzlappen.
5. Eine verrußte, ölglänzende Kerze deutet auf verschlissene Ventilführungen oder abgenutzte Kolben-/Ölabstreifringe hin, durch die Motoröl in die Brennräume gelangt.
6. Starke Rußablagerungen verhindern einen korrekten Funken zwischen äußerer und innerer Elektrode. Ruß und andere Ablagerungen an der Zündkerze führen zu einer Kurzschlussbrücke zwischen den Elektroden oder auf der Keramikisolation. Wenn die Zündkerzen verrußt sind, dreht der Motor nur stotternd hoch und zieht nicht richtig.
7. Bei trockenen Rußablagerungen können die Elektroden anfangen zu glühen, was zu unkontrollierten Fehlzündungen führt. Diese machen durch »Klopfen« (gut hörbar bei niedrigen Drehzahlen und starkem Beschleunigen) oder »Klin-

geln« (bei hoher Drehzahl und deshalb kaum zu hören) auf sich aufmerksam.

Wichtig zu wissen: Fehlzündungen führen auf Dauer dazu, dass der Kolbenboden durchbrennt oder Ventile und Ventilsitze verschmoren.

»Kalte« oder »heiße« Zündkerze?

Zum Zeitpunkt der Drucklegung dieser Motorrad-Reparaturanleitung im August 2009 gab es von BMW keine Empfehlungen für die Vierventil-Boxermotoren der zweiten Generation bezüglich Zündkerzen mit einem anderen Wärmewert als die serienmäßigen Zündkerzen.

Normalerweise sagt der Fachmann zum benötigten Zündkerzen-Wärmewert Folgendes:
Kältere Zündkerze: Eine *kältere* Zündkerze als die serienmäßige kann in Erwägung gezogen werden, wenn das Motorrad überwiegend in heißen Gegenden gefahren wird, im Hochsommer längere Autobahnetappen anstehen oder die R 1200 R auf einer Rennstrecke sehr schnell und vor allem im oberen Drehzahlbereich bewegt werden soll.
■ *Kälterer Zündkerzentyp* heißt: Diese Zündkerze verträgt höhere Temperaturen.

Heißere Zündkerze: Eine *heißere* Zündkerze wird notwendig, wenn die Maschine in kalten Gegenden bewegt wird, wo die Außentemperatur um den Gefrierpunkt oder darunter liegt und ab und zu auf maximal zehn bis fünfzehn Grad ansteigt.
■ Unter einer *heißeren Kerze* versteht man einen Kerzentyp, der höhere Verbrennungstemperaturen erzeugt.

Merke: Kältere Kerzentypen haben meist eine höhere Zahlenangabe zwischen dem Buchstabencode, heißere Kerzen eine niedrigere Zahl.

Zündkerzen im getunten Motor

Nur die von BMW empfohlenen Zündkerzen zu verwenden gilt zumindest für serienmäßige Boxer-Motoren. Wenn der Motor in irgendeiner Form »getunt« wird, kann es anders aussehen.

Ohne dem Tuner und seiner speziellen Zündkerzen-Empfehlung vorgreifen zu wollen, gilt Folgendes: Ob die gerade montierte Zündkerze für die Umgebungstemperatur und den Betriebszustand (z. B. Autobahn im Sommer mit permanent hohen Drehzahlen) passt, kann man am Kerzenbild (»Kerzengesicht«) ablesen. Beurteilt werden Zustand und Farbe des Keramik-Mittelteils, der Mittelelektrode, der äußeren Bügelelektrode und des äußeren Zündkerzenkörpers, wie im Text weiter vorne bei »Zündkerzengesicht beurteilen« schon erklärt wurde.

Guter Rat: Wenn Sie Ihrem Boxer-Motor andere Zündkerzen spendieren möchten, fragen Sie vorher den BMW-Meister Ihres Vertrauens, ob neue Empfehlungen vorliegen.

Zündprobleme?

Falls ein Problem mit der Zündung auftaucht, kann dies viele Ursachen haben (siehe Kapitel 7 »Ektronik«). Wenn der Motor patscht, nicht richtig läuft oder nicht zieht und Sie Grund zur Annahme haben, dass die Zündkerzen keinen oder nur einen schwachen Funken abgeben, kann folgende Hausmittelprüfung angewendet werden:
1. Zündung ausschalten.
2. ALLE Zündkerzen ausdrehen.
3. Eine Zündkerze nach der anderen auf Funken prüfen:
■ In den zugehörigen Kerzenstecker stecken.
■ Mit dem Sechskant zuverlässig an Masse des Zylinders anlegen.
■ Stecker von beiden Einspritzventilen abziehen.
■ Elektrostarter betätigen und nachsehen, ob die Zündkerze funkt. Dabei KEIN Gas geben!
4. Zeigt keine der vier Zündkerzen einen Funken, das Spiel mit einem anderen Zündkerzenstecker überprüfen. Funkt es dann, ist der zuvor getestete Zündkerzenstecker defekt.

⚠ **Achtung:** Bei einer solchen Prüfung Feuerlöscher betriebsbereit halten! Es ist schon passiert, dass der Motor »ersoffen« war und bei der Zündkerzenprüfung mit ausgebauten Zündkerzen sich das aus dem Zündkerzenloch austretende Gemisch entzündet hat und die ganze Maschine sofort in Flammen stand.

⚠ **Achtung:** Führen Sie eine solche Funkenprüfung nur im äußersten Notfall durch, denn die Motorelektronik reagiert sehr empfindlich auf mangelnde Massekontakte! Besser ist es, bei jedweden Zündproblemen in die Werkstatt zu gehen und mit dem BMW-Diagnosesystem zu prüfen. Im Kapitel 7 »Elektronik« finden Sie Weiteres zu möglichen Zündproblemen.

Anlasser · Anlasserrelais

In diesem Kapitel: Anlasser · Anlasser-Zubehör · Anlasser defekt? · Anlasser prüfen · Anlasserrelais · Motor fremdstarten · Motorrad anschieben · Anlasser aus- und einbauen.

Anlasser-Adressen

A.L.S.-Berlin
Überholte Anlasser
im Tausch
Mier Straße 7
D-12055 Berlin
www.a.l.s.-parts.com

Boxxerparts
Modifizierte Anlasser
KEC GmbH
Bahnhofsplatz 3
D-56410 Montabaur
www.boxxerparts.de

Israel GmbH
Modifizierte Anlasser
Hauptstraße 54
D-56335 Neuhäusel
www.motoren-israel.com

Anlasser

Der Anlasser ist links hinten neben dem Getriebe angebaut. Prinzipiell sind die Anlasser der Modelle mit Vierventil-Boxermotoren der zweiten Generation baugleich mit denen der seit 1994 gebauten Boxer der ersten Generation.

Elektrostarter mit Permanentmagnet-Motor
Leistung 1,2 kW (1,63 PS)
Vorgelege-Übersetzung 5,66 : 1
Schubschraubtrieb und Planetengetriebe

Bild 1: Die Abschrägungen am Anlasserritzel sind kein Verschleiß, sondern konstruktiv bedingt.

Bild 2: Einbaulage des Anlassers.

Defekte an den Anlassern kommen meistens von losen Magneten am Rotor, weil diese nur geklebt sind. Bei einem solchen Defekt rastet der Anlasser zwar noch ein, wenn der Anlasserknopf gedrückt wird, er dreht sich aber nicht mehr. Der erste Verdacht fällt auf eine defekte Batterie; wenn eine neue eingebaut wird, kann es sein, dass der Anlasser für eine kurze Zeit wieder funktioniert, aber eben nicht dauerhaft.

Zum Redaktionsschluss dieses Buches im August 2009 gab es von BMW weder eine Anleitung zum Zerlegen und Reparieren des Anlassers noch Ersatzteile, wie z. B. Kohlebürsten oder Magnetschalter.

Einige BMW-Zubehör-Händler (siehe Kasten links auf dieser Seite) bieten neue Anlasser an, bei denen die Magnete geklebt und zusätzlich mit Klammern gehalten werden. Diese sind ca. 40% billiger als ein neuer Orginal-Anlasser beim BMW-Händler. Überdies sind bei diesen Nachrüst-Anlassern Ersatzteile wie modifizierte Gehäuse, Kohlehalter und Kohlensatz einzeln lieferbar.

Anlasser-Zubehör

Für die Vierventil-Boxer der älteren Generation (R 1100, R 1150 bis R 1200 Cruiser) gibt es spezielle BMW-Teile zum Fremdstarten bzw. zum Anlegen von Fremdstartkabeln direkt an die Anlasser-Plusleitung und Motormasse (»Massebolzen«). Generell können diese auch an die Vierventil-Boxermotoren der zweiten Generation angebaut werden; jedoch ist dies nicht nötig, weil man bei den Modellen mit Vierventil-Boxermotoren der zweiten Generation nach Abnehmen der Sitzbank recht einfach an Plus- und Minuspol der Batterie herankommt und Fremdstartkabel daran anlegen kann (siehe Kapitelabsatz »Motor fremdstarten« auf der übernächsten Seite).

Bei HP2 Sport: Bevor man die Batterie erreichen kann zum Anklemmen von Fremdstartkabeln muss der Stellmotor für Abgasklappe gelöst und nach links weggehängt werden.

⚠ **Achtung:** Weil es sehr wichtig ist, sei Folgendes schon hier an dieser Stelle gesagt: Fummeln Sie niemals mit ungeeigneten, (weil zu großen!) Startkabelzangen weder am Anlasser noch an den Batteriepolen herum! Entweder gibt es einen gefährlichen Stromschlag oder die Bordelektrik wird zerstört – wahrscheinlich passiert beides!

Anlasser defekt?

Wenn beim Druck auf den Anlasserknopf nichts passiert, kann dies verschiedene Ursachen haben. Die häufigste ist sicherlich eine leere Batterie. Wenn diese jedoch zweifelsfrei in Ordnung ist, können auch das Anlasserrelais oder der Anlasser selbst defekt sein.

In den BMW-Werkstätten wird zur Fehlersuche »Anlasser defekt?« das Diagnosesystem eingesetzt. Damit kann rasch herausgefunden werden, ob der Anlasser wirklich defekt ist oder z. B. das Zündschloss oder die Wegfahrsperre (bzw. Diebstahlwarnanlage) eine Störung haben.

Anlasser prüfen

Wenn der Motor nicht anspringt, weil der Anlasser nicht funktioniert und Sie keine BMW-Motorradwerkstatt aufsuchen können:

1. Prüfung des Anlasserrelais siehe Text in diesem Kapitel auf der nächsten Seite.

2. Prüfen, ob der Anlasser überhaupt mit Strom versorgt wird: Mit einem Multimeter bei gedrücktem Starterknopf die Spannung am Pluskabel unten am Anschluss des Anlassers messen: Es muss Batteriespannung anliegen.

Anlasserrelais

Anlasserrelais sitzt bei den verschiedenen Modellen an den jeweils unten angegebenen Stellen, folgende Teile müssen abgebaut werden:

R 1200 GS bis Modelljahr 2007 und R 1200 GS Adventure bis Modelljahr 2007: unter Sitzbank
Abbauen: Sitzbank, Werkzeugschale
R 1200 GS ab Modelljahr 2008 und R 1200 GS Adventure ab Modelljahr 2008: unter dem Steuergerät
Abbauen: Sitzbank, Seitenblenden, Seitenverkleidungen, Tankverkleidungen, Tank, Steuergerät
R 1200 R und HP2 Megamoto: unter Sitzbank
Abbauen: Sitzbank, Relaisabdeckung
R 1200 RT und R 1200 ST: unter Sitzbank
Abbauen: Sitzbank, Deckel
R 1200 S: unter Tank
Abbauen: Fahrersitz, Tankverkleidung, Tank, Deckel, Relaishalter
HP2 Enduro: unter Sitzbank
Abbauen: Sitzbank
HP2 Sport: unter Tank
Abbauen: Fahrersitz, Tankabdeckung, Tank, Relaisabdeckung

Bevor das Anlasserrelais ausgebaut wird, hören Sie genau hin, ob es beim Betätigen des Starterknopfes klickt:

■ Wenn es klickt und der Motor springt dennoch nicht an, liegt der Fehler irgendwo anders; wenn es nicht klickt, ist das Relais defekt.

Tipp: Vor dem Kauf eines neuen Relais probehalber ein garantiert funktionstüchtiges Relais einstecken und erneut versuchen (von der baugleichen Maschine des Freundes ausleihen).

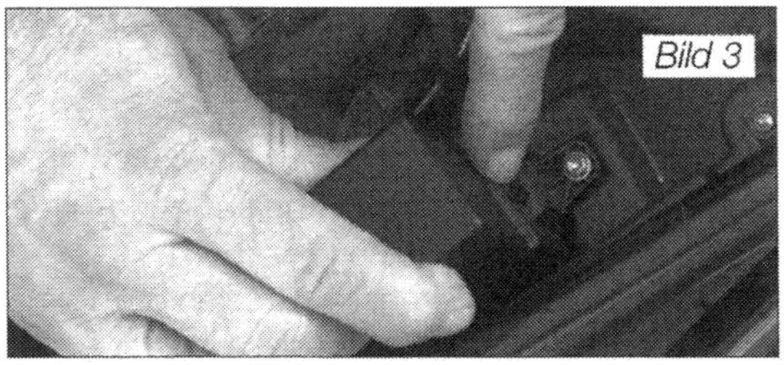
Bild 3

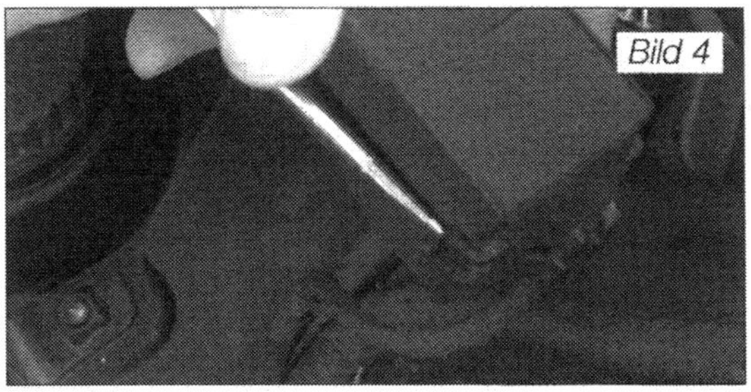
Bild 4

Bild 5

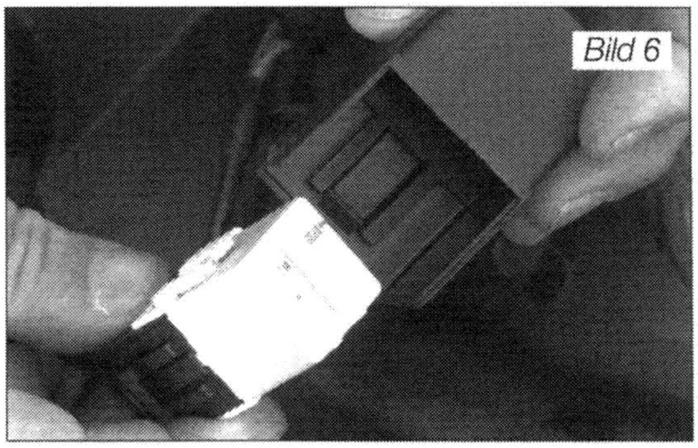
Bild 6

Bilder 3 bis 6: Anlasserrelais aus- und einbauen.

■ Das Relais ist in einem extra Kasten untergebracht, der festgeclickt ist:
***1.** Riegel lösen, Kasten abnehmen.*
***2.** Verschlussriegel am Kasten mit einem kleinen Schraubenzieher vorsichtig aufbiegen, Deckel abnehmen, Relais herausziehen.*

Tipps zur Starthilfe

Maximal 10 Sekunden den Starterknopf betätigen! Der Motor des Starthilfe gebenden Fahrzeugs sollte laufen, sonst ist bald auch dessen Batterie leer.

Fremdstartkabel

Verwenden Sie zum Fremdstarten Ihrer Maschine niemals Auto-Fremdstartkabel mit dicken Zangen, sondern besorgen Sie sich ein spezielles Motorrad-Starthilfekabel mit kleinen Zangen. In dieses »Fremdstartkabel« muss ein Überspannungsschutz eingebaut sein (»Z-« oder »Zener-Diode«), der die elektronischen Bauteile vor Überspannung schützt.

Relais wechseln

1. Zugang zum Relais schaffen (Modellbezogener Text steht eine Seite weiter vorne).
2. Relaiskasten abbauen und öffnen (Bilder 3 bis 6), altes Relais ausziehen, neues Relais einstecken.

Motor fremdstarten

Beim Fremdstarten wird Strom über so genannte »Starthilfekabel« an die Batterieanschlüsse des zu startenden Motorrads übertragen. Für die Starthilfekabel ist Folgendes wichtig:

- Sie müssen kleine Zangen haben, damit man die kleinen und tief liegenden Batterieanschlüsse sicher und ohne Fremdkontakt erreicht.
- Sie müssen mit einem Überlastungsschutz ausgerüstet sein, der Überspannungen vermeidet und somit die Motor- und Fahrzeugelektronik vor Überspannungen schützt.
- Kaufen Sie Starhilfekabel am besten beim BMW-Händler und führen Sie diese in Ihrer Maschine immer mit.

Wichtig: Das Starthilfe gebende Fahrzeug muss ein 12-Volt-Bordnetz haben. Ein LKW mit 24-Volt-System taugt also nicht zum Fremdstarten.

Motor fremdstarten

1. Zündung AUSschalten!
2. Mit dem schwarzen Fremdstartkabel die Minuspole der fremden Stromquelle und der eigenen Batterie verbinden.
2.1. Gummikappen über den Pluspolanschlüssen zurückschieben. Mit dem roten Startkabel beide Pluspole verbinden.
3. Zündung der Starthilfe benötigenden Maschine EINschalten.
3.1. Motor der Starthilfe gebenden Maschine starten und mit erhöhter Leerlaufdrehzahl laufen lassen (3000/min).
4. Motor der Starthilfe benötigenden Maschine starten.

Starthilfekabel abnehmen: Wenn der Motor läuft, umgehend die Starthilfekabel von beiden Batterien abnehmen:
1. Pluskabel von beiden Batterien abklemmen.
2. Minuskabel von beiden Batterien abklemmen.
3. Gummikappen wieder auf die Pluspolanschlüsse schieben.

Hinweis: Wenn der Motor angesprungen ist, ihn nicht sofort wieder ausschalten, denn die Batterie hat noch nicht wieder genug Strom gebunkert, den Motor aus eigener Kraft zu starten. Motor deswegen mit sanfter Gashand bei mehr als 1500 bis 2000/min halten.

Wenn die Batterie grundsätzlich in Ordnung ist, wird sie von der Lichtmaschine geladen.

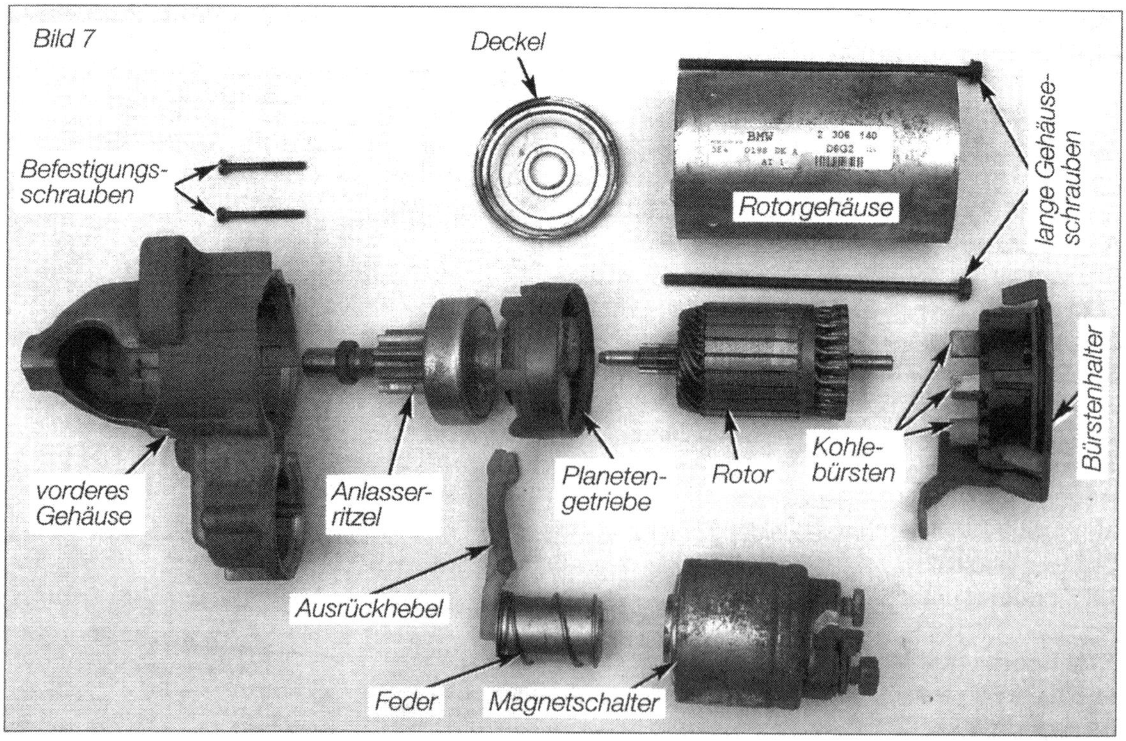

Bild 7: Zerlegter Anlassers mit Teilebezeichnungen.

Dennoch sollte man die Batterie bei nächster Gelegenheit ausbauen, an ein Ladegerät hängen und vorschriftsmäßig laden.

Motorrad anschieben

Achtung: Ein Starten des Motors durch Anschieben sollte generell vermieden werden, denn dabei gelangt unverbrannter Kraftstoff in den Auspufftrakt, was den Katalysator schädigen könnte.

Wenn aber der Motor nicht anspringt, weil z. B. die Batterie zu wenig Spannung hat (»leer ist«) und man keine Möglichkeit hat, den Motor fremdzustarten und auch keine BMW-Werkstatt erreichen kann, dann muss man anschieben, sonst kommt man ja nicht weiter. Eine Batterie muss eingebaut sein, sie kann zwar nahezu leer, darf aber nicht kaputt sein!

Motorrad anschieben

1. Zündung EINschalten, Motorabstellschalter am Lenker auf ON.

2. Zweiten Gang einlegen und die Maschine mit eingelegtem Gang zurückziehen, bis vom Motor her ein Widerstand spürbar wird: Beide Kolben stehen jetzt im OT (»Oberer Totpunkt«).

3. Kupplung ganz ziehen und die Maschine mit gezogener Kupplung etwas zurückschieben und damit sichergehen, dass die Kupplung nicht »klebt«, sondern wirklich trennt.

4. Fahrer am Lenker, hinten hilft ein Freund: Gleichzeitig schieben bis auf ca. 15 bis 20 km/h!

4.1. Fahrer steigt über die Fußrasten auf die Maschine, lässt seinen Hintern fest in den Sitz fallen und lässt gleichzeitig die Kupplung los – der Motor müsste anspringen.

■ Falls der Motor läuft, ihn mit dosierten Gasstößen am Leben halten und nicht unter 2000/min kommen lassen.

Anlasser aus- und einbauen

■ R 1200 GS bis Modelljahr 2007 und R 1200 GS Adventure bis Modelljahr 2007: Anlasserabdeckung abschrauben.

■ R 1200 RT: Tankreling, Verkleidung links, Tankverkleidung, Fussrastenplatte links abbauen.

■ R 1200 ST: Verkleidungsunterteil links abbauen.

Anlasser ausbauen

1. Zündung AUSschalten, Zündschlüssel am besten abziehen.

2. Minuspolkabel von Batterie abschrauben.

3. Pluskabel am Anlasser abschrauben (Bild 8) und isolieren.

■ Verdrehschutz abziehen oder stecken lassen und zusammen mit dem Anlasser ausbauen.

3.1. Stecker abziehen (Bild 8).

4. Befestigungsschrauben des Anlassers lösen und ausschrauben (Bild 10).

5. Anlasser abnehmen.

Anlasser einbauen

Einbau in umgekehrter Reihenfolge: Verdrehschutz aufsetzen, Anlasser einsetzen und festschrauben (19 Nm), Pluskabel an Verdrehschutz ausrichten, Startsignalkabel in Verdrehschutz befestigen.

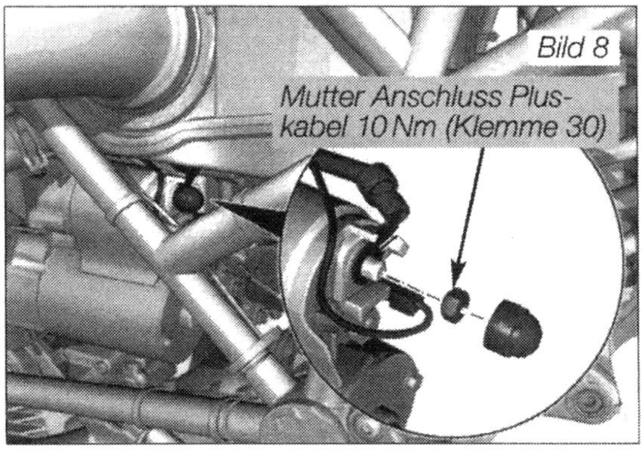

Bild 8: Kabelanschlüsse am Anlasser.

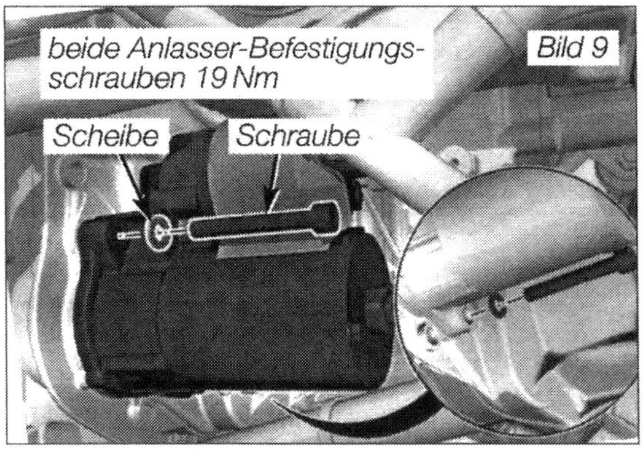

Bild 9: Schraubstellen beim Aus- und Einbau des Anlassers.

Bild 10: Ausgebauter Anlasser. Das Massekabel verbindet Magnetschalter und Anlasser.

Anziehdrehmomente

Plusleitung an Anlasser
Mutter M8 .... 10 Nm

Anlasser an Motor
Inbus M8x60.... 19 Nm

Zylinderkopf

In diesem Kapitel: Zylinderkopf ab- und anbauen · Zylinderkopf reinigen und prüfen, Kopfdichtung · Steuerkettenspanner und -spannschienen · Kipphebel-Axialspiel · Steuerungsträger · Zylinderkopf HP2 Sport ab- und aufbauen.

Zylinderkopf ab- und aufbauen

Dank der freiliegenden Zylinder des Boxermotors ist es einfach, bei eingebautem Motor die Zylinderköpfe abzunehmen und wieder anzubauen. Wenn die Kopfdichtung gewechselt werden soll, können Zylinderkopf mit Steuerungsträger und Ventilen zusammengebaut bleiben.

Bild 1
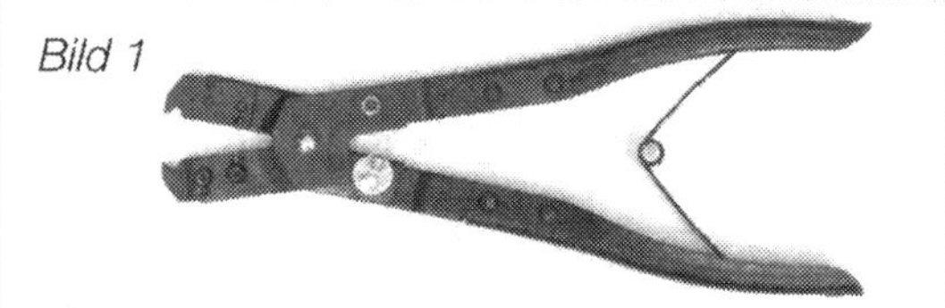

Bild 1: Zum Öffnen der Ansaugschelle wird die BMW-Spezialzange Nr. 13 1 512 benötigt.

Bild 2
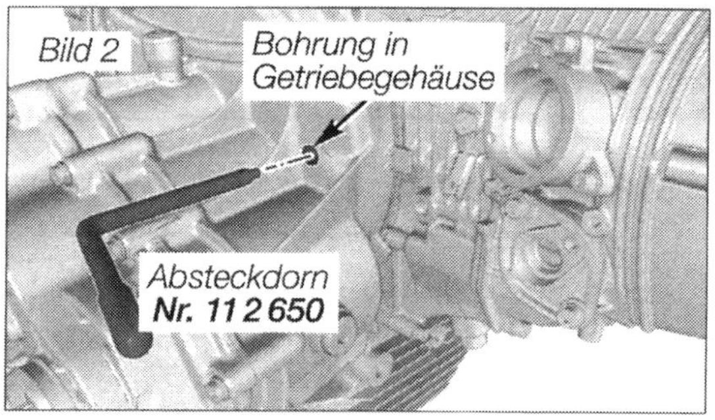

Bild 2: Damit sich beim Arbeiten die Kurbelwelle nicht drehen kann, das Schwungrad mit dem OT-Absteckdorn oder einem Metallbolzen blockieren.

Wichtig: Für alle Arbeiten am Ventiltrieb gilt: Bevor Sie den Motor zum ersten Mal starten, drehen Sie ihn lieber noch einmal von Hand durch, um sicherzustellen, dass die Steuerzeiten stimmen und Kolben und Ventile keinen Kontakt bekommen. »Von Hand durchdrehen« heißt: Ohne Zündkerzen mit eingelegtem 6. Gang am Hinterrad drehen oder bei abgenommenem Frontdeckel mit einem Schlüssel an der Befestigungsmutter der Riemenscheibe drehen (rechtsherum, wenn Sie von VORNE auf das Motorrad schauen!).

Zylinderkopf abbauen

1. Auspuff komplett abbauen. Zündkerzen ausbauen, Riemenabdeckung abbauen (siehe Kapitel 5 »Ventilspiel«).

1.1 R 1200 R und HP2 Megamoto: Vor Abbau der Riemenabdeckung Ölkühler-Befestigung lösen, Ölkühler oben aus Nase ziehen, nach vorne weghängen.

2. Ventildeckel abschrauben. Zum Auffangen des austretenden Öls geeignetes Gefäß unterstellen.

3. Nockenwellendeckel links ausbauen: Schelle des Entlüftungsschlauchs lösen, Schlauch abziehen, nach hinten schieben. Schrauben ausdrehen, Nockenwellendeckel mit O-Ring abnehmen.

4. Nockenwellendeckel rechts ausbauen: Schrauben ausdrehen, Nockenwellendeckel mit O-Ring abnehmen.

5. Rechten Zylinder auf Zünd-OT stellen (siehe Kapitel 5 »Ventilspiel«).

6. Drosselklappengehäuse abbauen: Zum Öffnen der Schellen wird eine BMW-Spezialzange benötigt (Bild 1, Nr. 13 1 512).

Bild 3
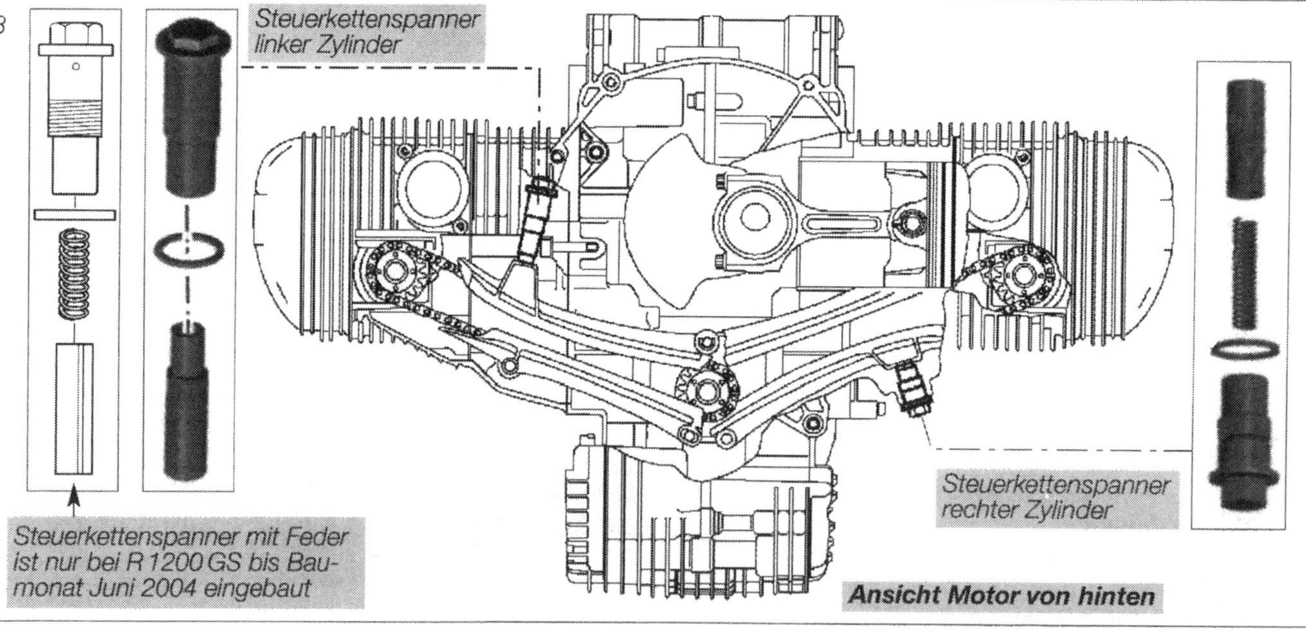

Bild 3: Steuerkettenspanner nicht verwechseln:

■ Der linke Steuerkettenspanner hat seit Baumonat Juni 2004 keine Feder mehr, seine Bundschraube ist länger als die rechte.

Hinweis: Ohne diese Zange lässt sich die Schelle nicht zerstörungsfrei abbauen.

6.1 Einspritzventile ausbauen: Schraube ausdrehen, Einspritzventil mit Halter, Kabel und O-Ring herausziehen.

6.2. Kabel von den Leerlaufstellern links und rechts abziehen.

6.3. Stecker von Drosselklappenpotentiometer (links) abziehen.

6.4. Drosselklappenstutzen aus den Ansaugstutzen am Zylinder ausziehen.

7. Massekabel am Zylinderkopf (links und rechts) abschrauben.

7.1. Stecker trennen von Klopfsensoren (links und rechts), Temperaturfühler (links und rechts), Nockenwellenpositions-Sensor (rechts) und Öldruckschalter (links).

8. Nockenwellenräder von Nockenwellen lösen. Dazu Motor blockieren: 6. Gang ist noch vom OT-Suchen eingelegt, Fußbremse betätigen, Zentralschrauben lösen (nicht ausdrehen!).

8.1. OT nochmal kontrollieren. Schrauben ausdrehen und gemeinsam mit Nockenwellenpositions-Geber bzw. Entlüfterrad abnehmen. Steuerkette mit Kabelbinder am Nockenwellenrad fixieren.

9. Steuerkettenspanner lösen und ausschrauben: Der des rechten Zylinders ist von unten erreichbar, der des linken Zylinders von oben.

10. Kettenschacht mit Lappen verschließen, damit keine Teile in den Motor fallen.

11. Die Torxschraube M10 (***B*** in Bild 8) lösen und ausdrehen.

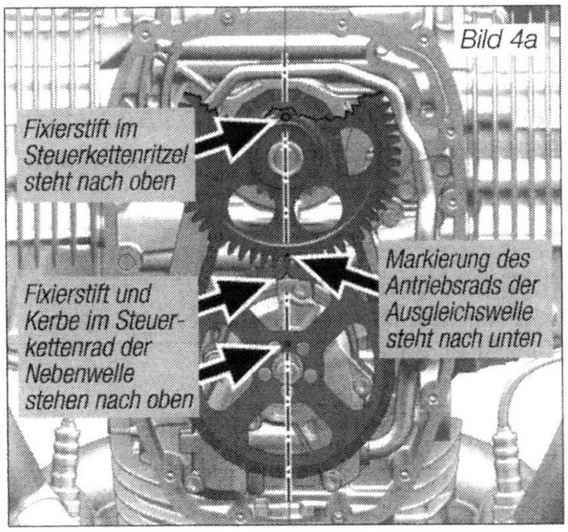

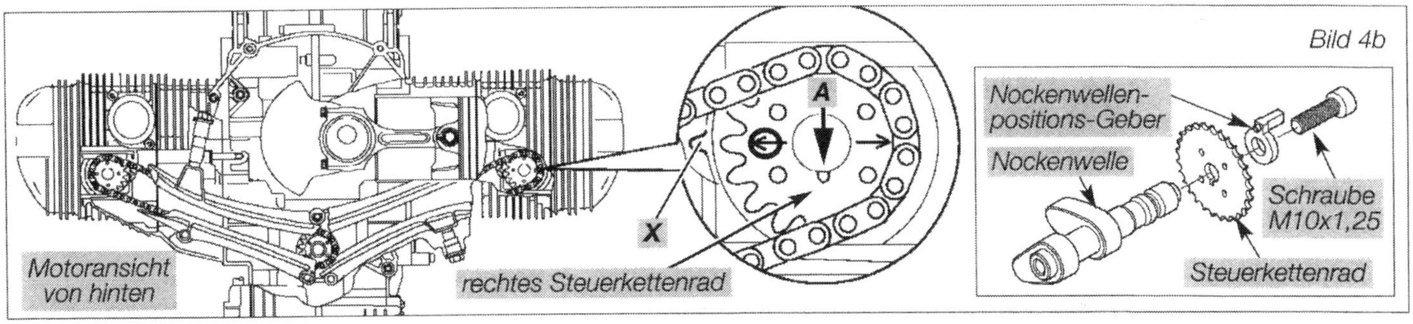

*Bilder 4a und 4b: Einstellmarkierungen Zylinderkopf rechts. Rechter Kolben auf Zünd-OT, mit Absteckdorn durch Schwungrad und Motorgehäuse abgesteckt. Fixierstift im rechten Steuerkettenrad (Pfeil **A**) steht nach unten, Markierung (Pfeil) und Zahnspitze am rechten Steuerkettenrad zeigen GENAU zur Markierung **X** am Steuerungsträger. Einstellung bei eingebautem Steuerkettenspanner nachkontrollieren.*

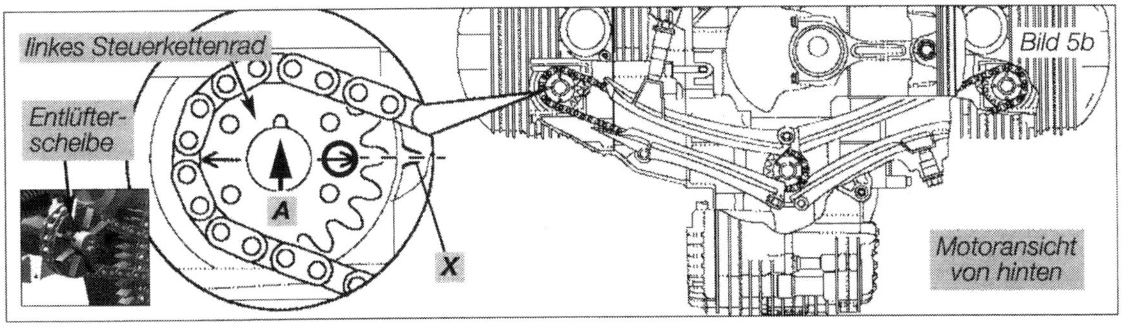

*Bilder 5a und 5b: Einstellmarkierungen Zylinderkopf links. Linker Kolben steht auf Zünd-OT. Fixierstift im linken Steuerkettenrad (Pfeil **A**) steht nach oben, Markierung (Pfeil) und Zahnspitze am linken Steuerkettenrad zeigen GENAU zur Markierung **X** am Steuerungsträger. Einstellung bei eingebautem Steuerkettenspanner nachkontrollieren.*

12. Die drei Torxschrauben M6 (***C*** in Bild 8) lösen und ausdrehen: Zwei sitzen außerhalb am Steuerkettenschacht, eine innen.
13. Die Zylinderkopfmuttern M10 (SW 15) (***A*** in Bild 8) über Kreuz losdrehen und mit Scheiben abnehmen.
14. Zylinderkopf abnehmen. Ist dieser auf der Dichtung festgeklebt, genügt es meist, mit der Hand zu wackeln und gleichzeitig zu ziehen, oder man hilft durch leichte Schläge mit einem Kunststoffhammer nach.

Zylinderkopf reinigen und prüfen
1. Dichtflächen von Zylinderkopf und Zylinder reinigen und Dichtungsrückstände entfernen. Dabei nicht mit einem harten Material kratzen, sondern ganz vorsichtig mit einem speziellen Dichtungsschaber oder einem stumpfen Messer abschaben.

⚠ **Achtung:** Die Dichtflächen nie mit Schmirgelpapier bearbeiten und versuchen, damit Dichtungsreste zu entfernen!

2. Haarlineal an die Dichtfläche des von Dichtungsresten gereinigten Zylinderkopfs anlegen und vertikal und horizontal auf Verzug prüfen (Bild 7). Ist der Kopf um mehr als 0,1 mm verzogen, sollte er von einem Spezialbetrieb (mit maximal 0,2 mm Abtrag) geplant werden.
3. Dichtheit des Ventilsitzes bei eingebautem Ventil überprüfen: Zylinderkopf waagerecht halten, Kraftstoff in Einlass- oder Auslasskanal gießen. Am Ventil darf nichts auslaufen.
4. Schließt ein Ventil nicht dicht ab, muss der Ventilsitz nachgearbeitet (»geläppt«) werden.
5. Genügt dies nicht, weil der Ventilsitz zu stark eingeschlagen ist, müssen das Ventil erneuert oder dessen Dichtfläche überschliffen und der Ventilsitz nachgefräst werden.
Hinweis: Wenn Ventile oder Ventilführungen ersetzt werden müssen, konsultieren Sie zuerst Ihren BMW-Händler. Für die Zylinderköpfe der Boxermotoren gibt es preiswerte Reparaturmöglichkeiten.

Bild 6: Dreilagige Zylinderkopfdichtung. Die äußeren Blechteile sind gummiert, das innere blank.

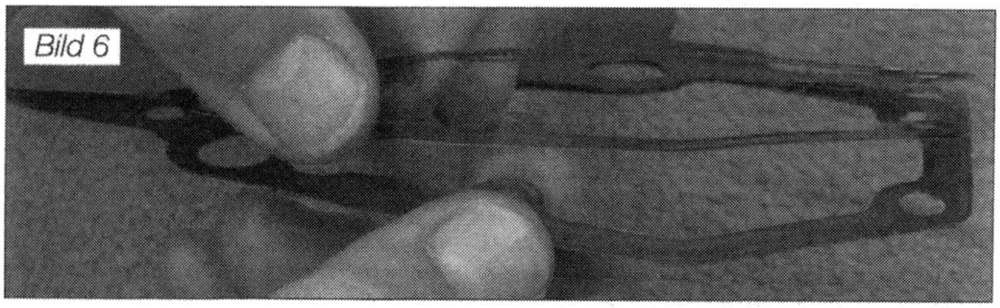

Bild 7: Zylinderkopf-Dichtfläche in mehreren Ebenen mit dem Haarlineal prüfen.

Zylinderkopf anbauen

⚠ **Achtung:** Die Nockenwellen dürfen zwischen Abbau und Anbau der Zylinderköpfe nicht verdreht werden, da sonst die Ventile beim Anbau der Zylinderköpfe beschädigt werden können! Alle Ventile müssen geschlossen sein.

1. Neue Dichtung aufsetzen (Dichtung ist für rechts und links gleich). Dichtung und Dichtflächen sollen trocken und fettfrei sein.
2. Zylinderkopf aufschieben, gleichzeitig Steuerkette, Spann- und Führungsschiene durch den Kettenschacht führen.
3. M10-Schraube und die drei M6-Schrauben einölen und handfest einschrauben.
4. Scheiben und Muttern ölen, aufdrehen und handfest anziehen.
5. Zylinderkopfmuttern M10 (SW 15 ***A*** in Bild 8) anziehen:
- Im ersten Durchgang kreuzweise auf 20 Nm Voranzug festziehen.
- Im zweiten Durchgang in gleicher Reihenfolge um 90 Grad Drehwinkel anziehen.
- Im dritten Durchgang in gleicher Reihenfolge um weitere 90 Grad Drehwinkel anziehen.

6. Die M10-Schraube (***B*** in Bild 8) mit 40 Nm festziehen.
7. Die drei M6-Schrauben (***C*** in Bild 8) mit 9 Nm festziehen.
8. OT-Stellung rechter Zylinder kontrollieren, ggf. korrigieren. Beim Zünd-OT des rechten Zylinders steht der Fixierstift im Steuerkettenritzel der Kurbelwelle nach oben und die Markierung auf dem Antriebsrad der Ausgleichswelle nach unten, Fixierstift und Kerbe am Steuerkettenrad der Nebenwelle stehen nach oben auf Trennfuge des Motorgehäuses (Bild 4a).
9. Nut zur Fixierung des Nockenwellenrads muss nach unten zeigen. Nockenwellenrad so auf Nockenwelle aufsetzen, dass der auf dem Kettenrad eingravierte Pfeil (»Mitte Zahn«) auf Markierung ***X*** (»Nase«) am Steuerungsträger zeigt (Bild 4b). Fixierstift des Nockenwellenrads muss unbedingt in Nut der Nockenwelle einrasten.

10. Nockenwellenpositions-Geber (Bild 4b) mit Fixierung in Bohrung des Nockenwellenrads einsetzen.
11. Schraube eindrehen, handfest anziehen.
12. Steuerkettenspanner mit neuer Dichtung eindrehen und mit 32 Nm festziehen.
13. Nockenwellenkettenrad mit 65 Nm festziehen, dabei Motor mit Hinterradbremse blockieren. Kabelbinder entfernen.
14. OT-Stellung linker Zylinder kontrollieren, ggf. korrigieren. Beim Zünd-OT des linken Zylinders steht der Fixierstift im Steuerkettenritzel der Kurbelwelle nach oben, Markierung auf dem Antriebsrad der Ausgleichswelle nach unten, Fixierstift und Kerbe am Steuerkettenrad der Nebenwelle stehen nach unten auf Trennfuge des Motorgehäuses (Bild 5a).
15. Nut zur Fixierung des Nockenwellenrads muss nach oben zeigen. Nockenwellenrad so auf Nockenwelle aufsetzen, dass der auf dem Kettenrad eingravierte Pfeil (»Mitte Zahn«) auf Markierung ***X*** (»Nase«) am Steuerungsträger zeigt (Bild 4b). Fixierstift des Nockenwellenrads muss hörbar in Nut der Nockenwelle einrasten.
16. Entlüfterscheibe mit Schraube ansetzen, Nase auf Vertiefung ausrichten.
17. Steuerkettenspanner mit neuer Dichtung eindrehen und mit 32 Nm festziehen.
18. Nockenwellenkettenrad mit 65 Nm festziehen, Motor dabei mit Hinterradbremse blockieren. Kabelbinder entfernen, OT-Absteckdorn ausbauen.
19. Ventilspiel kontrollieren, ggf. einstellen (siehe Kapitel 5 »Ventilspiel«).
20. Abgebaute Teile anschrauben: Ventildeckel (10 Nm über Kreuz), Zündkerzen, Motordeckel, Ölkühler, Auspuffanlage, Drosselklappengehäuse, Stecker der Motor-Sensoren zusammenstecken, Öl einfüllen, etc.

Zylinderkopfmuttern nachziehen

Achtung: Nach ca. 1000 km müssen die Zylinderkopfmuttern nachgezogen werden.

1. Erste der vier Muttern lösen, mit 20 Nm Voranzug PLUS 180 Grad Drehwinkel anziehen.
2. Dann über Kreuz die nächste Mutter lösen, mit 20 Nm voranziehen und mit 180 Grad Drehwinkel endgültig anziehen.
3. Mit den beiden anderen Muttern gleich verfahren.
4. Die M10-Schraube kommt als letzte dran. Sie wird gelöst und mit 40 Nm angezogen.
5. Die M6-Schrauben brauchen nur auf Festsitz kontrolliert zu werden.

*Bild 8a: Das Gewinde des linken unteren einlassseitigen Zylinderstehbolzens (**X** in Bild 8) steht weiter heraus als bei den anderen, was kein Fehler, sondern konstruktiv bedingt ist.*

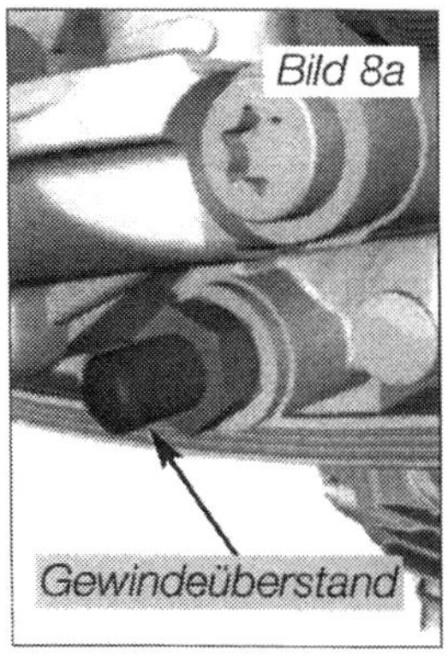

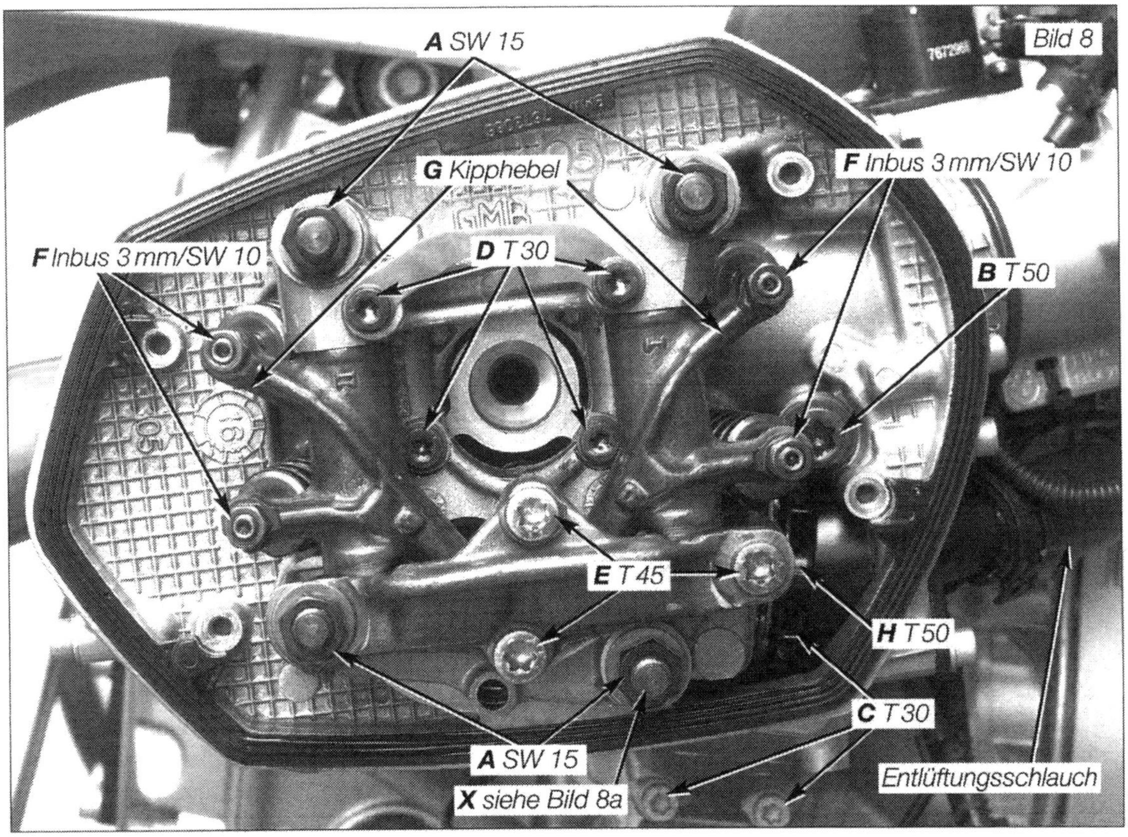

Bild 8:
- ***A*** *Zylinderkopfmuttern M10, SW 15 (4 Stück)*
- ***B*** *Zylinderkopfschraube M10, Torx T50 (1 Stück)*
- ***C*** *Zylinderkopfschrauben M6 Torx T30 (3 Stück)*
- ***D*** *Steuerungsträgerschrauben M6 Torx T30 (4 Stück)*
- ***E*** *Kipphebel-Lagerdeckelschrauben M8 Torx T45 (3 Stück)*
- ***F*** *Ventilspiel-Einstellschrauben Inbus SW 3, Kontermutter SW 10 (4 Stück)*
- ***G*** *Kipphebel*
- ***H*** *Befestigungsschraube Steuerkettenrad M10x1,25 Torx T50 (1 Stück)*

Sichtprüfung Messen

Steuerkettenspanner, -schienen

Zur Ergänzung der Thematik »Ventiltrieb« noch einmal die Unterschiede der Steuerkettenspanner und der Spannschienen für rechten und linken Zylinder (siehe Bild 3).

Steuerkettenspanner

■ Steuerkettenspanner rechts: Er besteht aus Bundschraube, Dichtring, Feder und Kolben.

■ Steuerkettenspanner links: Er besteht aus Bundschraube, Dichtring und Kolben, es ist auf dieser Seite keine Feder eingebaut.

Beim Aus- und Einbau des linken Steuerkettenspanners muss man besonders vorsichtig sein, damit der Kolben nicht in den Schacht fällt; speziell dann, wenn das Steuerkettenrad abgeschraubt und die Steuerkette lose ist.

Steuerketten-Spannschienen

Die Steuerketten-Spannschienen für rechts und links unterscheiden sich durch verschieden hohe Ansätze (»Nasen«), deren Kontaktflächen von den Kolben beaufschlagt werden. Wenn ein Motor nach Totalzerlegung wieder zusammengebaut wird, muss man darauf achten, dass ...

■ ...Spannschiene mit langem Ansatz auf der linken Seite eingebaut wird

■ ...Spannschiene mit kürzerer Nase auf der rechten Seite eingebaut wird.

Und noch einmal: Bevor Sie den Motor zum ersten Mal starten, ihn von Hand durchdrehen und damit prüfen und sicherstellen, dass die Steuerzeiten stimmen und Kolben und Ventile keinen Kontakt bekommen: »Von Hand durchdrehen« heißt: Ohne Zündkerzen bei abgenommenem Frontdeckel mit viel Gefühl (!) mit einem Schlüssel an der Befestigungsmutter der Riemenscheibe drehen (rechts herum, wenn Sie von VORNE auf das Motorrad schauen!).

Bild 9: Kipphebel mit Gummiband fixieren, damit beim Abbau die Stößel nicht herausfallen.

Bild 10: Kipphebel-Axialspiel prüfen.

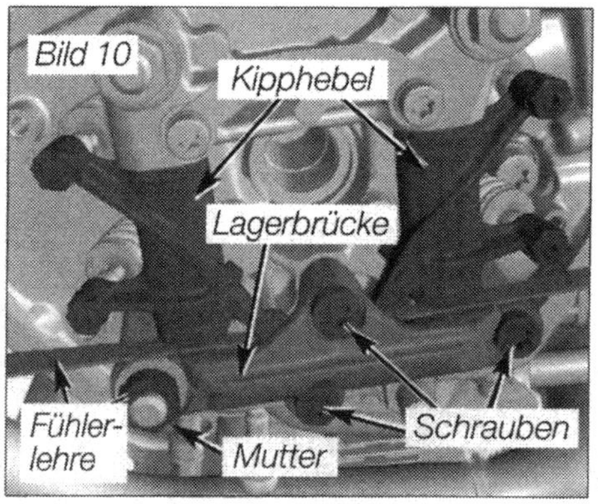

Steuerungsträger

Kipphebel-Axialspiel prüfen (Bild 10)

Wenn der Motor vom Ventiltrieb her unangenehm klappert und das Ventilspiel stimmt, kann es sein, dass das Kipphebel-Axialspiel zu groß ist. Mit einer Fühlerlehre bei kaltem Motor (max. 30 °C) folgendermaßen überprüfen:

1. Zylinderkopfhaube abnehmen, Steuerungsträger muss frei zugänglich sein.

2. Entsprechenden Zylinder auf Zünd-OT stellen.

3. Kipphebel zur Seite drücken und mit einer Fühlerlehre das Spiel ermitteln (Bild 10).

4. Kipphebel-Axialspiel 0,05 bis 0,4 mm.

Kipphebel-Axialspiel einstellen

Wenn das Spiel zu groß ist, muss es eingestellt werden durch Verschieben der Lagerbrücke; es wird dann also quasi mit dem Spiel der Schraubenbohrungen im Steuerungsträger korrigiert.

1. Untere vordere Zylinderkopfmutter lösen.

2. Befestigungsschrauben der Lagerbrücke lösen (Schrauben ***E*** in Bild 8).

3. Fühlerlehre 0,05 mm unten einstecken (wie in Bild 10), Lagerbrücke von Hand axial an die Kipphebel drücken.

3.1. Befestigungsschrauben M8 der Lagerbrücke mit 18 Nm festziehen.

4. Zylinderkopfmutter festziehen (Anziehschritte siehe Text weiter vorne in diesem Kapitel).

5. Axialspiel erneut messen: Es muss mindestens 0,05 mm und darf höchstens 0,4 mm betragen.

Steuerungsträger aus- und einbauen

Zu vorbereitenden Arbeiten für den Aus- und Einbau des Steuerungsträgers die entsprechenden Punkte bei »Zylinderkopf abbauen« übernehmen.

1. Kipphebel mit Gummiband fixieren (Bild 9), damit beim Abziehen des Steuerungsträgers die Stößelstangen nicht herausfallen.

2. Die vier M6-Schrauben (***D*** in Bild 8), mit denen der Steuerungsträger am Zylinderkopf befestigt ist, ausschrauben, Steuerungsträger abnehmen.

Einbau in umgekehrter Reihenfolge. Anziehdrehmoment der M6-Schrauben 8 Nm.

Zylinderkopf HP2 Sport

Der Ab- und Aufbau der Zylinderköpfe der HP2 Sport ist bis zum Punkt »Steuerkettenspanner ausbauen« prinzipiell gleich wie bei den Basis-Boxermotoren. Ab hier ändern sich die Arbeitsschritte. Weiterhin werden zwingend benötigt: Ein langer Torx T50 sowie die BMW-Spezialwerkzeuge »Nockenwellenarretierung« (Nr. 11 1 511), »Ratschenringschlüssel« (Nr. 11 1 514) und »Steuerkettenspann-Vorrichtung« (Nr. 11 1 512) mit »Hülse« (Nr. 11 1 513).

Zylinderkopf abbauen

1. Rechter Zylinderkopf: Hinterradbremsflüssigkeitsbehälter abschrauben, zur Seite schieben. Nockenwellenpositions-Sensor abbauen.
2. Entlüfterrohr (links) ausbauen, Übersprungschutz (Bild 12) ausbauen.
3. BMW-Spezialwerkzeug »Nockenwellenarretierung« anbringen.
3.1. Beide Nockenwellenkettenräder ausbauen.
4. Linker Zylinderkopf: Steuerkettenspannschiene abschrauben.
4.1. Rechter Zylinderkopf: Befestigungsschraube der Steuerkettengleitschiene am Steuerungsträger ausschrauben. Lagerbolzen der Steuerkettengleitschiene am Zylinder ausschrauben, Schiene vorsichtig herausziehen.
5. Zylinderkopf abbauen: Nach dem Abdrehen der Muttern sofort die Scheiben abnehmen, damit sie nicht in den Motor fallen können.

Anziehdrehmomente

- Zylinderkopfmuttern M10: Fügemoment 20 Nm, Voranzug 75 Grad, Endanzug 75 Grad; Anfangen mit Mutter hinten oben, dann vorne unten, dann vorne oben, dann hinten unten.
- Schraube M8x125: 20 Nm
- Schrauben M6x30 und M6x50: 20 Nm
- Schrauben M10 Nockenwellengleit- und -spannschienen: 18 Nm
- Schrauben M6x72 und M6x12 Steuerungsträger und Übersprungschutz: 10 Nm
- Schraube M10x25x1,25-10.9 Nockenwellenrad an Nockenwelle: 65 Nm

Linken Zylinderkopf aufbauen

Wichtig: Kurbelwelle muss auf Zünd-OT stehen.
1. Zylinderkopf aufstecken und festschrauben. Anziehdrehmomente und Reihenfolge siehe Text »Anziehdrehmomente« weiter vorne.
2. Kurze Steuerkettenspannschiene einbauen.
3. Nockenwellenkettenräder mit aufgelegter Steuerkette einbauen, Schrauben handfest anziehen, Übersprungschutz einbauen.
4. Spezialwerkzeug »Nockenwellenarretierung« anbringen. Steuerkette vorspannen wie im grauen Textkasten rechts beschrieben.
Wichtig: Nach dem Vorspannen der Steuerkette die Kurbelwelle wieder auf Zünd-OT stellen. Absteckdorn einstecken!
5. Nockenwellenkettenräder festziehen (65 Nm).
6. Steuerkettenspanner einbauen.

Rechten Zylinderkopf aufbauen

Rechter Zylinderkopf ist aufgesteckt und festgeschraubt:
1. Steuerkettengleitschiene in Kettenschacht einstecken.
1.1. Lagerbolzen M10 mit neuem Dichtring am Zylinder einschrauben.
2. Beide Steuerkettenräder mit aufgelegter Steuerkette auf Nockenwellen aufstecken, Schrauben handfest anziehen.
3. Steuerkettengleitschiene am Steuerungsträger festschrauben. Übersprungschutz einbauen.
4. Spezialwerkzeug »Nockenwellenarretierung« anbringen, Steuerkette vorspannen wie rechts beschrieben.
5. Kurbelwelle auf Zünd-OT stellen, Absteckdorn einstecken, Nockenwellenkettenräder festziehen.
6. Steuerkettenspanner einbauen.

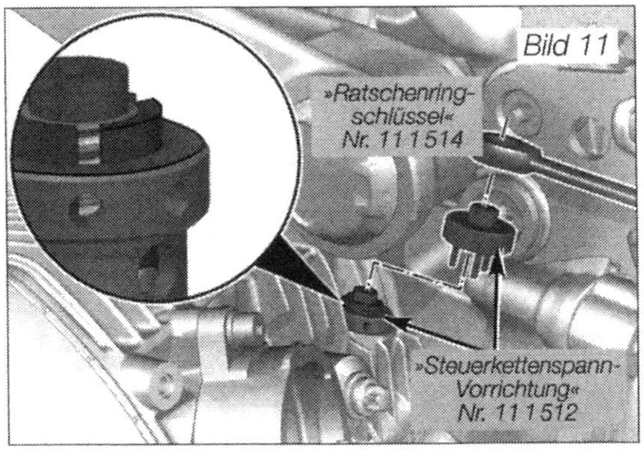

Zu Bild 11: Steuerkette vorspannen
Nachdem der Zylinderkopf aufgeschraubt ist und die Nockenwellenräder mit Steuerkette eingebaut sind, wird die Steuerkette vorgespannt.
1. Steuerkettenspannvorrichtung in Gewinde des Steuerkettenspanners eindrehen: Links ohne Hülse, rechts mit Hülse.
2. Linker Zylinder: Innerer Einstellring knapp bündig in Spannergewinde eindrehen (Kreis in Bild 11).
2.1. Rechter Zylinder: Inneren Gewindebolzen von unten tief in Spannergewinde einschrauben.
3. Freilauf dreimal nachknacken.
4. Markierung (mit Edding) auf Nockenwellenrad anbringen.
5. Absteckdorn ausbauen, Kurbelwelle zwei Umdrehungen durchdrehen (= Nockenwelle macht eine Umdrehung).
6. Steuerkettenspannvorrichtung erneut bis zum Freilauf eindrehen, dann einmal nachknacken.
■ Weiter im Lauftext bei »Zylinderkopf aufbauen« Punkt 5.

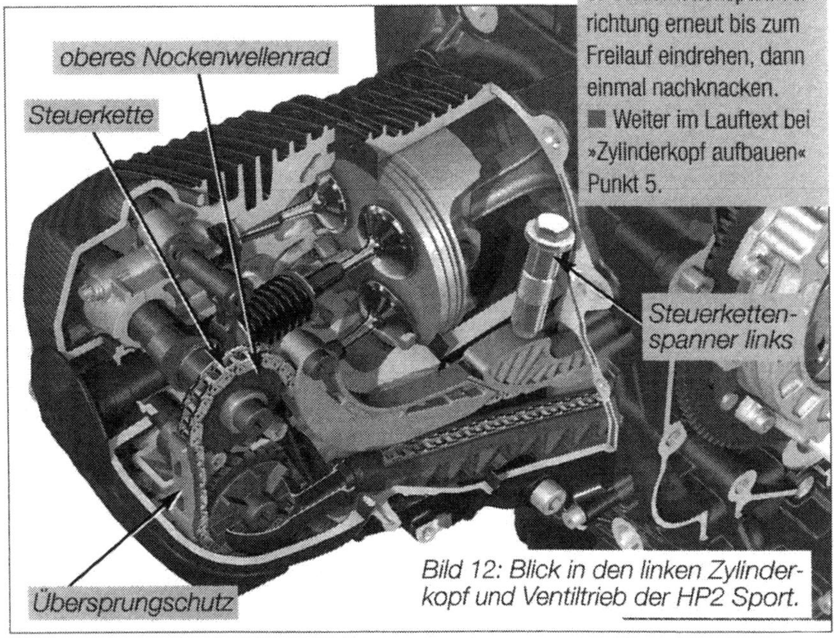

Bild 12: Blick in den linken Zylinderkopf und Ventiltrieb der HP2 Sport.

Korrespondenzkapitel:
- 10 »Zylinderkopf«
- 13 »Ventiltrieb · Nockenwellen«

Zylinderkopf reparieren

In diesem Kapitel: Steuerungsträger aus- und einbauen · Zylinderkopf reparieren · Ventile aus- und einbauen · Ventilsitze einschleifen und nachschneiden · Ventilführung reparieren · Ventilsitzringe auswechseln.

Steuerungsträger aus-/einbauen

Vorbereitende Arbeiten für den Aus- und Einbau des Steuerungsträgers stehen in Kapitel 10 »Zylinderkopf«. Dort ist der Steuerungsträger kurz erwähnt; in diesem Kapitel steht er etwas ausführlicher, weil er abgebaut werden muss, wenn der Zylinderkopf repariert (überholt) werden soll, wie z. B. Ventile aus- und einbauen, ect. Weiterhin muss man ihn zum Aus- und Einbau der Nockenwellen ausbauen (siehe dazu Kapitel 13 »Ventiltrieb · Nockenwellen«).

Im folgenden Text beschäftigen wir uns mit dem Aus- und Einbau des Steuerungsträgers der »normalen« Boxer-Vierventiler; der Steuerungsträger des Hochleistungs-Boxermotors in der HP2 Sport folgt anschließend.

Voraussetzung für den Arbeitsbeginn wie nachstehend geschildert, ist, dass die entsprechenden Zylinder auf Zünd-OT stehen und die Nockenwellenkettenräder schon abgebaut sind.

Steuerungsträger ausbauen

1. Kipphebel mit Gummiband fixieren (Bild 2), damit beim Abziehen des Steuerungsträgers die Stößelstangen nicht herausfallen.
2. Die vier M6-Schrauben, mit denen der Steuerungsträger am Zylinderkopf befestigt ist (Bild 1), ausschrauben. Steuerungsträger durch leichte Schläge mit Kunststoffhammer lösen, abnehmen.

Steuerungsträger einbauen

Einbau in umgekehrter Reihenfolge, dabei auf folgende Punkte achten:
- Stößelstangen müssen in den Kugelpfannen der Kipphebel sitzen.
- Schrauben haben unterschiedliche Längen: oben M6x60, unten M6x30.
- Anziehdrehmoment 8 Nm.

Nicht vergessen 1: Kontaktblech oben (Bild 3) einbauen, es schafft die Verbindung zu einem Anguss innen im Ventildeckel (Bild 4) zwecks Ableitung statischer Aufladung.
Nicht vergessen 2: Gummiband entfernen.

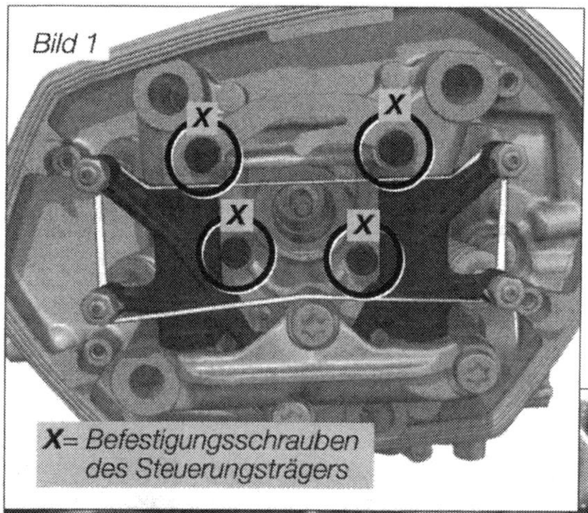

Bild 1: Befestigungsschrauben des Steuerungsträgers.

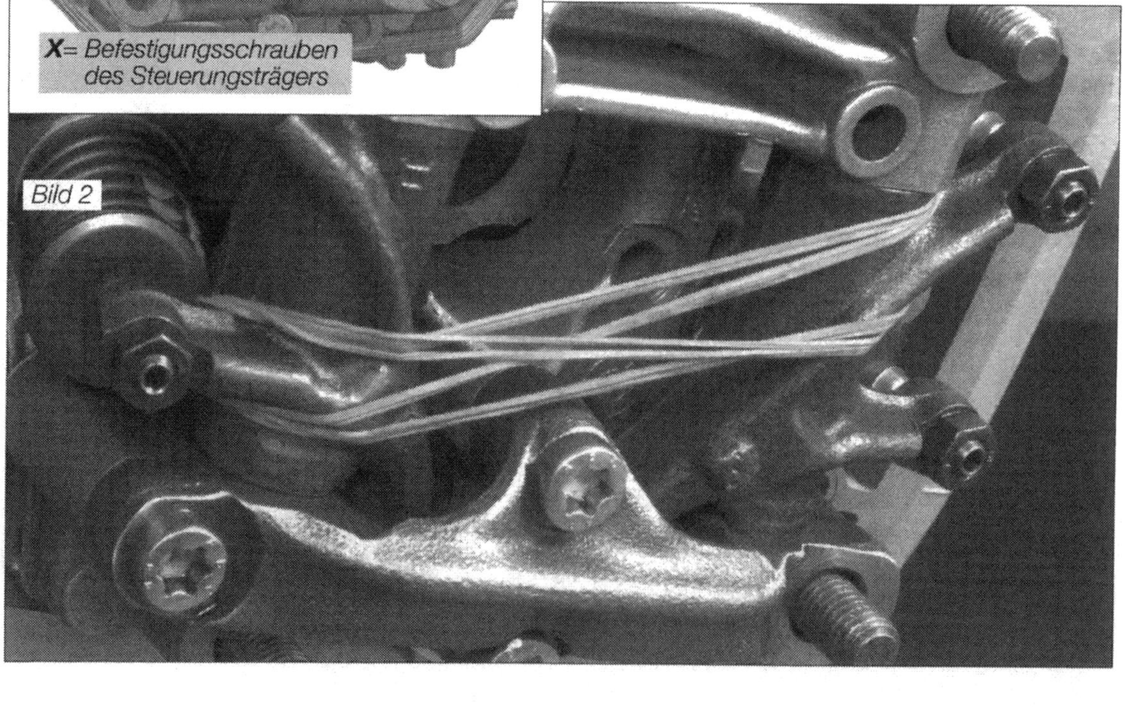

Bild 2: Beim Abbau des Steuerungsträgers die Kipphebel mit einem Gummispannband sichern, sonst fallen die Stößelstangen heraus.

Steuerungsträger HP2 Sport ausbauen
1. Schrauben mit Scheiben ausbauen (Bild 5).
2. Schrauben mit Ring ausbauen (Bild 5).
3. Steuerungsträger sehr vorsichtig abbauen und darauf achten, dass die in den Schlepphebeln eingesetzten Halbkugeln nicht herausfallen.
4. Halbkugeln aus ihren Sitzen in den Schlepphebeln nehmen, mit Mikrometer vermessen, auf extra Zettel die Maße notieren, Halbkugeln sofort in eine entsprechende Ablage einsortieren.

Steuerungsträger HP2 Sport einbauen
1. Entsprechender Zylinder steht im Zünd-OT.
1.1. Linker Zylinder: Nockenwellen so hindrehen, dass die Markierungen exakt zueinander zeigen (Bild 6).
1.2. Rechter Zylinder: Auch hier zeigen die Markierungen zueinander, wenn der Zylinder im Zünd-OT steht.
2. Schlepphebel mit den vorhin herausgenommenen Halbkugeln bestücken: Mit etwas Fett in ihre Sitze »einkleben«.
3. Steuerungsträger vorsichtig ansetzen und aufschieben – Halbkugeln müssen sicher in ihren Sitzen bleiben!
4. Schrauben mit Scheiben eindrehen und fingerfest anziehen.
4.1. Schrauben mit Ring eindrehen und fingerfest anziehen.
5. Schrauben über Kreuz in mehreren Schritten bis auf 10 Nm festziehen.
■ Unbedigt Ventilspiel messen, ggf. korrigieren.

Zylinderkopf reparieren

Tipp: Wenn Ventile, Ventilsitze oder Ventilführungen erneuert werden müssen, fragen Sie zuerst beim BMW-Motorradhändler nach, denn für die Zylinderköpfe der Boxermotoren gibt es sehr preiswerte Reparaturmöglichkeiten. Der BMW-Ersatzteilkatalog hält sowohl Standard- als auch Übermaßventilführungen bereit.

Manche BMW-Händler bieten auch Austausch-Zylinderköpfe an: alten Zylinderkopf abgeben, überholten mitnehmen.

Vorarbeiten, Werkzeuge
Zur Durchführung der nachfolgenden Arbeiten ist der Zylinderkopf abgebaut und vom Steuerungsträger getrennt. Arbeiten am Zylinderkopf setzen viel Erfahrung und Können voraus. Eine weitere wichtige Voraussetzung sind richtiges Werkzeug und das Gefühl dafür im Umgang an den entsprechenden Stellen.

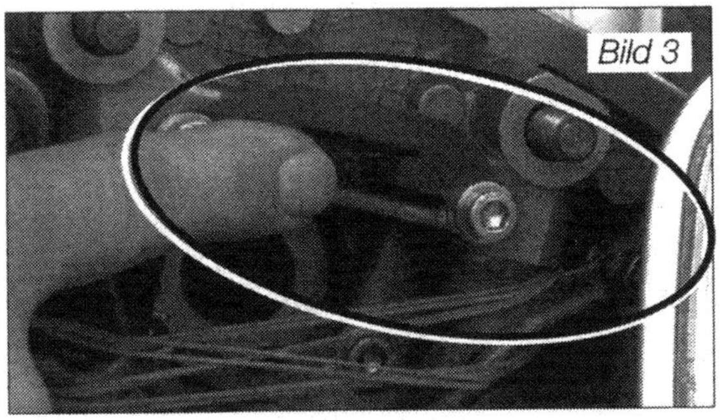

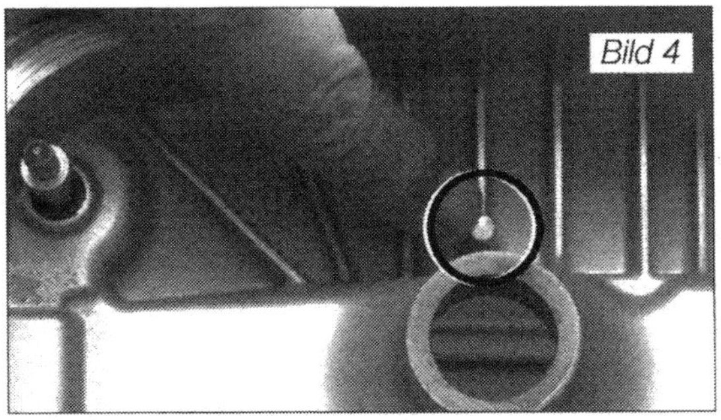

Bilder 3 und 4: Der Ansatz im Ventildeckel (Kreis) hat in aufgebautem Zustand Kontakt zum Federstahl-Kontaktblech (Oval).

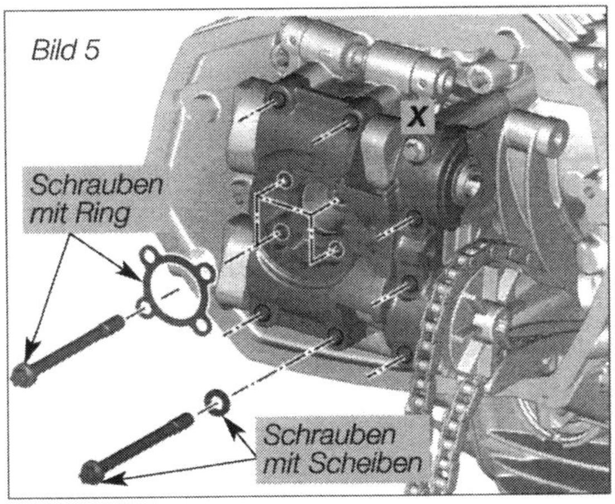

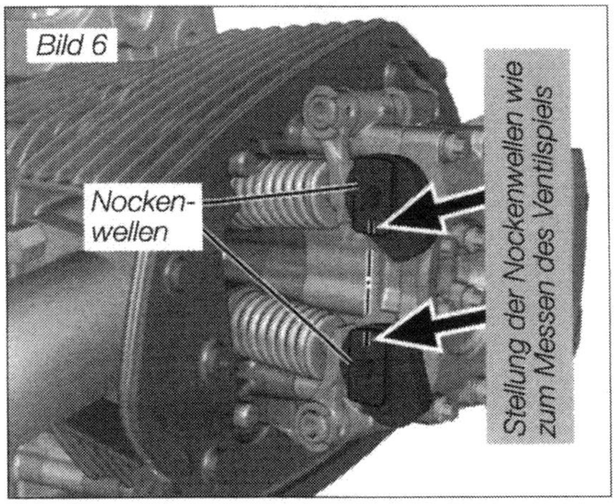

Bilder 5 und 6: Aus- und Einbau des Steuerungsträgers der HP2 Sport.

*■ **X** = diese Schraube nicht ausdrehen.*

Bild 7: Rückstände im Zylinderkopf und auf Dichtfläche mit stumpfem Schaber abkratzen. Etwas Bremsenreiniger zu Hilfe nehmen.

Es werden nicht nur Mess- und Spezialwerkzeuge benötigt, sondern auch ordinäre Putz- und Reinigungs-Werkzeuge und Hilfsmittel.

Die Arbeitsunterlage sollte aus Holz oder Gummi und möglichst eben sein, es dürfen sich keine Metallteile zwischen Kopf und Unterlage befinden (Schrauben, Späne!), damit die Dichtflächen des Zylinderkopfs nicht beschädigt werden.

Zylinderkopf reinigen

Aus dem abgebauten Zylinderkopf zuerst die weichen Ablagerungen im Brennraum entfernen und zwar mit einem stumpfen Flachschaber aus Weicheisen mit ca. 20 mm Klingenbreite (Bild 7), der in seinem früheren Leben eine Malerspachtel war. KEINEN scharf geschliffenen Flach- oder Dreikantschaber verwenden, damit verletzt man leicht die Metalloberflächen im Zylinderkopf.

Wenn kein professionelles Werkstatt-Teilewaschgerät zur Verfügung steht, dann kann man sich auch mit Allzweck-Ölspray oder Bremsenreiniger und rauen Lappen helfen, damit werden auch hartnäckig verdreckte Stellen metallisch rein.

⚠ **Achtung:** Bremsenreiniger ist meist in Sprühflaschen erhältlich und ein chemisch ziemlich aggressives Zeugs. Bei Benutzung darauf achten, dass die Werkstatträume gut gelüftet sind. Am besten generell im Freien verwenden. Sprühstrahl gezielt auf die zu reinigenden Stellen richten, etwas einwirken lassen und

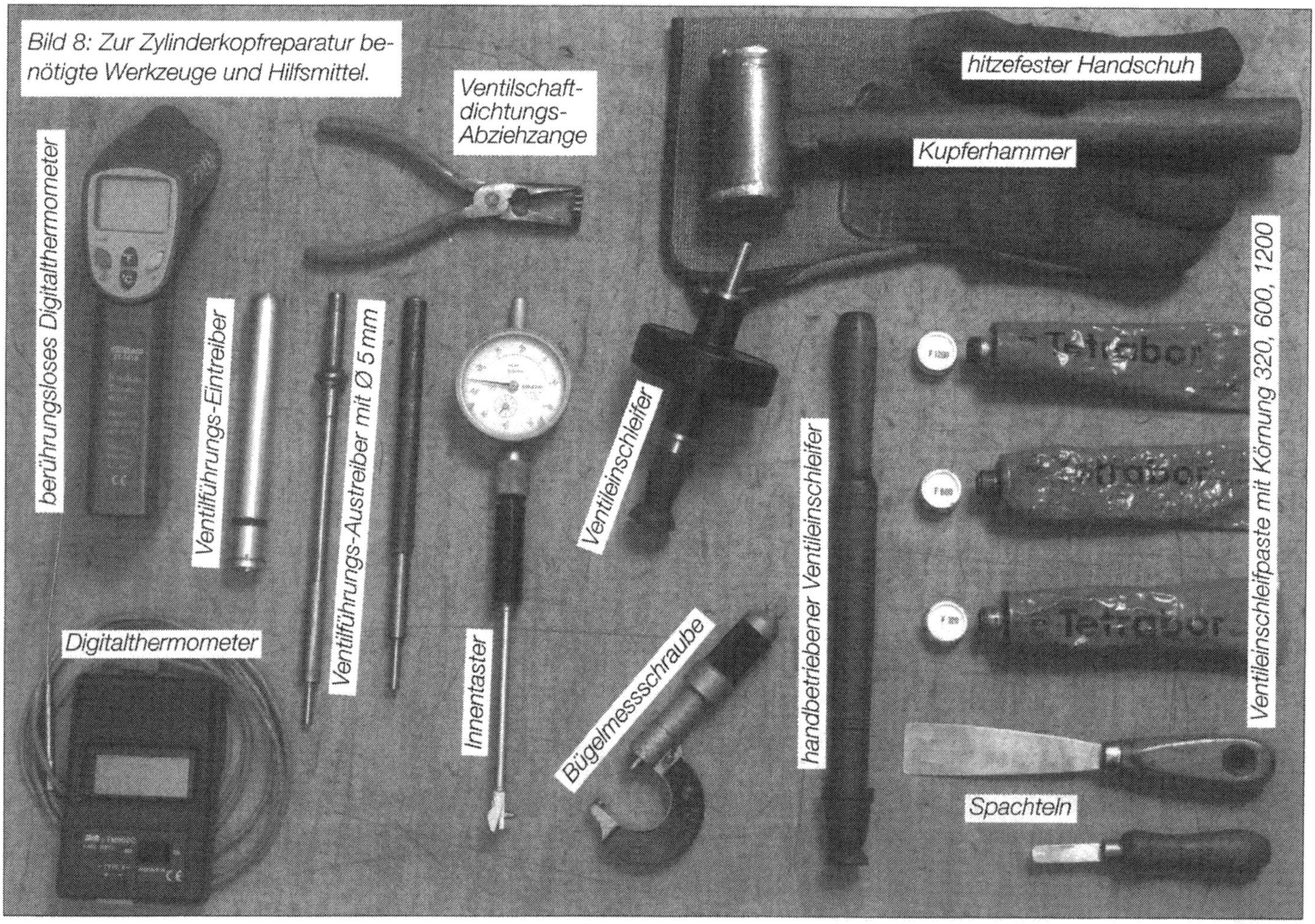

Bild 8: Zur Zylinderkopfreparatur benötigte Werkzeuge und Hilfsmittel.

gut abputzen. Sprühkopf nicht länger als zwei Sekunden bestätigen. Nicht rauchen! Nicht auf die Haut, in die Augen oder Atemwege sprühen! Einatmen vermeiden!

Einbaulage markieren
Einbaulage der Ventile mit Filzstift auf dem Ventilteller und der benachbarten Kühlrippe außen entsprechend markieren, damit sie an ihrer ursprünglichen Stelle wieder eingebaut werden können.
■ Ventile NICHT mit dem Körner oder einer Schlagzahl auf dem Teller markieren!

Ventilkeile
Es ist aufgrund der genauen Fertigung aller Bauteile des Ventiltriebs nicht nötig, die Ventilkeile wieder exakt in den Ventilteller und das Ventil einzubauen, aus dem sie ausgebaut wurden. Ebenso können neue Ventilkeile in gebrauchte Ventilfederteller oder gebrauchte Ventile eingesetzt werden, falls diese technisch in Ordnung sind. Dies ist eine KANN-Empfehlung, kein zwingendes MUSS. Wer lieber nach der klassischen Methode arbeitet und alle Ventile, Ventilkeile und Ventilteller wieder so zusammenbaut, wie sie vor dem Ausbau zusammen waren, der kann dieses gerne tun.

Wenn Ventilkeile defekt sind, also entweder außen am Konus deformiert oder innen an den Haltehalbringen, dann sind meist auch die zugehörigen Ventilfederteller und das Ventil defekt. Dann ein neues Ventil mit neuem Ventilfederteller und neuen Ventilkeilen einbauen.

Ventilfedern
Ventilfedern müssen mit der Farbmarkierung nach unten eingebaut werden. Bei den Vierventil-Boxern der ersten Generation konnten die Ventilfedern auch anders herum eingebaut werden, aber die der neuen Boxer sind leicht konisch geformt und somit ist ein falscher Einbau nicht möglich.

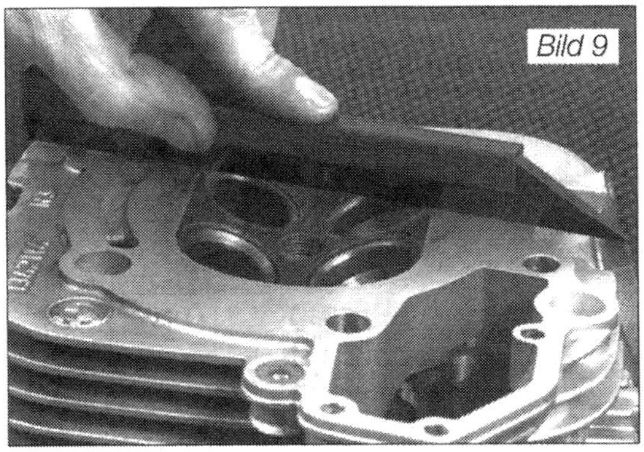

Bild 9: Zylinderkopf-Dichtfläche in mehreren Ebenen mit dem Haarlineal prüfen.

Bild 10: Ausgebaute Ventile und Nebenteile mit Bezeichnung der Teile.

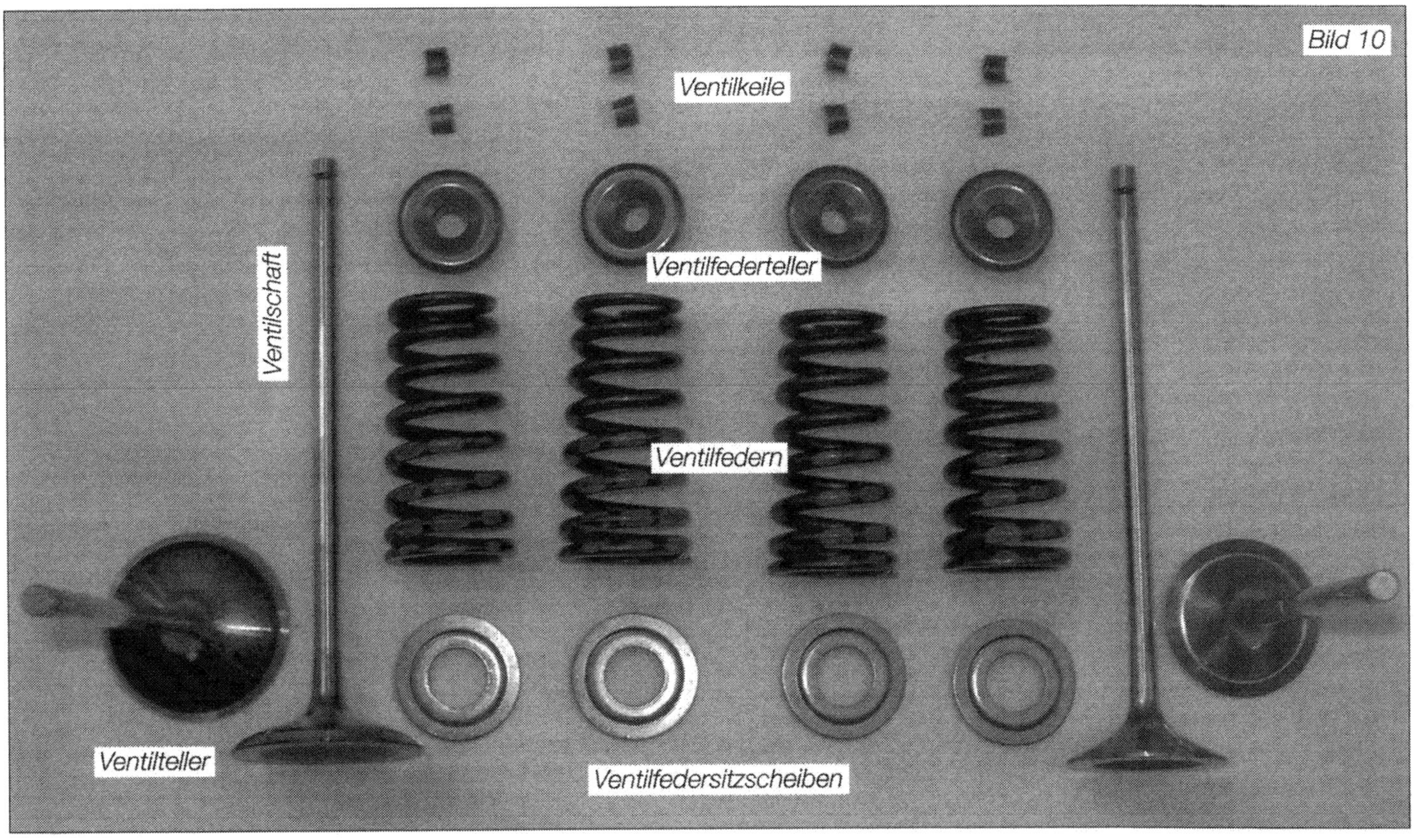

Zylinderkopf auf Planheit überprüfen

Ein ausreichend langes Haarlineal kreuzweise über die Dichtfläche führen und den eventuell zu sehenden Lichtspalt bewerten (siehe dazu auch Bild 9).

Der Verzug der Dichtfläche des Zylinderkopfs darf maximal 0,1 mm betragen. Ist es mehr, dann muss die Dichtfläche geplant werden. Dies ist Sache einer Dreherei oder Fräserei.

Achtung: Falls der Zylinderkopf verzogen ist, versuchen Sie bitte nicht, mit einem auf eine Glasplatte aufgespannten Schmirgelpapier die Dichtfläche zu planen. Sie wird niemals eben. Man macht dabei mehr kaputt als ganz.

Ventile aus- und einbauen

Zylinderkopf ist abgebaut und gereinigt, der Steuerungsträger abgebaut. BMW bietet ein Spezialwerkzeug namens »Ventilfeder-Spannvorrichtung« an, das aus den Teilen »Gegenstütze« (Nr. 11 5 691), »Spindel mit Griff« (Nr. 11 5 692), »Druckplatte« (Nr. 11 5 695), »Schraube« (Nr. 11 5 696) und »Verschiebestück« (Nr. 11 5 697) besteht. Es kann auch ein handelsüblicher Ventilfederspanner verwendet werden.

In Bild 14 zeigen wir einen professionellen, werkbankfest montierten, auf verschiedene Ventilwinkel einstellbaren Ventilfederspanner. Wenn ein solcher Ventilfederspanner verwendet wird, muss

Bild 11

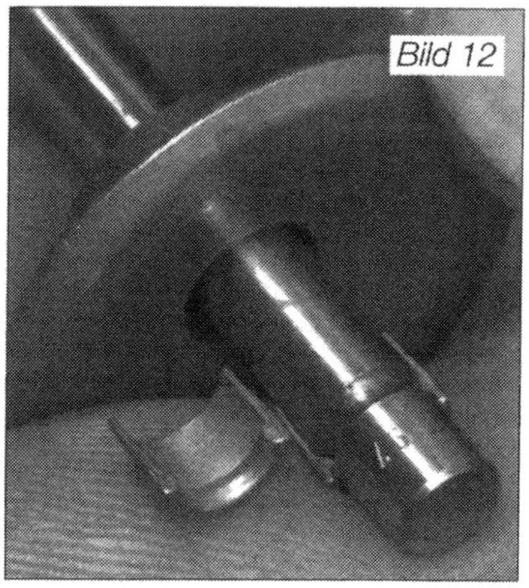
Bild 12

Bilder 11 und 12: Ventilkeile mit einem Magnetheber herausnehmen. Ausgebaute Ventilkeile auf Beschädigung untersuchen.

Bild 13

Bild 13: Beim Zusammenbau werden die Ventilkeile mit einer Pinzette eingesetzt.

Bild 14

Bild 14: Korrekt aufgesetzter Ventilfederspanner.

Bild 15

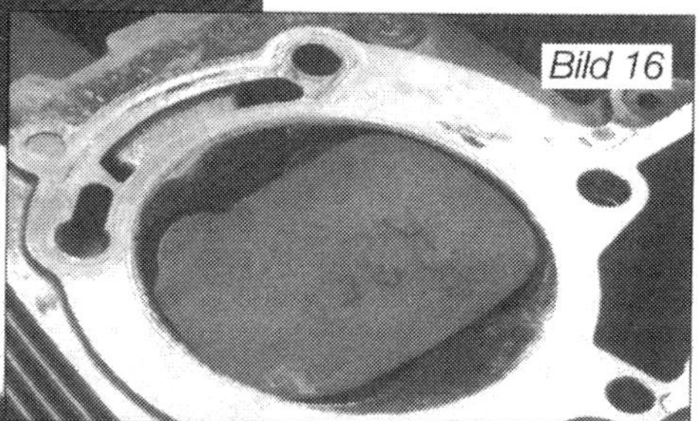
Bild 16

Bilder 15 und 16: Ein solcher Abdruck des Brennraums muss bei Benutzung eines solchen Ventilfederspanners in den Brennraum eingelegt werden, damit die Ventilschäfte nicht krumm gedrückt werden.

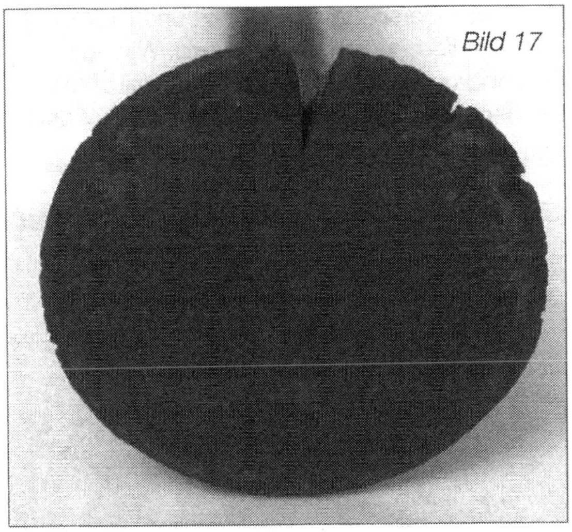

Bild 17

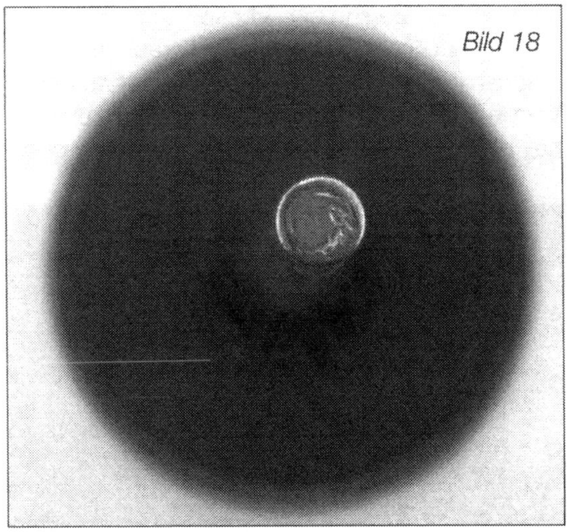

Bild 18

Bilder 17 und 18: Beschädigte Ventile, die nicht mehr verwendet werden können. Links ein überhitztes Ventil mit eingerissenem Rand, rechts ein Ventilkopf mit Druck- und Schlagstellen.

Bild 19

Beurteilung der vier Ventile, die im Bild 19 zu sehen sind

Einlassventil ganz links: Das Ventil macht einen guten Eindruck. Seine Sitzfläche ist in Ordnung, keine Ablagerungen am Schaft. Die leichten Ablagerungen am Ventilteller sind unbedenklich. Ventil war dicht und wird dicht bleiben, es kann so wieder eingebaut werden. Vorher von Verbrennungsrückständen reinigen mit einem Schleifflies (gibt's von 3M in der Abteilung »Maler- und Lackierbedarf«).

Einlassventil zweites von links: Das Ventil hat im Mittelbereich ovale Ablagerungen, die in den Ventilsitz übergehen und auf Undichtigkeit hinweisen. Die Ablagerungen haben allerdings mit dem kleinen Bereich der Sitzverfärbung nicht unmittelbar etwas zu tun. Eine Undichtigkeit kann auf eine nicht korrekte Sitzposition des Ventilsitzrings (exzentrischer Sitz) zurückgeführt werden. Weiterhin besteht der Verdacht auf Überhitzung des Motors, die z. B. im langen Kolonnenverkehr bei großer Hitze im Hochsommer bei Stadtfahrt stattgefunden haben kann. Dieses Ventil sollte zumindest nachgeschliffen oder komplett erneuert werden.

Beide Auslassventile rechts: Ventile haben leichte Brandflecken an der Sitzfläche (Dichtfläche). Diese können auch bei gut gepflegten Motoren schon ab rund 20 000 km auftreten. Unter »Brandflecken« versteht man ganz leichte Vertiefungen, die sich aufgrund von Verbrennungsrückständen und/oder Schmutzpartikeln gebildet haben. So lange diese Brandflecken sich nicht über die ganze Sitzbreite ziehen und nur als kleine Flecken vorkommen, sind sie in eingebautem Zustand völlig unbedenklich.

Beim zweiten Ventil von rechts ist am Sitz wenig Kontrast festzustellen. Dies deutet darauf hin, dass dieses Ventil wahrscheinlich mit zu geringem Ventilspiel betrieben wurde. Man nennt dies »schleichender Schaden«, der bis zum völligen Verbrennen dieser Stelle an Ventil und Sitzring hinführen kann.

Es kann sein, dass ein Motor mit solchen Ventilen gegen Ende des Inspektionsintervalls (bzw. beim Naherücken der nächsten Inspektion, also bei 7000 bis 8000 km Laufleistung seit dem letzten Ventileinstellen) und damit zu engem Ventilspiel einen unrunden Leerlauf bekommt.

Wenn Ventile mit diesem Sitzbild ausgebaut werden, sollten sie auf der Ventilschleifmaschine nachgeschliffen und im Sitz eingeläppt werden. Besser ist es, ein solches Ventil zu erneuern und den Ventilsitz nachzufräsen.

man sich vor Beginn der Arbeiten einen Kunstharz- oder Gipsabdruck des Brennraumes machen (Bild 15). Dieser wird zum Ausbau der Ventile in den Brennraum eingelegt (Bild 16), er hält die Ventile von unten im Sitz, wenn von oben der Ventilfederspanner angesetzt und Druck auf den Ventilfederteller ausgeübt wird. Wird kein Gipsabdruck eingesetzt, sitzt das Ventil unten mit dem Ventilteller auf der Außenkante auf und der Ventilschaft verbiegt sich!

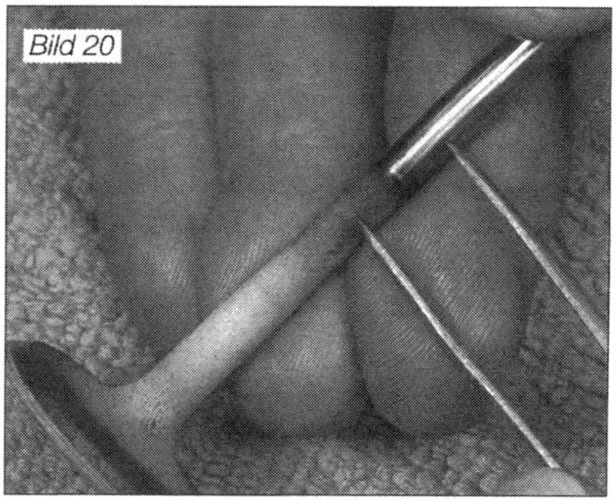

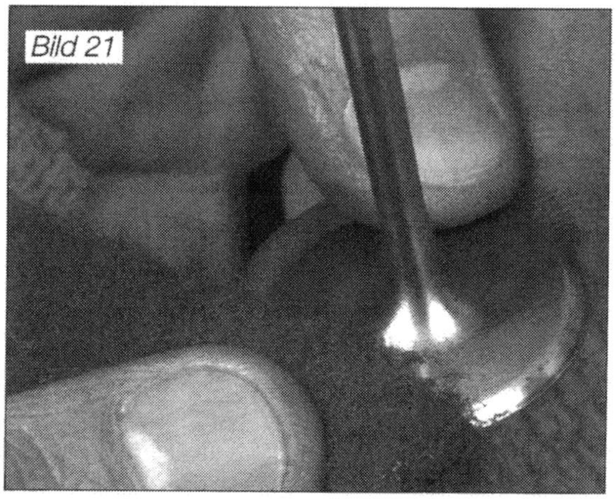

Bilder 20 und 21: Nach dem Ausbau muss das Ventil an Schaft und Teller von Verbrennungsrückständen gesäubert werden. Dazu ein feines Schleifkissen verwenden.

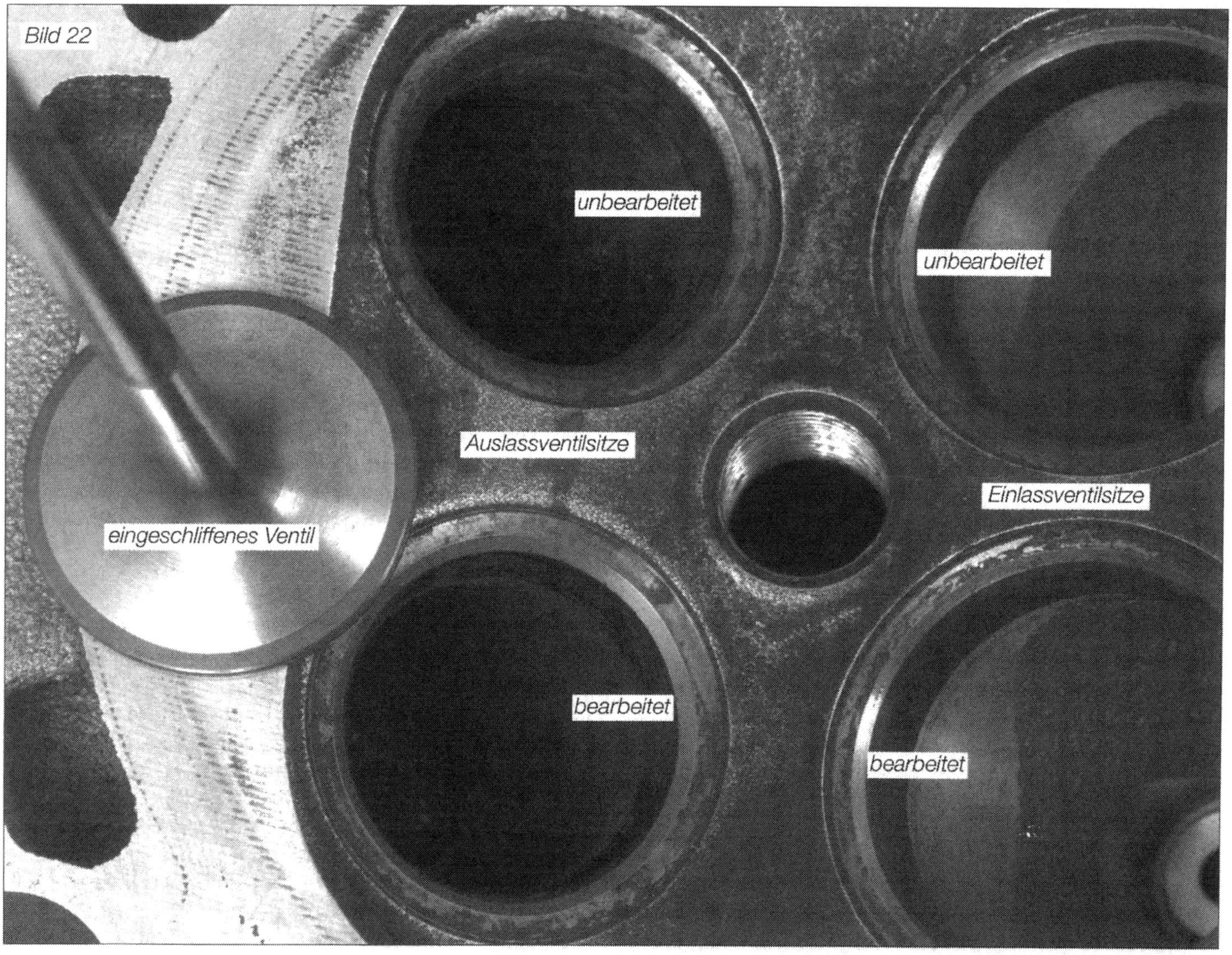

Bild 22: Blick in den Verbrennungsraum eines Zylinderkopfs mit bearbeiteten und unbearbeiteten Ventilsitzen.

Ventil ausbauen
1. Ventilfederspanner auf Zylinderkopf aufsetzen, Ventilfeder spannen (Bild 14).
2. Mit einem leichten Schlag mit einem Plastikhammer auf den Ventilfederteller die Ventilkeile vom Ventilfederteller trennen.
■ Hand darüber halten, damit die Ventilkeile durch die plötzliche Entspannung nicht davonspringen. Ventilkeilstücke mit einem Magnetheber herausnehmen (Bild 11).
3. Ventilfeder entspannen, oberen Federteller abnehmen, Feder und Federsitzscheibe herausnehmen.
4. Ventil noch in der Führung lassen und prüfen, ob an der Ventilkeilnut am Ventilschaft ein Grat zu sehen und zu spüren ist: Wenn »ja«, diesen mit der ebenen Seite des Ölsteins abziehen.
5. Ventil ausziehen.
6. Ventil reinigen mit Bremsenreiniger und feinem Stahlschleifkissen (Bild 21):
■ Am Übergang von Ventilschaft zum Ventilteller.
■ Ventilteller von Verbrennungsrückständen befreien.
7. Ventilschaftdichtung von der Ventilführung mit Spezialzange abziehen.

Ventilschaftdichtungen
Zum Abziehen der Ventilschaftdichtungen braucht man in jedem Fall eine spezielle Zange, (BMW-Nr. 11 1 250). Wenn man mit einer falschen Zange (Flach- oder Rohrzange) die Ventilschaftdichtungen abziehen oder mit einem Schraubenzieher abhebeln möchte, besteht die Gefahr, dass man abrutscht und die Ventilführung beschädigt.

Anstelle der BMW-Zange kann man auch eine herkömmliche Spezialzange aus dem Kfz-Zubehörhandel nehmen. Wichtig ist nur der passende Durchmesser des Greifbereichs der Zange: Er beträgt 10 mm für die Ventile mit 5 mm Schaftdurchmesser, wie sie bei allen Vierventil-Boxermotoren der zweiten Generation eingebaut sind.

Aufschieben einer neuen Ventilschaftdichtung geht von Hand bzw. mit einem 10er-Rohrsteckschlüssel. Die Ventilschaftdichtungen sollten bei jedem Ausbau des Ventils erneuert werden; also hier nicht an der falschen Stelle sparen.

Ventile und Ventilsitze prüfen, vermessen
Maße für Ventile, Ventilsitze und Ventilfeder siehe Kapitel 12 »Daten und Maße Ventiltrieb«.
Dichtheit des Ventilsitzes bei eingebautem Ventil überprüfen: Den Zylinderkopf waagerecht halten, Kraftstoff in Einlass- oder Auslasskanal gießen. Am Ventil darf nichts auslaufen.
■ Schließt ein Ventil nicht einwandfrei dicht ab, muss der Ventilsitz nachgearbeitet (»geläppt«) werden.
■ Genügt Läppen nicht, weil der Ventilsitz zu stark eingeschlagen ist, muss entweder das Ventil erneuert, seine Dichtfläche überschliffen oder der Ventilsitz nachgefräst werden.

Guter Tipp der Redaktion: Falls Sie nicht über entsprechende Werkzeuge und Fachkenntnisse verfügen, die zur Durchführung dieser Arbeiten notwendig sind, bringen Sie den Zylinderkopf in eine Spezialwerkstatt, welche Zylinder und Zylinderköpfe überholt. Das geht schneller und kostet tatsächlich weniger als gedacht.

Ventilsitze einschleifen (»läppen«)
1. Sitzbreite jedes Ventils messen. Falls der Sitzbereich ungewöhnlich abgenutzt ist, Ventil auswechseln.
2. Zuerst mit grober, dann mit mittlerer und zum Schluss mit feiner Schleifpaste (»Läppmittel«) arbeiten (z. B. »Tetrabor«, ist im Kfz-Zubehörhandel erhältlich). Etwas Paste auf den Ventilsitz auftragen (Bild 24).
3. Ventil mit einem Ventileinschleifstab, der unten einen speziellen Gummisauger hat, an den das Ventil »angepfropft« wird, unter entsprechendem Druck hin und her drehen, ab und zu anheben und dabei etwas weiterdrehen (Bild 23).

Achtung: Läppmittel (Schleifpaste) darf während der Schleifarbeiten NICHT zwischen Ventilschaft und Führung geraten, sonst werden der Ventilschaft und die Ventilführung unrettbar beschädigt!

4. Etwas Tuschierfarbe »Preußisch Blau« auf das Ventil auftragen, im Sitz drehen und Tragbild kontrollieren: Der Ventilsitz ist fertig geschliffen, wenn das vom Ventilsitz in den Ventilsitzring übertragene Blau in der Mitte der Sitzfläche rundum durchgängig zu sehen ist.
4.1. Kontrolle: Tuschierfarbe abwischen und das metallisch reine Schleifbild begutachten.
5. Breite des Ventilsitzes messen. Maße stehen im nächsten Kapitel 12 »Daten und Maße Ventiltrieb«.

Ventilsitze nachschneiden (»nachfräsen«)
Wenn sich nach dem Schleifen herausstellt, dass die Istmaße von den von BMW vorge-

schriebenen Sollmaßen abweichen, muss der Sitz des Ventils im Ventilsitzring in einer Fachwerkstatt, die entsprechende Maschinen und Fräser hat, nachgeschnitten werden.

Bild 23: Einschleifen eines Ventils durch Hin- und Herdrehen des Ventileinschleifstabs.

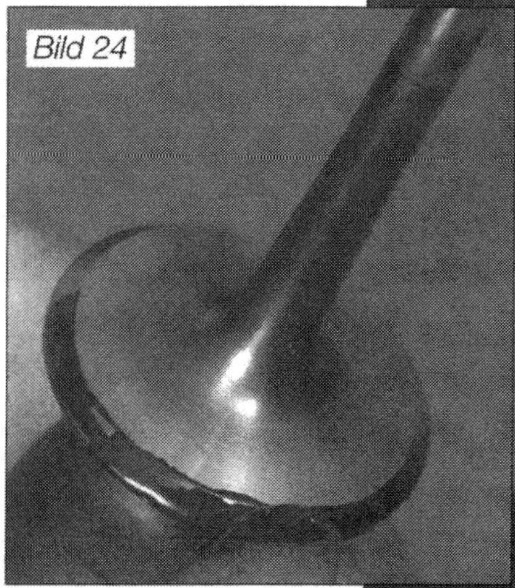

Bild 24: Ventilschleifpaste nur auf die Dichtfläche des Ventiltellers geben.

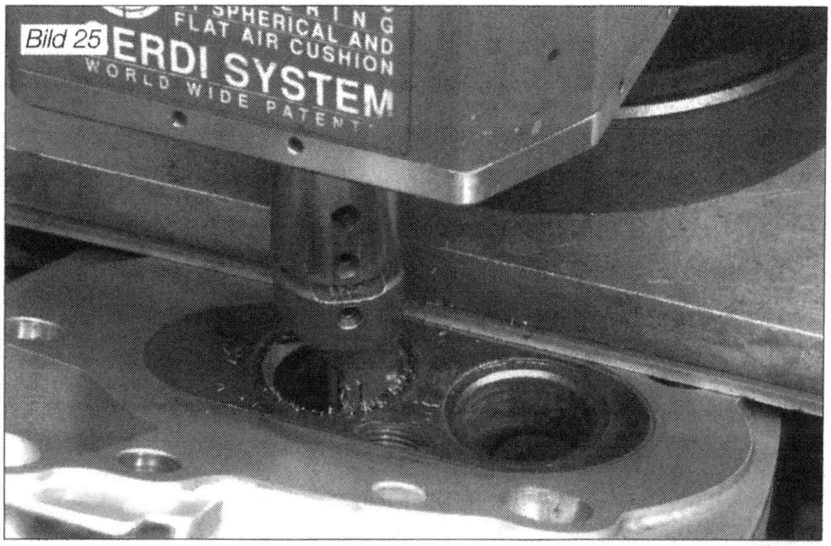

Bild 25: Nachschneiden eines Ventilsitzes auf einer Ventilsitz-Bearbeitungsmaschine.

Auf der Ventilsitz-Schneidemaschine wird der Ventilsitz mit einem einzigen Schneidewerkzeug (»Schneidplatte«) form- und maßhaltig geschnitten. Der Preis für das Nachschneiden eines Ventilsitzes beträgt ca. 20 Euro, eine komplette Überholung eines Zylinderkopfs liegt bei rund 125 Euro (plus Materialkosten für die dazu benötigten Ersatzteile).

Handwerkzeuge nehmen?
Von Hand betriebene Fräswerkzeuge sind nicht geeignet, weil das Material der Ventilsitzringe sehr hart ist und deswegen nur auf einer Maschine nachgeschnitten werden kann.

Auch sind die Abstände vom Ende der Ventilführung bis zum Ventilsitzring so groß, dass ein handbetriebener Ventilsitzringfräser nicht exakt zentrisch geführt werden kann. Es besteht die Gefahr, dass der Ventilsitz exzentrisch geschnitten wird. Dann sitzt das Ventil nicht korrekt in seinem Sitz, dichtet nicht richtig ab und die ganze Arbeit war umsonst.

⚠ **Achtung:** Wenn Sie in einer entlegenen Gegend dieser Welt die Ventilsitze reparieren müssen und nur einen handbetriebenen Ventilsitzschneider haben, dann ist es besser, diesen nicht zu nehmen, sondern den Sitzring mit dem Ventil einzuschleifen – das dauert zwar ungewöhnlich lange, aber wenn Sie den Hand-Ventilsitzschneider nehmen, besteht die Gefahr, dass der Sitz versaut wird. Außerdem sind die Verschleißgrenzen für die Sitzbreiten so weit von den Sollmaßen entfernt, dass der Sitz auch etwas zu breit geraten kann. **Merke:** Ein zu breiter Sitz ist besser als ein undichter Sitz!

Ventil einbauen
1. Neue Ventilschaftdichtung auf Ventilführung aufstecken.
2. Ventil leicht einölen, in Führung einschieben.
3. Ventilfedersitzscheibe einsetzen, Ventilfeder mit Farbmarkierung nach unten und oberen Ventilfederteller aufsetzen, mit Ventilheber zusammendrücken und Ventilkeile einsetzen.

Ventilführungen

Ventilführungen müssen ersetzt werden, wenn das Spiel zwischen Außendurchmesser des Ventilschafts und Innendurchmesser der Ventilführung zu groß ist.

Verschleiß der Ventilführung prüfen

1. Ventilschaft mit Bügelmessschraube messen.

2. Ventilführung mit Innentaster messen: Ist-Maß des Ventilschaftes vom Ist-Maß der Ventilführung abziehen.

- Radialspiel Einlass 0,020 bis 0,046 mm Verschleißgrenze 0,15 mm
- Radialspiel Auslass 0,030 bis 0,056 mm Verschleißgrenze 0,17 mm

Maße bei HP2 Sport sind anders, siehe dazu Kapitel 12 »Daten und Maße Ventiltrieb«.

Zum Aus- und Eintreiben einer Ventilführung muss nicht nur der Zylinderkopf angewärmt werden, sondern es wird auch ein »Austreibdorn« benötigt (BMW-Nr. 11 5 676). Man kann sich einen solchen Austreibdorn aus einfachem Stahl selbst machen:

- Durchmesser vorne 4,95 mm auf einer Länge von ca. 30 mm
- Durchmesser hinten 10,5 mm auf einer Länge von mindestens 200 mm

Der »Eintreibdorn« (BMW-Spezialwerkzeug Nr. 11 5 675) ist quasi ein Rohrstück mit folgenden Maßen (siehe dazu auch Bild 8):

- Länge ca. 200 mm
- Außendurchmesser 18 mm
- Innendurchmesser 7,9 mm auf eine Tiefe von ca. 20 mm
- Innenbunddurchmesser 13 mm auf eine Tiefe von 3 mm

Eine neue Ventilführung wird in dieses Werkzeug eingesetzt und damit eingetrieben. NICHT versuchen, die neue Ventilführung ohne dieses Werkzeug einschlagen zu wollen, das geht garantiert schief! Falls Sie sich ein solches Werkzeug selbst machen wollen (bzw. können, weil Sie Zugang zu einer Drehbank haben), dann nehmen Sie sich bitte zusätzlich zu den angegebenen Maßen noch Bild 28 zu Hilfe.

Achtung: Der Zylinderkopf muss zum Aus- und Eintreiben der Ventilführungen auf 180 bis 200 °C erwärmt werden (Bild 26). Nur mit geeigneten Hitzeschutzhandschuhen anfassen, auf einer hitzefesten Unterlage ablegen!

Ventilführung ausbauen

1. Kompletten Zylinderkopf in Heizofen oder auf großer Heizplatte auf 180 bis 200 °C erwärmen.

2. Angewärmten Zylinderkopf mit Dichtfläche auf eine Unterlage ablegen, die unten so hoch frei ist, dass die Ventilführung beim Austreiben nach unten ausgetrieben bzw. herausfallen kann.

3. Ventilführung mit Austreibdorn vom Brennraum her mit kurzen, gezielten Hammerschlägen austreiben (Bild 27).

Bauteile kontrollieren und vermessen

1. Zylinderkopf auf Raumtemperatur (20 °C) abkühlen lassen.

2. Ventilführungs-Sitzbohrung im Zylinderkopf untersuchen auf:

- Materialabrieb
- konische Aufweitung oder anderweitige Verformung
- Maßhaltigkeit im H7-Toleranzbereich (Ø 11,000 bis 11,021 mm)

Ventilführung auswählen

Die Ventilführungen werden im Presssitz mit Überdeckung von 0,012 bis 0,044 mm in den Zylinderkopf eingesetzt. Abhängig vom Maßbereich der Ventilführungs-Sitzbohrung werden verschiedene Ventilführungen verwendet.

Wichtig: Maße mit Messwerkzeugen überprüfen.

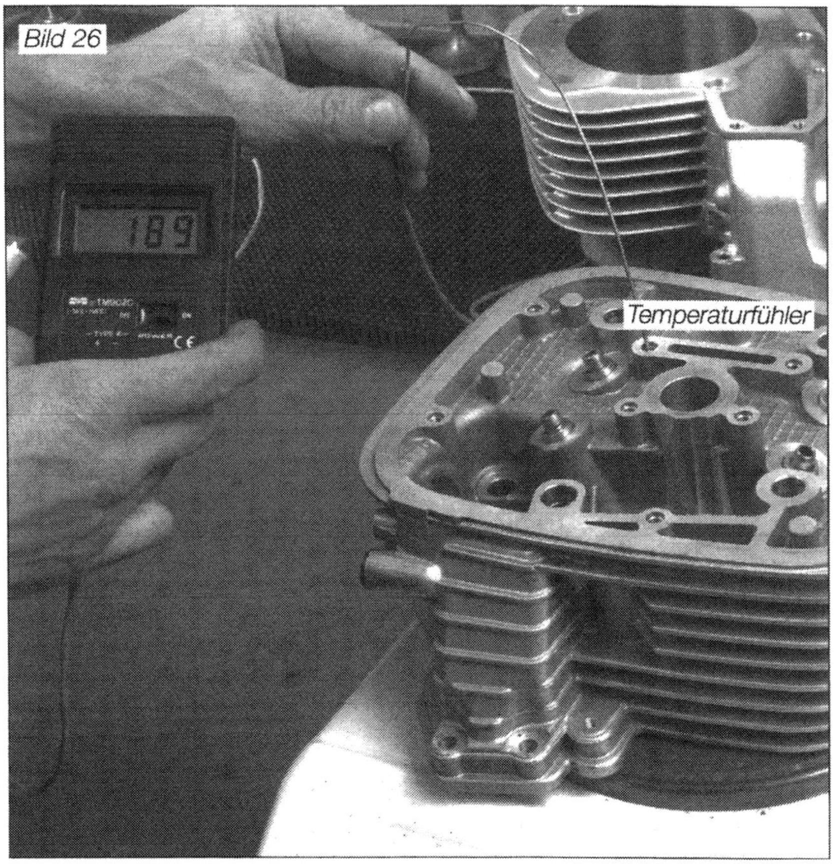

Bild 26: Zum Ausbau der Ventilführungen den Zylinderkopf langsam auf 180 bis 200 °C erhitzen.

Reparaturmöglichkeiten

Möglichkeit 1: Ventilführungs-Sitzbohrung im Zylinderkopf ist ohne Beschädigung und maßhaltig im 11 H7-Toleranzbereich:

- Originalventilführung verwenden, sie hat Ø 11,033 bis 11,044 mm

Möglichkeit 2: Ventilführungs-Sitzbohrung im Zylinderkopf ist ohne Beschädigung, aber geringfügig größer als der 11 H7-Toleranzbereich:

- Übermaßventilführung verwenden mit Ø 11,233 bis 11,244 mm.

Reparaturmethoden

Methode 1: Ventilsitzbohrung im Zylinderkopf aufreiben, wenn Bohrung beschädigt oder nicht maßhaltig ist:

- Istmaß-Durchmesser (Außendurchmesser) der Übermaß-Ventilführung ermitteln
- Ventilführungs-Sitzdurchmesser (Bohrung) im Zylinderkopf mit Reibahle 11,20 H7 aufreiben (Ø 11,200 bis 11,218 mm).

Methode 2: Ventilführungen abdrehen, die Bohrung darf dabei nicht beschädigt sein.

- Istmaßdurchmesser der Bohrung mit Innenmessgerät ermitteln
- Sollmaßdurchmesser der Ventilführung errechnen: Sollmaßdurchmesser der Ventilführung = Bohrungsdurchmesser zzgl. Presspassungsmaß (0,012 bis 0,440 mm)
- Übermaßventilführung auf Sollmaß abdrehen.

Ventilführung eintreiben

1. Zylinderkopf auf 180 bis 200 °C erwärmen.
2. Ventilführung in flüssigen Schleifertalk tauchen (das ist ein spezielles Fett; man kann stattdessen auch normales Wälzlagerfett nehmen).
3. Ventilführung unterkühlen auf –40 °C mit Trockeneis oder Kältespray.
4. Unterkühlte Ventilführung auf Eintreibdorn aufsetzen, exakt in der Flucht der Bohrung am Zylinderkopf ansetzen und mit kurzen trockenen Hammerschlägen in den Zylinderkopf eintreiben.
5. Zylinderkopf abkühlen lassen auf Raumtemperatur (20 °C).
6. Bohrung der Ventilführung überprüfen (Maße weiter vorne in diesem Text und Kapitel 12).

Bild 27

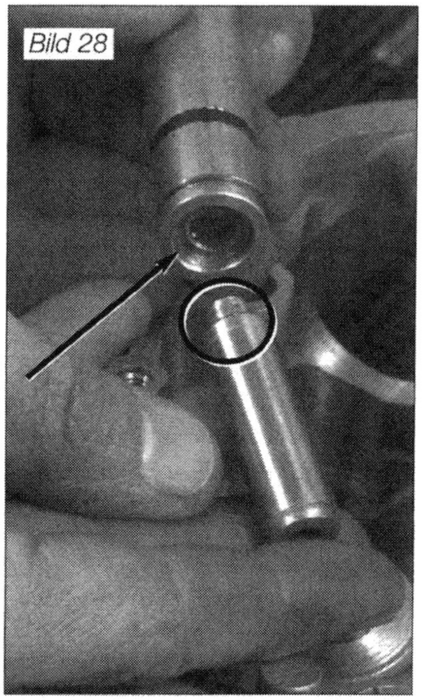
Bild 28

Bilder 27 und 28: Falls Sie sich ein Einschlagwerkzeug für Ventilführungen selbst machen wollen: Bund der Ventilführung (Kreis) muss gut in die Bundbohrung (Pfeil) des Schlagwerkzeugs passen. Nach dem Eintreiben muss die Ventilführung ausgerieben werden.

Bild 29

Bild 29: Beim Ausschlagen der Ventilführung vom Brennraum her eine ausreichend hohe Unterlage aus Holz verwenden.

Originale BMW-Reparatur-Ventilführungen werden mit Innenmaß Ø 4,7 mm geliefert. Deswegen müssen sie nach dem Eintreiben fertig bearbeitet werden auf Ø 5,00 mm H7.

Ventilsitzringe auswechseln

Wenn Ventilsitzringe defekt sind, etwa an ihren Ventilsitzen ausgebröselt oder gar gebrochen (Bild 31), müssen sie aus ihrer Sitzbohrung im Zylinder herausgeholt und durch neue Ventilsitzringe ersetzt werden. Wenn in einem Zylinderkopf nur ein Ventilsitzring defekt ist, sollte man vorsichtshalber alle vier Ventilsitzringe erneuern. Bei BMW gibt es Ersatzteil-Ventilsitzringe.

Neue Ventilsitzringe haben noch keine Ventilsitze. Diese werden erst nach dem Einbau der Ventilsitzringe in den Zylinderkopf auf einer Ventilsitzfräsmaschine eingearbeitet.

Ventilsitzringe ausbauen
Der Ausbau eines alten Ventilsitzrings verlangt viel Fingerspitzengefühl, denn er wird von innen aufgeschliffen bis an den Außendurchmesser (Bild 30) und dann herausgezogen. Danach wird die Grundbohrung des Ventilsitzrings auf das vorgeschriebene Maß aufgebohrt.

Ventilsitzringe einbauen
Der Einbau eines neuen Ventilsitzrings geschieht durch Erwärmung des Zylinderkopfs auf 180 bis 200 °C. Der neue Ventilsitzring wird mit BMW-Kältespray (oder in flüssigem Stickstoff) abgekühlt, auf einen passenden Montagedorn aufgesetzt und in die Sitzbohrung im Zylinderkopf eingesetzt. Durch leichtes Nachschlagen mit einem Kupferhammer wird der Ventilsitzring ganz nach unten in seine Sitzbohrung gedrückt.

Nachdem der Zylinderkopf abgekühlt ist, hält der neue Ventilsitzring sicher und fest; der neue Ventilsitz kann auf der Ventilsitzfräsmaschine eingearbeitet werden.

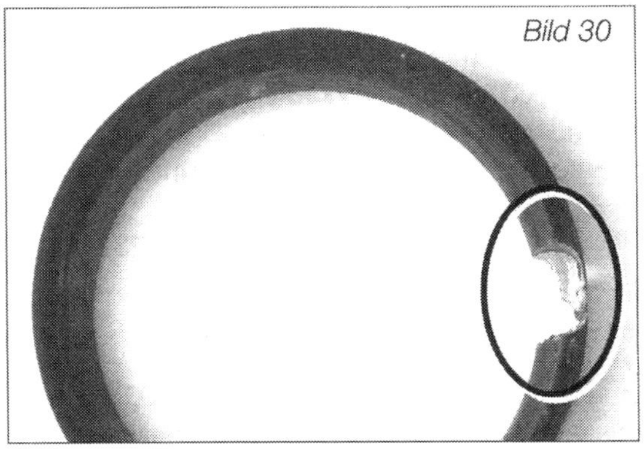
Bild 30

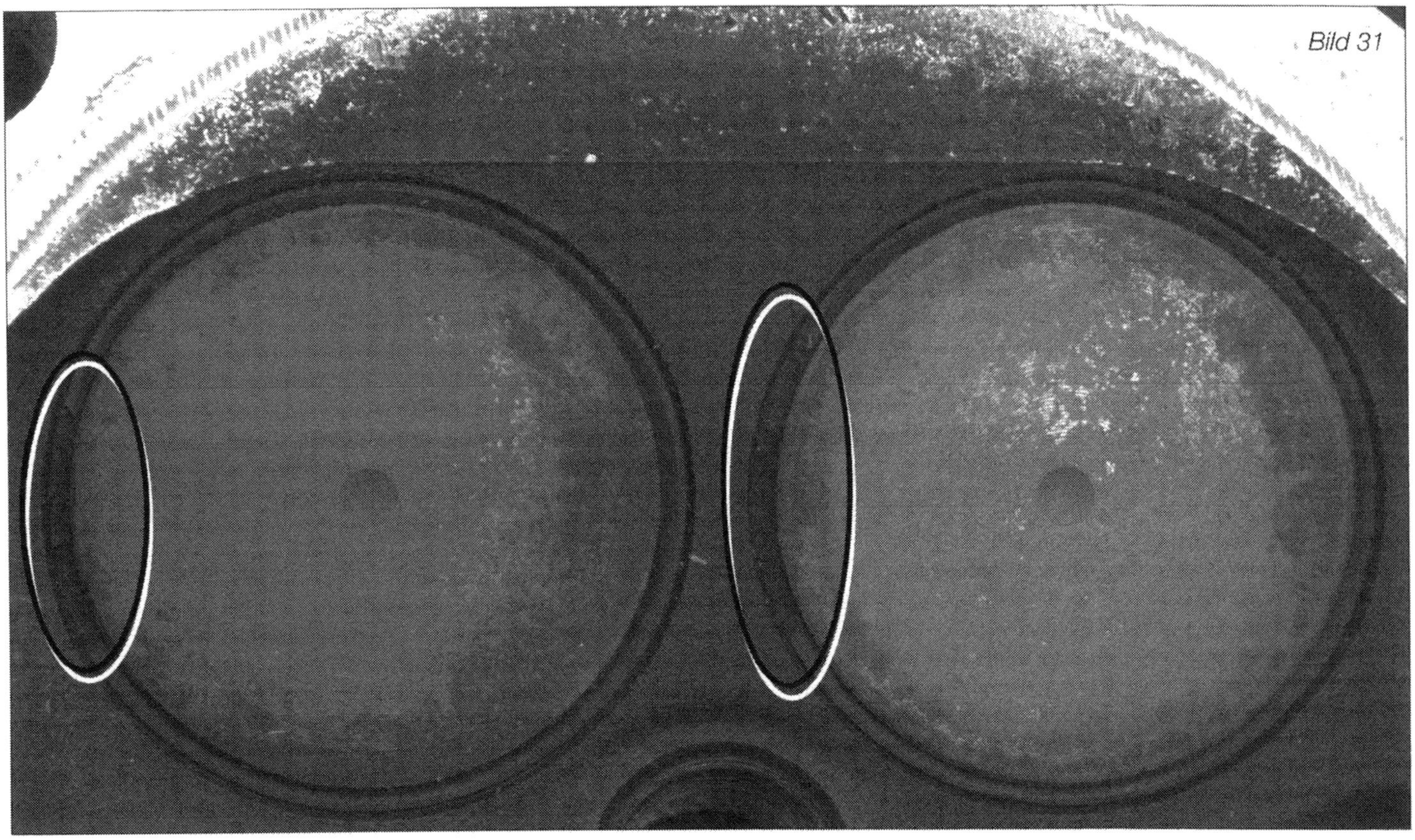
Bild 31

Bilder 30 und 31 Beschädigte Ventilsitzringe werden innen aufgeschliffen (Kreis links im Bild) und dann herausgezogen. Permanent hohe Drehzahlen und zu großes Ventilspiel waren die Gründe für die böseligen Ausbrüche in den Ventilsitzringen (Ovale im Bild unten).

Daten und Maße Ventiltrieb

In diesem Kapitel: Daten, Soll- und Verschleißmaße des Ventiltriebs und der Ventiltrieb-Bauteile im Zylinderkopf.

R 1200 GS (2004 bis 2007)

Ventilspiel bei kaltem Motor
Einlassventile .... 0,15 mm
Auslassventile .... 0,30 mm

Ventilwinkel .... 41 Grad
Einlassventile .... 19 Grad
Auslassventile .... 22 Grad

Ventilsteuerzeiten bei 3 mm Hub
Einlass öffnet .... 2 Grad vor OT
Einlass schließt .... 30 Grad nach UT
Auslass öffnet .... 28 Grad vor UT
Auslass schließt.............. 4 Grad vor OT

Ventiltellerdurchmesser
Einlass .... 36,35 mm
Auslass .... 31,00 mm

Ventilschaftdurchmesser
Einlass.................... 4,966 bis 4,980 mm
Verschleißgrenze............... 4,946 mm
Auslass.................. 4,956 bis 4,970 mm
Verschleißgrenze............... 4,936 mm

Ventilteller Randdicke
Einlass .... 1,00 ±0,2 mm
Verschleißgrenze.................. 0,5 mm
Auslass .... 1,00 ±0,2 mm
Verschleißgrenze.................. 0,5 mm

max. Schlag Ventilteller am Sitz
Einlass und Auslass .... 0,035 mm

Ventilsitzwinkel
Einlass .... 45 Grad
Auslass .... 60 Grad

Ventilsitzbreite
Einlass....................... 0,95 bis 1,25 mm
Verschleißgrenze.................. 2,5 mm
Auslass.......................... 1,3 bis 1,5 mm
Verschleißgrenze.................. 3,0 mm

Ventilsitz Außendurchmesser
Einlass............... 38,617 bis 38,633 mm
Auslass.............. 34,134 bis 34,150 mm

Ventilsitzring Durchmesser
(Übermaß + 0,2 mm)
Einlass............... 36,617 bis 36,633 mm
Auslass.............. 32,134 bis 32,150 mm

Ventilsitzbohrung im Zylinderkopf
(Übermaß + 0,2 mm)
Einlass............... 36,500 bis 36,525 mm
Auslass.............. 32,000 bis 32,025 mm

Ventilführungen
Außendurchmesser.......... 11,033 bis 11,044 mm
Bohrung im Zylinderkopf ... 11,000 bis 11,021 mm
Überdeckung......... 0,012 bis 0,044 mm
Innendurchmesser.. 5,000 bis 5,012 mm

Übermaßventilführungen
Außendurchmesser.......... 11,233 bis 11,244 mm
Innendurchmesser .... 4,7 mm

Radialspiel
Einlass.................. 0,020 bis 0,046 mm
Verschleißgrenze................ 0,15 mm
Auslass................. 0,030 bis 0,056 mm
Verschleißgrenze................ 0,17 mm

Ventilfedern
Federlänge entspannt .... 48,8 mm
Verschleißgrenze................ 45,2 mm

Kipphebel
Bohrung Durchmesser.......... 16,016 bis 16,034 mm
Kipphebelachse: Durchmesser.. 15,973 bis 15,984 mm
Radialspiel............. 0,032 bis 0,054 mm
Verschleißgrenze.................. 0,1 mm
Axialspiel............. 0,05 mm bis 0,40 mm

Nockenwelle
Markierung (Position Kerbe für Zapfen Nockenwellenrad unten 180°)... 315 Grad
Öffnungswinkel Einlass-/Auslassnocken .... 292 Grad/284 Grad
Nockenspreizung Einlass-/Auslassnocken .... 104 Grad/106 Grad
Einlassventilhub (bei Ventilspiel 0) .... 10,39 mm
Auslassventilhub (bei Ventilspiel 0) .... 10,03 mm
Nockenwellenlager Bohrungs-Durchmesser...... 21,02 bis 21,04 mm
Nockenwelle Durchmesser an Lagerstellen........ 20,97 bis 21,00 mm
Radialspiel................. 0,02 bis 0,07 mm
Verschleißgrenze................ 0,15 mm
Führungslagerbreite ...... 15,92 bis 15,95
Nockenwelle Lagerbreite im Führungslager .... 16,00 bis 16,05 mm
Axialspiel .... 0,08 bis 0,13 mm
Verschleißgrenze................ 0,25 mm

Tassenstößel
Außendurchmesser.......... 23,967 bis 23,980 mm
Bohrung Durchmesser im Zylinderkopf ... 24,000 bis 24,021 mm
Radialspiel............. 0,020 bis 0,054 mm
Verschleißgrenze................ 0,18 mm

R 1200 GS Adventure (2006 und 2007)

Daten und Maße entsprechen denen der R 1200 GS, Modelljahre 2004 bis 2007.

R 1200 GS (ab 2008*)

Daten und Maße entsprechen grundsätzlich denen der R 1200 GS, Modelljahre 2004 bis 2007. Anders sind:

Ventilsteuerzeiten bei 3 mm Hub
Einlass öffnet..................... 3 Grad vor OT
Einlass schließt .... 35 Grad nach UT
Auslass öffnet .... 27 Grad vor UT
Auslass schließt.............. 5 Grad vor OT

Nockenwelle
Öffnungswinkel Einlass-/Auslassnocken .... 300 Grad/300 Grad
Nockenspreizung Einlass-/Auslassnocken .... 106 Grad/106 Grad
Einlassventilhub (Ventilspiel 0)...................... 10,54 mm
Auslassventilhub (Ventilspiel 0)........................ 9,26 mm

R 1200 GS Adventure (ab 2008*)

Daten und Maße entsprechen denen der R 1200 GS ab Modelljahr 2008.

* = Zum Redaktionsschluss dieses Buchs im August 2009 werden diese Modelle noch gebaut.

R 1200 R (ab 2006*)

Daten und Maße entsprechen denen der R 1200 GS ab Modelljahr 2008.

R 1200 RT (ab 2005*)

Daten und Maße entsprechen denen der R 1200 GS ab Modelljahr 2008.

R 1200 S (2006 bis 2008)

Daten und Maße entsprechen denen der R 1200 GS ab Modelljahr 2008
Anders sind:

Ventilfedern

Federlänge entspannt .... 49,2 mm
Verschleißgrenze................. 45,6 mm

R 1200 ST (2005 bis 2008)

Daten und Maße entsprechen denen der R 1200 GS ab Modelljahr 2008

HP2 Enduro (2006 bis 2008)

Daten und Maße entsprechen denen der R 1200 GS ab Modelljahr 2008.

HP2 Megamoto (ab 2007*)

Daten und Maße entsprechen denen der R 1200 GS ab Modelljahr 2008.

HP2 Sport (ab 2008*)

Zum Redaktionsschluss dieses Buchs* lagen von BMW die nachfolgend aufgelisteten Daten vor.

Ventilspiel bei kaltem Motor

Einlassventile .... 0,13 mm bis 0,23 mm
Auslassventile ...... 0,30 mm bis 0,40 mm

Ventilwinkel zur Zylinderachse

Einlassventile.................. vertikal 6 Grad
.... horizontal 10 Grad
Auslassventile .... vertikal 9,2 Grad
.... horizontal 12 Grad

Ventilsteuerzeiten bei 3 mm Hub

Einlass öffnet .... 2 Grad vor OT
Einlass schließt .... 34 Grad nach UT
Auslass öffnet .... 40 Grad vor UT
Auslass schließt.............. 4 Grad vor OT

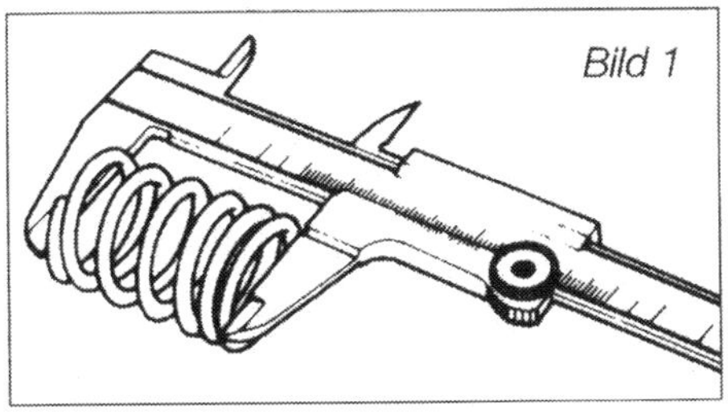

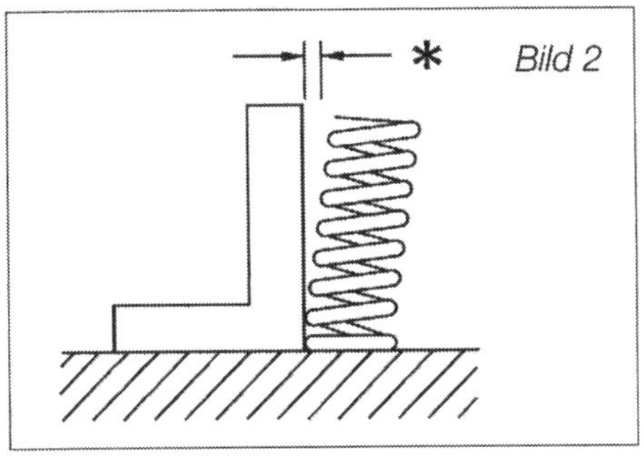

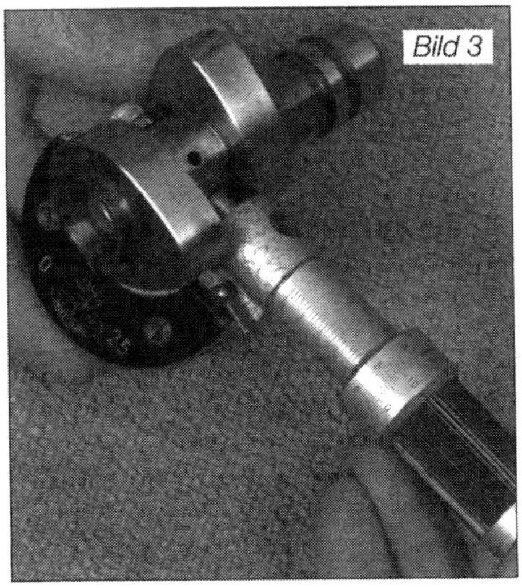

Ventiltellerdurchmesser

Einlass .... 39 mm
Auslass .... 33 mm

Radialspiel

Einlass.................... 0,023 bis 0,043 mm
Verschleißgrenze................. 0,15 mm
Auslass.................. 0,040 bis 0,066 mm
Verschleißgrenze................. 0,17 mm

Nockenwelle

Nockenspreizung Einlass-/Auslassnocken .... 106 Grad/112 Grad
Einlassventilhub (bei Ventilspiel 0) .... 10,87 mm
Auslassventilhub (bei Ventilspiel 0) .... 10,97 mm
Nockenwellenlager Bohrungs-Durchmesser...... 21,03 bis 21,05 mm
Nockenwelle Durchmesser an Lagerstellen........ 20,97 bis 21,00 mm
Radialspiel .... 0,03 bis 0,08 mm
Verschleißgrenze................. 0,20 mm

Bild 1: Messen der Ventilfederlänge.
Bild 2: Ventilfeder muss senkrecht bzw. darf nur möglichst wenig schräg stehen.
Bild 3: Vermessen der Nockenwellen-Lagerstelle mit Bügelmessschraube.
*Bild 4: **A** = Ventildurchmesser; **B** = korrekte Sitzbreite; **C** = zu schmale Sitzbreite; **D** = Ventilteller Randdicke.*
Bild 5: Tragbild des Ventilsitzes.
*Bild 6: Ventilsitzring mit **V** = Ventildurchmesser und **X** = Ventilsitzbreite.*

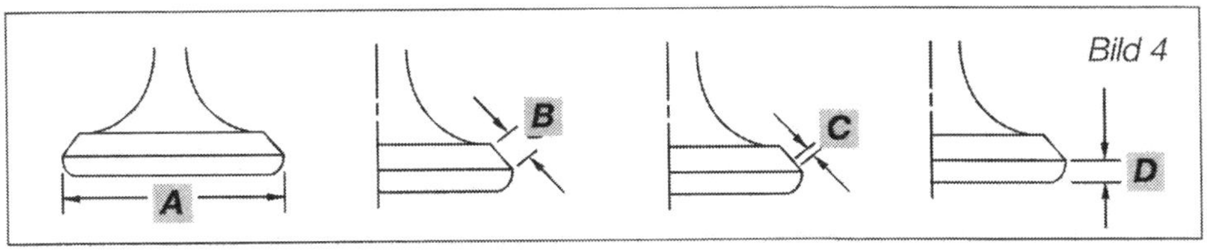

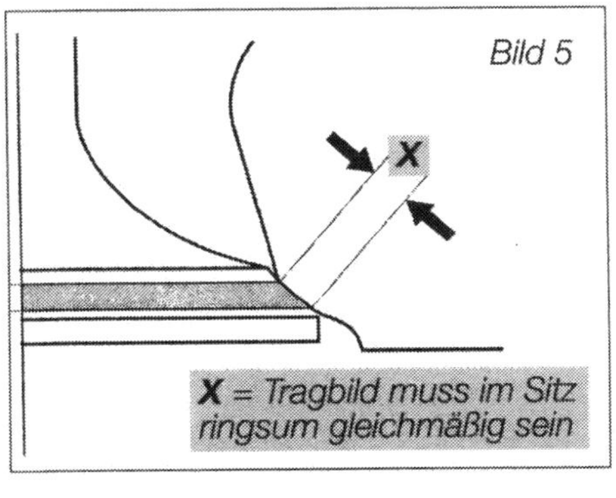

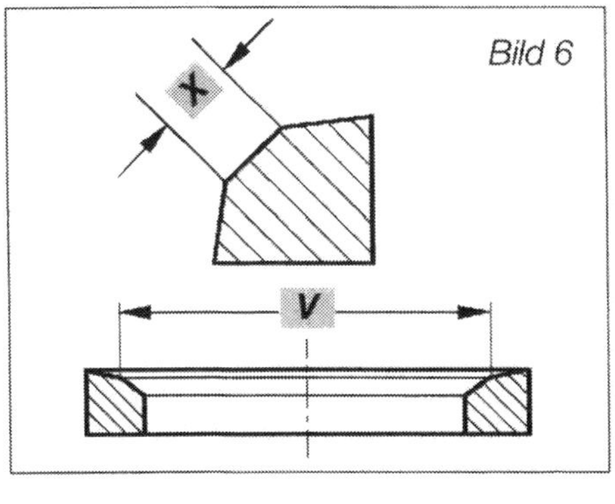

Sichtprüfung Messen

Korrespondenzkapitel: Im Zusammenhang mit den Bildern, Informationstexten und Arbeitsschritten in diesem Kapitel empfehlen wir die folgenden Korrespondenzkapitel, weil sich verschiedene Themenbereiche verzahnen.

- 5 »Ventilspiel einstellen«
- 10 »Zylinderkopf«
- 11 »Zylinderkopf reparieren«
- 12 »Daten und Maße Ventiltrieb«

Bild 1: Bauteile des Ventiltriebs.

Ventiltrieb · Nockenwellen

In diesem Kapitel: Ventiltrieb: Steuerketten, Steuerkettenspanner, Steuerungsträger Basismotor, R 1200 S und HP2 Sport · Schäden an Stößel und Nocken · Nockenwellen aus- und einbauen, vermessen · Kipphebel aus- und einbauen, prüfen · Steuerungsträger zusammenbauen und montieren.

Ventiltrieb

Die Baugruppe »Ventiltrieb« mit dem Nockenwellenantrieb arbeitet problemlos, Defekte sind nicht bekannt. Wenn der Motor auseinandergebaut ist, sollte man die Kettenführungsschienen auf Verschleiß prüfen: Wenn deutliche Verschleißspuren zu sehen sind, sollen neue Kettenführungsschienen eingebaut werden.

Steuerketten

Die beiden halbhoch liegenden Nockenwellen werden von zwei gleich langen Ketten angetrieben, deren Antriebskettenräder auf einer gemeinsamen Welle (wird auch »Zwischen-« oder »Nebenwelle« genannt) unterhalb der Kurbelwelle im Motor sitzen. Ketten, Kettenräder und Steuerketten (= Nockenwellen-Antriebsketten) halten ein Motorradleben lang. Den Motor zu öffnen, nur um die Steuerketten zu erneuern, ist nicht nötig. Sollte ein Motor mehr als 100 000 km auf der Uhr haben und wegen eines Defekts oder einer Motorüberholung geöffnet werden, kann man die Ketten sicherheitshalber erneuern.

Führungs- und Spannschienen (Bild 1)

- Die Kettenführungsschienen des linken und rechten Zylinders sind gleich. Im linken Zylinder ist sie unten eingebaut, im rechten oben.

Kettenspanner linker Zylinder (Bild 1)

- Die Kettenspannschiene des linken Zylinders ist oben eingebaut und hat eine lange Nase.
- Beim Kettenspanner des linken Zylinders ist die Einschraubhülse länger. Sein Kolben ist zweiteilig und mit Feder und Kugel-Rückschlagventil untrennbar zu einer Einheit zusammengebaut (wird seit Baumonat Juni 2004 so eingebaut; alte Version siehe Kapitel 10, Seite 82).

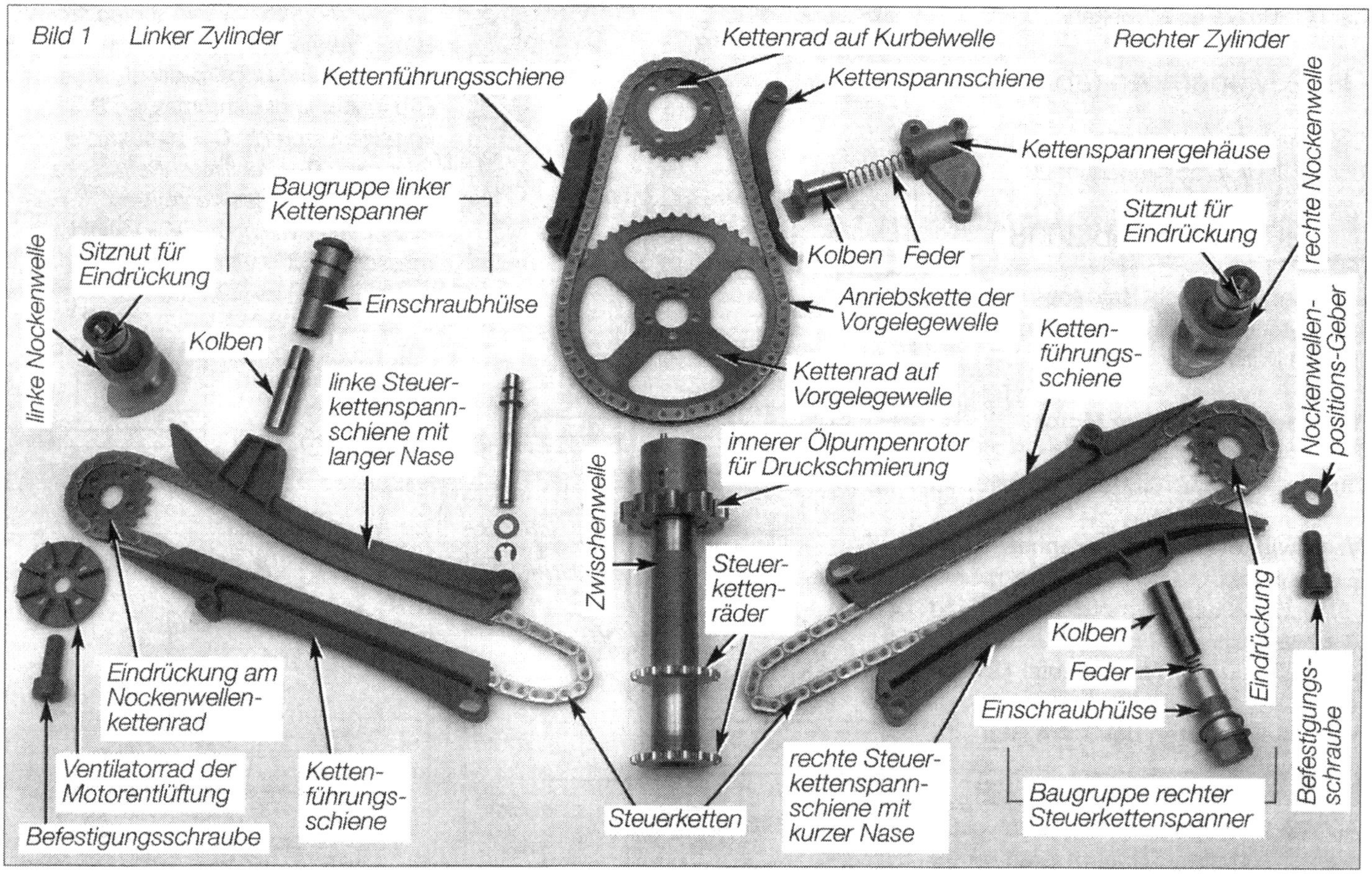

Kettenspanner rechter Zylinder (Bild 1)
■ Die Kettenspannschiene des rechten Zylinders ist unten eingebaut und hat eine kurze Nase.
■ Beim Kettenspanner am rechten Zylinder ist die Einschraubhülse kürzer. Sein Kolben ist einteilig, hat oben mittig eine Bohrung und unten radial eine weitere Bohrung in der Eindrehung.
■ Eine Feder ist eingebaut.

Nockenwellen
Alle Bauteile im Bild 1 liegen zueinander in Einbauposition. Die Nockenwellen stehen folgendermaßen angeordnet:
■ linker Zylinder steht auf Überschneidung,
■ rechter Zylinder steht auf Zünd-OT.

Nockenwellen-Kettenräder
Lage der Kettenräder beachten, sie liegen einbaurichtig zu den Nockenwellen: Eindrückung (Pfeil) im Kettenrad liegt bereit zum Aufbau/Deckung der Nut in der Nockenwelle (siehe auch Bilder 2, 3 und 4):
■ Im linken Kettenrad zeigt der Pfeil nach innen zur Zahnlücke.
■ Im rechten Kettenrad zeigt der Pfeil nach innen auf den Zahnkopf (siehe auch Bild 4).
Diese Stellungen sind wichtig für verschiedene Arbeitspunkte beim Einstellen, Zerlegen und Zusammenbauen des Triebwerks.

Antriebs-Kettenräder, Kettenspanner
Das große Kettenrad wird auf die Zwischenwelle aufgeschraubt, das kleine auf die Kurbelwelle. Die Antriebskette hat eine Führungs- und Spannschiene mit zugehörigem Kettenspanner (Bild 1).

Tipp: Bei Aus- und Einbau des linken Steuerkettenspanners muss man besonders vorsichtig sein, damit der Kolben nicht in den Schacht fällt; speziell dann, wenn das Nockenwellen-Kettenrad abgeschraubt und die Steuerkette lose ist.

Alle drei Kettenspanner sind an den Schmierölkreislauf angeschlossen und werden mit Drucköl versorgt. Der Öldruck (bzw. die Ölfüllung der Kettenspanner) bewirkt eine Dämpfung der Spannelemente und unterstützt die Federkräfte.

Wenn Ihr Motorrad nach dem Starten bei den ersten paar Umdrehungen der Kurbelwelle etwas klappert, dann liegt es daran, dass in den Kettenspannern noch kein Öldruck aufgebaut ist.

Steuerungsträger

Der Steuerungsträger sitzt oben auf dem Zylinderkopf. Er ist beim Basis-Boxer und beim R 1200 S-Motor zusammen mit den vier M10-Zylinderkopfmuttern auf den Zylinderhalte-Stehbolzen und vier weiteren M6-Schrauben auf dem Zylinderkopf verschraubt und kann bei eingebautem Motor abgenommen werden. Steuerungsträger der HP2 Sport steht weiter hinten.

Zum Austausch der Nockenwellen bei einem Motortuning muss der Steuerungsträger ausgebaut werden. Oder wenn die Maschine einen Unfall hatte und so grob über einen Zylinderkopf abschmierte, dass ein Ventildeckel abgerissen wurde, ist meist auch der Steuerungsträger beschädigt.

Wird ein Motor normal betrieben, sind Schäden am Steuerungsträger nicht zu erwarten. Voraussetzung für störungsfreien Betrieb ist, dass das vorgeschriebene Ventilspiel eingestellt ist.

Der Steuerungsträger muss abgenommen werden, wenn folgende Arbeiten notwendig sind:
■ Nockenwelle ein- und ausbauen
■ Tassenstößel aus- und einbauen

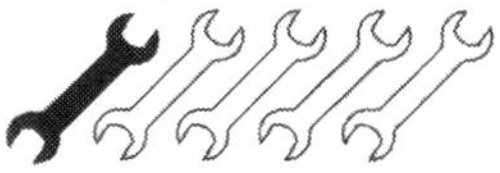

Bilder 2, 3 und 4: Eindrückung am Nockenwellenkettenrad muss in die Nut der Nockenwelle eingreifen. Im Bild unten zu sehen, wie der Pfeil auf dem Nockenwellenkettenrad auf die Nase am Steuerungsträger zeigt.

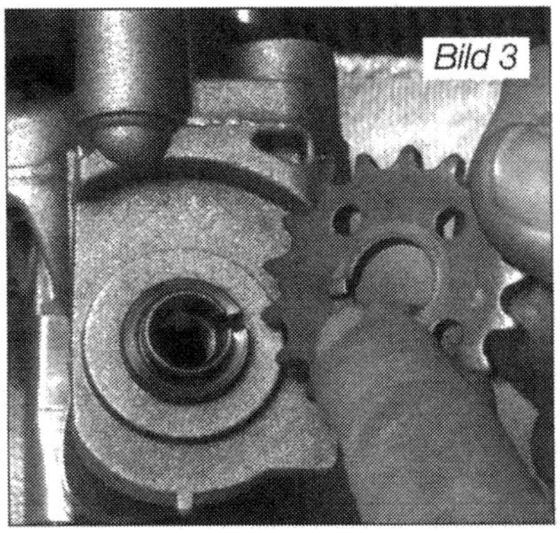

Kipphebel und ihre Lagerachsen können bei eingebautem Steuerungsträger aus- und eingebaut werden.

Beim Ausbau generell zu beachten

■ Alle auszubauenden Teile vor Ausbau mit Filzstift markieren, damit sie beim Einbau wieder an ihrer ursprünglichen Stelle eingebaut werden, denn die Teile sind »aufeinander eingelaufen«.

■ Alle ausgebauten Teile gut mit Motorreiniger metallisch sauber reinigen.

■ Alle Schmierbohrungen der ausgebauten Teile auf freien Durchgang prüfen und mit Druckluft ausblasen.

■ Beim Einbau alle Teile gut mit frischem Motoröl schmieren.

■ Der Ab- und Anbau des Steuerungsträgers ist in Kapitel 10 »Zylinderkopf« ausführlich behandelt.

■ Bauteile vermessen: Hier in diesem Kapitel sind einige Messwerte aufgelistet, die noch einmal in Kapitel 12 »Daten und Maße Ventiltrieb« zu finden sind, damit einige der Verschleißbilder eine maßliche Grundlage bekommen.

Bilder 5, 6 und 7: Explosionszeichnungen der Kipphebel, Nockenwellen mit Lagerung und Kipphebel-Lagerdeckel.

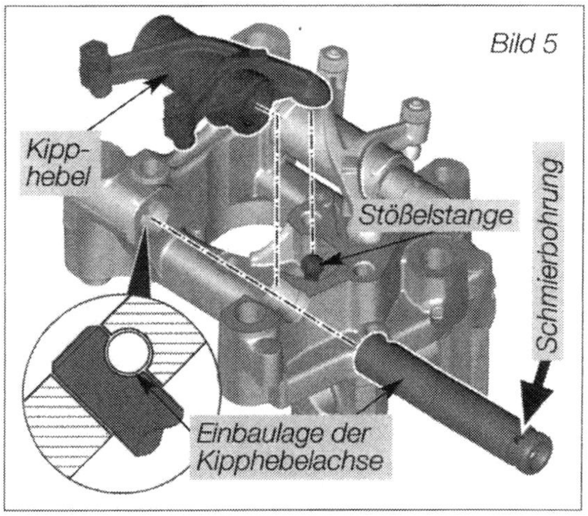

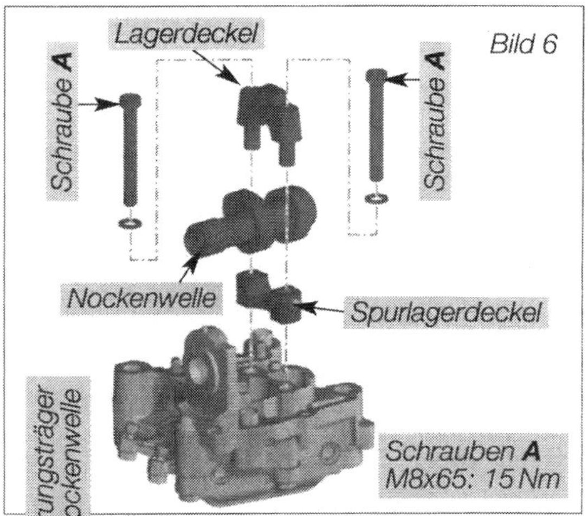

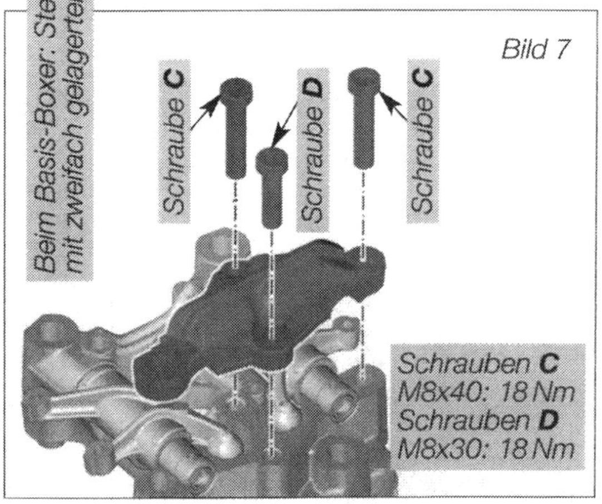

Steuerungsträger zerlegen

Beim Basismotor: Nockenwelle ausbauen, Steuerungsträger zerlegen

1. Torxschrauben des Nockenwellenlagers öffnen und ausdrehen (Bilder 6 und 20).

2. Nockenwellenlagerdeckel abnehmen.

3. Nockenwelle seitlich herausziehen (Bild 21).

Bilder 8 und 9: Explosionszeichnungen des Steuerungsträgers der R 1200 S mit dreifacher Nockenwellenlagerung.

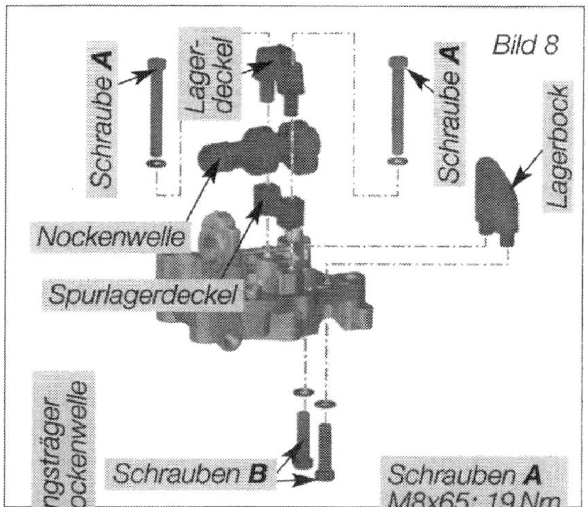

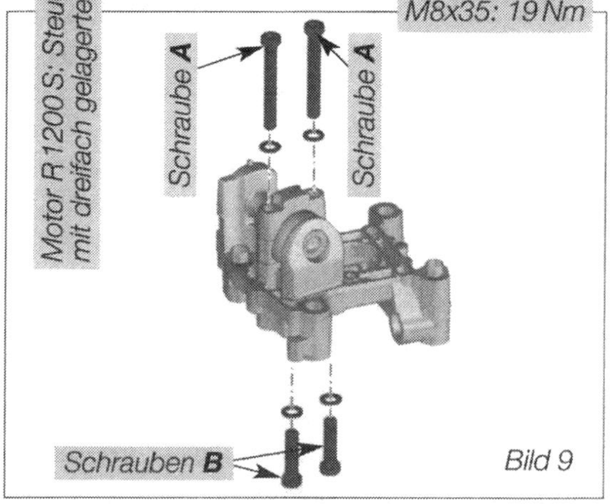

4. Tassenstößel und Stößelstangen herausnehmen (Bild 22).

Bei R 1200 S: Steuerungsträger und Nockenwelle
Bei der R 1200 S sind die Nockenwellen dreifach gelagert, weswegen jeder der Steuerungsträger einen Lagerbock mehr hat als bei den anderen Modellen (Bilder 8 und 9).

Ausbau: Zum Ausbau der Nockenwelle müssen auch die unteren Schrauben des seitlichen Lagerbocks gelöst und ausgedreht werden, damit man die Nockenwelle zur Seite schieben und aus dem Festlager ziehen kann.

Zusammenbau: Beim Zusammenbau die Schrauben A und B in Bild 8 unbedingt in mehreren Schritten nacheinander mit viel Gefühl festziehen und dazwischen immer wieder prüfen, ob sich die Nockenwelle gleichmäßig leicht dreht. Beim geringsten Anzeichen von Schwergängigkeit die Schrauben wieder öffnen und Lagerbock und Lagerdeckel neu ausrichten.

Bei HP2 Sport: Steuerungsträger und Nockenwellen
In den Bildern 10 und 11 sind Zeichnungen vom linken und rechten Steuerungsträger der HP2 Sport. Ein Zerlegen des Steuerungsträgers zum Wechseln der Nockenwellen ist nicht schwierig, es muss nur die eine M6-Schraube (Bild 12) gelöst und ausgedreht werden, dann kann man das Oberteil vom Unterteil abnehmen und die Nockenwellen herausnehmen.

Wenn die Schlepphebel ausgebaut werden sollen (Bild 14), braucht man allerdings die BMW-Spezialzange (Nr. 11 1 911) zum Ausbau der Sicherungsclipse. Mehr dazu entnehmen Sie bitte dem Kapitel 5 »Ventilspiel«.

Bauteile kontrollieren
Im nachfolgenden Text schrauben wir Schritt für Schritt am Steuerungsträger des Basis-Vierventilers. Die Betrachtung und Bewertung der Verschleißstellen kann auch auf die entsprechenden Bauteile der R 1200 S und HP2 Sport angewendet werden.

Bilder 10, 11 und 12: Steuerungsträger der HP2 Sport.

- *Der Steuerungsträger ist mit 7 Schrauben und Scheiben und weitern 4Schrauben mit Dichtung am Zylinderkopf befestigt.*
- *Dichtung erneuern!*
- *Alle Schrauben in Bild 10 und 11 M6x72: 10 Nm*
- ***X** = Schraube verbindet Oberteil und Unterteil des Steuerungsträgers. Sie wird nicht zum Ausbau, sondern nur zum Zerlegen des Steuerungsträgers ausgedreht (Bild 12).*

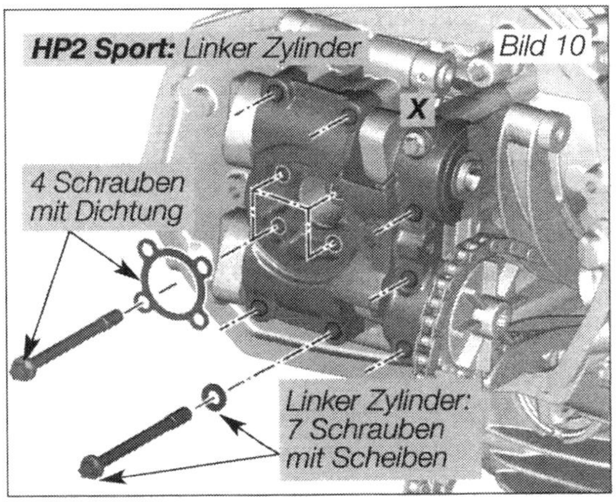

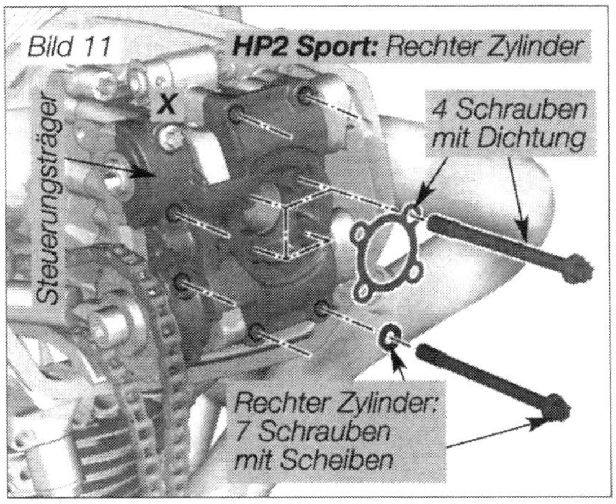

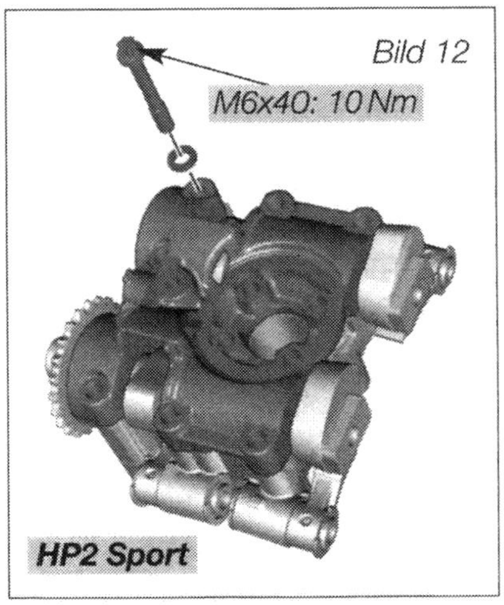

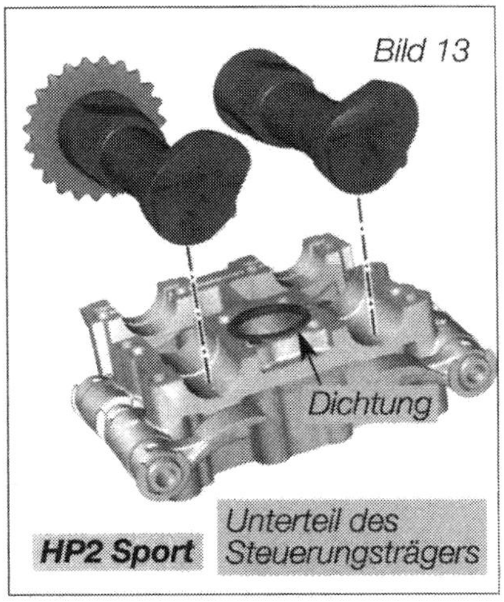

Bild 13: Nockenwellen.

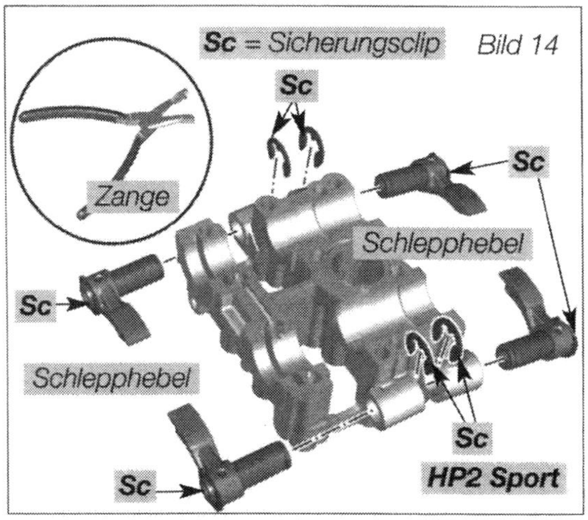

Bild 14: Schlepphebel und Sicherungsclips.

Sichtprüfung Messen

Schäden an Stößel und Nocken

In Bild 15 sind ein defekter Tassenstößel mit der zugehörigen, ebenfalls defekten Auslassnocke gezeigt. Der Grund für diesen Schaden ist nicht hundertprozentig erklärbar, weil der zweite Tassenstößel mit zugehöriger Nocke in Ordnung ist. Defekte Tassenstößel sind auch in Bild 16.

Bild 15

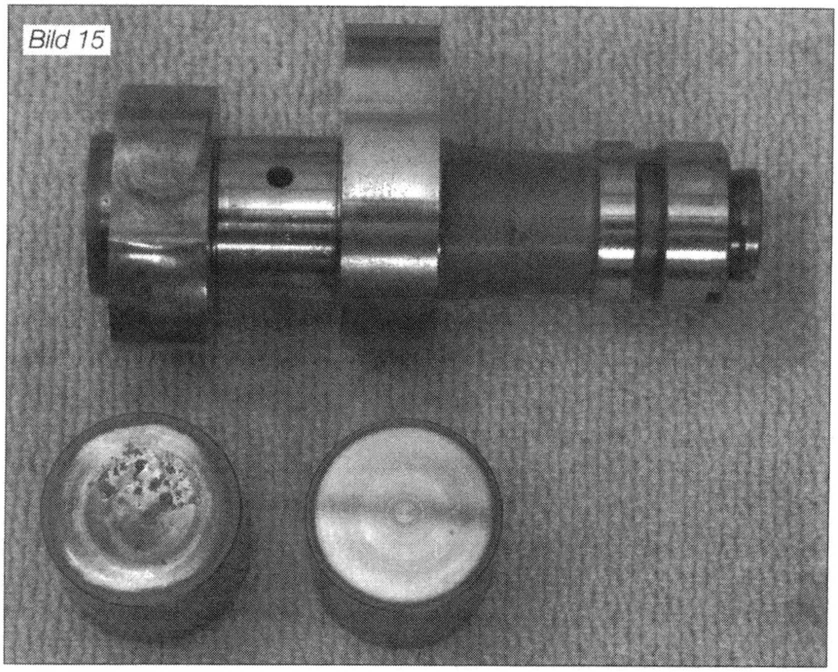

Bild 16

Bilder 15 und 16: Defekte Auslassnocke und verschlissene Tassenstößel.

Bild 17

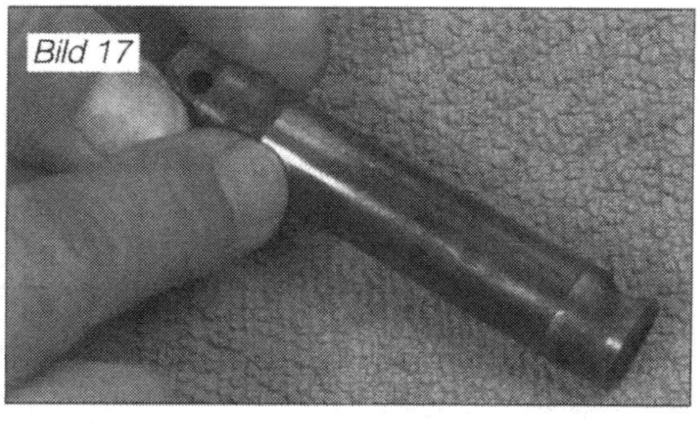

Bild 17: Kipphebelachse mit abgeschabter Phosphatierung kann weiter verwendet werden.

Solche Schäden können auftreten bei folgenden Fehlfunktionen (einzeln oder zusammen):

- Zu wenig oder zu altes Öl im Motor: Schmierung ist nicht mehr gewährleistet, Schmierfilm reißt ab.
- Zu weites Ventilspiel: Die Anlauframpe des Nockens ist quasi außer Funktion, also nicht auf ihrer Anlaufbahn, und schlägt beim Öffnen mit Gewalt auf den Tassenstößel.
- Zu enges Ventilspiel: Nockengrundkreis hält den Tassenstößel immer unter Druck.
- Motor wird permanent im obersten Drehzahlbereich bewegt, Gefahr des Ventilflatterns ist gegeben.

Bauteile begutachten und vermessen

Tassenstößel: Alle Gleitflächen am Umfang und an der Oberfläche sowie die zugehörigen Führungsbohrungen müssen frei sein von Riefen, Kratzern, blau angelaufenen Stellen. Tassenstößel muss seine runde Form überall gleichmäßig haben, darf also weder zerdrückt noch oval sein und muss in der ihm zugehörigen Bohrung leicht gleitend laufen.

- Tassenstößel-Außendurchmesser ...... 23,967 bis 23,980 mm
- Führungsbohrung im Steuerungsträger ..... 24,000 bis 24,021 mm
- Radialspiel .... 0,020 bis 0,054 mm
  Verschleißgrenze .... 0,180 mm

Es ist wichtig, dass beim Zusammenbau jeder Tassenstößel in die Bohrung zurückkommt, aus der er herausgenommen wurde. Deswegen: Beim Zerlegen sorgfältig ablegen, damit beim Zusammenbau die vorherige Position wieder gefunden wird.

Nockenwelle (Bild 19)**:** Sie muss an den Lagerstellen und den Nockenlaufbahnen einwandfreies Bild zeigen, darf nirgends zerkratzt, blau angelaufen oder abgeschabt sein. Ihre Lagerflächen in den beiden Lagerbohrungen müssen ebenfalls einwandfrei sein.

Nockenwellenlager Bohrungsdurchmesser im Lagerbock .... 21,02 bis 21,04 mm
Nockenwelle Durchmesser an Lagerstelle .... 20,97 bis 21,00 mm
Radialspiel.............................. 0,02 bis 0,07 mm
Verschleißgrenze .... 0,15 mm

Führungslager Breite
am Lagerbock .... 15,92 bis 15,95 mm
Nockenwellen Lagerbreite im Führungslager (Innenmaß zwischen den Nocken) .... 16,00 bis 16,05 mm
Nockenwellen-Axialspiel .... 0,08 bis 0,13 mm
Verschleißgrenze .... 0,25 mm

Wenn ein Schaden an der Nockenwellenlagerung ersichtlich oder messbar ist, muss der komplette Steuerungsträger ersetzt werden, weil die entsprechenden Teile aufeinander passgenau gefertigt sind.

Dagegen können gebrauchte Kipphebelachsen, Kipphebel und Tassenstößel in einen neuen Steuerungsträger eingebaut werden, sofern sie maßlich zueinander passen.

Kipphebel

Kipphebel ausbauen (siehe Bilder 5 und 7)
1. Mit Torxschlüssel T45 die Befestigungsschrauben (2 Stück M8x40, 1 Stück M8x30) der Kipphebellagerbrücke lösen und ausdrehen.
2. Lagerbrücke abnehmen.
3. Mit 4er-Stahlstift oder dünnem Durchschlag in die Ölbohrung der Kipphebelachse einfahren, mit leichter Drehbewegung aus dem Sitz lösen und ausziehen (siehe Pfeil in Bild 5).
4. Kipphebel dabei mit der anderen Hand halten und herausnehmen.

Kipphebel prüfen
Die Kipphebelachsen sind beschichtet (phosphatiert). Mit der Zeit werden die Lagerstellen blank (siehe dazu Bild 17), bleiben aber meistens maßhaltig. Wenn die Phosphatierung etwas abgeschabt ist, brauchen sie nicht ausgewechselt werden, sofern sie maßhaltig sind. Dies gilt auch für die Bohrungen in den Kipphebeln.

Kipphebel-Bohrungsdurchmesser .... 16,016 bis 16,034 mm
Kipphebelachsen-Durchmesser .... 15,973 bis 15,984 mm
Radialspiel .... 0,032 bis 0,054 mm
Verschleißgrenze .... 0,10 mm
Axialspiel minimal .... 0,05 mm
Axialspiel maximal .... 0,40 mm

Hinweis: Einstellung des Kipphebel-Axialspiels bei eingebautem Motor (bzw. Steuerungsträger) siehe Kapitel 10 »Zylinderkopf«.

Der beweglich gelagerte Fuß der Ventileinstellschraube (»Elefantenfuß«, Bild 18) hat schon serienmäßig etwas Luft, weil er locker auf dem Kugelgelenk der Schraube ist. Er ist aber dennoch fest an ihr fixiert, kann also nicht abfallen.

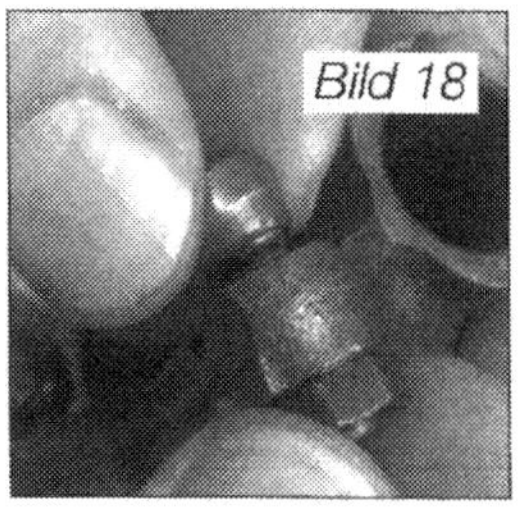

Bild 18: Ventileinstellschraube mit beweglichem Fuß und Kontermutter.

Bild 19: Torxschrauben des Nockenwellenlagers öffnen und ausdrehen, Lagerdeckel mit Passhülsen abziehen.

Bild 20: Nockenwelle seitlich herausziehen.

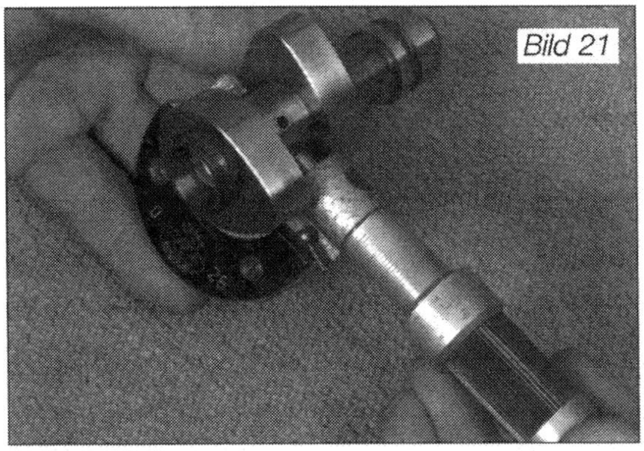

Bild 21: Vermessen der Nockenwelle mit Bügelmessschraube.

Bild 22: Die Tassenstößel werden zusammen mit den Stößelstangen herausgenommen.

Sichtprüfung Messen

Die Innen- und Außengewinde der Ventileinstellschraube im Kipphebel und an der Schraube müssen einwandfrei sein, die Schraube muss sich leicht in ihrem Gewinde im Kipphebel drehen lassen. Dies gilt auch für die Kontermutter, deren Sechskant nicht »vermurkst« sein darf (ist bei Motoren zu sehen, deren Ventilspiel mit schlechtem Werkzeug eingestellt wurde, also der 10er-Schlüssel zu groß war und beim Festziehen der Kontermutter abgerutscht ist!).

Steuerungsträger zusammenbauen und montieren

Steuerungsträger zusammenbauen

1. Kipphebel in Steuerungsträger einsetzen.

1.1. Kipphebelachse in Kipphebel schieben: Ausschnitt gehört auf die äußere Seite der geschlossenen Lagerstelle, muss mit M6-Schraubenbohrung fluchten (Bild 5).

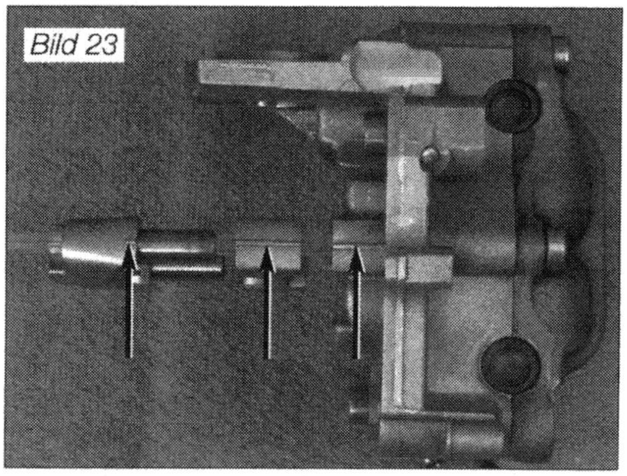

Bild 23: Markierungen (Pfeile) müssen beim Zusammenbau des Nockenwellenlagers fluchten.

Bild 24: Anziehen der Torxschrauben des Nockenwellenlagerdeckels mit 15 Nm.

2. Lagerdeckel aufsetzen (Bild 7), Schrauben eindrehen und »leicht handfest« anziehen.

3. Axialspiel der Kipphebel mit Fühlerlehre messen: Muss zwischen 0,05 und 0,40 mm betragen. Es wird durch axiales Verschieben des Kipphebellagerdeckels eingestellt.

Anmerkung: Mit dem geringsten Spiel von 0,05 mm läuft der Motor am leisesten. Allerdings muss sichergestellt sein, dass die Kipphebel ein gewisses Spiel haben, wir empfehlen daher 0,10 mm, womit man auf der sicheren Seite ist.

3.1. Kontrollieren, ob die Ausschnitte der Kipphebelachsen mit den Bohrungen für die M6-Schrauben fluchten (Bild 5). Falls nicht, mit einem 6er-Dorn nachzentrieren.

4. Schrauben des Lagerdeckels mit 18 Nm festziehen. Axialspiel nochmals kontrollieren.

5. Steuerungsträger umdrehen: Stößelstangen mit etwas dickem Fett in die Kugelpfannen der Tassenstößel einsetzen (mit Fett »einkleben«).

■ Es gibt keine Vorschrift für die Einbaurichtung der Stößelstangen. Tassenstößel von oben her in die Lagerbohrungen im Steuerungsträger einschieben.

6. Nockenwellen-Lagerbock auf Sitz der Nockenwelle zwischen die beiden Nocken schieben, Nockenwelle seitlich in ihre Lagerbohrung einschieben und gleichzeitig untere Fläche des Nockenwellen-Lagerbocks auf seine untere Sitzfläche zusammen mit der Nockenwelle platzieren.

■ Angegossene Markierung am Lagerbock (Bild 23) muss mit der am Steuerungsträger fluchten.

7. Oberen Nockenwellenlagerdeckel aufsetzen und ganz nach unten drücken.

■ Markierung beachten, sie muss mit den beiden anderen Markierungen fluchten (Bild 23)!

8. Steuerungsträger quer in den Schraubstock spannen (Bild 24) – seine Backen dürfen nicht geriffelt sein, sonst werden die Anlageflächen des Steuerungsträgers beschädigt! Wenn Sie keinen Schraubstock mit glatten Backen haben: Alubacken dazwischen legen!

9. Torxschrauben M8x65 mit Scheibe eindrehen, handfest anlegen, mit 15 Nm festziehen (Bild 24).

9.1. Kontrolle: Nockenwelle muss sich leicht drehen lassen. Wenn nicht: Verschraubungen lösen, Lager neu ausrichten, wieder festziehen.

10. Stößelstangen oben in ihre Kugelpfannen in den Kipphebeln einfädeln (Bild 22), etwas Druck mit den Fingern auf den Kipphebel geben, Gummiband so um die Kipphebel wickeln, dass die Stößelstangen unter Druck zwischen ihren Sitzpfannen in Kipphebel und Tassenstößel in Ruhelage kommen.

Steuerungsträger montieren

Zylinderkopf ist aufgebaut geblieben, Motor steht vom Ausbau des Steuerträgers noch auf OT:

1. Nockenwelle so drehen, dass die Nut am vorderen Ende der Nockenwelle in der Bohrung für die Befestigung des Nockenwellen-Kettenrads nach unten (zum Erdboden) zeigt bezogen auf die Einbaulage des Steuerträgers.

2. Nockenwellen-Kettenrad mit aufgelegter Nockenwellenkette etwas zur Seite ziehen und Steuerungsträger auf Anschlag aufsetzen.

3. Nockenwellen-Kettenrad auf seinen Sitz auf Nockenwelle aufsetzen, Nase auf Nut ausrichten, Kettenrad ganz auf seinen Sitz schieben.

3.1. Schraube M10 mit Nockenwellepositions-Geber bzw. Ventilatorrad (je nach Zylinder) einschrauben, aber noch nicht festziehen.

4. M6-Schrauben eindrehen: Unter die oberen beiden langen Schrauben kommt das Federblech mit nach außen weisender Blechzunge.

4.1. Schrauben festziehen mit 9 Nm.

Wichtig: Schrauben SORGFÄLTIG festziehen, sonst besteht die Gefahr, dass sie sich beim Betrieb des Motors lösen, in den Steuerkettenschacht fallen und Totalschrott erzeugen!

5. Zylinderkopfmuttern mit nach unten weisenden Bünden und untergelegten Scheiben gut eingeölt auf Stehbolzen aufschrauben. In folgender Reihenfolge festziehen:

5.1. Erstanzug auf 20 Nm:

- Mutter unten hinten
- Mutter oben vorne
- Mutter oben hinten
- Mutter unten vorne

5.2. Zweitanzug mit Drehwinkelmessgerät um weitere 90 Grad in gleicher Reihenfolge.

5.3. Endanzug mit Drehwinkelmessgerät um weitere 90 Grad in gleicher Reihenfolge.

6. Die M10-Schraube hinten im Steuerkettenschacht, welche beim Ausbau des Steuerungsträgers bei aufgebaut gebliebenem Zylinderkopf festgezogen geblieben ist, etwas lösen und mit 40 Nm wieder anziehen.

7. Steuerkettenspanner-Einschraubhülse mit neuem Dichtring versehen, eindrehen und mit 32 Nm festziehen.

8. Gummiband, mit dem die Kipphebel oben gehalten werden, abfummeln und entfernen.

9. Befestigungsschraube des Nockenwellen-Kettenrads festziehen mit 65 Nm.

10. Ventilspiel messen, ggf. einstellen (siehe Kapitel 5 »Ventilspiel«). Verschiebeschutz-Gummi aufstecken, Zylinderkopfhaube aufsetzen und festschrauben, Zündkerze einsetzen und festziehen, Zündkerzenstecker satt aufklicken.

Schlussworte zu diesem Kapitel

Aus- und Einbau von Nockenwelle und Tassenstößel ist im Text weiter vorne schon erwähnt, denn diese Teile sitzen im Steuerungsträger. Wenn Sie also die Nockenwelle oder Tassenstößel ausbauen wollen, gehen Sie nach dem Text »Steuerungsträger zerlegen und zusammenbauen« vor.

Eine verschleißbedingte Reparatur der Nockenwelle oder der Tassenstößel ist bei normalem Umgang und Pflege des BMW-Boxermotors (z. B. sorgfältiges Warmfahren, Ölstand, richtiges Motoröl etc.) kaum zu erwarten. Eine weitere Voraussetzung dafür ist, dass der Motor mit dem vorgeschriebenen Ventilspiel gefahren wird. Von richtiger Wartung und Pflege hängen Wohl und Wehe der Zylinderkopfinnereien entscheidend ab.

Achtung: Wenn das Ventilspiel zu weit ist, besteht die Gefahr der Pittingbildung auf den Nockenlaufbahnen und den Tassenstößeln sowie des Einschlagens der Ventilsitze.

Achtung: Wenn das Ventilspiel zu eng ist, besteht die Gefahr, dass die Ventilsitze verbrennen und die Tassenstößel am Nockengrundkreis einlaufen.

Wichtig: Für alle Arbeiten am Ventiltrieb gilt: Bevor Sie den Motor zum ersten Mal starten, drehen Sie ihn lieber noch einmal von Hand durch, um sicherzustellen, dass die Steuerzeiten stimmen und Kolben und Ventile keinen Kontakt bekommen. »Von Hand durchdrehen« heißt: Ohne Zündkerzen bei abgenommenem Frontdeckel mit einem 16er-Ringschlüssel an der Befestigungsschraube Riemenscheibe drehen (rechtsherum, wenn Sie von VORNE auf das Motorrad schauen!).

Bild 25: Aufsetzen des Nockenwellenkettenrads mit aufgelegter Steuerkette.

Zylinder · Kolben

In diesem Kapitel: Zylinder · Kolben · Verschleiß · Zylinder, Kolben und Kolbenringe aus- und einbauen · Maße von Zylinder, Kolben, Kolbenringen und Kolbenbolzen.

Bild 1: Zylinder abziehen.

Bilder 2 und 3: Zylinder links und rechts mit Befestigungselementen.

■ *Die »freischwebend« gezeichneten Scheiben »**S**« sind in Wirklichkeit »unlösbar« auf die Schrauben aufgebaut.*

Zylinder

Im Neuzustand sind Zylinder der Toleranzgruppen A oder B verbaut. Als einzelne Ersatzteile werden Zylinder und Kolben der Toleranzgruppe AB geliefert. Ersatzkolben gibt es in zwei verschiedenen Gewichtsklassen. Neue AB-Kolben dürfen laut BMW-Vorschrift nur mit neuen AB-Zylindern verbaut werden; man soll sie also nicht in gebrauchte A- oder B-Zylinder einbauen. Alle Maße für A-, B- und AB-Zylinder und -Kolben finden Sie am Ende dieses Kapitels.
Hinweis: Kolben und Zylinder sind von außen gekennzeichnet mit A, B oder AB, was auf die Durchmesser im Neuzustand hinweist.

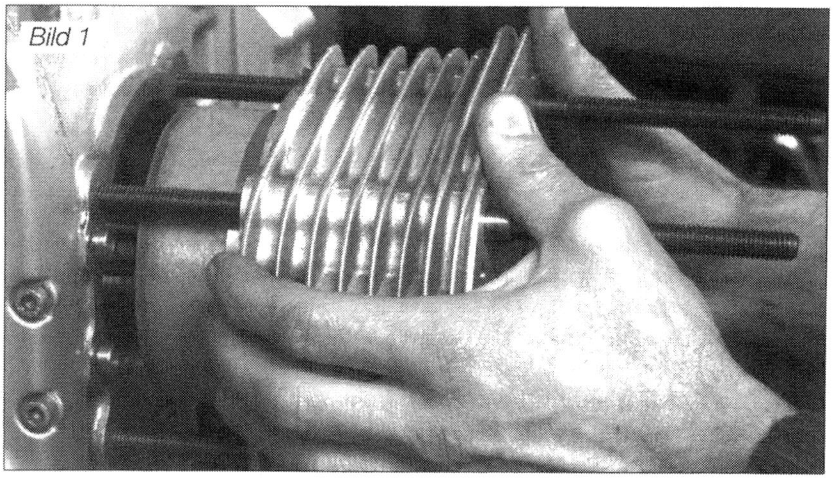
Bild 1

Kolben

Für ruhigen Motorlauf ist es wichtig, dass beide Kolben aus einer Gewichtsklasse stammen, also annähernd gleich schwer sind, und dass das Kolbenlaufspiel den Vorgaben entspricht. Der Gewichtsunterschied der »Baugruppe Kolben« soll möglichst nicht messbar sein; er darf jedoch bis zu 10 Gramm betragen. Eine »Baugruppe Kolben« besteht aus Kolben mit Kolbenringen, Ölabstreifring, Kolbenbolzen und Kolbenbolzen-Sicherungsringen. Zur Ermittlung des »Kolbengewichts« werden alle Teile zusammen gewogen.

Verschleiß

Verschleiß von Zylinder, Kolben, Kolbenringen oder Kolbenbolzen, der ein Erneuern dieser Bauteile notwendig macht, tritt erst weit nach 100 000 km ein. Voraussetzungen für eine so hohe Laufleistung sind ordentlicher Umgang mit der Ölversorgung (Ölstand, Ölwechsel) und keine Leistungs- und Beschleunigungs-Orgien mit kaltem Motor! Also: Wenn der Motor immer mindestens zehn Kilometer mit niedriger Drehzahl (maximal 3000 bis 3500/min) warm gefahren und dann erst die volle Leistung abverlangt wird, halten Kolben, Kolbenringe und Zylinder eine halbe Ewigkeit. Auch die regelmäßige Pflege des Luftfilters ist ein wichtiger Beitrag.

Laut BMW-Vorschrift sollen neue Kolben nicht in gebrauchte Zylinder eingebaut werden. Wenn es doch gemacht wird: Neue Kolben werden komplett im Set mit neuen Kolbenringen, Kolbenbolzen und Kolbenbolzen-Sicherungsringen geliefert und sollen auch so eingebaut werden.

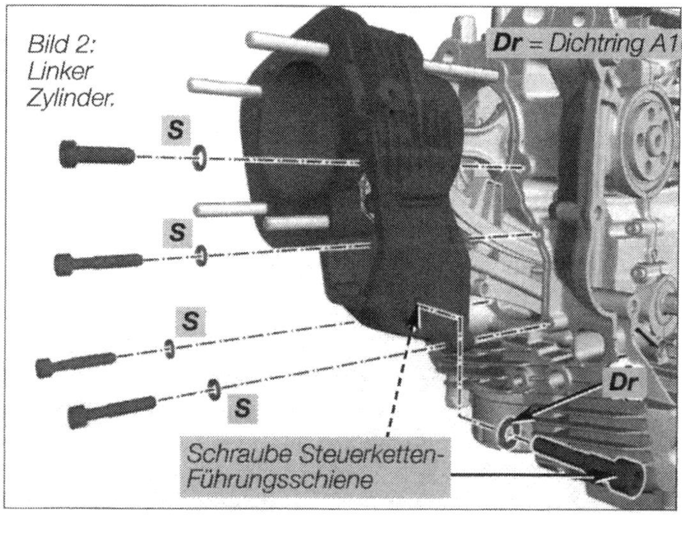

Bild 2: Linker Zylinder.

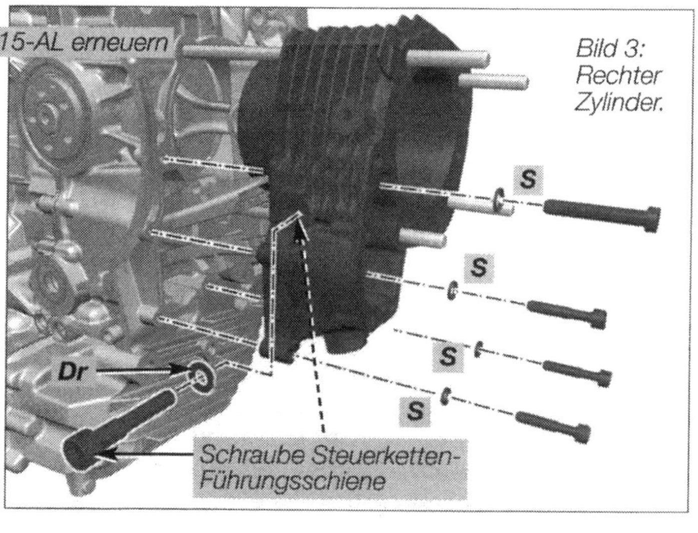

Bild 3: Rechter Zylinder.

Wichtig: Keinen gebrauchten Kolben mit gebrauchten, von einem anderen Motor stammenden Kolbenringen bestücken und einbauen.

Wenn Sie Kolben und Zylinder aus dem Gebrauchtteilehandel oder von Privat kaufen, versichern Sie sich, dass die Teile formgenau und maßhaltig sind (Maße am Ende des Kapitels). So viel schon hier:

- Kolbenlaufspiel neuer Motor 0,011 - 0,035 mm.
- Zulässig sind 0,12 mm als »Gesamtverschleißspiel« von Kolben und Zylinder.

Zylinder und Kolben ausbauen

Zylinderkopf ist abgebaut, Nockenwellen-Antriebskette zusammen mit dem Nockenwellen-Kettenrad mit einem Kabelbinder gesichert (Arbeitsschritte siehe Kapitel 10 »Zylinderkopf«).

Wir beschreiben nachstehend den fachgerechten Abbau des Zylinders zusammen mit dem Kolben. Das ist einfacher, als wenn man zuerst den Zylinder zieht und dann erst den Kolben vom Pleuel abbaut.

1. Lagerschraube der Steuerketten-Führungsschiene lösen und ausdrehen. Diese Bundschraube mit Torx-50-Kopf sitzt beim...
- ...linken Zylinder unten am Kettenschacht,
- ...rechten Zylinder oben am Kettenschacht.

2. Schrauben ausdrehen (Bilder 2 und 3):
- Steuerkettenschacht M8- und M6-Schraube.
- Außenseite zwei M6-Schrauben.

3. Zylinder langsam abziehen (Bild 1), bis unten der Kolbenbolzen sichtbar wird (Bild 4).
- Wenn der Zylinder am Fuß über die alte Dichtmasse am Motorgehäuse klebt, mit Kunststoffhammer vorsichtig abklöpfeln.

4. Beide Kolbenbolzen-Sicherungsringe (Seegerringe) mit Seegerringzange abbauen (Bild 5).
Hinweis: Wenn nur ein Seegerring abgenommen wird, lässt sich der Kolbenbolzen nicht ausschieben, weil er am Kolben ansteht!

5. Kolbenbolzen nach vorne (in Fahrtrichtung) ausschieben: Er muss leicht aus Kolben und Kolbenbolzenauge gleiten (Bild 6).
Wichtig: Wenn der Kolbenbolzen nicht raus will: <u>Nicht</u> mit dem Hammer ausschlagen! Sollte der Kolbenbolzen fest sitzen, entweder mit einem für Slipperkolben geeigneten Kolbenbolzenausdrücker (Bild 8) versuchen oder den Pleuel ausbauen. Wenn der Kolbenbolzen extrem fest sitzt, dass er nicht heraus geht geht, hat er wahrscheinlich »gefressen« und alle Teile sind Schrott.

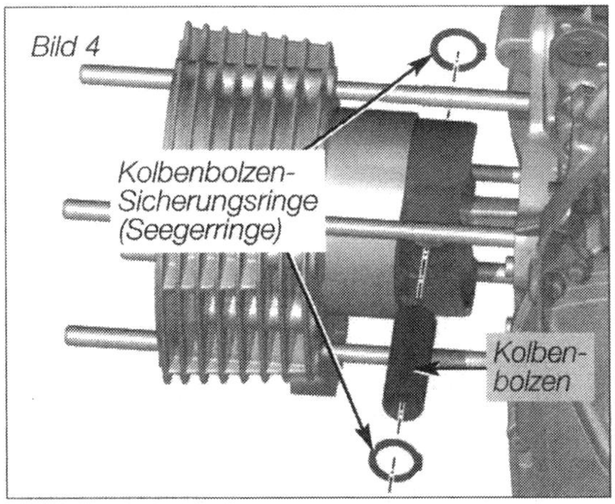

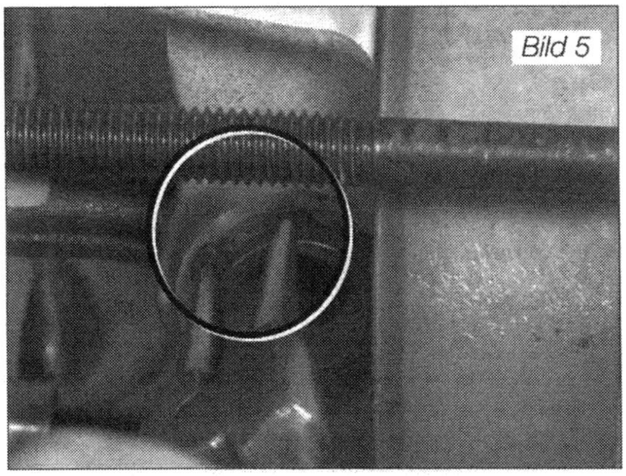

Bilder 4 und 5: Zylinder so weit abziehen, bis der Kolbenbolzen frei ist. Dann seine Sicherungsringe ausbauen.

- *Zum Ausbau des Kolbenbolzens müssen beide Kolbenbolzen-Sicherungsringe (»Seegerringe«) mit einer Seegerringzange abgenommen werden.*

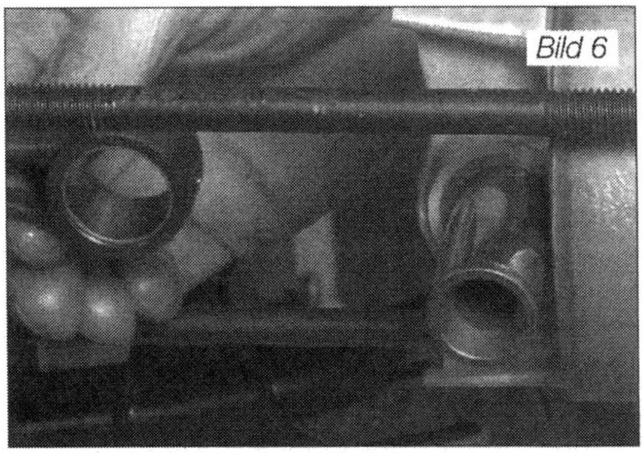

Bild 6: Kolbenbolzen ausschieben, Pleuel nicht nach unten fallen lassen. Jetzt wird der Zylinder samt Kolben ganz abgenommen.

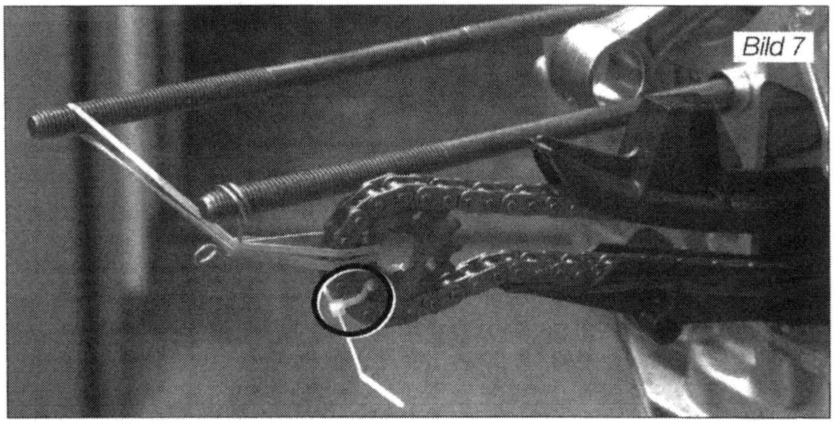

Bild 7: Steuerkette mit Kabelbinder am Kettenrad fixiert (Kreis); beides wird mit einem Gummiband auf Zug an einen Stehbolzen gebunden.

Bild 8

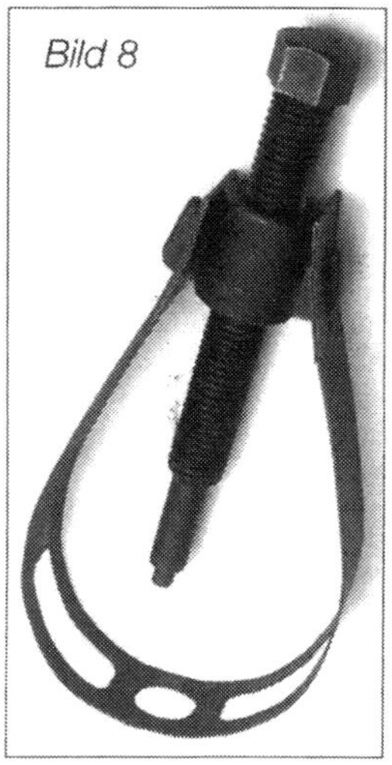

Bild 8: Kolbenbolzen-Ausdrücker.

Bilder 9, 10 und 11: Zum Abnehmen den Kolbenring mit den Fingernägeln nur so weit wie nötig aufbiegen und aus seiner Nut auswalzen.

Bilder 12 und 13: Ausgebauten Kolben metallisch rein putzen.

6. Zylinder zusammen mit dem Kolben ganz abziehen. Zylinder kopfüber auf einer ebenen, sauberen Unterlage abstellen und den Kolben ganz herausziehen.

Bild 9

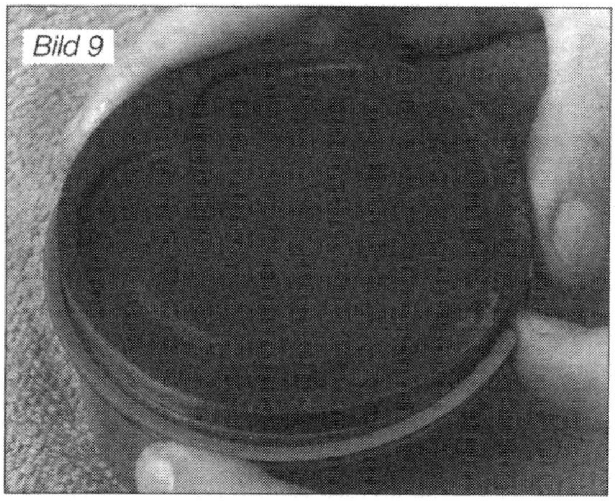

Bild 10

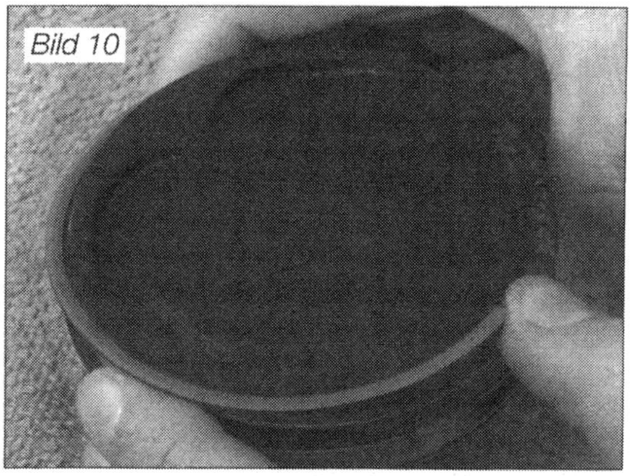

Bild 11

Kolbenringe abnehmen

Weil die Kolbenringe ziemlich breit und deswegen sehr stabil sind, gehen Sie bitte vorsichtig und gefühlvoll vor:

1. Kolben aufrecht auf eine ebene Unterlage stellen.

2. Das eine Ende des Kolbenrings mit einem Daumen fest in die Kolbenringnut eindrücken.

3. Das andere Ende des Kolbenrings mit dem Daumen der anderen Hand am Stoß packen.

4. Kolbenring einseitig auf etwa einem Drittel des Rings gleichzeitig aus seiner Nut ziehen, auswälzen und nach oben ziehen.

5. Kolbenring ganz aus seiner Nut walzen.

Kolben reinigen

1. Kolbenboden von Ölkohle und Verbrennungsrückständen reinigen (Bilder 12 und 13): Bremsenreiniger und Messingbürste verwenden.

2. Auf dem Kolbenboden mit Filzstift ein R oder L aufbringen (für »rechts« oder »links«) und einen Pfeil in Fahrtrichtung (zum Auslass hin) anzeichnen, was den Einbau später einfacher macht.

3. Kolbenringnuten reinigen, dazu vorsichtig mit einem kleinen, halbstumpfen Schaber in die Ecken der Nuten fahren und allen Dreck herauskratzen (Bild 14), ohne die Oberfläche zu beschädigen.

■ Oberflächen in den Nuten nicht beschädigen.

■ Bestes Putzwerkzeug ist ein abgebrochener alter Kolbenring.

4. Nach dem mechanischen Reinigen die Nuten mit Bremsenreiniger metallisch rein säubern.

Anmerkung: Bauteile begutachten und vermessen siehe weiter hinten in diesem Kapitel.

Kolben und Zylinder zusammenbauen

Wichtig: Kolbenringe werden mit TOP-Markierung nach oben eingebaut (Bild 16).

Kolbenringe auf Kolben aufbauen

1. Kolben auf saubere, ebene Unterlage stellen.

1.1. Kolbenringe mit den Fingernägeln so auf-

Bild 12

Bild 13

biegen, dass sie über den Kolben bis in ihre Nut geführt werden können (Bilder 17 und 18).
Kontrollieren: Kolbenringe müssen zwar satt, aber frei und leicht gleitend in ihren Nuten sitzen.
2. Ölabstreifringe aufbauen: Stoß der Schlauchfeder um 180 Grad zum Stoß des Ölabstreifringes einbauen (Bilder 15 und 16).
3. Einbaurichtung des Kolbens: Entweder ist unten im Kolben an einer Außenseite des Kolbenbolzenauges ein Anguss zu sehen (***X*** in Bild 20), oder es ist schon serienmäßig ein Pfeil auf dem Kolbenboden angebracht. Sowohl der Anguss als auch der Pfeil zeigen die Einbaulage des Kolbens zur Auslassseite an.
4. Kolbenringe positionieren (Bilder 15 und 16):
4.1. Stoßfuge des Ölabstreifrings nach oben.
4.2. Stoßfuge der Kolbenringe um jeweils 120 Grad zum Ölabstreifring positionieren.
5. Kolben in Zylinder einschieben:
5.1. Alle Teile leicht mit Motoröl bestreichen.
5.2. Kolbenringe und Ölabstreifring mit dem BMW-Spezialwerkzeug »Kolbenringspannband« (Bild 20, Nr. 11 5 731) oder handelsüblichen Kolbenringspannband (Bild 19) zusammenspannen.
5.3. Kolben gefühlvoll in den Zylinder einführen, dabei beachten: Je exakter schon beim Ein-

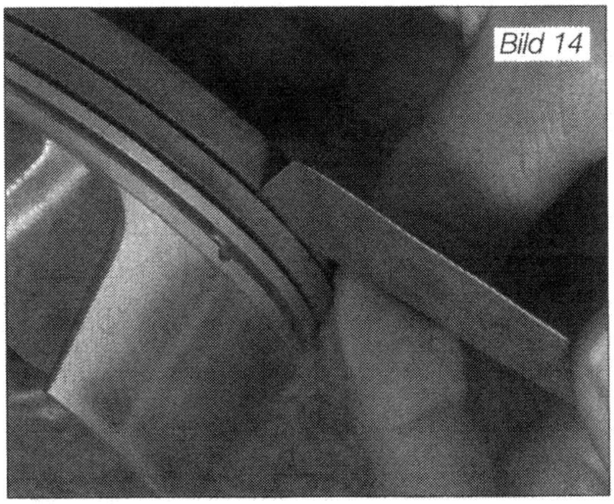
Bild 14

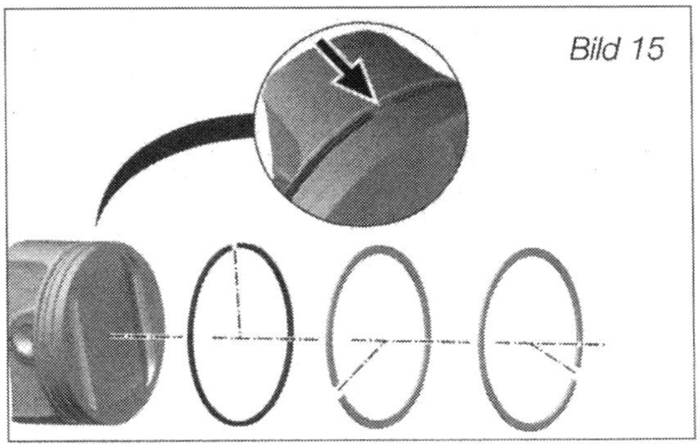
Bild 15

Bild 14: Reinigen der Kolbenringnut.

Bilder 15 und 16: Stoß des Ölabstreifrings oben. Kolbenringstöße um 120 Grad zueinander positionieren. TOP-Markierung oben.

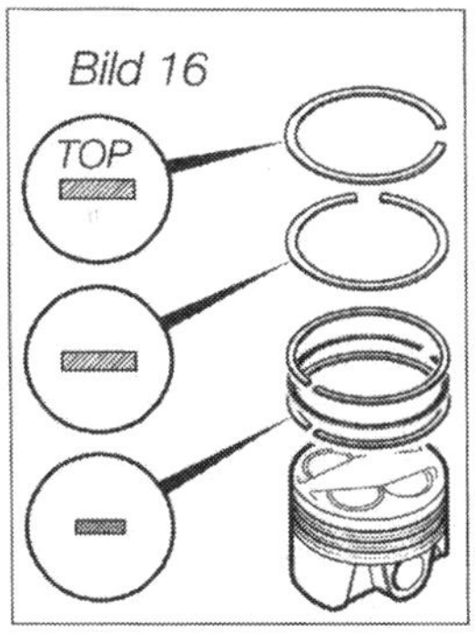

Bild 16

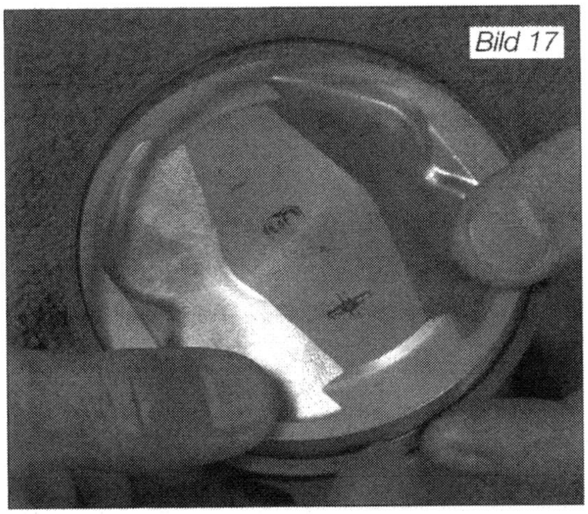
Bild 17

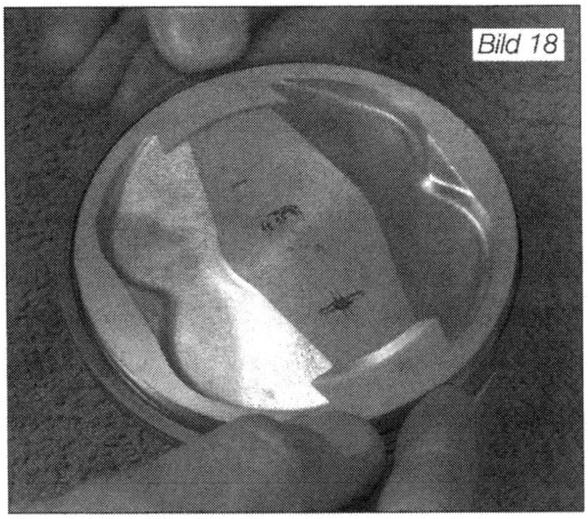
Bild 18

Bilder 17 und 18: Aufbau der Kolbenringe.

Bilder 19 und 20: Kolbenringspannband zum Einbau des Kolbens in den Zylinder. »X« muss zur Auslassseite weisen.

Bild 21: Wenn der Stoß des Ölabstreifrings sichtbar bleibt, sieht man gut, wie die Ringe in den Zylinder »einschlupfen«.

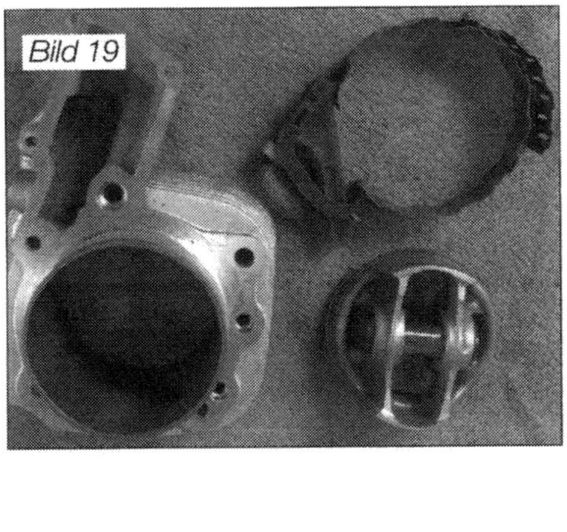
Bild 19

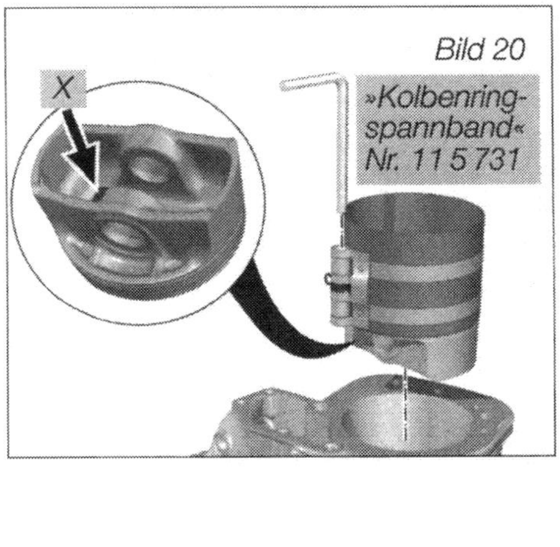

Bild 20

Bild 21

Sichtprüfung Messen

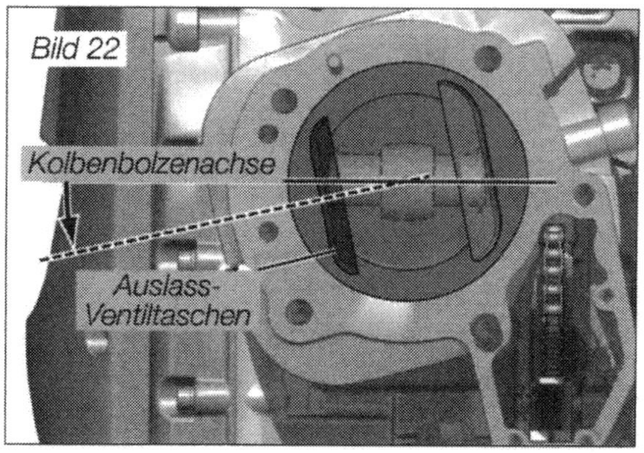

Bild 22: Beim Eindrücken des Kolbens in den Zylinder muss seine spätere Einbauposition beachtet werden.

Bilder 23 und 24: Mit vorgespannten Kolbenringen lässt sich der Kolben mit Fingerdruck in den Zylinder eindrücken. ■ *Nur wenn's schwer geht, darf mit dem Knauf eines Schraubenziehers geklopft und etwas nachgeholfen werden.*

Bild 25: Damit der Pleuel nicht am Motorgehäuse anschlägt, ihn während der Montage an einem Gummi »aufhängen«.

Bild 26: Dichtmittel als dünne Raupe auf Zylinderfuß aufbringen.

schieben des Kolbens in den Zylinder seine spätere Anbauposition am Pleuel beachtet wird, desto leichter lässt sich dann der Kolbenbolzen einschieben!

Kontrollhinweis zu 4. und 5.: Beim Spannen der Kolbenringe und Einführen des Kolbens in den Zylinder darauf achten, dass der Stoß des Ölabstreifringes nach oben zeigt und die Stöße der Kolbenringe um jeweils 120 Grad dazu positioniert sind (Bilder 15 und 16).

⚠ **Achtung:** Nicht versuchen, die Kolben ohne das Kolbenringspannband in die Zylinder einzuführen. Der alte Trick, die Kolbenringe mit den Fingernägeln zusammenzudrücken und in die Zylinder einzuführen, klappt bei den großen Kolben des BMW-Boxermotors nicht. Ein Kolbenringspannband ist also zwingend notwendig.

Kolben und Zylinder auf Motor aufbauen

Anmerkung 1: Der Boxermotor hat keine Zylinderfußdichtung!

Anmerkung 2: Auf den kurzen Passhülsen im Zylinderbund des Motorgehäuses sind O-Ringe aufgesetzt (Bild 25), die beim Zusammenbau erneuert werden sollen. Wenn keine neuen O-Ringe zur Verfügung stehen: Vor dem Zusammenbau auf Formstabilität kontrollieren und etwas Extra-Dichtmasse daran geben (und hoffen, dass diese Stelle öldicht wird...).

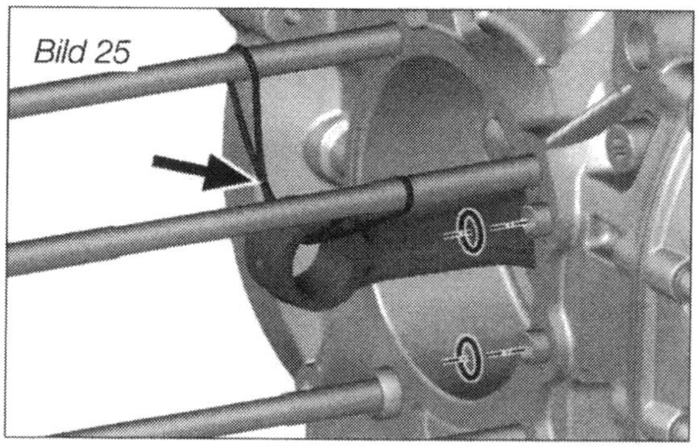

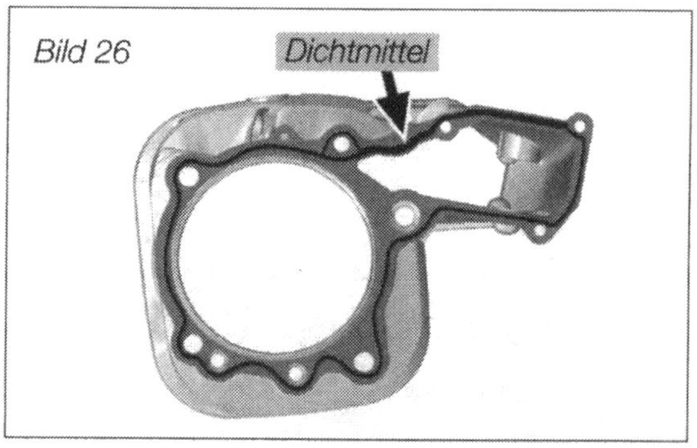

1. Dichtflächen von Motorgehäuse und Zylinderfuß öl- und fettfrei reinigen. Flächendichtmittel »Dow Corning« dünn auftragen (Bild 26).
2. Zylinder aufsetzen und so weit auf den Stehbolzen nach unten schieben, bis die Kolbenbolzenbohrung des Kolbens in Flucht zur Kolbenbolzenbohrung im Pleuel kommt.
2.1. Steuerkette, Spann- und Führungsschiene gleichzeitig in Steuerkettenschacht einführen.
3. Kolbenbolzen einölen, von Hand von vorne (in Fahrtrichtung gesehen) einschieben.
■ NICHT mit dem Hammer eintreiben!
3.1. Beide Seegerringe (Kolbenbolzen-Sicherungsring) mit ihren scharfen Kanten in Druckrichtung (= nach außen weisend) einbauen.
Kontrolle: Ringe müssen satt in ihren Nuten sitzen.
4. Zylinder ganz nach unten auf das Gehäuse schieben.
4.1. Befestigungsschrauben mit Scheiben und Lagerschraube der Steuerketten-Führungsschiene mit neuem Aludichtring (Bilder 2 und 3) eindrehen.
4.2. Anziehdrehmomente:
■ Lagerschraube Kettenführungsschiene 18 Nm
■ M6-Schraube 8 Nm
■ M8-Schraube 19 Nm

Zylinder und Kolben vermessen

Messtemperatur: In allen Fällen 20 °C.

Optischer Eindruck
Kolben und Zylinder dürfen weder tiefen Riefen noch Scharten oder glänzende »Fressstellen« haben. An keiner Stelle darf etwas ab- oder ausgebrochen sein. Auch auf Risse kontrollieren (Bilder 28 und 29).

Zylinder
Zylinderbohrung mit Innentaster im Abstand von 20 mm und 100 mm von oberer Dichtfläche kreuzweise (also in Kolbenbolzenrichtung und rechtwinklig dazu) messen.

Kolbenlaufspiel
■ Neuer Motor: Laufspiel 0,011 bis 0,035 mm.
■ Zulässiges Gesamtverschleißspiel von Kolben und Zylinder im gebrauchten Motor 0,12 mm.

A-, B- oder AB-Zylinder und Kolben
Kolben und Zylinder sind außen gekennzeichnet mit A, B oder AB, was auf Durchmesser im Neuzustand hinweist.

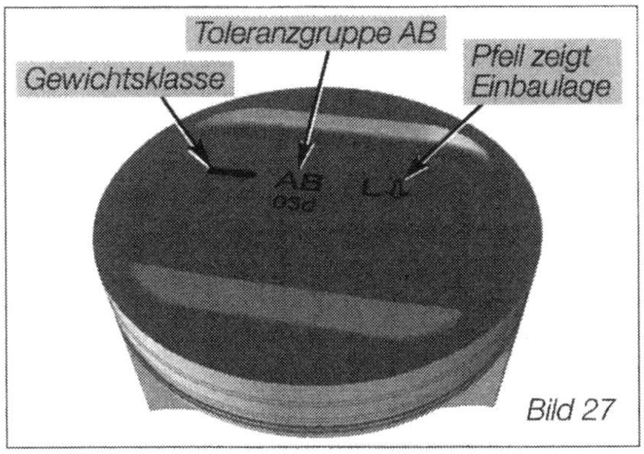

Bild 27

Bild 27: Markierungen auf Kolbenboden weisen auf Durchmesser und Einbaulage hin.

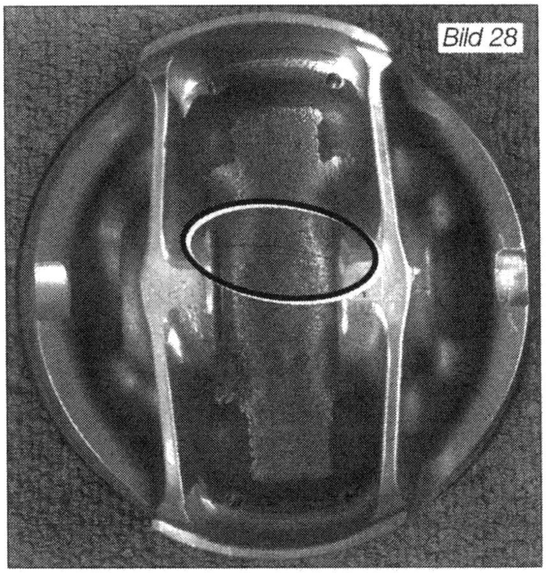
Bild 28

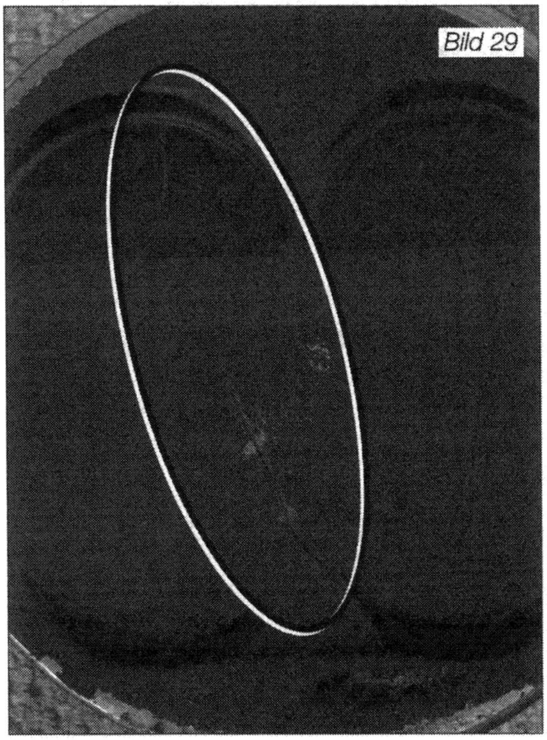
Bild 29

Bilder 28 und 29: Vermutlich wegen Überhitzung gerissener Kolben.

Sichtprüfung Messen

Folgende Kolben mit den Kennzeichnungen A oder B können in folgende Zylinder mit Kennzeichnung A oder B serienmäßig eingebaut sein:

1. Kolben A mit Neudurchmesser 100,977 bis 100,989 mm (Verschleißgrenze 100,900 mm)
■ eingebaut in Zylinder A mit 100,992 bis 101,000 mm (Verschleißgrenze 101,050 mm)

2. Kolben B mit Neudurchmesser 100,965 bis 100,977 mm (Verschleißgrenze 100,890 mm)
■ eingebaut in Zylinder B mit 101,000 bis 101,008 mm (Verschleißgrenze 100,058 mm)
Folgende Kolben mit den Kennzeichnungen AB werden beim Austausch in folgenden Zylinder mit Kennzeichnung AB eingebaut:

■ Kolben AB mit Neudurchmesser 100,973 bis 100,981 mm (Verschleißgrenze 100,895 mm)
■ eingebaut in Zylinder AB mit 100,992 bis 101,008 mm (Verschleißgrenze 101,058 mm)

Zulässige Unrundheit der Zylinderbohrung
■ 0,010 mm, gemessen auf »oberer Messebene« ca. 20 mm von Oberkante des Zylinders (Bild 33).
■ 0,015 mm, gemessen auf »unterer Messebene« ca. 80 mm von Oberkante des Zylinders.

Hinweis: BMW gibt für die untere Messebene »100 mm von Oberkante Zylinder« an. Dieser Abstand ist unserer Meinung nach zu groß, denn das Maß 100 mm liegt außerhalb der Kolbenringlaufzone. Um ganz sicher gehen zu können, misst man in zwei Abständen 80 und 100 mm.

Messebene Kolben
Messebene am Kolbenhemd quer zur Kolbenbolzenbohrung im Abstand von 6 mm zum unteren Ende des Kolbenhemds.

Gesamtverschleißspiel
Gesamtverschleißspiel von Kolben und Zylinder 0,12 mm. Um dieses Gesamtverschleißspiel zu ermitteln, wird der gemessene Außendurchmesser des Kolbens vom gemessenen Innendurchmesser des Zylinders abgezogen.

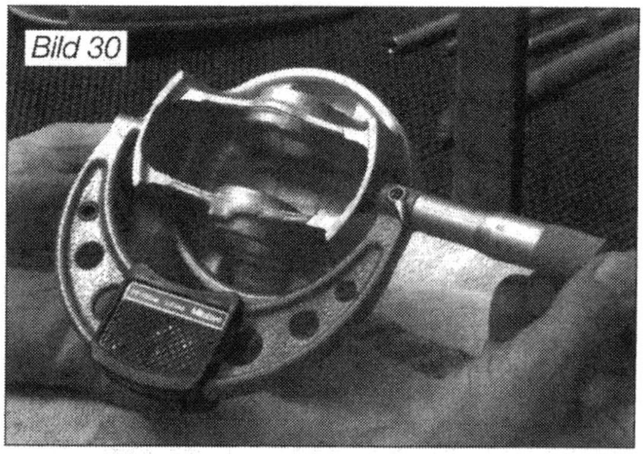

Bild 30: Kolben mit Bügelmessschraube vermessen.

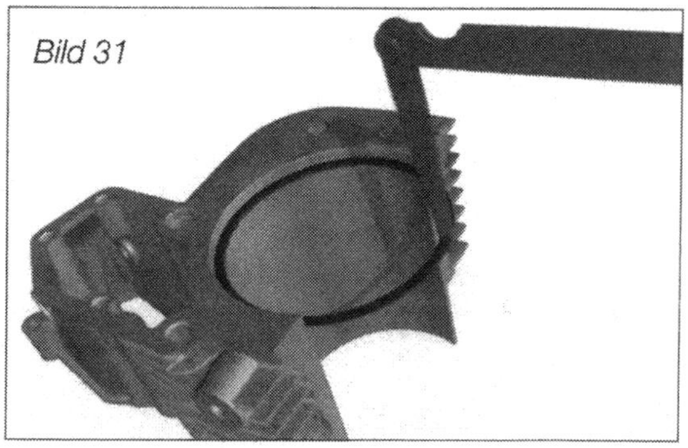

Bild 31: Stoßspiel der Kolbenringe mit Fühlerlehre messen.

Kolbenringe

Markierung
Kolbenringe und Ölabstreifring sind mit einer TOP-Markierung versehen (Bild 16). Diese muss beim Einbau nach oben weisen.

Messen
Kolbenringhöhe mit Mikrometer (Bügelmessschraube, Bild 30) vermessen, Stoßspiel mit Fühlerlehre ermitteln (Bild 31): Kolbenringe zum Messen des Stoßspiels in Zylinder einschieben.

Messebene für Kolbenringe 20 mm unterhalb oberer Zylinderdichtfläche (Bild 33): Das ist dort, wo auch die obere Messebene der Zylinderbohrung liegt.

Maße Zylinder und Kolben

Zylinder: Ist-Bohrungsdurchmesser 20 mm und 100 mm von der Oberkante messen (Bild 33).

Bei neuen Motoren verbaute Zylinder:
Toleranzgruppe A .... 100,992 bis 101,000 mm
Verschleißgrenze .... 101,050 mm
Toleranzgruppe B .... 101,000 bis 101,008 mm
Verschleißgrenze .... 101,058 mm

Als Ersatzteil lieferbarer Zylinder:
Toleranzgruppe AB .... 100,992 bis 101,008 mm
Verschleißgrenze .... 101,058 mm

Unrundheit der Zylinderbohrung
Messebenen (Bild 33):
20 mm von der Oberkante .... 0,010 mm
100 mm von der Oberkante .... 0,015 mm

Durchmesser des Kolbens, Messebene A
Bei Neumotoren eingebaute Zylinder:
Toleranzgruppe A......... 100,977 bis 100,989 mm
Verschleißgrenze .... 100,900 mm
Toleranzgruppe B......... 100,965 bis 100,977 mm
Verschleißgrenze .... 100,890 mm

Durchmesser der Ersatzteil-Zylinder:
Toleranzgruppe AB....... 100,973 bis 100,981 mm
Verschleißgrenze .... 100,895 mm
Einbauspiel .... 0,011 bis 0,035 mm
Gesamtverschleißspiel von
Kolben und Zylinder............................. 0,120 mm
Durchmesser Kolben-
bolzen-Bohrung .... 22,005 bis 22,011 mm

maximaler Gewichtsunterschied in einer Klasse, gewogen mit Bolzen und Ringen:
(Gewichtsklassen »0« und »+«)............. max. 10 g
Einbaurichtung: Pfeil auf Kolbenboden und/ oder Gussnase auf Unterseite des Kolbens muss zur Auslassseite hinweisen

Kolbenringe
1. Nut: M-(Minuten-)Ring
Höhe.................................... 1,175 bis 1,190 mm
Verschleißgrenze .... 1,100 mm
Stoßspiel.............................. 0,100 bis 0,300 mm
Verschleißgrenze .... 0,800 mm
Flankenspiel .... 0,030 bis 0,065 mm
Verschleißgrenze .... 0,150 mm
2. Nut: M-(Minuten-)Ring
Höhe.................................... 1,175 bis 1,190 mm
Verschleißgrenze .... 1,100 mm
Stoßspiel.............................. 0,100 bis 0,300 mm
Verschleißgrenze .... 0,800 mm
Flankenspiel .... 0,030 bis 0,065 mm
Verschleißgrenze .... 0,150 mm
3. Nut: GSF-(Gleichfasen-Schlauchfeder-)Ring
Höhe.................................... 2,475 bis 2,490 mm
Verschleißgrenze .... 2,400 mm
Stoßspiel.............................. 0,300 bis 0,600 mm
Verschleißgrenze .... 1,200 mm
Flankenspiel .... 0,020 bis 0,055 mm
Verschleißgrenze .... 0,150 mm
Einbaurichtung der Kolbenringe... TOP nach oben

Kolbenbolzen
Kolbenbolzen-
durchmesser.................... 21,995 bis 22,000 mm
Verschleißgrenze .... 21,960 mm
Bohrungsdurchmesser
im Kolben........................ 22,005 bis 22,011 mm
Radialspiel im Kolben .... 0,015 bis 0,030 mm
Verschleißgrenze .... 0,060 mm

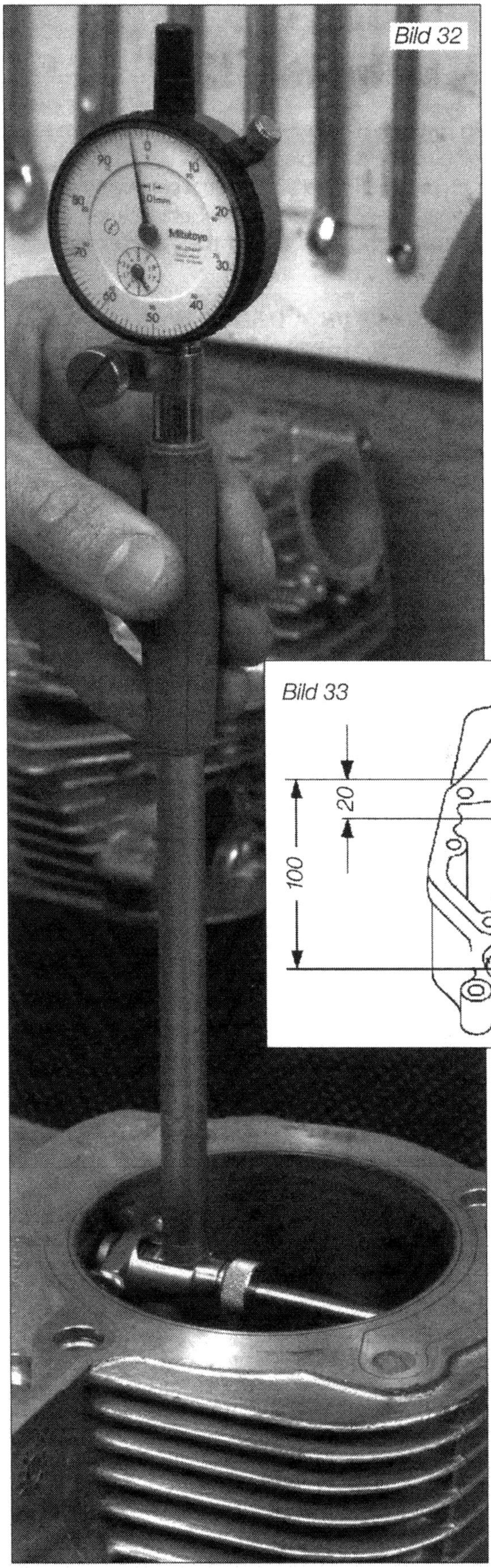
Bild 32

Bilder 32 und 33: Zylinderdurchmesser mit Innentaster vermessen im Abstand von 20, 80 und 100 mm von der Oberkante.

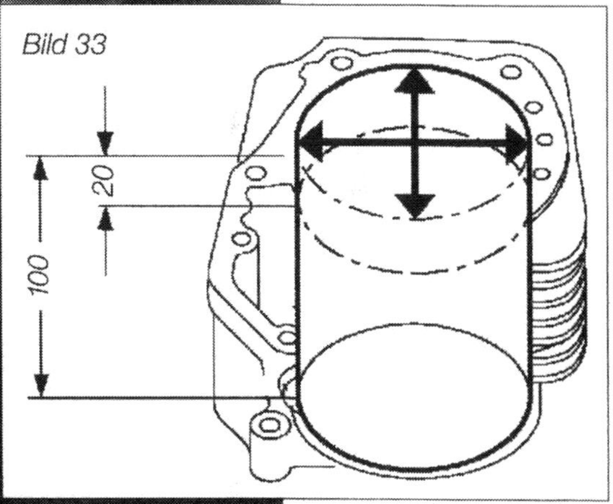

Bild 33

Pleuel · Kurbelwelle

Korrespondenzkapitel: Im Zusammenhang mit diesem Kapitel verweisen wir auf Kapitel 1 »Modelle · Daten«: Dort in den Bildern 2 bis 6 und den zugehörigen Texten finden Sie weitere Informationen zur Kurbelwelle, Pleuel und Pleuellager.

Bild 1: Absteckdorn und Bohrung im Getriebgehäuse zum Blockieren der Kurbelwelle bei eingebautem Motor.

Bild 2: Festziehen der Pleuelschrauben mit langer Ausführung des Drehwinkel-Messgeräts

Bild 3: Explosionszeichnung der Pleuel auf der Kurbelwelle: Der in Fahrtrichtung vordere Pleuel gehört zum linken Zylinder, der hintere zum rechten.

Bild 3a: So wird die Motorarretiervorrichtung angesetzt.

In diesem Kapitel: Pleuellagerschaden wegen eines Schmierproblems · Pleuel und Kurbelwelle neu lagern · Pleuel ausbauen, vermessen · Pleuel einbauen · Maße, Gewichte, Schleifstufen von Pleuel, Kurbelwelle, Zwischen-, Ausgleichswelle.

Pleuellagerschaden wegen eines Schmierproblems

Zum Ausbau der Pleuel müssen die Zylinder und Kolben abgebaut werden. Dies kann (kann!) nötig werden, wenn ein Pleuellagerschaden durch ein Schmierproblem entsteht.

Dazu stellen Sie sich bitte folgende Szene vor: Sturz mit Überschlag der Maschine bei laufendem Motor, Ölpumpe »verliert« den Ölsumpf und dadurch ist die Schmierung für einen bestimmten Moment nicht mehr vorhanden – das Pleuellager läuft trocken, frisst und nimmt Schaden.

Bei allem Unglück können Sie Glück haben, wenn die Kurbelwellenhauptlager intakt geblieben sind – Sie müssen also nur neue Pleuellager einbauen.

Anmerkung: Diese schaurige Kurzgeschichte soll bei Stürzen von Enduro-BMWs in Timbuktu ebenso schon vorgekommen sein wie bei Crashs von R 1200 S und HP2 auf Rennstrecken. Wünschen wir es niemand, aber stellen wir uns der Sache.

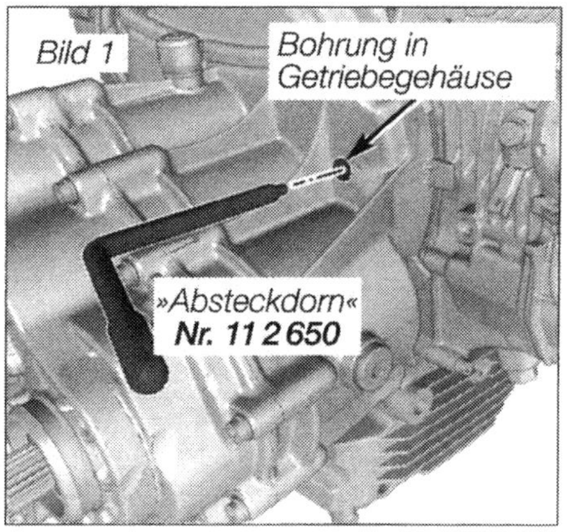

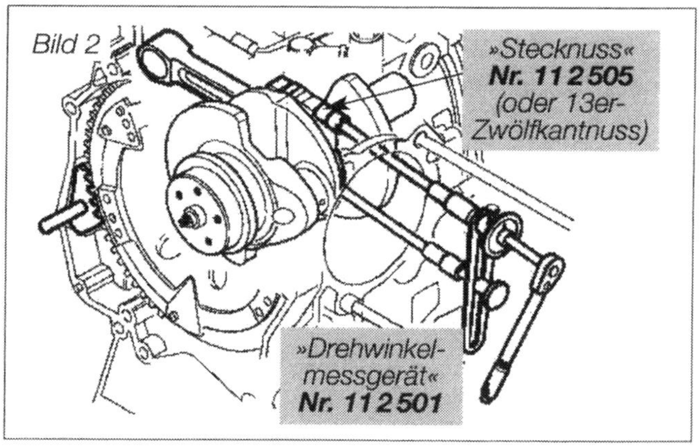

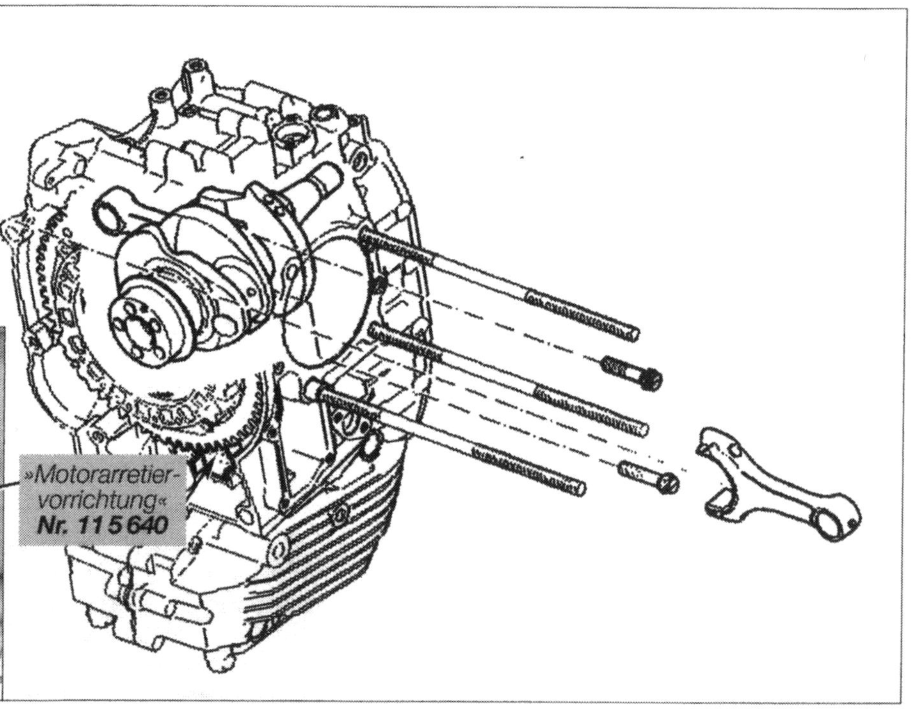

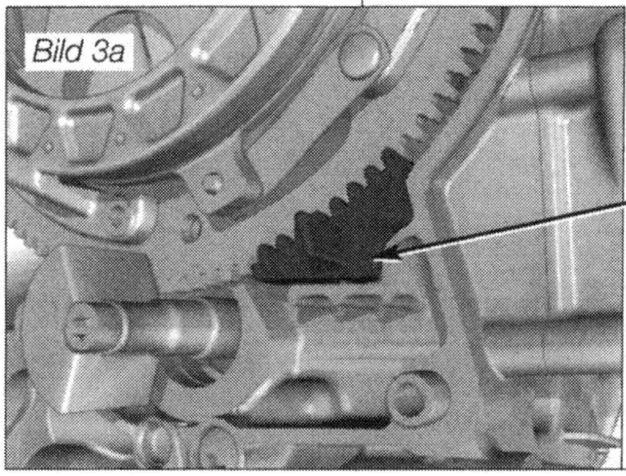

Pleuellagerzapfen abschmirgeln?
Wenn wir einen Pleuellagerschaden in Timbuktu oder auf der Rennstrecke haben und es ist nicht möglich, die Kurbelwelle auszubauen, damit die Pleuellagerzapfen nachgeschliffen werden können, kann man sich nach Abbau der Zylinder folgendermaßen helfen:

■ Mit feinem Läppleinen die Pleuellagerzapfen von allen möglichen Resten der Pleuellagerschalen befreien.

■ Mit einer Bügelmessschraube kann man auch bei zusammengebautem Motor die Pleuellagerzapfen vermessen.

Pleuel und Kurbelwelle neu lagern

Wenn Pleuel oder Kurbelwelle neu gelagert werden müssen: Als Erstes die Ist-Maße feststellen, damit man die passenden neuen Lagerschalen auswählen kann.

Ersatzteile oder Austauschteile?
Wenn aufgrund des Alters des Motors (oder eines Sturzes oder eines anderen mechanischen Schadens) die Pleuel- oder Kurbelwellenlager verschlissen sind: Zuerst den BMW-Motorradhändler um Rat fragen, denn BMW hat sowohl Neu- als auch Austauschteile im Programm.

Generell gilt: Bei allen Problemen mit Pleuel- und Kurbelwellenlagern ist es ratsam, komplette Baugruppen zu überholen bzw. neue oder komplett überholte Baugruppe einzubauen.

Falls kein BMW-Motorradhändler in der Nähe ist, gehen Sie zu einem Motorinstandsetzungsbetrieb mit Kurbelwellenschleiferei. Entsprechende Adressen finden Sie im örtlichen Telefonbuch.

Pleuel ausbauen, vermessen

Zu nachfolgenden Arbeitsschritten sind beide Zylinder mit Kolben abgebaut.

Pleuel ausbauen

1. Kurbelwelle in OT-Stellung drehen und fixieren (Bilder 1 und 3).

2. Pleuel ausbauen: 13er-Zwölfkantnuss auf langer Verlängerung in den Motor einführen, beide Pleuelfußschrauben öffnen und ausdrehen.

3. Pleuellagerdeckel vom Pleuel abnehmen.

4. Pleuel aus dem Motor herausnehmen.

■ Noch einmal der Ratschlag: Darauf achten, dass weder Schrauben noch Pleuellagerschalen in den Motor fallen.

Notreparatur in Timbuktu
Weil wir uns vorstellen können, dass Sie mit einem solchen Schaden mitten in Timbuktu sind, verlassen wir die sonstige Ordnung in unseren Kapiteln und bauen die Pleuel mit neuen Lagerschalen jetzt schon ein. Was nicht heißen soll,

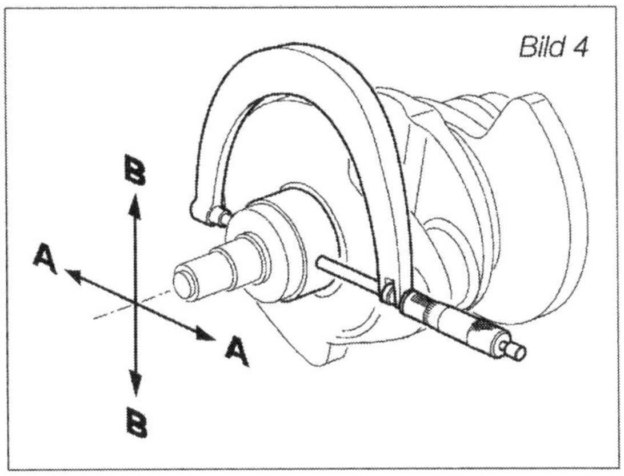

Bild 4: Kurbelwellen-Hauplagerzapfen in A- und B-Richtung vermessen.

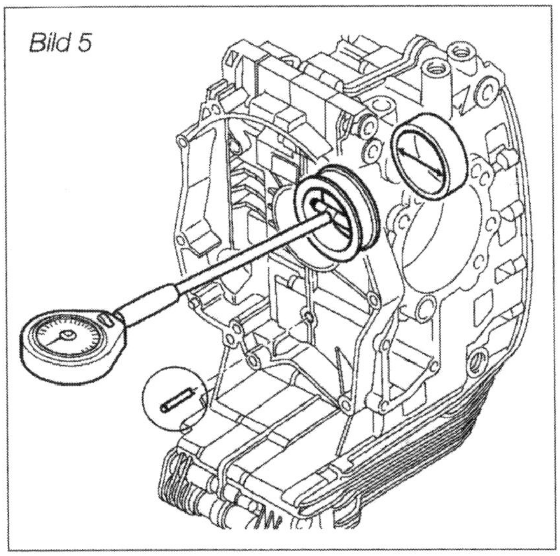

Bild 5: Messen der Lagerdurchmesser bei zusammengeschraubtem Motorgehäuse.

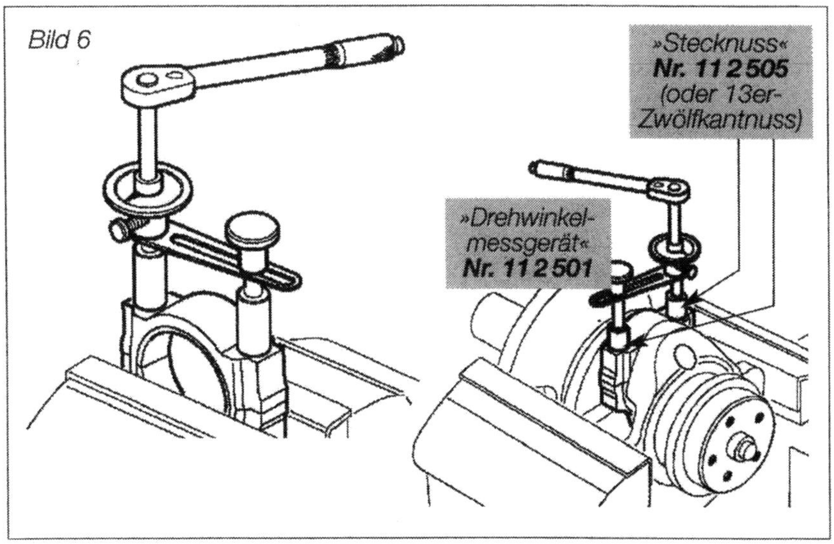

Bild 6: Zum Messen der Pleuellager den Pleuel kopfüber in einen Schraubstock spannen, Lagerdeckel mit eingesetzten Lagerschalen mit vorgeschriebenem Anziehdrehmoment nach Anziehreihenfolge festziehen. Zum Anbau der Pleuel bei ausgebauter Kurbelwelle wird diese in einem Schraubstock gespannt.

dass es in der Werkstatt zu Hause ebenso gemacht werden soll – dort werden zuerst die Lagerstellen vermessen, etc. Bei einer Notreparatur in Timbuktu die Pleuellagerzapfen und die Ölbohrungen der Kurbelwellen gut reinigen, es sind Späne des zerschossenen Pleuellagers daran, wenn nicht sogar im ganzen Motor. Es muss also auch ein Ölwechsel gemacht werden mit einem neuen Ölfilter; ggf. muss der komplette Ölkreislauf überprüft und von Spänen gereinigt werden.

Noch ein Wort zu einer Notreparatur: Glauben Sie nicht, dass nur ein Pleuellager beim zuvor erfolgten Überschlag defekt gegangen ist. Wenn ein Pleuellager kaputt ist, dann ist das andere meistens auch hinüber. Oder es geht 50 km nach erfolgter Reparatur des einen Pleuellagers ebenfalls kaputt. Also: Auch im Notfall immer beide Pleuellager erneuern.

Pleuellagerspiel ermitteln

Zur Ermittlung der Pleuellagerspiels müssen der Außendurchmesser des Hubzapfens der Kurbelwelle (Bild 8) und der Innendurchmesser des großen Pleuelauges mit eingebauten Pleuellagern gemessen (Bilder 11 und 12) und dann der Wert des Hubzapfens vom Wert des Pleuelauges abgezogen werden. Dieser Wert ergibt das Pleuellagerspiel (Maße am Kapitelende).

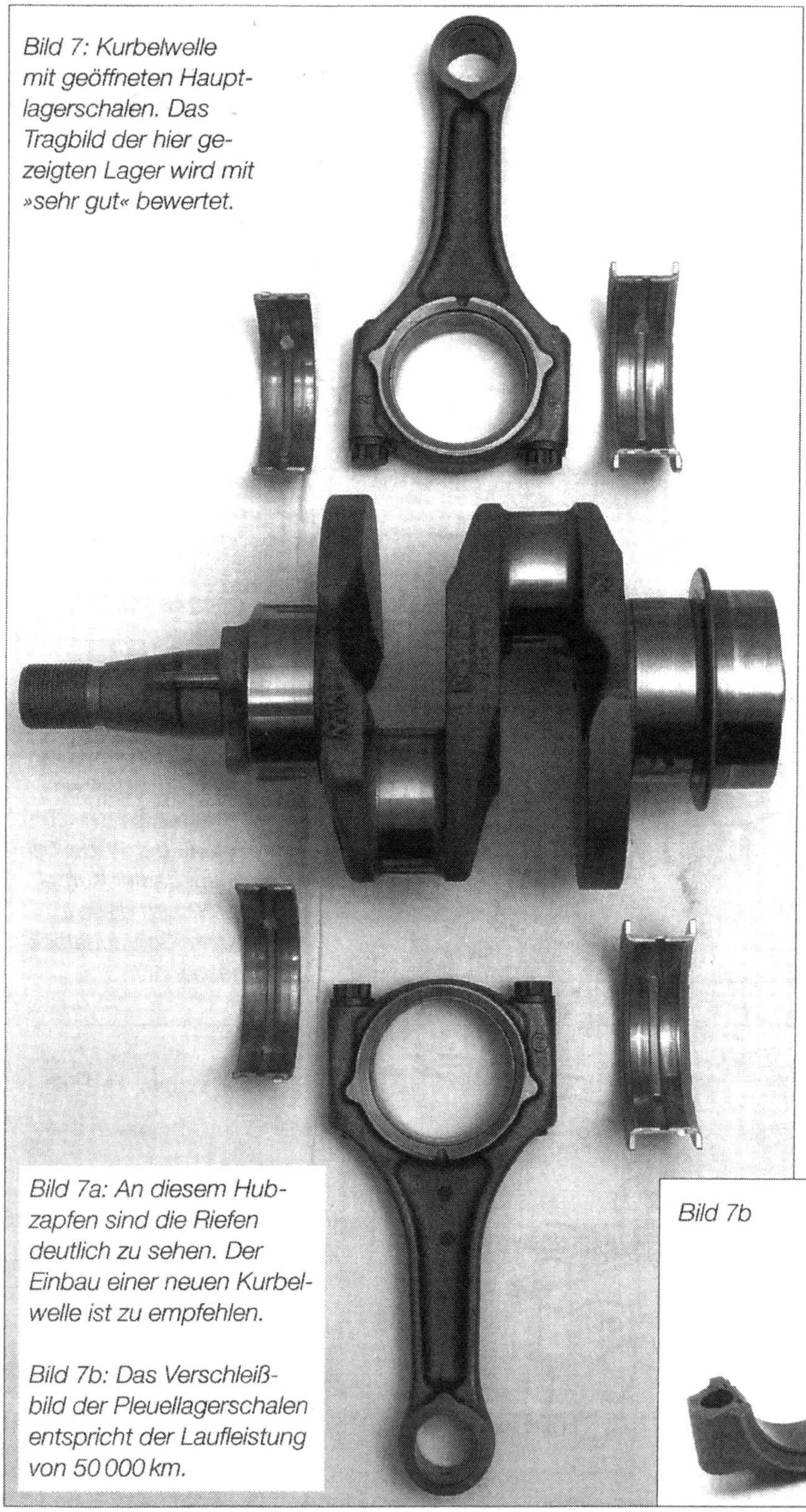

Bild 7: Kurbelwelle mit geöffneten Hauptlagerschalen. Das Tragbild der hier gezeigten Lager wird mit »sehr gut« bewertet.

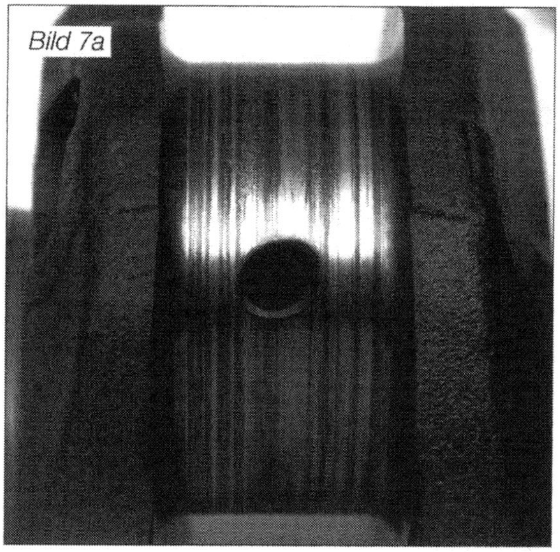

Bild 7a

Bild 7a: An diesem Hubzapfen sind die Riefen deutlich zu sehen. Der Einbau einer neuen Kurbelwelle ist zu empfehlen.

Bild 7b

Bild 7b: Das Verschleißbild der Pleuellagerschalen entspricht der Laufleistung von 50 000 km.

Kurbelwelle vermessen
Die Hubzapfen der Kurbelwelle werden in Druckrichtung und um 90 Grad versetzt dazu vermessen (Bild 4). Maße am Kapitelende.

Pleuel prüfen und vermessen
Zum Vermessen der Pleuellager werden die Pleuel kopfüber in den Schraubstock gespannt, die neuen Lagerschalen gut eingeölt und eingesetzt und der Lagerdeckel aufgeschraubt (Bild 6). Die (alten) Pleuelschrauben vor dem Einschrauben ebenfalls gut einölen.

Mit dem BMW-Spezialwerkzeug »Drehwinkelmessgerät« (Bilder 2 und 6) oder einem entsprechenden Gerät aus dem Zubehörhandel werden die Pleuel folgendermaßen zusammengeschraubt:

■ **Pleuelschrauben M10x1,25** (bis März 2006)
Fügemoment .... 5 Nm
Voranzug .... 20 Nm
Endanzug .... um weitere 90 Grad
Schrauben lösen, dann wiederum festziehen:
Fügemoment .... 5 Nm
Voranzug .... 20 Nm
Endanzug .... um weitere 90 Grad

■ **Pleuelschrauben M10x1,0** (ab März 2006)
Fügemoment .... 5 Nm
Voranzug .... 20 Nm
Endanzug .... um weitere 105 Grad
Schrauben lösen, dann wiederum festziehen:
Fügemoment .... 5 Nm
Voranzug .... 20 Nm
Endanzug .... um weitere 105 Grad

Achtung: Die Pleuelschrauben sind so genannte »Dehnschrauben«, die beim Endanzug über die Dehngrenze hinaus belastet werden und deswegen nur einmal benutzt werden dürfen. Wenn sie nach Zerlegung des Pleuels nochmals zum Zusammenbau benutzt werden, können sie abreißen, weswegen sie nur einmal benutzt werden dürfen. Allerdings: Zum Zusammenfügen der Pleuel zwecks Messen des Durchmessers können die alten Schrauben ein zweites Mal verwendet werden.

Pleuel vermessen
Nachdem der Pleuel mit eingesetzten Lagerschalen zusammengeschraubt ist, wird das Lager vermessen.

1. BMW-Vorschrift: Mit Innentaster in Druckrichtung vermessen (Bild 12).
2. Empfehlung: An zwei weiteren, um je 60 Grad versetzten Stellen, weitere Messungen durchführen.
3. Aus den drei festgestellten Maßen das Mittelmaß ziehen und notieren. Abhängig vom Maß des Hubzapfens das zugehörige Pleuellagerspiel und die benötigten Lagerschalen ermitteln. Maße am Kapitelende.

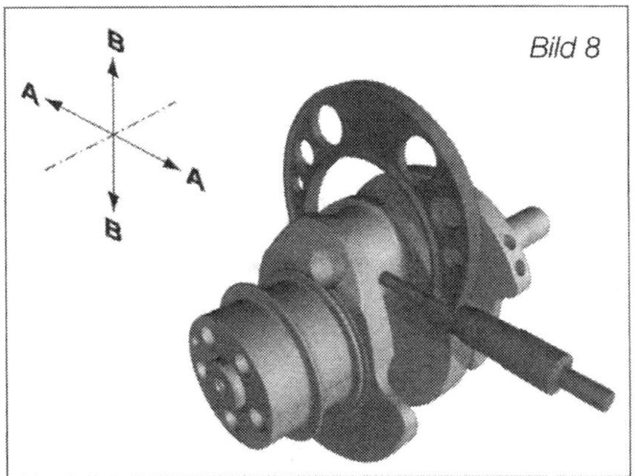

Bild 8

Bild 8: Hubzapfen in verschiedenen Ebenen vermessen.

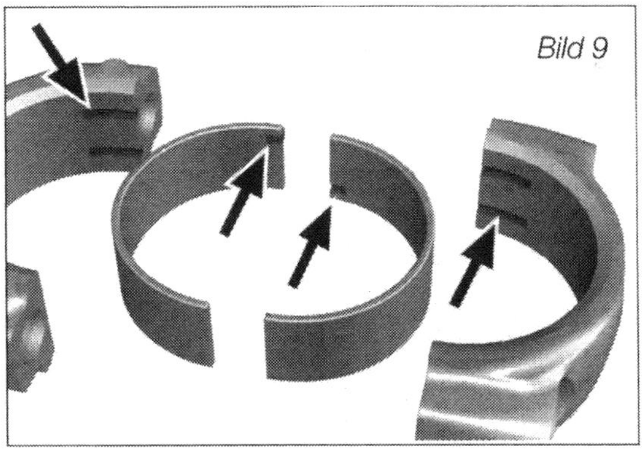
Bild 9

Bild 10

Bilder 9 und 10: Beim Einbau der Lagerschalen in den Pleuel müssen die Nasen an den Lagerschalen in die Ausschnitte zeigen.

Beispiel:
Durchmesser Pleuelauge .... 48,065 mm
Durchmesser Hubzapfen .... 47,982 mm
Differenz (= innerhalb der Toleranz) ...... 0,083 mm

Bild 11

Bild 12

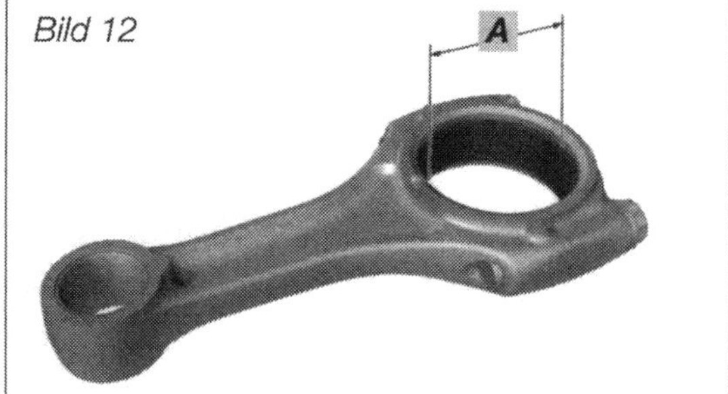

Bilder 11 und 12: Vermessen des großen Pleuelauges mit einem Innentaster.

Gewichtsgruppeneinteilung
Die Pleuel sind in fünf Gewichtsgruppen eingeteilt, jede Gewichtsgruppe hat eine Farbkennung. Die entsprechenden Farbpunkte sind seitlich an den Pleueln angebracht. Um einen vibrationsarmen Motorlauf zu gewährleisten, sollen immer nur Pleuel aus einer Gewichtsgruppe verwendet werden (Gewichtsgruppen stehen bei den Maßen auf der letzten Seite dieses Kapitels).

Pleuel einbauen

Wichtig: Alle Teile gut mit frischem Motoröl einölen! Unbedingt neue Pleuelschrauben verwenden.

1. Lagerschalen in die Pleuel und Pleueldeckel einsetzen (Bild 9).

Nasen müssen in Ausschnitte zeigen. Lagerschalen beim Einsetzen nicht verbiegen!

1.1. Die Lagerschalen, die auf der Pleuelseite eingesetzt werden, sind blau markiert.

1.2. Die Lagerschalen, die in den Pleueldeckel eingesetzt werden, sind rot markiert.

2. Pleuel an Pleuellagerzapfen der Kurbelwelle anführen.

2.1. Pleuellagerdeckel seitenrichtig anführen und mit Gefühl aufsetzen, die Sollbruchstellen müssen fühlbar aufeinander »einrasten«.

3. Die neuen Pleuelschrauben einölen, eindrehen und festziehen...

3.1. ...mit Gewinde M10x1,25:
Fügemoment .... 5 Nm
Voranzug.. 20 Nm
Endanzug .... um weitere 90 Grad
Schrauben lösen, dann wiederum festziehen:
Fügemoment .... 5 Nm
Voranzug.. 20 Nm
Endanzug .... um weitere 90 Grad

3.2. ...mit Gewinde M10x1,0:
Fügemoment .... 5 Nm
Voranzug.. 20 Nm
Endanzug .... um weitere 105 Grad
Schrauben lösen, dann wiederum festziehen:
Fügemoment .... 5 Nm
Voranzug.. 20 Nm
Endanzug .... um weitere 105 Grad

Kurbelwellenlager vermessen

Zum Messen der Lagerbohrungen im Gehäuse wird das Motorgehäuse in gereinigtem Zustand (kein Dichtmittel an den Trennflächen!) zusammengeschraubt. Schraubstellen, Schrauben und Anziehdrehmomente entnehmen Sie bitte dem Kapitel 19 »Motor zerlegen · zusammenbauen«.

Pleuel: Maße und Gewichte

■ Großes Pleuelauge:
Bohrungsdurchmesser .... 51,000 bis 51,013 mm
Lagerdurchmesser .... 48,016 bis 48,050 mm
Radialspiel .... 0,025 bis 0,075 mm
Verschleißgrenze .... 0,130 mm
Breite Pleuelauge .... 24,483 bis 24,535 mm

■ Kleines Pleuelauge:
Bohrungsdurchmesser .... 22,015 bis 22,025 mm
Radialspiel .... 0,015 bis 0,030 mm
Verschleißgrenze .... 0,060 mm
Axialspiel Pleuel .... 0,130 bis 0,312 mm
Verschleißgrenze .... 0,500 mm
Pleuellänge Bohrungsmitte zu Bohrungsmitte.. 125,0 ± 0,1 mm
maximale Parallelitätsabweichung der
Pleuelbohrung auf 150 mm Abstand .... 0,02 mm

■ Gewichtsgruppeneinteilung:
Klasse 0 (Farbpunkt 2 x weiß) .... 559,0 bis 564,9 g
Klasse 1 (Farbpunkt 2 x blau) .... 565,0 bis 570,9 g
Klasse 2 (Farbpunkt 3 x weiß) .... 571,0 bis 576,9 g
Klasse 3 (Farbpunkt 3 x gelb) .... 577,0 bis 582,9 g
Klasse 4 (Farbpunkt 1 x blau) .... 583,0 bis 588,9 g

Kurbelwelle: Lager und Schleifstufen

Kennzeichnung von Hauptlager und Hubzapfen an Kurbelwange vorne: ■ ohne Farbstrich = Schleifstufe 0
■ mit Farbstrich = Schleifstufe 1 (–0,25 mm)

■ Kurbelwellen-Führungslager, Lagerzapfen
Bohrungsdurchmesser im Gehäuse...... 64,949 bis 64,969 mm
Durchmesser Führungslager, Schleifstufe 0:
grün .... 59,964 bis 60,003 mm
gelb .... 59,974 bis 60,013 mm
Durchmesser Führungslager, Schleifstufe 1:
grün .... 59,714 bis 59,753 mm
gelb .... 59,724 bis 59,763 mm
Durchmesser Lagerzapfen, Schleifstufe 0:
grün .... 59,939 bis 59,948 mm
gelb .... 59,949 bis 59,958 mm
Durchmesser Lagerzapfen, Schleifstufe 1:
grün .... 59,689 bis 59,698 mm
gelb .... 59,699 bis 59,708 mm
Lagerbreite .... 24,890 bis 24,940 mm
Radialspiel .... 0,018 bis 0,046 mm
Verschleißgrenze .... 0,100 mm
Lagerzapfenbreite .... 25,020 bis 25,053 mm
Axialspiel .... 0,080 bis 0,163 mm
Verschleißgrenze .... 0,200 mm

■ Kurbelwellen-Hauptlager, Lagerzapfen
Bohrungsdurchmesser im Gehäuse...... 64,960 bis 64,979 mm
Durchmesser Hauptlager, Schleifstufe 0:
grün .... 59,964 bis 60,003 mm
gelb .... 59,974 bis 60,013 mm
Durchmesser Hauptlager, Schleifstufe 1:
grün .... 59,714 bis 59,753 mm
gelb .... 59,724 bis 59,763 mm
Durchmesser Lagerzapfen, Schleifstufe 0:
grün .... 59,939 bis 59,948 mm
gelb .... 59,949 bis 59,958 mm
Durchmesser Lagerzapfen, Schleifstufe 1:
grün .... 59,689 bis 59,698 mm
gelb .... 59,699 bis 59,708 mm
Radialspiel .... 0,018 bis 0,068 mm
Verschleißgrenze .... 0,130 mm

■ Hubzapfen (Pleuellagerzapfen)
Durchmesser
Schleifstufe 0 .... 47,975 bis 47,991 mm
Schleifstufe 1 .... 47,725 bis 47,741 mm
Lagerbreite Hubzapfen .... 24,665 bis 24,795 mm

Abweichungen bei HP2 Sport

■ Großes Pleuelauge:
Pleuellagerdurchmesser .... 47,975 bis 47,991 mm
Radialspiel .... 0,024 bis 0,068 mm
Breite Pleuelauge .... 24,6 mm
Pleuellänge Bohrungsmitte zu Bohrungsmitte.. 128,1 ± 0,05 mm

■ Gewichtsgruppeneinteilung:
Klasse 0 (Farbpunkt 2 x weiß) .... 570,0 bis 574,9 g
Klasse 1 (Farbpunkt 2 x blau) .... 575,0 bis 579,9 g
Klasse 2 (Farbpunkt 3 x weiß) .... 580,0 bis 584,9 g
Klasse 3 (Farbpunkt 3 x gelb) .... 585,0 bis 589,9 g
Klasse 4 (Farbpunkt 1 x blau) .... 590,0 bis 594,9 g

■ Kurbelwellen-Führungslager
Radialspiel .... 0,018 bis 0,046 mm
Verschleißgrenze .... 0,130 mm

■ Kurbelwellen-Hauptlager
Radialspiel .... 0,018 bis 0,046 mm
Verschleißgrenze .... 0,130 mm

Zwischenwelle

Kurbelgehäuse Bohrungsdurchmesser
vorne/hinten .... 25,020 bis 25,041mm
Zwischenwelle Durchmesser
vorne/hinten .... 24,959 bis 24,980 mm
Radialspiel .... 0,040 bis 0,082 mm
Verschleißgrenze .... 0,17 mm

Ausgleichswelle

Kurbelgehäuse Bohrungsdurchmesser
vorne .... 46,9875 bis 47,0125mm
hinten .... 36,955 bis 36,971mm
Ausgleichswelle Durchmesser
vorne .... 16,983 bis 16,994 mm
hinten .... 20,991 bis 21,000 mm

Korrespondenz zu Kapitel 3 »Ölwechsel III Hinterradantrieb«: Zum Thema »Abklappen des Hinterradantriebs« nehmen Sie bitte die Bilder 1, 2, 6, 7 und 8 zu Hilfe.

Schwinge · Kardan

In diesem Kapitel: Hinterradschwinge · Hinterradantrieb abbauen und anbauen · Kardanwelle ausbauen, prüfen und einbauen · Hinterradschwinge aus- und einbauen.

Hinterradschwinge

Bei allen Boxermodellen der neuen Generation wird das Hinterrad von einer gegossenen Aluminium-Einarmschwinge mit zwei Schwinggelenken geführt. Das von BMW »Paralever« genannte System bietet neben einer steifen Radführung und einer Reduzierung der Lastwechselreaktionen des Kardans vor allem einen enormen Servicevorteil durch einfachen Aus- und Einbau des Hinterrads.

Schwingenlager wartungsfrei

Die Lager in der Schwinge zum Rahmen hin sowie das rechte Lager im Hinterachsgehäuse sind wartungsfrei, müssen also nicht geschmiert werden. Man kann sie übrigens auch nicht schmieren, denn es sind so genannte »geschlossene Lager« mit Dichtscheiben. Das linke Lager im Hinterachsgehäuse ist ein Nadellager, das nur nach Zerlegung gereinigt und mit »Staburags NBU 30 PTM« (Hochleistungsschmierfett) neu geschmiert werden muss.

Schwingenlager defekt?

Lagerdefekte sind bis heute* nicht bekannt. Voraussetzung dafür ist, dass bei der Montage von Hinterradschwinge und Hinterachse die vorgeschriebenen Anziehdrehmomente beachtet werden: Denn wenn ein Lager mit einem zu hohen Anziehdrehmoment belastet wird, drücken sich die Lagerrollen in die Schalenoberfläche ein und das Lager ist kurz danach verschlissen.

Sollten neue Lager nötig werden, lassen Sie diese am Besten beim BMW-Händler aus- und einbauen, denn mit herkömmlichen Lagermontage-Werkzeugen ist ein Austausch nicht möglich.

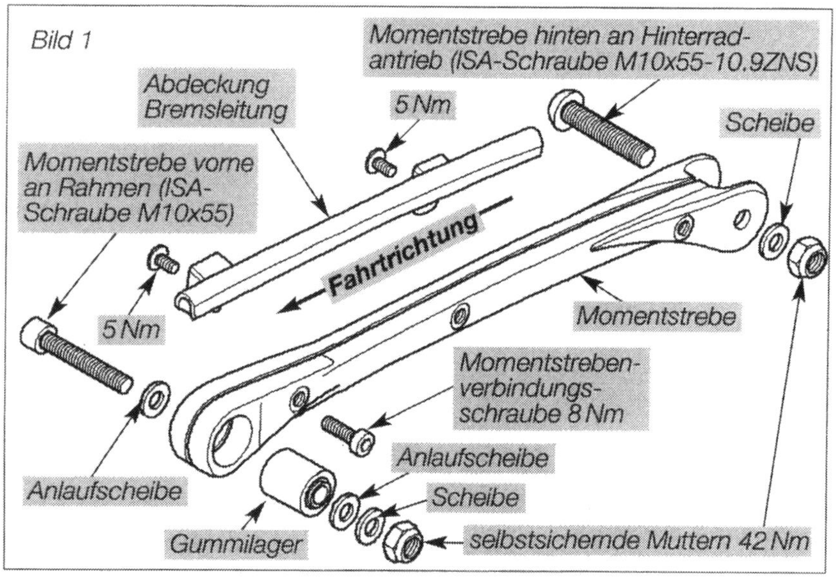

Bild 1: Zeichnung der Momentstrebe mit Anbauteilen und Anziehdrehmoment-Werten.

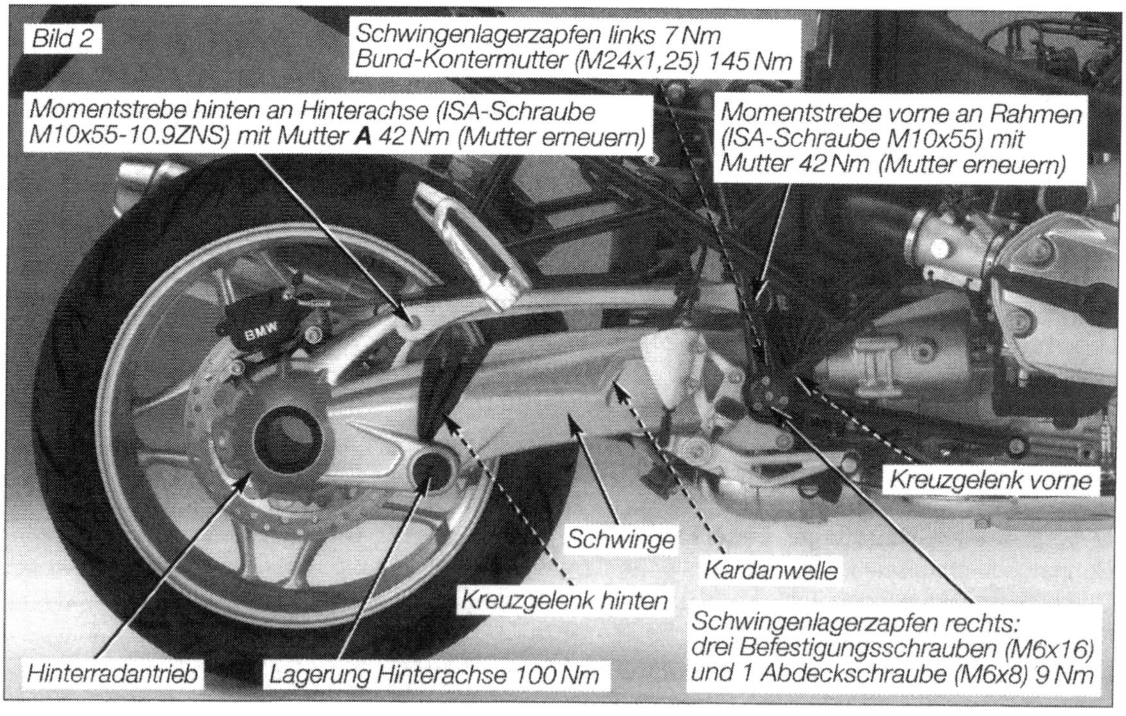

Bild 2: Hinterradschwinge mit Kardan und Hinterradantrieb.

* = Stand der Recherche bzw. Redaktionsschluss August 2009

Hinterrachsantrieb abklappen
Wenn ein Ölwechsel im Hinterradantrieb gemacht werden muss (alle 20 000 km oder 2 Jahre), muss man dazu bei verschiedenen Modellen der früheren Baujahre den Hinterradantrieb »abklappen«. Im Kapitel 3 »Ölwechsel III Hinterachse« ist der Ölwechsel beschrieben. Bitte nutzen Sie dieses Kapitel als zusätzliche Informationsquelle: »Momentstrebe« (Bild 1), »Seitenansicht » (Bild 2), »Faltenbalg hinten« (Bilder 7 und 15) sowie »Details der Hinterachse« (Bilder 6 und 8).

Hinterradantrieb ab- und anbauen

Werkstatthilfsmittel
Empfohlene Schmiermittel von BMW:
■ »Staburags NBU 30 PTM« (Hochleistungsschmierfett) zur Schmierung des Nadellagers in der hinteren Schwingenlagerung, der Bünde am hinteren Faltenbalg sowie des vorderen Faltenbalgs (siehe Bild 7).
■ »Paste MP 3» (Hochleistungs-Schmierfett) zur Schmierung des rechten Schwingenlagerzapfens
■ «Optimoly TA« (Hochtemperatur-Montagefett) bei Montage der Kardanwelle auf die Verzahnungen von Getriebeabtriebswelle und Wellenzapfen am Hinterradantrieb (siehe Bild 6).

Wenn diese speziellen Fette nicht zur Verfügung stehen, kann auch anderes, hochwertiges Kfz-Wälzlagerfett verwendet werden.

Vorbereitende Arbeiten
Maschine mit einem Mittel-Montageständer, der unter dem Motor befestigt wird, aufbocken. Bei R 1200 GS, R 1200 GS Adventure und HP2 Enduro vorher Motorschutz abschrauben. Zur Not genügt es, wenn die Maschine auf dem Hauptständer abgestellt und das Vorderrad mit einem Spanngurt gegen den Mittelständer gezogen wird, damit beim Arbeiten an der Schwinge das Motorrad nicht vom Hauptständer nach vorne abrollen kann.

Hinweis: Wird der Hinterradantrieb nicht zerlegt, muss man vor Abbau das Öl nicht ablassen.

Hinterradantrieb abbauen
1. Bei R 1200 R, R 1200 RT, R 1200 ST: Auspufftopf abbauen.
2. Hinterrad ausbauen.
■ GS-Modelle: Spritzschutz abschrauben.
3. Bremssattel abschrauben und mit Gummiband am Heckrahmen aufhängen.
3.1. GS-Modelle: Bremsleitungs-Abdeckung abschrauben.
4. Raddrehzahl-(ABS-)Sensor aus Hinterachsgehäuse ausbauen (Bild 3).
4.1. Einen passenden (!) Gummistöpsel in die Bohrung stecken, damit kein Schmutz in den Hinterradantrieb gerät und bei Abbau bzw. Ablegen des Hinterradantriebs kein Öl ausläuft.
■ BMW-Verschlussstopfen 15 mm: Nr. 33 1 593
5. Hinterradantrieb mit Riemen nach oben am Rahmenhinterteil fixieren (Bild 4).

Bild 3: Der Raddrehzahl-Sensor ist von hinten in das Hinterachsgehäuse eingebaut.

Bilder 4 und 5: Hinterradantrieb mit benötigten Spezialwerkzeugen und Befestigungsteilen.

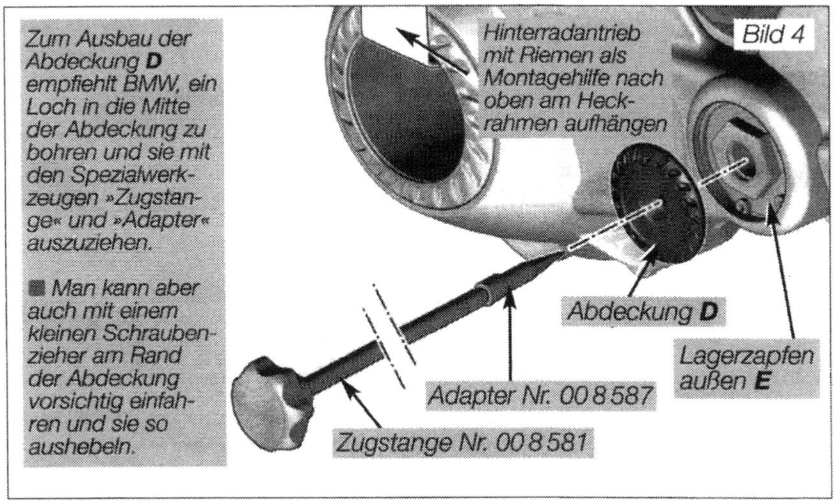

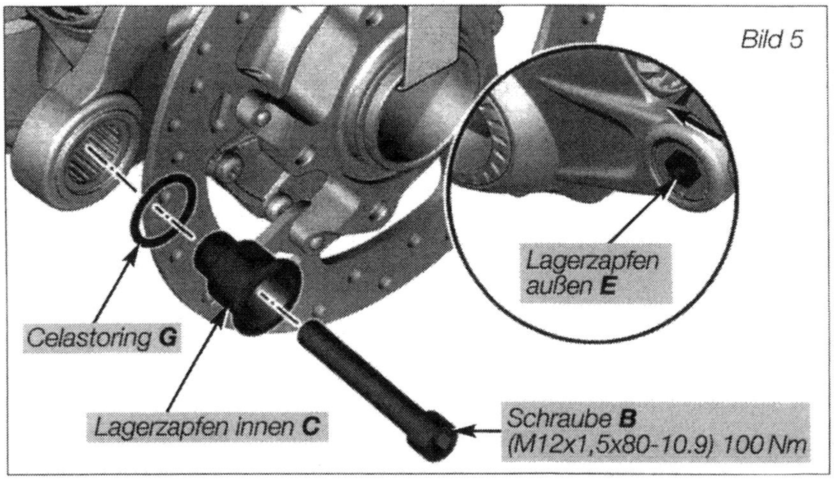

6. Mutter ***A*** in Bild 2 auf der Schraube der Momentstrebe am Hinterradantrieb abdrehen, Schraube ausziehen.
6.1. Riemen langsam lösen und so den Hinterradantrieb nach unten absenken.
7. Faltenbalg abnehmen: Mit kleinem Schraubenzieher zwischen Faltenbalg und Ende der Schwinge einfahren und vorsichtig abdrücken. **Wichtig:** Wenn nur die Kardanwelle gewechselt werden soll, braucht der Hinterradantrieb nicht weiter abgebaut zu werden.
8. Abdeckung ***D*** in Bild 4 ausbauen.
9. Schraube ***B*** (Bild 5) der Schwingenlagerung hinten lösen: Am Sechskant von Lagerzapfen außen ***E*** gegenhalten. Schraube ***B*** ausdrehen.
10. Lagerzapfen innen ***C*** (Bild 5) mit Celastoring ***G*** herausnehmen.
11. Lagerzapfen außen ***E*** in den Bilder 4 und 5 mit BMW-Dorn (Nr. 33 2 640) oder einem Aludorn (Durchmesser max. 15 mm) ausschlagen.
12. Hinterradantrieb abnehmen. Distanzscheibe ***F*** in Bild 6 aushebeln, O-Ring herausnehmen. **Wichtig:** Hinterradantrieb nach außen ablegen. Nicht nach innen, sonst läuft Öl aus der Bohrung des Drehzahl-Sensors aus, selbst wenn die Bohrung mit einem Gummistöpsel abgestopft ist!

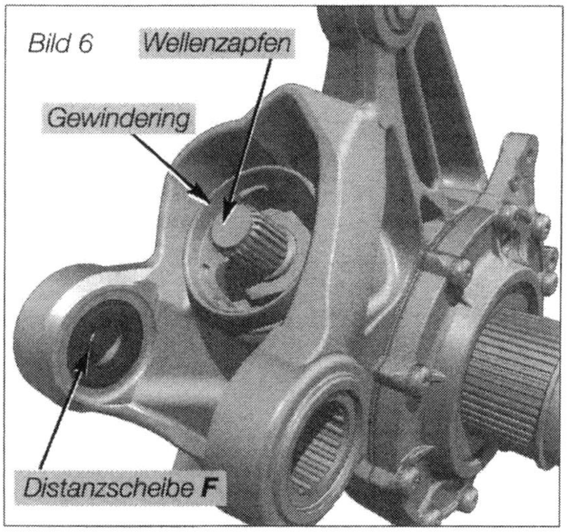

*Bild 6: Details des Hinterradantriebs und Montageposition der Distanzscheibe **F**.*

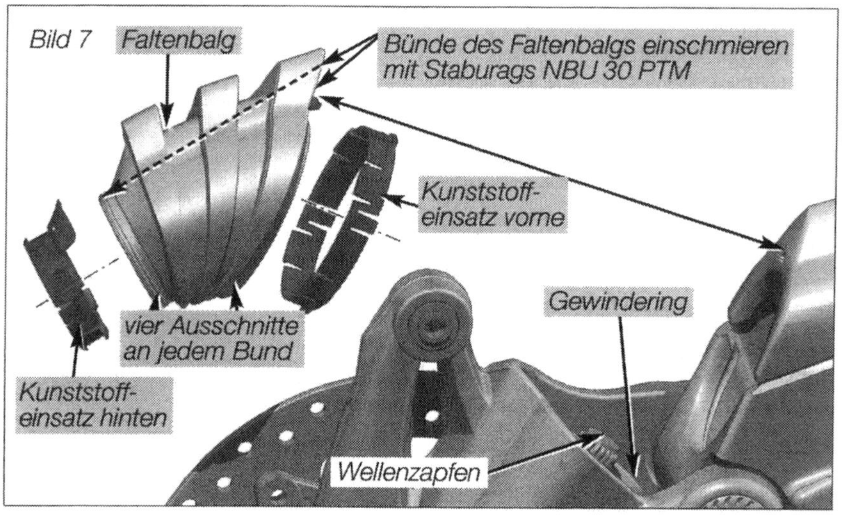

Bild 7: Faltenbalg hinten mit Anbauteilen.

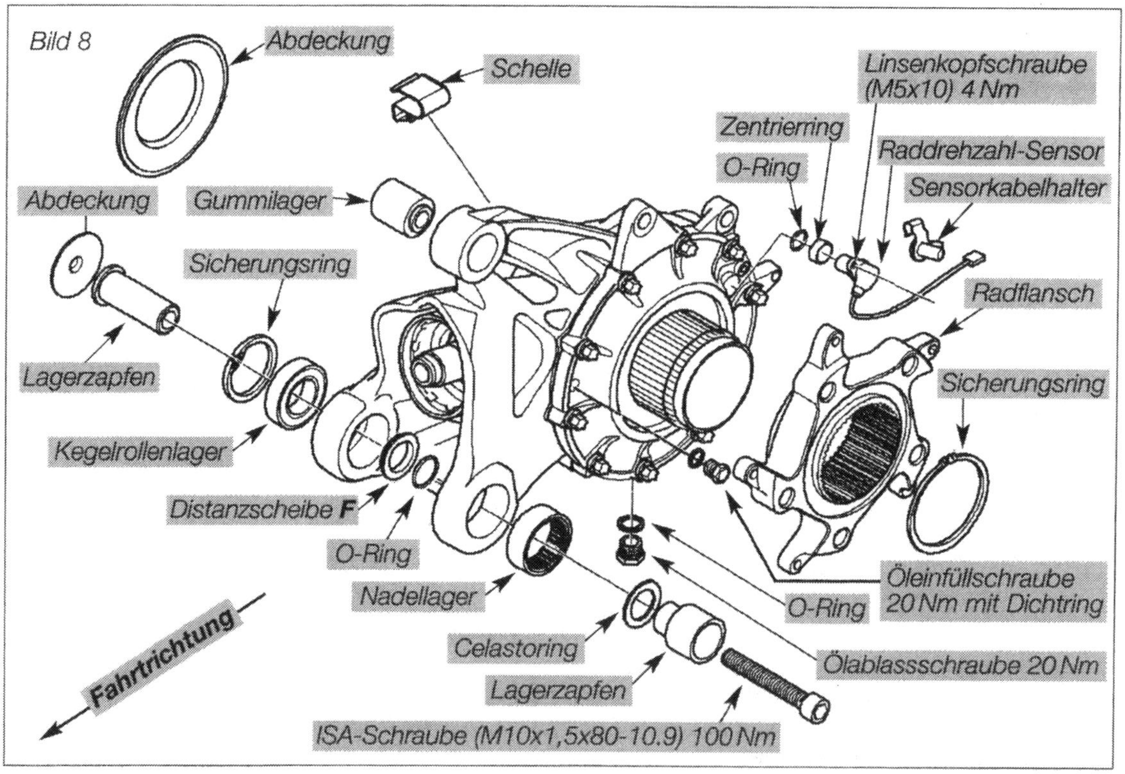

Bild 8: Explosionszeichnung des Hinterradantriebs. ■ Bitte beachten, dass dieser Hinterradantrieb mit einer unten angeordneten Ölablassschraube versehen ist.

Hinterradantrieb anbauen

Achtung: Bei Nichteinbau der Distanzscheibe ***F*** in Bild 6 wird der Hinterradantrieb an der Schwinge geklemmt: Deswegen auf korrekten Einbau der Distanzscheibe und Leichtgängigkeit der Lagerung achten!

1. Distanzscheibe ***F*** in Bild 6 mit O-Ring vor das Lager im Hinterradantrieb rechts einsetzen.
2. Hinterradantrieb an der Schwinge ansetzen, Lagerbohrungen in Flucht zueinander bringen.
3. Celastoring ***G*** in Bild 5 auf den Lagerzapfen ***C*** schieben.
4. Lagerzapfen innen (***C*** in Bild 5) und außen (***E*** in Bildern 4 und 5) einstecken.
5. Schraube ***B*** in Bild 5 einbauen, »handfest« anziehen.
6. Hinterradantrieb mit einem Riemen nach oben hin zum Rahmen aufhängen (Bild 4).
7. Schraube ***B*** in Bild 5 anziehen, am Sechskant des Lagerzapfens ***E*** in Bildern 4 und 5 gegenhalten. Anziehdrehmoment 100 Nm.
8. Verzahnung am Wellenzapfen reinigen, etwas Optimoly TA an die Verzahnung geben. Hinterradantrieb hochklappen, dabei Kreuzgelenk auf Wellenzapfen ansetzen und ganz aufschieben, Riemen nachziehen.
9. Faltenbalg anbringen:
- Sitzen die Kunststoffeinsätze (Bild 7) vorne und hinten korrekt im Faltenbalg? Wenn »nein«, Zapfen der Kunststoffeinsätze auf Nuten im Faltenbalg ausrichten und eindrücken.
- Faltenbalg innen und Bünde des Faltenbalgs einschmieren mit Staburags NBU 30 PTM.
- Faltenbalg an Gewindering des Hinterradantriebs ansetzen (Bild 6) und einrasten lassen.
- Faltenbalg an Schwinge einrasten lassen.

10. Momentstrebe hinten einbauen:
- Schraube durchstecken, Scheibe aufschieben, neue Mutter aufdrehen, mit 42 Nm festziehen.

Restliche Teile anbauen:
- O-Ring in der Bohrung für den Drehzahl-(ABS-)Sensor kontrollieren, ggf. erneuern.
- Beim Einbau des Sensors etwas Fett an den O-Ring geben.
- Sensor in Hinterradantriebsgehäuse einstecken, Schraube mit 4 Nm festziehen, Sensorkabel einclipsen.
- Bremssattel an Hinterachsgehäuse: 24 Nm
- Hinterrad: Radschrauben mit 60 Nm in mehreren Schritten über Kreuz festziehen.
- Auspufftopf und Spritzschutz anbauen.

Kardanwelle ausbauen, prüfen, einbauen

Kardanwelle ausbauen
1. Arbeitsschritte 1. bis 6.1. des Textabschnitts »Hinterradantrieb abbauen« durchführen.
2. Kabelbinder am vorderen Faltenbalg (Bild 9) durchknipsen.
3. Mit einem breiten Schraubenzieher den vorderen Faltenbalg vom Getriebegehäuse abschieben, in das Kreuzgelenk einfahren und dieses von der Getriebeausgangswelle abdrücken (Bild 10).
4. Kardanwelle nach hinten aus Schwinge ziehen.
5. Kreuzgelenke der Kardanwelle kontrollieren (Bild 11): Vorder- und Hinterteil des Kreuzgelenks gegeneinander (»radial«) verdrehen sowie axial auseinanderziehen und zusammendrücken. Wichtig zu wissen: Jedes Kreuzgelenk hat ganz leicht »Luft« in alle Richtungen, weil schon neue Lager einen Hauch Spiel haben – die Bewertung des Spiels ist Erfahrungssache (BMW-Meister fragen!).

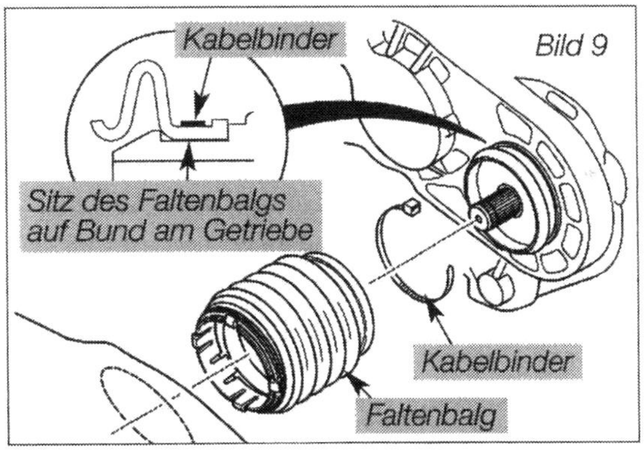

Bild 9: Kabelbinder über Faltenbalg am Getriebeausgang.

Bilder 10 bis 12:
- *Kreuzgelenk abdrücken (Bild 10)*
- *kontrollieren (Bild 11)*
- *aufdrücken (Bild 12).*

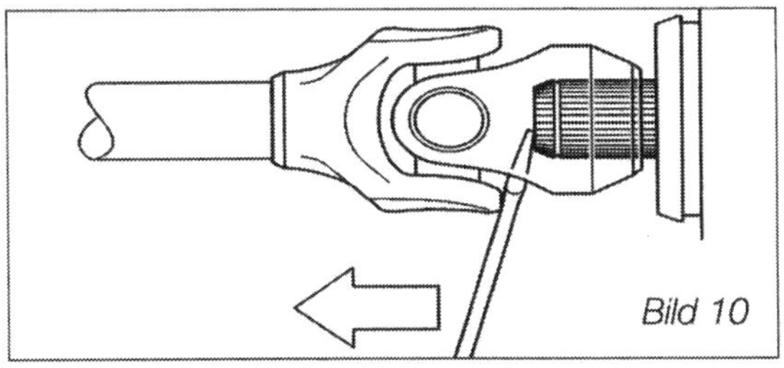

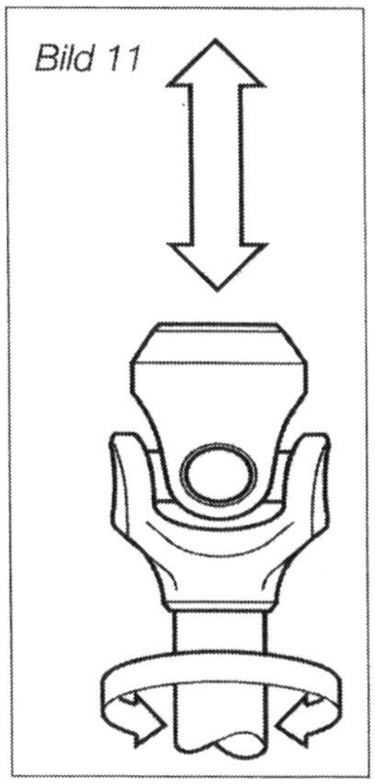

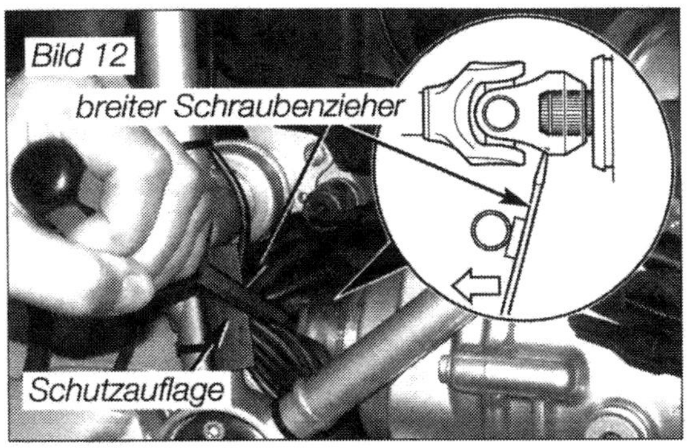

Hinweis: Defekte Nadellager im Kreuzgelenk können zwar ersetzt werden, wir empfehlen jedoch, bei defekten Lagern komplett neue Kreuzgelenke einzubauen.

Kardanwelle einbauen

1. Innenverzahnung der Kardanwelle schmieren mit Optimoly TA.
2. Kardanwelle von hinten in Schwinge schieben.
3. Kreuzgelenk auf Getriebeausgangswelle zentrisch ansetzen, dann aufschieben bis Widerstand spürbar wird.
4. Mit einem breiten Schraubenzieher das Kreuzgelenk aufdrücken, bis es einrastet (Bild 12).
5. Vorderen Faltenbalg mit Staburags NBU 30 PTM einfetten und auf Bund schieben (Bild 9).
6. Faltenbalg mit Kabelbinder sichern: Unbedingt neuen Kabelbinder verwenden.
7. Weiter mit den Arbeitsschritten ab 8. aus dem Textabschnitt »Hinterradantrieb anbauen«.

Hinterradschwinge aus- und einbauen

Wichtig: Zum Festziehen des Schwingenzapfens und seiner Kontermutter werden die BMW-Spezialwerkzeuge »Inbusschlüssel« und »Spezialnuss« benötigt (Bild 13). Werden diese Spezialwerkzeuge nicht benutzt, besteht die Gefahr, dass sich der Lagerzapfen beim Festziehen (»Kontern«) der Bund-Kontermutter (145 Nm) verdreht und sein vorgeschriebenes Anziehdrehmoment von 7 Nm überschritten wird, was zu Beschädigung der Kegelrollenlager führt.

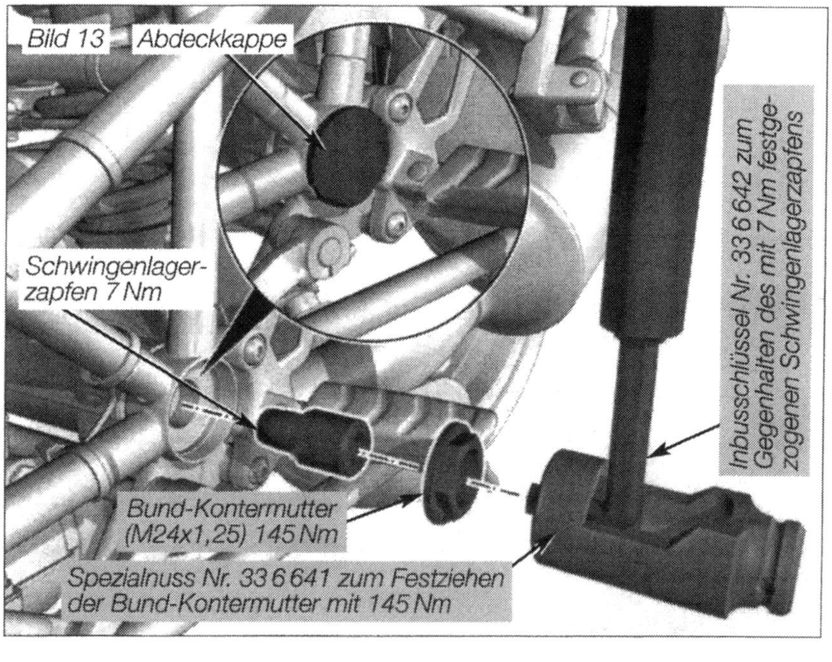

Bild 13: Spezialwerkzeuge für Bund-Kontermutter.

Hinterradschwinge ausbauen

Hinterradantrieb ausbauen wie im Text vorne beschrieben. Kardanwelle kann eingebaut bleiben.

1. Bei R 1200 RT: Fußrastenplatte rechts abschrauben wie folgt: Schrauben, mit denen Fußrastenplatte mit Seitenverkleidung verbunden ist, ausschrauben. Befestigungsbolzen, der Hauptbremszylinder mit Fußbremshebel verbindet, ausbauen; Befestigungsschrauben Fußrastenplatte ausschrauben: Fußrastenplatte im Bereich der Halteschrauben des Hauptbremszylinders auf ca. 100 Grad erwärmen (= Lösetemperatur der Schrauben), Schrauben ausdrehen. Fußrastenplatte ausfädeln, am Rahmen mit Gummispannband befestigen.
1.1. Fußrastenplatte links abbauen: Schrauben, mit denen die Fußrastenplatte mit der Seitenverkleidung verbunden ist, ausschrauben. Befestigungsschrauben der Fußrastenplatte ausschrauben. Fußrastenplatte ausfädeln und abnehmen.
1.2. Vorderteil der hinteren Radabdeckung abbauen: Schrauben auf der Innenseite der Radabdeckung ausdrehen, Radabdeckung abnehmen.
2. Bei R 1200 S: Fahrerfußrastenplatte links abschrauben.
3. Bei R 1200 GS, GS Adventure, R, RT, S, ST: Federbeinschraube ausbauen wie folgt: Rechtes Teil der Schwinge, in die das Gewinde der Federbeinschraube eingeschnitten ist (»***X***« in Bild 14), mit Heißluftföhn auf ca. 100 °C erwärmen, Schraube lösen und ausdrehen.
3.1. Bei HP2 Enduro und HP2 Megamoto: Mutter lösen und abschrauben, Federbeinschraube mit Scheibe ausziehen.
3.2. Bei HP2 Sport: Federbeinschraube oben ausbauen wie folgt: Mutter abschrauben, Schraube ausziehen. Federbeinbefestigung unten wird bei abgenommener Schwinge ausgebaut.
4. Bei allen Modellen: Schwingenlager rechte Seite alle Schrauben im Lagerzapfen ausdrehen.
5. Schwingenlager linke Seite:
5.1. Abdeckkappe aushebeln.
5.2. Bund-Kontermutter lösen und abschrauben.
5.3. Lagerzapfen mit Inbusschlüssel lösen und ausdrehen.
6. Schwingenlager rechte Seite (Bild 14): Spezialwerkzeuge »Zugstange« mit »Schlaggewicht« in Gewindebohrung im Lagerzapfen einschrauben.
6.1. Schwinge etwas anheben, Lagerzapfen ausziehen.
7. Schwinge nach hinten herausnehmen.
8. Bei HP2 Sport: Federbeinschraube unten ausbauen wie folgt. Rechtes Teil der Schwinge, in die das Gewinde der Federbeinschraube

eingeschnitten ist (»**X**« in Bild 15), mit Heißluftföhn auf ca. 100 °C erwärmen, Schraube lösen und ausdrehen.

Hinterradschwinge einbauen

1. Bei HP2 Sport: Federbein an Schwinge anbauen wie folgt: Gewinde der Schraube unten mit Loctite »mittelfest« bestreichen, eindrehen und mit 58 Nm festziehen.
2. Bei allen Modellen: Schwinge über Kardanwelle schieben.
3. Faltenbalg außen und innen mit Staburags NBU 30 PTM einfetten und in Schwinge drücken, auf korrekten Sitz achten.
4. Schwinge ausrichten, rechten Lagerzapfen eindrücken.
5. Linken Lagerzapfen einschrauben.
6. Mit den M6 x 16-Schrauben den rechten Lagerzapfen festschrauben, Anziehdrehmoment 9 Nm.
6.1. Schraube M6 x 8 in mittlere Gewindebohrung eindrehen und mit 9 Nm festziehen.
7. Linken Lagerzapfen mit Spezial-Inbusschlüssel und Spezialnuss festziehen und kontern (Bild 13).
7.1. Lagerzapfen mit 7 Nm festziehen.
7.2. Bund-Kontermutter mit 145 Nm festziehen.
■ Beweglichkeit der Schwingenlager prüfen, Schwinge muss sich leicht und ohne zu hakeln nach oben und unten bewegen lassen. Lager müssen leichtgängig und spielfrei sein.
8. Abdeckkappe eindrücken.
9. Einbau Federbein wie folgt: Gewinde der Schraube unten mit Loctite »mittelfest« bestreichen, eindrehen und mit 58 Nm festziehen.
9.1. Bei HP2 Enduro und HP2 Megamoto: Schraube mit Scheibe einbauen, neue Mutter verwenden, mit 66 Nm festziehen.
9.2. Bei HP2 Sport: Federbein oben befestigen: Schraubenkopf mit Paste MP3 schmieren, Schraube eindrehen, neue Mutter aufdrehen, mit 50 Nm festziehen.

Bild 14: Die Spezialwerkzeuge »Zugstange« und »Schlaggewicht« kann man selbst machen aus einer langen M6-Schraube (wird »Zugstange«) und einem kinderfaustgroßen durchbohrten Eisenstück (wird »Schlaggewicht«).

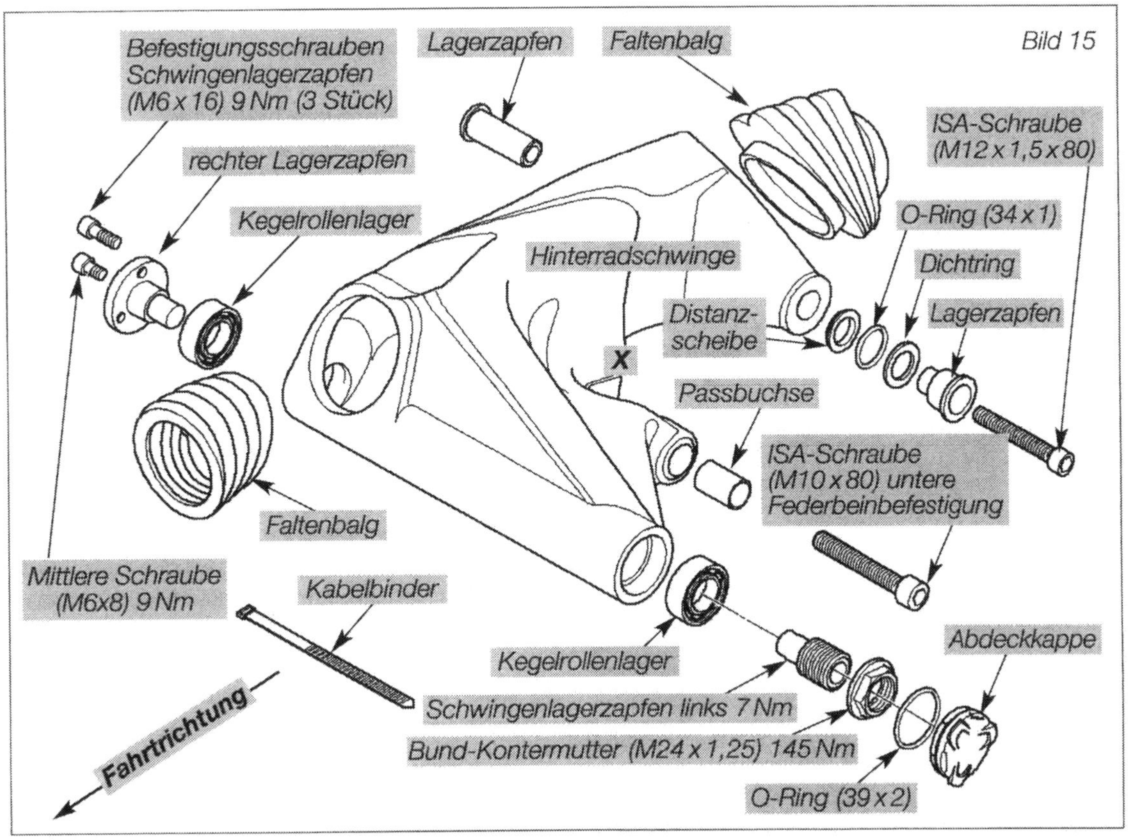

Bild 15: Hinterradschwinge, Lager und Befestigungsteile.

Kupplung

In diesem Kapitel: Konstruktionsmerkmale · Kupplungshydraulik: Stand der Flüssigkeit, wechseln, entlüften · Kupplungsnehmerzylinder aus- und einbauen, zerlegen, zusammenbauen · Kupplung aus- und einbauen · Anti-Hopping-Kupplung · Kurbelwellen-Simmerringe wechseln.

In Bild 1: Hohlschraube an Handpumpe.

Bild 2: Verlegung der Kupplungsleitung, Anschlüsse und Nehmerzylinder.

■ Pfeile: Die Schlauchleitung ist hier mit Kabelbindern und Haltern befestigt.

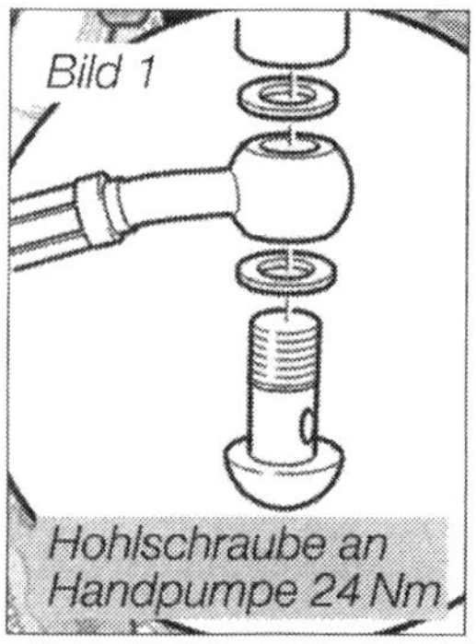

Konstruktionsmerkmale

Alle 1200er-Boxer sind mit einer hydraulisch betätigten Einscheiben-Trockenkupplung mit Ø 180 mm ausgerüstet. Die Kupplungsbeläge sind frei von Asbest und Schwermetallen.

Verschleiß

Die Lebensdauer der Kupplung beträgt bei normaler Beanspruchung mehr als 100 000 km. Unter »normaler Beanspruchung« sind Fahrten auf normalen Straßen zu verstehen.

■ Wenn der Kupplungsverschleiß zunimmt (= die Kupplungsbeläge dünner geworden sind), dann steigt der Flüssigkeitsstand im Vorratsbehälter.
■ Das Spiel am Handhebel bleibt immer gleich.

Wenn allerdings die Maschine öfter auf Rennstrecken gefahren oder intensiv mit schleifender Kupplung bewegt wird, oder »Rennstarts« praktiziert werden, dann wird die Kupplung überlastet, im Extremfall verbrennen die Kupplungsbeläge, es muss eine neue Kupplung eingebaut werden.

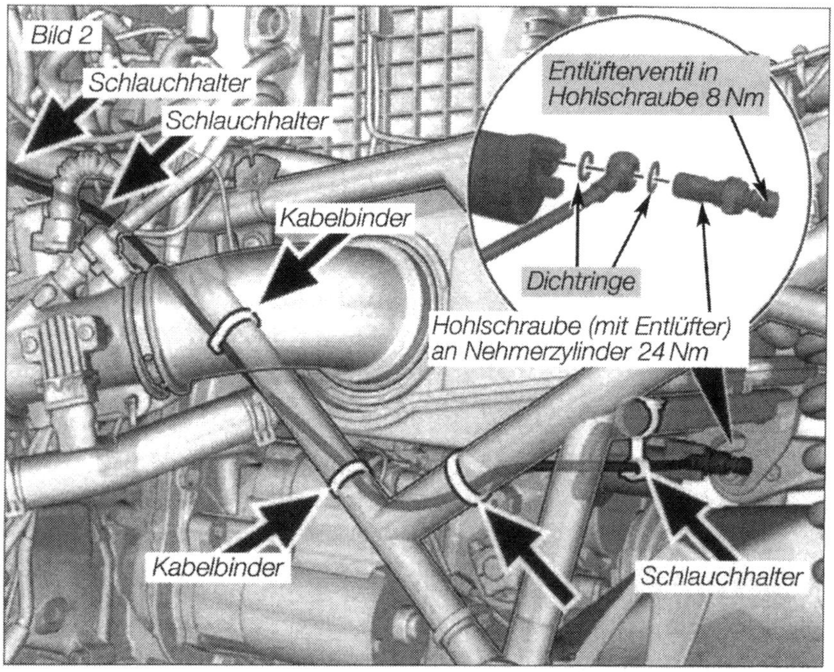

Der Motor kann zum Aus- und Einbau der Kupplung in den Frontrahmen eingebaut bleiben, es wird der Heckrahmen gelöst und nach oben geschwenkt (bzw. nach hinten geschoben), das Getriebe ausgebaut und die Kupplung ist zugänglich (Kapitel 18 »Motor aus- und einbauen«).

Kupplungshydraulik

Das Hydrauliksystem beim Boxer ist mit spezieller Biobasis-Hydraulikflüssigkeit befüllt:
■ Die eine heißt »Vitamol V10«, ist leicht bläulich.
■ Die andere heißt »Vitam LS« und ist hellrot.
Beide altern nicht, brauchen also nicht gewechselt zu werden: Es sind »Lifetime-Füllungen«.

⚠ **Achtung:** Niemals »normale Bremsflüssigkeit« in das Kupplungs-Hydrauliksystem des Boxers einfüllen! Dadurch werden die Manschetten im Geber- und Nehmerzylinder zerstört!

■ Ausschließlich die von BMW vorgeschriebene Hydraulikflüssigkeit verwenden!
■ Wenn es diese nicht gibt, dann versuchen Sie »Bremsflüssigkeit für Mountainbike-Hydraulikbremsen« zu bekommen, weil diese in ihren Grundsubstanzen der von BMW vorgeschriebenen Flüssigkeit ähnlich ist.
■ Zur Not kann man auch »Hydraulikflüssigkeit auf biologischer Basis für landwirtschaftliche Maschinen« verwenden.

Luft in der Kupplungshydraulik?

Luft kann durch Lecks an den Anschlüssen der Hydraulikleitung in das Kupplungssystem gelangen, das ist meist eine Folge falscher Montage bei Ab- und Anbau des Lenkers. Dann trennt die Kupplung nicht mehr richtig, was am »weichen« Druckpunkt am Kupplungshandhebel zu spüren ist: Kupplungssystem umgehend entlüften, sonst leidet das Getriebe.

Stand der Hydraulikflüssigkeit

Der Stand der Hydraulikflüssigkeit im Behälter kann mit einem Blick von außen kontrolliert werden: Er muss sich zwischen den links außen am Behälter angebrachten Markierungen MAX und MIN befinden (Bilder 3 und 3a).

■ **Wenn er über MAX steht:** Dies ist ein Zeichen für fortgeschrittenen Verschleiß der Kupplungsbeläge. Wenn die Kupplung noch keine Ermüdungserscheinungen zeigt, also noch sauber trennt und auch bei hartem Beschleunigen guten Kraftschluss hat (= nicht durchrutscht), dann sollte man den Behälter öffnen und etwas Hydraulikflüssigkeit absaugen.

Warum Absaugen? Wenn der Kupplungsverschleiß fortgeschritten und der Behälter zu voll geworden ist, ist die im Behälter oben eingesetzte Membrane (Bild 5) zusammengedrückt und es besteht die Gefahr, dass durch den Dauerdruck im Hydrauliksystem ein Kraftschluss der Kupplung verhindert wird und sie deswegen durchrutscht. Dann verschleißen die Kupplungsbeläge auf der Kupplungsscheibe rasch (Bild 6), die Gegenflächen von Druckplatte und Kupplungsgehäusedeckel überhitzen (Bild 7); es besteht die Gefahr, dass sie sich verziehen.

■ **Wenn er bei MIN steht:** Steht der Flüssigkeitspegel weit unter MAX bzw. nur kurz über MIN, ist dies ein Zeichen, dass im Hydrauliksystem etwas nicht stimmt, denn Hydraulikflüssigkeit verdunstet nicht: Entweder ist ein Anschluss des Hydraulikschlauchs lose oder eine Manschette in Handpumpe oder Nehmerzylinder defekt und Hydraulikflüssigkeit verflüchtigt sich ins Freie. Fehler umgehend suchen und beheben.

Hydraulikflüssigkeitsstand korrigieren

1. Schraubdeckel öffnen: Zapfen vorne und hinten (Bild 4) eindrücken, Zahnrastung im Deckel wird freigegeben: Deckel bei eingedrückten Zapfen auf- und abdrehen.
2. Stützring mit Membrane langsam ausziehen. Mit sauberem, nicht fusselndem Tuch reinigen.
3. Flüssigkeit absaugen oder auffüllen: Flüssigkeitsstand sollte kurz unter MAX sein an der Unterkante der Deckelverrastung (siehe Bild 3a).
4. Membrane mit Stützring einsetzen, Zapfen am Stützring müssen in Nuten eingreifen.
5. Deckel aufdrehen und handfest anziehen.

Hydraulikflüssigkeit wechseln Hydrauliksystem entlüften

Wenn Luft in die Kupplungshydraulik gelangt ist und die Kupplung deswegen nicht mehr exakt trennt (es kracht dann beim Schalten!), oder Bauteile wie Schlauch, Kupplungspumpe oder Nehmerzylinder gewechselt werden, muss das System neu befüllt und entlüftet werden.

1. Motorrad sicher abstellen. Lenkung so drehen, dass der Kupplungsflüssigkeits-Vorratsbehälter (»Behälter«) waagerecht steht.
2. Deckel des Behälters abdrehen, Stützring und Membrane herausnehmen (Bilder 4 und 5).
3. Unten am Nehmerzylinder ist der Entlüfternippel der Kupplungshydraulik (Bilder 2 und 8).
3.1. Einen passenden, durchsichtigen Schlauch über den Nippel schieben (evtl. mit Schlauchbinder gegen Abrutschen sichern, Bild 8a).
3.2. Ende dieses Schlauches in ein geeignetes Gefäß führen. Gefäß so anordnen, dass es etwas höher steht als der Entlüfternippel.

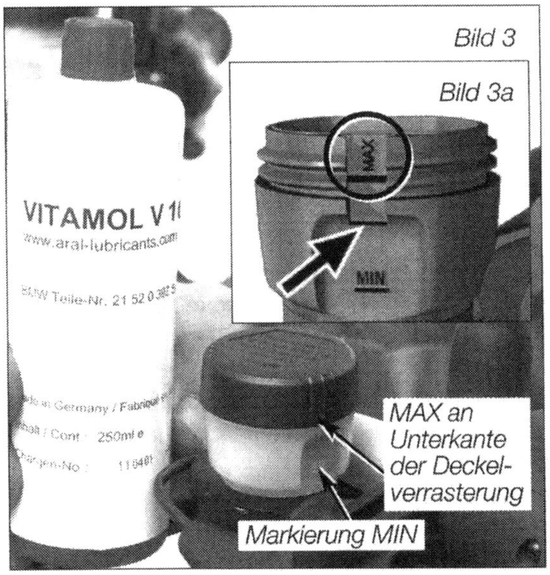

Bilder 3 und 3a: Kupplungsflüssigkeit nur bis zur Unterkante der Deckelverrasterung (Pfeil in 3a) einfüllen.

■ *Mit zunehmendem Verschleiß der Kupplungsbeläge steigt der Flüssigkeitsstand. Das Spiel am Kupplungshebel bleibt immer gleich.*

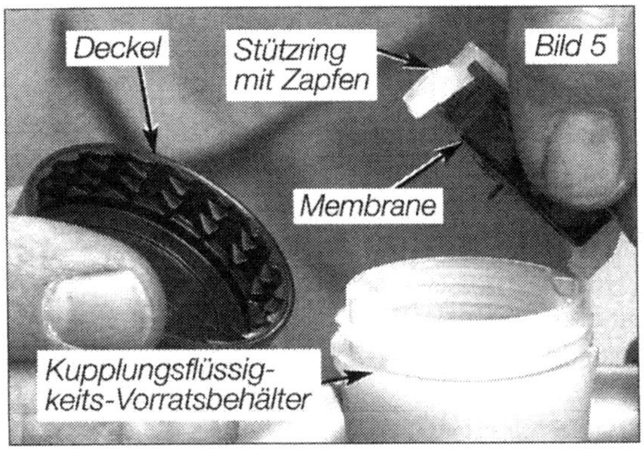

Bilder 4 und 5: Zum Öffnen des Schraubdeckels Zapfen eindrücken, Deckel auf- bzw. abdrehen.

Bilder 6 und 7: Verschleiß am Reibbelag bis zum Nietkopf (Bild 6). Druckplatte mit Brandflecken und Riefen (Bild 7).

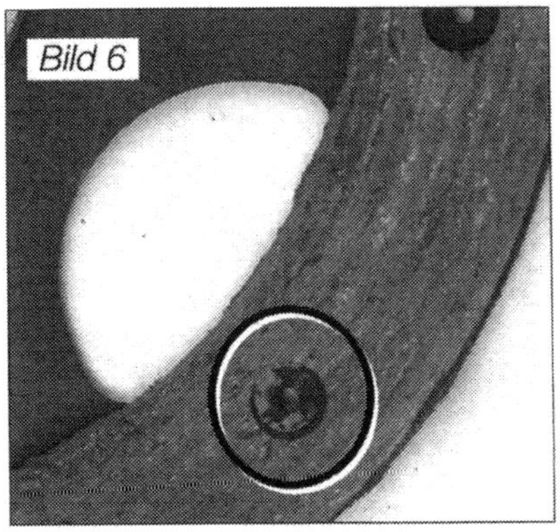

3.3. Entlüfternippel eine halbe Umdrehung öffnen.
4. Oben an der Handpumpe einige Male langsam pumpen, bis der Behälter fast leer ist, aber ein kleiner Rest noch drin ist.
4.1. Entlüfternippel leicht festziehen.
5. Behälter mit einem sauberen, nicht fusselnden Lappen reinigen. **Vorsicht:** Es darf kein Schmutz in die Bohrungen hinein kommen.
5.1. Frische Hydraulikflüssigkeit bis knapp unter MAX-Markierung auffüllen (Bild 3a).
6. Entlüfternippel unten am Nehmerzylinder eine halbe Umdrehung öffnen.
7. Kupplungshebel einige Male langsam betätigen und dadurch die frische Hydraulikflüssigkeit durchpumpen, bis nur noch saubere Flüssigkeit frei von Luftblasen aus dem Schlauch kommt.
7.1. Kupplungshebel gedrückt halten, Entlüfternippel leicht festziehen. Hebel loslassen.
7.2. Entlüfternippel festziehen mit 8 Nm (»handfest«). Gummikappe aufschieben.
8. Behälter mit Hydraulikflüssigkeit bis kurz unter MAX auffüllen (Bild 3a).
9. Membrane mit Stützring einsetzen, Zapfen am Stützring müssen in Nuten eingreifen.
10. Deckel aufdrehen und handfest anziehen.

Kupplungsnehmerzylinder

Der Kupplungsnehmerzylinder sitzt hinten auf dem Getriebegehäuse (Bild 8). Kupplungsnehmerzylinder und Druckstange sind unproblematische Bauteile. Wenn Motor oder Getriebe ausgebaut werden, sollte man diese Teile auf Verschleiß überprüfen. Eine Zerlegung des Kupplungsnehmerzylinders mit Prüfung von Kolben, Manschetten und Zustand der Zylinderbohrung sollte auch dann gemacht werden, wenn die Hydraulikflüssigkeit auffällig dunkel-schmutzig ist und der Verdacht besteht, dass die Kupplung mit schmutziger Flüssigkeit betätigt wurde.

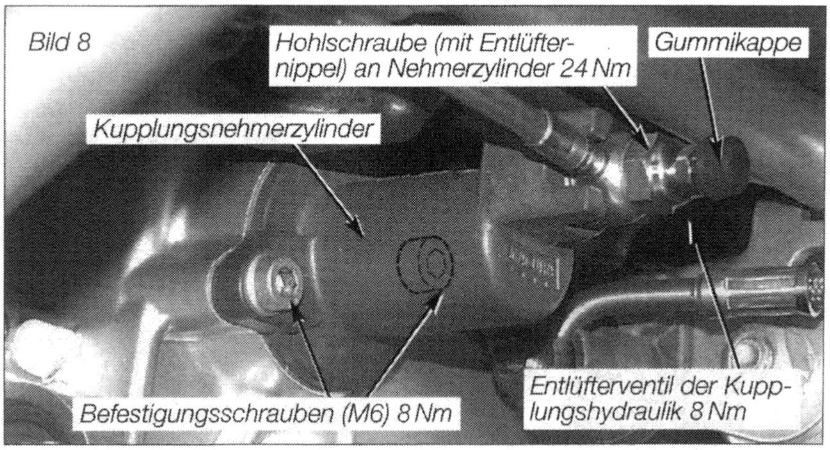

Bilder 8 und 8a: Kupplungsnehmerzylinder unten am Getriebegehäuse mit Hohlschraube und Entlüfternippel.

Bis ein Defekt des Kupplungsnehmerzylinders festgestellt wird, ist wahrscheinlich schon viel Hydraulikflüssigkeit ausgelaufen: Den Bereich, der von ausgelaufener Flüssigkeit betroffen wurde, mit reichlich klarem Wasser abspülen.

Kupplungsnehmerzylinder ausbauen

1. Hohlschraube am Kupplungsnehmerzylinder lösen und ausdrehen, Leitungsanschluss und Dichtringe abnehmen.
■ Reichlich Lappen unterlegen, um die auslaufende Hydraulikflüssigkeit aufzufangen.
2. Befestigungsschrauben des Kupplungsnehmerzylinders lösen und ausdrehen.
3. Kupplungsnehmerzylinder aus seinem Sitz ziehen, dabei nicht verkanten!

Kupplungsnehmerzylinder einbauen

1. Kupplungsnehmerzylinder in Einbaulage ansetzen mit dem Anschluss oben (siehe Bild 8) und ohne zu verkanten in seinen Sitz drücken.
2. Handdruck auf Kupplungsnehmerzylinder halten, Befestigungsschrauben eindrehen und rechts-links-rechts-links festziehen bis auf 8 Nm.
3. Leitung mit neuen Dichtringen befestigen, Hohlschraube mit 24 Nm festziehen.
4. Nun müssen der neue Kupplungsnehmerzylinder befüllt und das Hydrauliksystem entlüftet werden. BMW schreibt vor, dass dieses von unten her gemacht wird, die Erstbefüllung also über das Entlüfterventil vorgenommen wird (Bild 8).

Dazu ist allerdings eine größere Spritze nötig (BMW Spezialwerkzeug »Spritze«, Nr. 34 2 551). Man kann das Befüllen des neuen Kupplungsnehmerzylinders und der Hydraulikleitung aber auch so machen, wie im Text weiter vorne unter »Hydrauliksystem entlüften« beschrieben ist.

Kupplungsnehmerzylinder zerlegen

1. Kupplungsnehmerzylinder in die Hand nehmen und mit Daumen auf Kolben drücken.
2. Seegerring mit abgewinkelter Seegerringzange zusammendrücken und herausnehmen.
■ Kolben dabei weiterhin gedrückt lassen!
3. Druck auf Kolben sanft lösen, er rutscht aus seiner Bohrung heraus. Es kann sein, dass er plötzlich hakt. Daumen nicht wegnehmen, sondern am Kolben etwas ziehen, bis er durch die Federkraft herausgedrückt wird.

Kupplungsnehmerzylinder kontrollieren

Zylinder und Kolben auf abgeschabte Stellen oder Fressstellen kontrollieren. Kolbenmanschette: Dichtlippe einwandfrei?

Feder und Seegerring müssen genügend Spannung haben.

Wenn Defekte festgestellt werden, einen neuen Kupplungsnehmerzylinder einbauen. Wenn kein neuer aufzutreiben ist, können Fressstellen im Zylinder und am Kolben mit feinem Schmirgelpapier und Ölstein bearbeitet werden. Dann hoffen, dass der Kupplungsnehmerzylinder nach Einbau eines neuen Dichtringes wieder dicht ist.

Kupplungsnehmerzylinder zusammenbauen

1. Feder in Zylinder einsetzen, Kolben aufsetzen.
2. Kolben zusammen mit lose aufgesetztem Seegerring mit dem Daumen gegen die Federkraft in seine Bohrung drücken, Kolben etwas tiefer als die Seegerringnut eindrücken.
3. Mit abgewinkelter Seegerringzange den Seegerring in seine Nut einbauen. Darauf achten, dass er satt sitzt, erst dann Daumendruck vom Kolben nehmen und loslassen.

Kupplung aus- und einbauen

Zum Einbau einer neuen Kupplung ist das BMW-Spezialwerkzeug »Zentrierdorn« (Nr. 21 2 673) notwendig. Mit ihm wird die Kupplungsmitnehmerscheibe zentriert, bevor die Bundschrauben des Kupplungsgehäusedeckels endgültig festgezogen werden. Wenn die Kupplung ohne dieses Spezialwerkzeug (also ohne Zentrierung) zusammengebaut wird, kann man das Getriebe nicht auf den Motor montieren. Besorgen Sie sich auch rechtzeitig vor Beginn der Arbeiten das spezielle BMW-Schmierfett Optimoly MP3 für Verzahnung Kupplungsscheibe und die Anlageflächen der Tellerfeder.

Kupplung ausbauen

1. Schwungrad mit Arretiervorrichtung oder 8 mm starkem Stift blockieren.
2. Wenn die Kupplung später wieder eingebaut werden soll: Alle Teile und ihre Einbaulage VOR dem Zerlegen mit Filzstift markieren, damit sie wieder so zusammengebaut werden können.
3. Kupplung ausbauen: Die sechs M6-Inbusschrauben über Kreuz Umdrehung für Umdrehung lösen und ausdrehen.
3.1. Gehäusedeckel, Kupplungsscheibe und Druckplatte abnehmen.

Kupplung prüfen

■ Dicke der Kupplungsscheibe mit Schieblehre an mehreren Punkten messen, Verschleißgrenze 4,8 mm. Neue Kupplungsscheibe ist 6 mm dick.

■ Belag auf ausgebrochene Stellen prüfen.
■ Reibflächen an Kupplungsgehäuse und Druckplatte auf Verschleiß prüfen.

■ Konusbohrung in der Druckplatte auf Fressstellen prüfen (sind sehr selten!).

■ Drucklager im Geberzylinder auf leichten Lauf prüfen. Es darf bei Fingerprobe (Drehen) kein Geräusch abgeben.

Bild 9: Nach Ausbau des Seegerrings kommt der Kolben durch die Federkraft heraus.

Bild 10: Zerlegter Nehmerzylinder.

Bild 11: Explosionszeichnung der Kupplung.

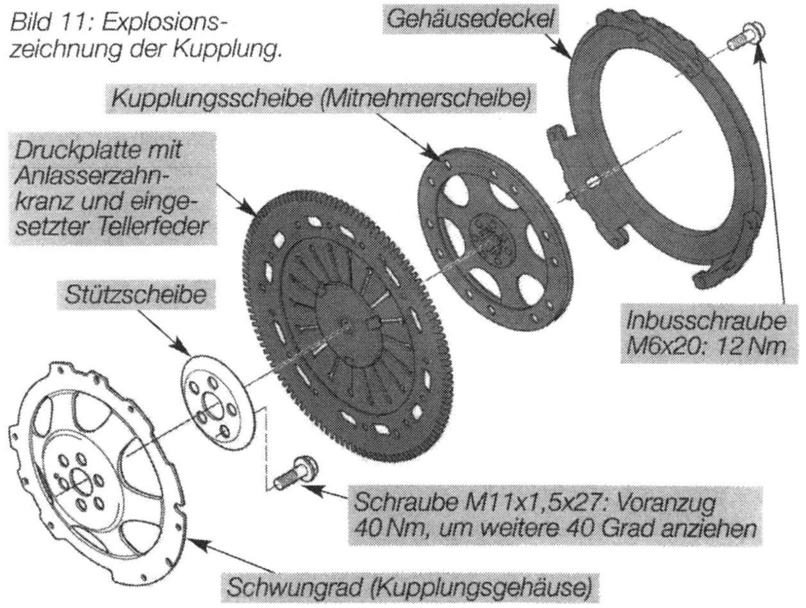

Hersteller der Anti-Hopping-Kupplung:
FAT-CAT GmbH
Performance Parts
Spaichinger Straße 4
D-78582 Balgheim
www.fat-cat.eu

Bilder 12 und 13: Kupplungsdruckstange mit Filz.

Kupplung zusammenbauen
Gebrauchte Kupplung: Beim Ausbau angebrachte Farbmarkierungen müssen fluchten. Neue Kupplung: Weiße Markierungen 120 Grad zueinander versetzen.

1. Druckplatte mit Anlasserzahnrad und Tellerfeder am Kupplungsgehäuse so ansetzen, dass sich die Bohrung im Anlasserzahnkranz mit dem halbrunden Ausschnitt im Kupplungsgehäuse deckt. Festhalten.

2. Kupplungsscheibe zentrisch aufsetzen, flacher Bund zum Motor hin. Festhalten.

3. Gehäusedeckel aufsetzen: Stifte in Bohrungen im Anlasserzahnkranz einstecken. Festhalten.

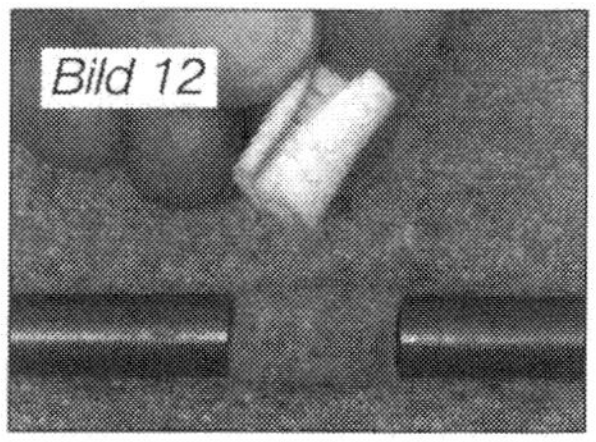

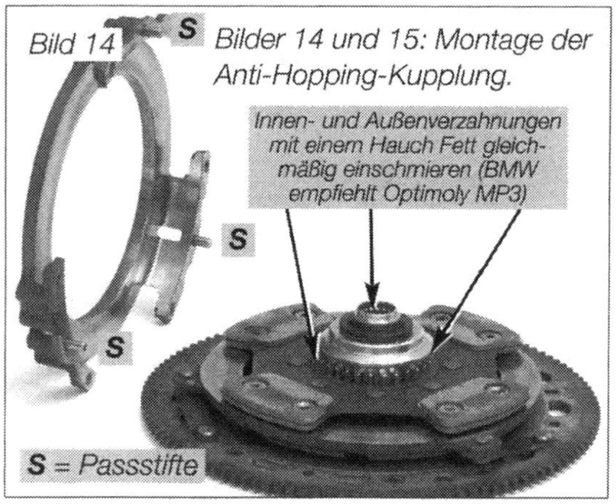

Bilder 14 und 15: Montage der Anti-Hopping-Kupplung.

Bild 16: Kupplungs-Reibscheiben im Vergleich.

4. Inbusschrauben M6x20 ringsum eindrehen und fingerfest anziehen.

5. Zentrierdorn einstecken und die Kupplungsscheibe zentrisch ausrichten.

5.1. Inbusschrauben M6x20 über Kreuz gleichmäßig Umdrehung für Umdrehung anziehen, mit 12 Nm endgültig festziehen.

Kupplungsdruckstange: Sie ist in die Getriebeeingangswelle eingesteckt. Filz (Bild 12) erneuern, mit Optimoly MP3 leicht einschmieren; davon auch etwas auf Druckkonus (Bild 13) geben.

Anti-Hopping-Kupplung

In den letzten Jahren haben sich vor allem in Sportfahrerkreisen die »Anti-Hopping-Kupplungen« verbreitet. Wie der Name schon sagt, verhindert eine solche Kupplung ein »Hüpfen« des Hinterrads – und zwar dann, wenn vor einer Kurve (aus Versehen) ein Gang zu viel heruntergeschaltet wird: Dann überdreht der Motor, im Extremfall werden die Ventile krumm. Eine Anti-Hopping-Kupplung hat eine Art »Freilauf« eingebaut, der bei Überlastung den Kraftschluss zwischen Hinterrad und Motor trennt.

Eine Anti-Hopping-Kupplung ist aber nicht nur dem Boxer-Sportfahrer zu empfehlen, weil er damit Kurven risikoloser anbremsen kann, sondern auch Tourenfahrern – und zwar sportlichen wie sicherheitsbewussten gleichermaßen. In Versuchen bei Motorrad-Zeitschriften hat sich gezeigt, dass sich ein mit AHK und ABS bestückter Boxer sicherer zum Stehen bringen lässt, weil bei einem Bremseneinsatz im ABS-Regelbereich das Hinterrad am Boden bleibt und deswegen die Maschine besser die Spur hält.

Kupplungsgehäuse

Das auf der Kurbelwelle aufgeschraubte, tellerförmige und gelochte Blech wird von BMW als »Kupplungsgehäuse« (Bild 11) bezeichnet. Manche sagen auch »Schwungrad« dazu, was nicht ganz korrekt ist, denn das Kupplungsgehäuse wird erst im verschraubten Verbund mit der Druckplatte, die mit Anlasserzahnkranz und Kupplungsfeder (»Tellerfeder«) ein Bauteil bildet, zu einem entsprechend gewichtigen »Schwungrad«, das den Namen auch verdient.

Kupplungsgehäuse abbauen: Kurbelwelle mit Arretiervorrichtung blockieren. M11-Schrauben ausdrehen, Kupplungsgehäuse abnehmen.

Kupplungsgehäuse anbauen

1. Schwungrad mit Stift auf Fixierbohrung auf die Kurbelwelle ansetzen.
2. Stützscheibe aufsetzen.
3. Die fünf M11-Schrauben leicht einölen, eindrehen und handfest anziehen.
4. Schwungrad mit Arretiervorrichtung oder 8 mm starkem Stift blockieren.
5. Schrauben über Kreuz festziehen:
5.1. Voranzug mit 40 Nm.
5.2. Mit Drehwinkel-Messgerät um weitere 40 Grad endgültig festziehen.

Kurbelwellen-Simmerring

Im Motorgehäuse ist auf der Schwungradseite ein großer Simmerring eingebaut, dieser kann schon mal undicht werden und Öl durchlassen, das in die Kupplung gerät und für Kupplungsrutschen sorgt.

Wenn der Simmerring undicht wird, tritt Öl aus dem Kurbelgehäuse aus und sammelt sich unter dem Motor als kleine Pfütze. Meistens gerät einiges vom austretenden Motoröl in die Kupplung und sorgt dort für eine rutschende Kupplung.

Beachten: Wenn sich bei langer Standzeit unter dem Motor eine kleine Ölpfütze bildet, muss noch lange nicht der Kurbelwellen-Simmerring defekt sein, das Öl kann auch aus anderen Quellen stammen.

Kupplungsrutschen spürt man, wenn die Kupplung beim Fahren unter großer Last zu rutschen beginnt: Großer Gang, niedrige Drehzahl, volle Beschleunigung – dreht der Motor dann hoch, ohne dass die Maschine entsprechend beschleunigt, ist Kupplungsrutschen die Ursache. Mit diesen Symptomen kann auch eine verschlissene Kupplung erkannt werden, was ab ca. 50 000 km Laufleistung auftreten kann.

Kurbelwellen-Simmerring wechseln

Normalerweise wird BMW-Spezialwerkzeug »Eintreibring« (Bild 17) zum Einbau eines neuen Simmerrings benötigt. Hier beschreiben wir den Aus- und Einbau mit einfachen Hilfsmitteln, die man selbst herstellen kann.

Kurbelwellen-Simmerring ausbauen

1. Flachschraubenzieher mit ca. 7 mm Klingenbreite in den Spalt zwischen Kurbelwelle und Simmerring einstechen (Bild 18).
2. Simmerring ringsum aushebeln und abnehmen. Sitzfläche im Gehäuse und Kurbelwellenstumpf peinlichst sauber machen.

Kurbelwellen-Simmerring einbauen

Hinweis: Die Montage des Simmerrings erfolgt trocken, also ohne Öl.

1. Von einer (leer getrunkenen!) Getränkedose den Rand abschneiden (Bild 19), Schnittkante begradigen und fein entgraten.
2. Simmerring von der geschlossenen Seite der Dose her langsam (!) aufschieben.
3. Dose in Flucht der Kurbelwellenmitte auf den Stumpf der Kurbelwelle aufschieben.
3.1. Simmerring auf der Dose nach vorne schieben und an seinen Sitzbund am Gehäuse exakt ansetzen.
4. Simmerring mit Plastikhammer ringsum langsam einschlagen (Bild 20), bis er bündig zur Außenseite des Motorgehäuses in seiner Lagerstelle sitzt.
5. Dose langsam nach hinten abziehen. Simmerring mit kurzen, leichten Hammerschlägen noch etwas nachsetzen, bis er ringsum exakt sitzt.
6. Schwungrad aufschrauben und Kupplung zusammenbauen siehe Text weiter vorne in diesem Kapitel.

Bild 17: Simmerringeinbau mit BMW-Spezialwerkzeug.

Bilder 18, 19 und 20: Kurbelwellen-Sim-merring aushebeln. Neuen Simmerring auf Dose schieben und mit Plastikhammer ringsum eintreiben.

Motor aus- und einbauen

In diesem Kapitel: Motor und Getriebe aus- und einbauen · Spezialwerkzeuge.

Motor und Getriebe ausbauen

Wann Motor ausbauen?
Motorschaden: Der Motor muss ausgebaut werden, wenn ein Schaden an Kurbelwelle, Nebenwelle, Steuerketten sowie deren Spann- und Führungsschienen vorliegt. Alle anderen Motorbauteile können bei eingebautem Motor demontiert und wieder eingebaut werden.

Der Begriff »Ausbau des Motors« ist bei den Boxern nicht ganz richtig, weil der Rahmen aus zwei Hauptteilen besteht: Der Frontrahmen mit Telelever ist vorne-oben an den Motor angeschraubt, der Heckrahmen hinten-unten und hinten-oben. In der Praxis bedeutet »Ausbau des Motors« also, dass Front- und Heckrahmen vom Motor abgeschraubt werden.

Wenn der Motor ausgebaut werden muss, könnte man grundsätzlich nur das Rahmenvorderteil abbauen und Heckrahmen, Getriebe, Schwinge und Hinterachsantrieb zusammen lassen. Das ist jedoch eine ziemliche Frickelei, denn man braucht dazu mindestens drei (fachkundige!) Helfer und tut sich bei der Schrauberei sehr schwer. Deswegen unser Tipp: Wenn der Motor raus muss, den Front- und Heckrahmen vom Motor trennen, sodass die ganze Antriebseinheit komplett ausgebaut ist.

Rahmen-konzeptionelle Ausnahmen sind die Modelle HP2 Enduro und HP2 Megamoto (Bilder 4 und 5): Bei ihnen ist im Vorderrahmen eine herkömmliche Telegabel mit Lenkkopfrohr und zwei Lenkkopflagern (oben und unten im Lenkkopfrohr) eingebaut. Aber auch diese beiden Modelle haben Front- und Heckrahmen, die getrennt voneinander vom Motor ab- bzw. angebaut werden können. Erklärende Zeichnungen stehen in den Bildern 4 und 5; mit Foto finden Sie diese in Kapitel 1 »Modelle Daten«, Seite 17.

Wann Getriebe ausbauen?
Kupplungsschaden: Wenn die Kupplung defekt ist, muss das Getriebe vom Motor getrennt werden, denn zwischen Motor und Getriebe ist die Kupplung eingebaut.

Bild 2

Bild 1

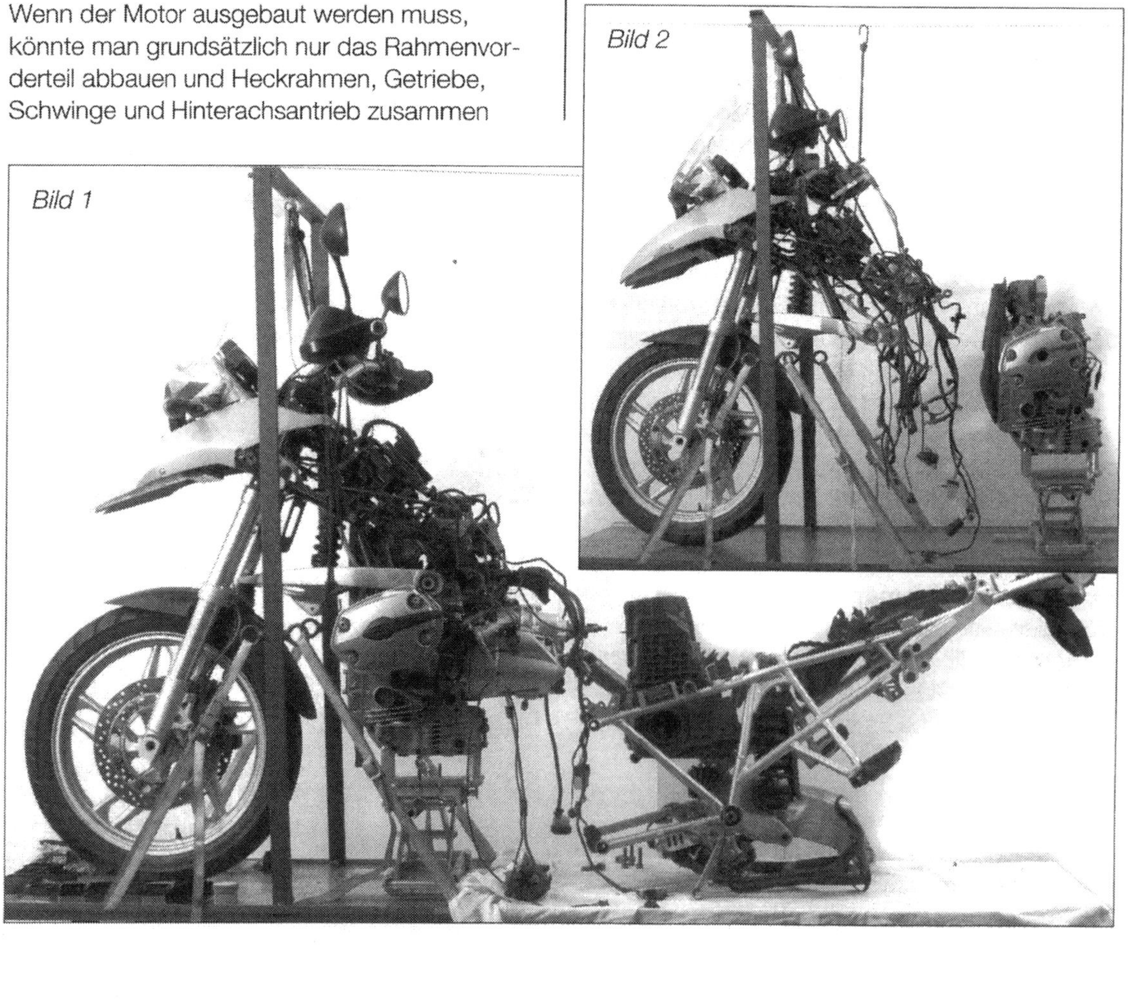

Bilder 1 und 2: Am selbstgebauten Galgen hängt der Vorderrahmen. Der Motor ist unterbaut mit dem Motorheber von BMW und lässt sich damit millimetergenau an den Schraubstellen platzieren.

Getriebeschaden: Wenn die Kupplung oder das Getriebe defekt sind und ausgebaut werden müssen, kommt man mit weniger Schraubarbeit als bei einem kompletten Motorausbau aus.

ABS-Bremsanlage
Die ABS-Bremsanlage muss zum Ausbau des Motors (bzw. Abschrauben des Rahmens vom Motor) weitgehend abgebaut werden. Schrauben an bzw. Reparatur der ABS-Bremsanlage können wir in diesem Buch nicht behandeln, weil aus Gründen der Betriebs- und Verkehrssicherheit nur ausgebildete BMW-Motorradmechaniker daran arbeiten dürfen.

Sollte es fernab einer BMW-Motorradwerkstatt notwendig werden, Front- und Heckrahmen vom Motor zu trennen, dann müssen Sie Ihren technischen Sachverstand bemühen und überlegen, wie die ABS-Bremsanlage abgeschraubt werden kann, ohne dass Bremshydraulikleitungen geöffnet und getrennt werden müssen.

Wenn es bei einem Motorausbau aufgrund eines besonderen Umstands nicht möglich ist, die Bremsleitungen zu demontieren ohne sie zu trennen, raten wir Ihnen dringend, nach dem Zusammenbau die Maschine in eine BMW-Motorradwerkstatt zu bringen (NICHT fahren, sondern mit einem Transporter oder auf einem Motorradanhänger) und dort die Bremse komplettieren zu lassen. Hierzu gehört nicht nur das Zusammenschrauben der Bremshydraulikleitungen oder ihr Anbringen an Bremssättel, Bremspumpen und die ABS-Steuereinheit, sondern auch das Befüllen mit Bremsflüssigkeit sowie Entlüften.

Spezialwerkzeuge

BMW bietet verschiedene Spezialwerkzeuge zum Aus- und Einbau des Motors an, wie z. B. den aus mehreren Einzelteilen bestehenden »Motorheber«. Dieser kostet komplett zwar um die 600 Euro, ist aber in der Praxis so genial zu handhaben, dass man sich nicht vorstellen kann, einmal ohne gearbeitet zu haben. Im Fahrerlager, der marokkanischen Wüste oder dem australischen Busch genügen zur Not natürlich auch stabile Hölzer.

Bild 3

Bild 3: Der BMW-Motorheber wird mit dem Motorgehäuse an vier Schraubstellen fest verbunden.

Bilder 4 und 5: Die Modelle HP2 Enduro und HP2 Megamoto haben einen anderen Rahmen als die Modelle mit Telelever: Konventionelle Lenklagerung mit durchgehendem Lenkkopfrohr (L), herkömmliche Telegabel mit oberer und unterer Gabelbrücke. Front- (F) und Heckrahmen (H) sind zwei Bauteile, die am Motor verschraubt (S) sind und zusätzlich oben miteinander (OS).

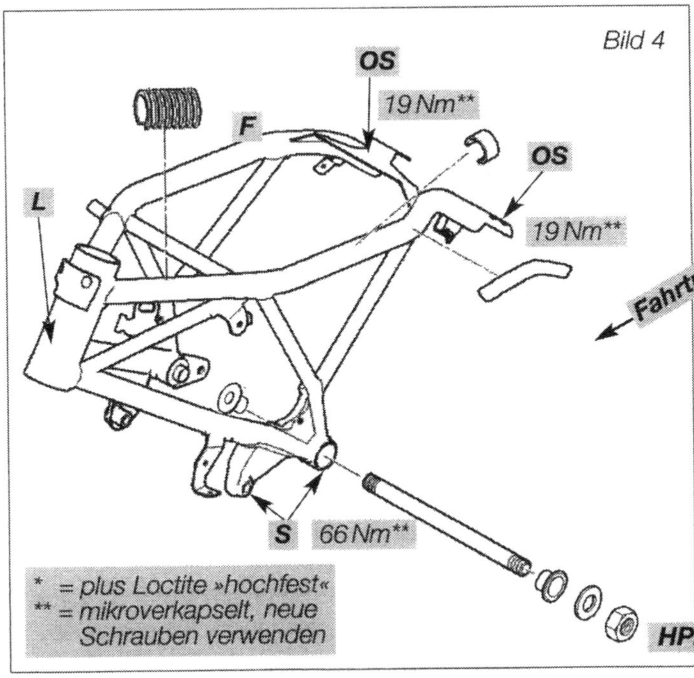

Bild 4

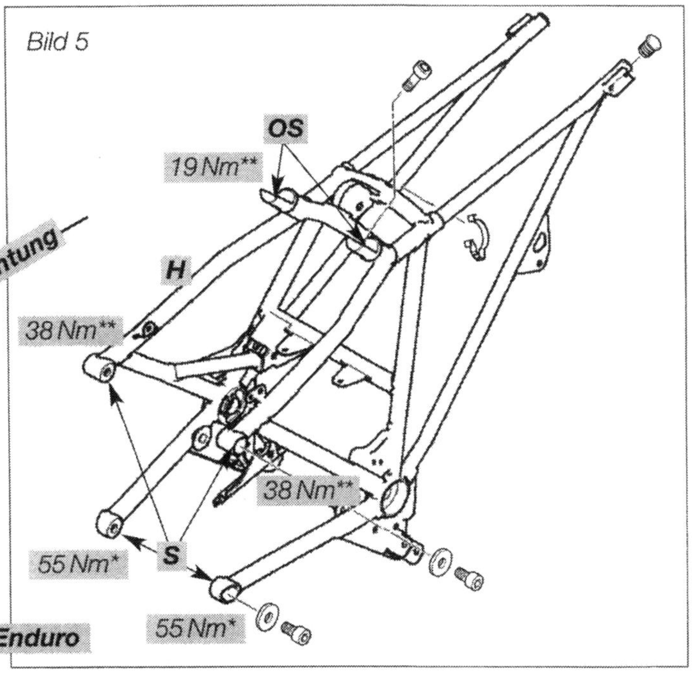

Bild 5

Sichtprüfung Messen

Weiterhin bietet BMW einen »Kran« an. Ein solches Teil braucht man zwar, man kann sich so etwas aber auch selbst bauen: Wir benutzen unseren Eigenbau-»Galgen« und machen daran mit Riemen den Vorderrahmen fest (siehe Bild 1).

Tipp: Auch empfehlenswert ist ein kleiner mobiler Werkstattkran, wie man ihn bei Motorrad-Zubehör- und Werkzeughändlern für kleines Geld kaufen kann. Und wenn im Zuge der Montagearbeiten die Motorhaltebolzen gelöst und ausgezogen werden, muss der Rahmen nicht nur sicher am Kran hängen, sondern auch der Motor nach unten entsprechend abgestützt sein (siehe dazu Text oben und Bilder 1, 2 und 3).

Motorausbau

Die Reihenfolge der folgenden Arbeitspunkte zu den »vorbereitenden Arbeiten zum Ausbau von Motor und Getriebe« orientiert sich an der Logik von nahe beieinander liegenden Baugruppen. Wenn nur das Getriebe freigelegt werden soll (will heißen: Heckrahmen abgeschraubt, damit das Getriebe vom Motor getrennt werden kann), dann bedeutet dies abhängig vom Modell, dass das eine oder andere Bauteil entweder nicht oder zusätzlich abgeschraubt werden muss.

Allerdings ist es grundsätzlich immer besser, sich beim Schrauben großen Freiraum zu schaffen, wozu auch gehört, dass man eher ein Bauteil zu viel abbaut, als eines zu wenig.

Zum Getriebe- und Motorausbau vorbereitende Arbeiten

1. Verkleidungsteile, Seitenblenden, Tankverkleidungen und Motorschutz unten (wenn vorhanden) abschrauben.
2. Motoröl ablassen. Ölfilter ausbauen. Wegen drohender Ölsauerei die Motoröl-Ablassschraube und den Ölfilter wieder einbauen und handfest anziehen.
3. Schaltstange vom kleinen Schalthebel am Getriebe abbauen.
4. Fahrer- und Beifahrersitz abbauen.
5. Tank abbauen.
6. Plus- und Minuskabel von der Batterie abschrauben. Batterie ausziehen.
7. Auspufftopf und Auspuffkrümmer abbauen.
8. Motorheber anbauen (Bilder 1, 2 und 3).
9. Ab- und ausbauen: Ansaugrohre zum Luftfilterkasten hin, Einspritzventile (Stecker vorher abziehen!), Drosselklappenstutzen.
10. Kupplungsnehmerzylinder abschrauben und zur Seite hängen.
11. Hinterrad ausbauen. Bremssattel abbauen. Tacho-/ABS-Sensor im Hinterachsantrieb ausbauen, Kabel aus Halteklammer ausclicken.
12. Arbeitsschritte Abbau Heckrahmen:
12.1. Stecker an den Kabeln zu Rücklicht und Blinker auseinanderziehen.
12.2. Kabelbinder der am Rahmen befestigten Kabel von Motor zu Heckrahmen durchknipsen.
12.3. Befestigungen und Klammern der Bremsleitungen am Heckrahmen lösen.
12.4. Untere Verschraubungen des Heckrahmens an Motor lösen und ausdrehen.
12.5. Obere Verschraubungen des Heckrahmens an Motor lösen, aber nicht ausdrehen.
12.6. Gummimanschette über vorderem Kreuzgelenk abschieben, mit dickem Schraubenzieher das Kreuzgelenk von der Verzahnung der Getriebeabtriebswelle abdrücken.
12.7. Gleichzeitig den Heckrahmen vorsichtig nach oben schwenken und mit einem Spannband so fixieren, dass er oben bleibt.
13. Stecker am Kabel zum Getriebepotentiometer abziehen.
14. Anlasser ausbauen: Zuerst Abdeckung abschrauben, dann Kabel abschrauben und abziehen, Anlasser ausbauen.
15. Getriebeabdeckung ausbauen.
16. Getriebe ausbauen: Alle Schrauben zum Motor hin lösen und ausdrehen, Getriebe nach hinten in Flucht zum Motor abziehen.
■ Während des Ziehens etwas wackeln, dann lösen sich die Passstifte aus den Bohrungen.

Motor ausbauen

Wenn die komplette Antriebseinheit Motor mit Getriebe ausgebaut werden soll, kann man das Getriebe am Motor lassen. Vorarbeiten wie weiter vorne bis 12.4.

1. Obere Verschraubungen des Heckrahmens an Motor lösen, Schrauben ausdrehen. Gleichzeitig den Heckrahmen nach oben mit einem Spannband lose fixieren.
2. Gummimanschette über vorderem Kreuzgelenk abschieben, mit dickem Schraubenzieher das Kreuzgelenk von der Verzahnung der Getriebeabtriebswelle abdrücken.
2.1. Gleichzeitig den Heckrahmen vorsichtig nach hinten abziehen.
3. Riemenabdeckung vorne am Motor ausbauen.
4. Haupt- und Nebenkerzenstecker ausbauen.
5. Elektrostecker ausziehen: Motorsensoren

und Schalter links, Motorsensoren rechts und oben, Lichtmaschine.
6. Ölkühlerleitung unten am und oben auf dem Motor: Vorlauf und Rücklauf abschrauben.
7. Verschraubung Federbein vorne unten am Längslenker: Schraube lösen und ausdrehen.
8. Längslenker am Motor abschrauben: Gummikappen beidseitig aushebeln, Schraube lösen und ausdrehen, dabei auf der anderen Seite am Kopf des Bolzens gegenhalten.
9. Schraubverbindungen des Vorderrahmens am Motor oben-vorne lösen und ausdrehen.
9.1. Die Schrauben, mit denen der Heckrahmen oben am Motor und gleichzeitig die Rahmenstrebe am Motorr befestigt sind, sind schon ausgedreht. Falls nicht: Lösen und ausdrehen, dabei darauf achten, dass alles ungefähr an seinem Platz bleibt.
10. Rahmenvorderteil nach vorne-oben langsam vom Motor abziehen/abschieben.
10.1. Dabei genau (!) nachsehen, ob alle Kabelstecker abgezogen sind und kein Kabel mehr an einem Rahmenrohr festgebunden ist: Kabelbinder aufknipsen.
10.2. Oben links auf dem Motor ist eine Massekabelöse aufgeschraubt: Schraube ausdrehen.

Motor einbauen

Zusammenbau in umgekehrter Reihenfolge des Ausbaus. Zuerst Vorder- und Hinterrahmen an die Motor-Getriebeeinheit anbauen und nach und nach alle weiteren Bauteile anbringen. Besonders zu beachten sind folgende Punkte:
■ Achten Sie auf Sauberkeit aller Verbindungsstellen zwischen Motor und Rahmen.
■ Quetschen Sie keine elektrischen Leitungen, Schläuche oder Bowdenzüge ein.
■ Verwenden Sie nur einwandfreie, originale BMW-Schrauben und -Muttern. Laut BMW-Vorschrift müssen einige beim Zusammenbau erneuert werden (siehe »Anziehdrehmomente«)!
■ Benutzen Sie zum Anziehen von Schrauben und Muttern exakt passendes Werkzeug und korrekt eingestellten Drehmomentschlüssel.

Anziehdrehmomente
Vorderrahmen:
Schraube M12x20 in langem Lagerbolzen für Längslenker an Motor .... 73 Nm
■ *Voranzug 45 Nm, Endanzug 73 Nm*
■ *Gewinde reinigen, Loctite »mittelfest« auftragen*
Bolzen M12x210 Vorderrahmen an Motor .... 110 Nm
■ *mikroverkapselt, Mutter erneuern*
Schrauben M10x40 Rahmenstreben an Motor .... 38 Nm
■ *mikroverkapselt, Schrauben erneuern*
Schraube M10x106 Rahmenstreben an Vorderrahmen .... 70 Nm
Schraube M10x50x1.25-10.9 vorderes Federbein unten an Längslenker .... 34 Nm
■ *Gewinde mikroverkapselt, Schraube erneuern, Kopf mit Optimoly TA schmieren*

Heckrahmen an Getriebe und Motor:
Schraube M8x55-10.9 an Getriebe .... 28 Nm
■ *Schraube erneuern*
Schrauben M12x50 an Motor unten .... 55 Nm
■ *Schrauben erneuern*
Schrauben M10x40 an Motor oben .... 38 Nm
■ *mikroverkapselt, Schrauben erneuern*

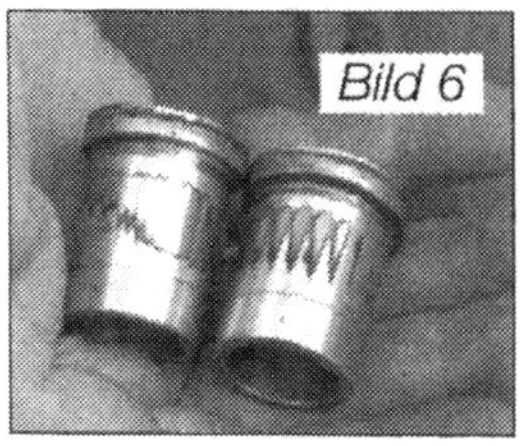

Bild 6: Bundbuchsen aus Nadellager des Längslenkers ausziehen, reinigen und mit Optimoly MP3 schmieren.

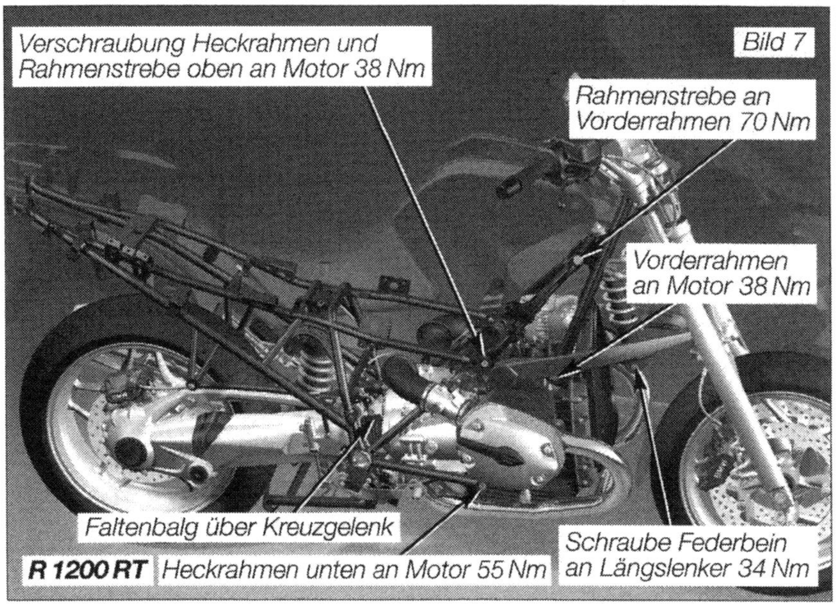

Bilder 7 und 8: Rahmenteile und Verschraubungen an den Motor sind in den Bildern sehr gut zu erkennen.

Korrespondenzkapitel:
- 5 »Ventilspiel«
- 10 »Zylinderkopf«
- 13 »Ventiltrieb · Nockenwellen«
- 14 »Zylinder · Kolben«
- 15 »Pleuel · Kurbelwelle«
- 17 »Kupplung«
- 18 »Motor aus- und einbauen«

Bild 1

Bild 1: Motormontagebock.

Bilder 2 und 3: Schraubstellen und Schrauben linke Motorgehäusehälfte.

Bild 4: Schraubstellen und Schrauben rechte Motorgehäusehälfte.

Bilder auf der nächsten Seite: Im Lauftext sind die Arbeitsschritte beschrieben.

Anziehdrehmomente
(Bilder 2, 3 und 4):
M6: ..... 8 Nm
M8: ... 19 Nm
M10: . 25 Nm
plus Weiterdrehwinkel 90 Grad

Motor zerlegen · zusammenbauen

In diesem Kapitel: Werkzeuge und Hilfsmittel · Motor zerlegen: Vorbereitende Arbeiten · Kurbelgehäuse zerlegen · Motor zusammenbauen: Rechte und linke Gehäusehälfte mit Teilen bestücken · rechte Gehäusehälfte auf linke montieren · Ölpumpe einbauen · Steuerketten montieren · Stirnräder der Ausgleichswelle montieren · vorderen Deckel aufbauen · Riemenrad montieren.

Werkzeuge und Hilfsmittel

Folgende Werkzeuge und Hilfsmittel werden zum Zerlegen und Zusammenbau benötigt: **Motormontagebock** ist sehr hilfreich. An diesen wird der Motor über Zwischenplatten angeschraubt und lässt sich horizontal und vertikal in jede gewünschte Richtung drehen. BMW bietet ein Z-förmiges Spezialwerkzeug »Motoraufnahme« (Nr. 11 0 630, Bild 1) an; aber auch im guten Werkzeughandel gibt es solche Montageböcke mit entsprechenden Adaptern.

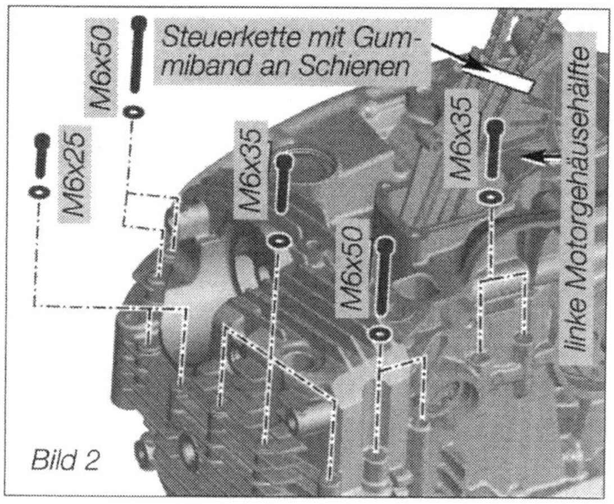

Bild 2

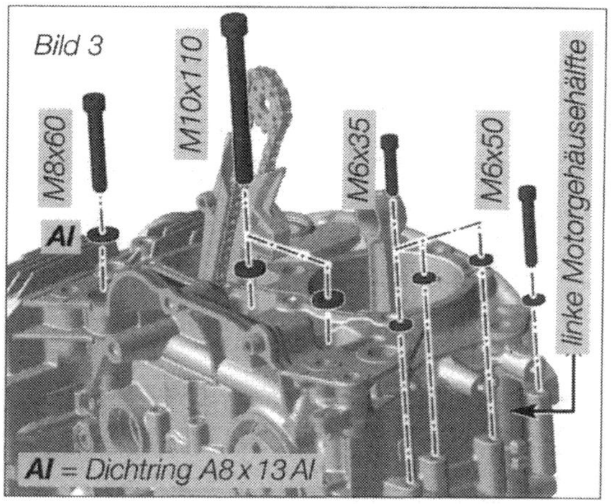

Bild 3

Al = Dichtring A8 x 13 Al

Große Werkbank: Wenn man kein solches Hilfsmittel hat, kann man den Motor auch auf der Werkbank zerlegen und wieder zusammenbauen. Voraussetzung ist, dass die Werkbank groß genug ist, denn der Motor muss einige Male gedreht werden. Es genügt auch ein großer, stabiler Tisch. Die Unterlage sollte mit einer Hartgummiplatte belegt oder mit einem weichen Blech beschlagen sein.

Werkzeuge

Torxnüsse M5, M6, M8, M10; Verlängerung, Querknauf; Drehmomentschlüssel; Drehwinkelmesser; rückschlagfreier Kunststoffhammer.

Hilfsmittel

- Ölkännchen mit frischem Motoröl
- Silikondichtmittel »Omnivisk« oder Flächendichtmittel Dow Corning (siehe Kapitel 2)
- Kabelbinder oder Gummiringe, die aus einem alten Fahrradschlauch geschnitten sind
- zwei Drahtschlingenhaken aus dünnem Schweißdraht selbst gemacht zum Hochbinden der Steuerketten

Motor zerlegen

Vorbereitende Arbeiten

Motor ist nackt, also von allen Anbauteilen getrennt: Getriebe, Kupplung und Schwungscheibe abgebaut; dazu Stirnraddeckel, Ausgleichswelle, Primärkette mit Kettenrädern, Ölpumpe. Zylinderköpfe, Zylinder und Kolben abbauen siehe entsprechende Kapitel im Buch (siehe links oben »Korrespondenzkapitel«).

Kurbelgehäuse zerlegen

1. Motor auf die linke Seite legen (Bild 4).
1.1. Torxschrauben auf rechter Seite ausdrehen.
2. Motor auf die rechte Seite legen (Bilder 2 und 3).
2.1. Torxschrauben auf linker Seite ausdrehen.

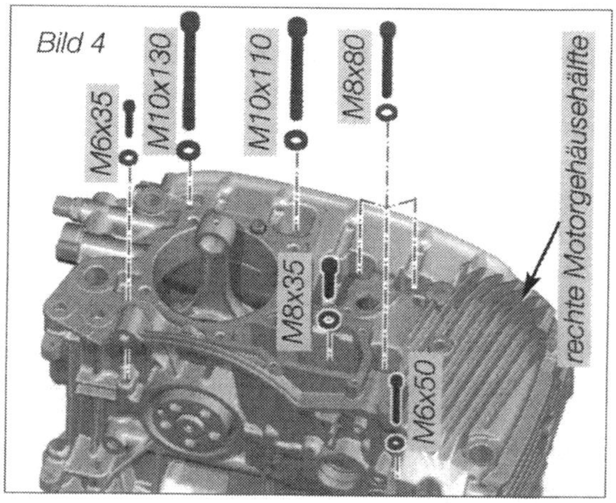

Bild 4

3. Motorgehäusehälften voneinander trennen: An den Zylinderstehbolzen packen und fest daran wackeln, damit sich die Dichtmasse zwischen den Passflächen löst und sich die Motorgehäusehälften trennen können.

4. Kurbelwelle, Zwischenwelle, Steuerkettenspann- und Gleitschiene herausnehmen bzw. ausbauen.

5. Teile reinigen und auf Verschleiß prüfen:

Sind die Befestigungspunkte in Ordnung? Zeigen die Lagerstellen abnormale Verschleißerscheinungen wie z. B. Fressspuren (Ölmangel), blaue Verfärbung (Hitzeschaden), Riefen?

Verschleißmaße für Kurbelwellen- und Pleuellager mit Schleifstufen und Gewichtsgruppeneinteilung finden Sie im Kapitel 15 »Pleuel · Kurbelwelle«.

Motor zusammenbauen

Noch einmal: Wir empfehlen, einen Motormontagebock zu benutzen, denn man tut sich einfach leichter damit, als wenn man den Motor auf der Werkbank zusammenbaut.

Wichtig: Vor Beginn aller Montagearbeiten in alle Kanäle und Bohrungen mit einer Taschenlampe reinleuchten, um sicherzugehen, dass nichts drin ist: KEIN Rest von Dichtmittel, keine (zufällig hineingeratene) Schraube oder Mutter, kein Span oder sonst welcher Dreck.

Linke Gehäusehälfte am Motormontagebock anbringen, mit Teilen bestücken:

1. Lagerschalen auf der Rückseite dünn einölen, mit Gefühl in die Lagersitze drücken (Bilder 7, 7a und 8). KEINEN Hammer zu Hilfe nehmen!

2. Lagerschalen und Lager der Kurbelwelle gut einölen, Kurbelwelle einsetzen: Kurbelwelle auf UT beider Zylinder einsetzen, wie in Bild 9 gezeigt.

3. Etwas Slikondichtmittel in Lagersitz des Lagerbolzens der Steuerkettenschienen geben, Kettenschienen einsetzen (Bilder 10 und 11).

4. Lagersitz der Zwischenwelle einölen, Zwischenwelle mit aufgelegten Steuerketten einsetzen (Bild 12).

4.1. Zwischenwelle so einsetzen, dass der Stift vorne senkrecht nach oben zeigt (Bild 23).

5. Kugellager für Ausgleichswelle einsetzen, Seegerring in Nut ein-

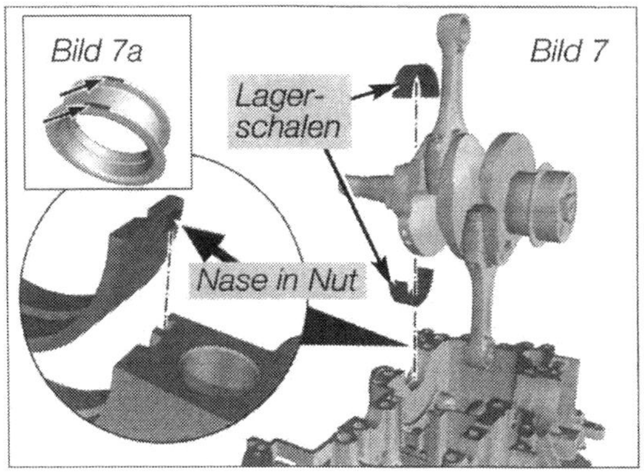

Bild 7a
Bild 7

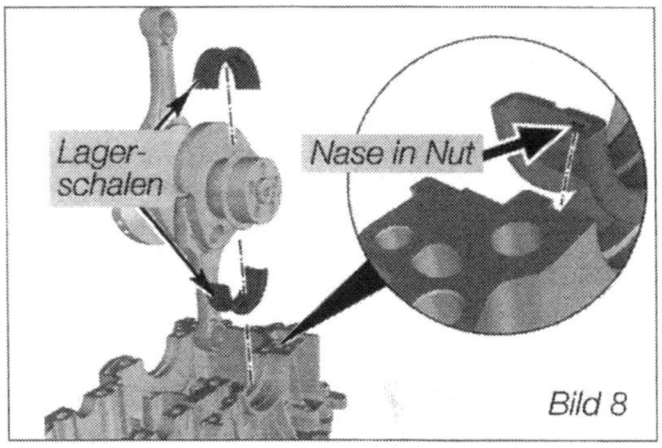

Bild 8

Bild 9

Bild 5
linke Motorgehäusehälfte

Bild 6
rechte Motorgehäusehälfte

Bild 10

Bild 11

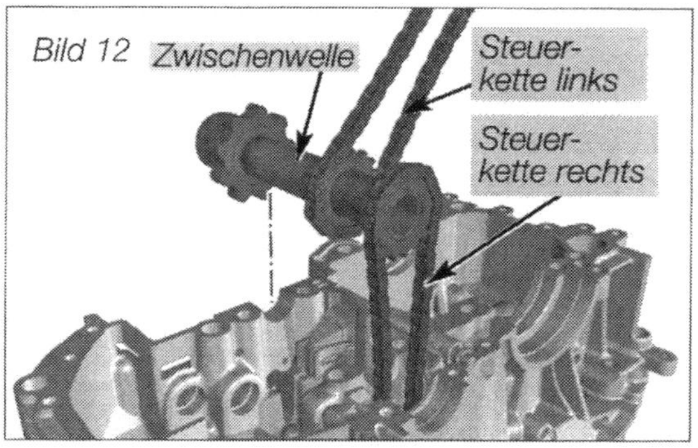

Bilder 12 bis 17: Im Lauftext sind die zu den Bildern gehörenden Arbeitsschritte nummeriert beschrieben.

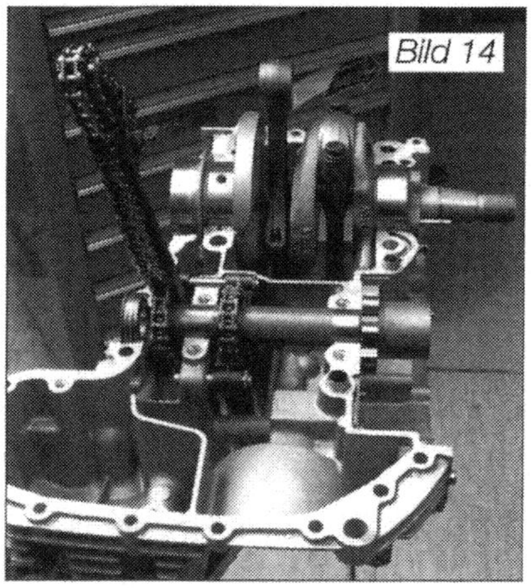

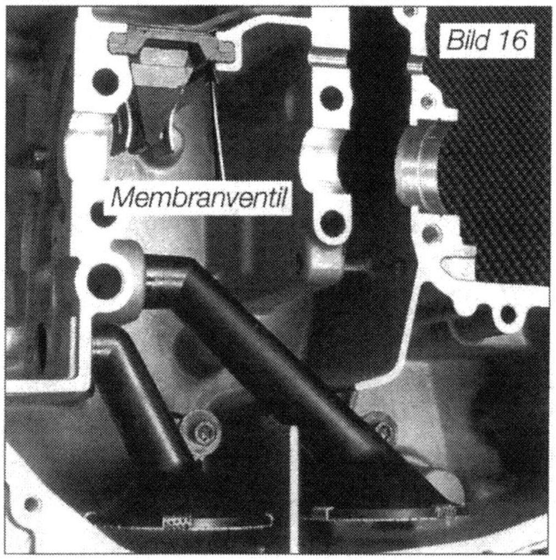

setzen, Ausschnitt nach unten (Bild 13).
6. Obere Steuerkettenschiene (Führungsschiene für rechts) senkrecht stellen, Steuerkette nach oben ziehen, über die Oberseite legen und mit einem Gummiband fixieren (Bilder 14 und 15).
6.1. Die untere Steuerkettenschiene (Spannschiene für links) hängt unten aus dem Motor raus.

Rechte Gehäusehälfte mit Teilen bestücken
1. Ölansaugglocken einsetzen: Einen Tropfen Loctite »mittelfest« auf die Schrauben geben, gut handfest anziehen (8 Nm).
2. Membranventil eindrücken (Bild 16).
3. Lagerschalen einsetzen.
4. Kettenspannschiene (die mit dem kurzen Anguss) für rechte Seite einbauen: Schraube mit neuem Aludichtring eindrehen (Bild 17), mit 18 Nm festziehen.
5. Primärkettenführungsschiene einbauen: Mit Schrift nach innen und kurzem Ende nach oben. Scheiben auflegen, Sicherungsclips in Nuten eindrücken.
6. Gehäusehälfte umdrehen, Ölüberdruckventil (Bild 18) einbauen: Ventil in Bohrung einschieben, Feder einschieben, Verschlussschraube mit neuem Dichtring eindrehen, mit 42 Nm festziehen.
6.1. Mit einem Schraubenzieher in den Öldruckkolben einfahren, drücken und testen, ob das Ölüberdruckventil gängig ist (Bild 19).

Linke Gehäusehälfte
1. Dichtflächen mit Bremsenreiniger und sauberem Lappen öl- und fettfrei reinigen (Bild 20).
2. Eine feine Raupe Silikondichtmittel auf die Dichtflächen legen.
■ Gewindebohrungen aussparen (Bild 22)!
2.1. Auf die inneren Gehäusedichtflächen um die Gewindelöcher herum etwas Dichtmasse geben (Bild 21), sonst ölt der Motor!
2.2. Ölführungsnuten im Bereich der Kurbelwellenhauptlager nicht zuschmieren!
2.3. Silikonraupen nochmal kontrollieren: Überall etwas drauf?

Rechte Gehäusehälfte auf linke montieren
1. Etwas Öl auf die Kurbelwellenhauptlager geben.
2. Rechte Gehäusehälfte auf die linke setzen: So anfahren, dass nichts kollidiert, Spannschienen müssen in Flucht zur Kette sein.
3. Rechte Gehäusehälfte auf die Dichtfläche der linken drücken, beide Gehäusehälften müssen »zusammenfallen«, NICHT mit dem Hammer zusammentreiben!

Gehäuse zusammenschrauben

1. Die langen M10-Schrauben (Bilder 3 und 4) einölen und einschrauben: Die längere der vier (M10x130) gehört nach rechts oben (Bild 4).
1.1. Alle vier Schrauben handfest anziehen.
2. Die M8-Schrauben einölen, eindrehen:
2.1. Bild 4: Drei sind gleich (M8x80), eine ist kürzer (M8x35): Sie kommt in Steuerkettenschacht.
2.2. M8-Schrauben von links siehe Bild 3.
3. Motor senkrecht stellen.
4. Anziehdrehmoment M10-Schrauben:
4.1. Anziehreihenfolge: Mit Voranzieh-Drehmoment 25 Nm hinten unten beginnen, dann hinten oben, dann vorne unten, dann hinten oben.
4.2. Endanzug mit Weiterdrehwinkel 90 Grad in der gleichen Anziehreihenfolge.
5. Anziehdrehmoment M8-Schrauben 19 Nm:
5.1. Anziehreihenfolge:
■ Zuerst die vier von der rechten Gehäuseseite zugänglichen Schrauben (Bild 4).
■ Dann die von der linken Gehäuseseite eingesetzte M8-Schraube (Bild 3).
Wichtig: Die von der linken Seite eingebaute Schraube M8x60 (Bild 3) mit neuer Dichtscheibe bestücken, denn diese ist eine spezielle Dichtscheibe mit einem innen eingebauten Dichtring!
6. Alle M6-Schrauben eindrehen, ihre Längen beachten: Zuerst einstecken und den Überstand ansehen, er muss ca. 10 mm betragen.
6.1. Anziehdrehmoment für alle M6: 8 Nm.
6.2. Anziehreihenfolge: Zuerst die inneren im Kupplungsbereich festziehen, dann die äußeren.

Ölpumpe einbauen

1. Scheibenfeder (Woodruffkeil) in Nut in Zwischenwelle einsetzen, in Sitz drücken (Bild 23).
2. Ölpumpengehäuse ordentlich einölen. Außenrotor in Ölpumpengehäuse mit Körnerpunkt nach innen zum Ölpumpengehäuse einsetzen.
3. Ölpumpengehäuse mit eingesetztem Außenrotor aufsetzen: »Zähne« des Innen- und Außenrotors müssen sauber ineinander greifen.
4. Innenrotor der Kühlölpumpe auf Zwischenwelle stecken: Körnerpunkt muss nach außen zeigen, Schlitz innen auf Woodruffkeil ausrichten.
5. Außenrotor einsetzen (Bild 24).
6. Deckel aufsetzen, Torxschrauben eindrehen, über Kreuz festziehen (Bild 25).
Wichtig: Schrauben erneuern, denn sie sind aus Alu! BMW-Anziehvorschrift: »Voranzug 4 Nm, Weiterdrehwinkel 90 Grad«.

Steuerketten montieren

Folgender Kapitelabsatz korrospondiert mit Kapiteln 10 »Zylinderkopf« und 14 »Zylinder · Kolben«.

1. Kupplung provisorisch montieren: Schwungrad auf Kurbelwelle setzen, zwei M11-Schrauben eindrehen, handfest anziehen.
2. Kupplungsgehäuse provisorisch montieren.
3. Kurbelwelle abstecken: Rechts oben 8er-Stift einstecken.
4. Steuerkette auf Kettenräder hängen und provisorisch auf Kurbelwelle hängen.
4.1. Oberes Zahnrad: Fase muss hinten sein, kleine Bohrung muss exakt oben stehen.

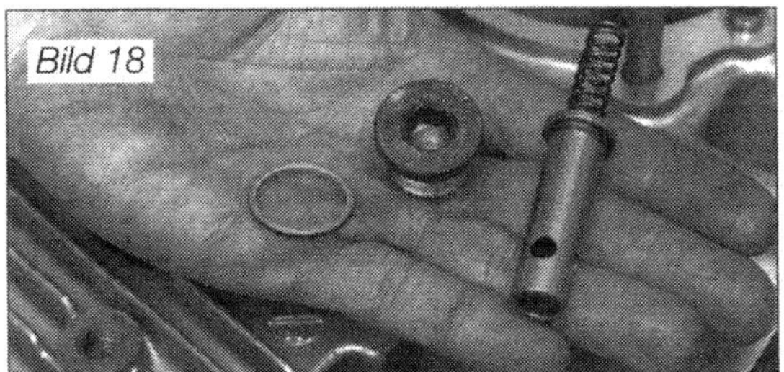
Bild 18

Bild 19

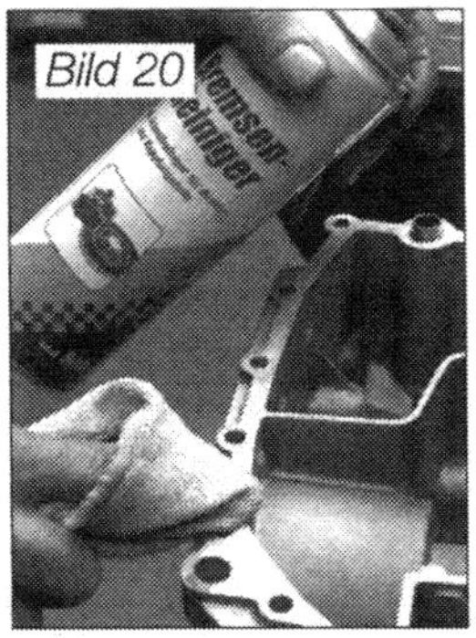
Bild 20

Bild 21

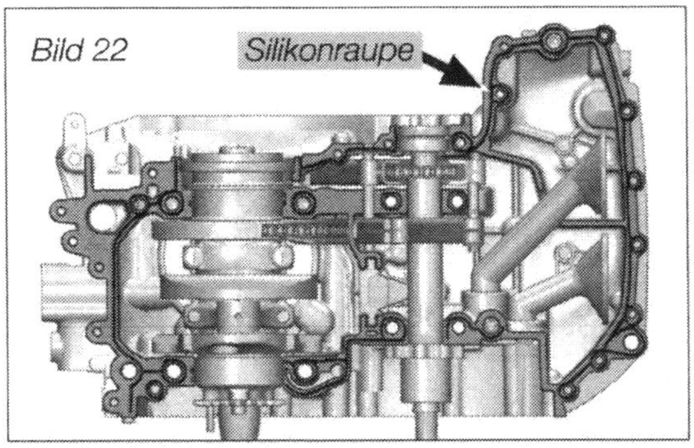

Bild 22

Bilder 18 bis 25: Im Lauftext sind die zu den Bildern gehörenden Arbeitsschritte nummeriert beschrieben.

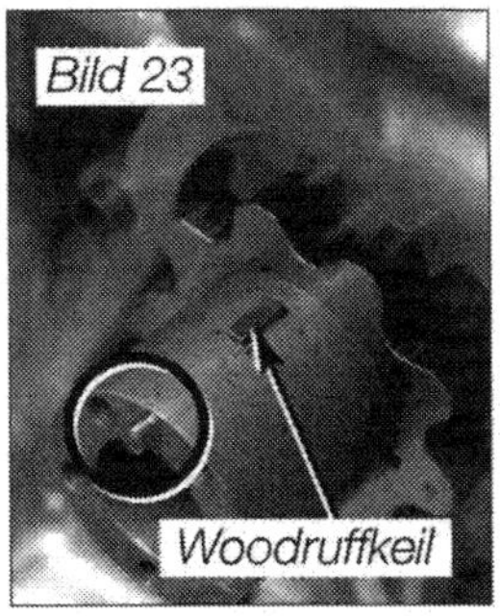

Bild 23

Bild 24

Bild 25

Bilder 26 bis 30: Im Lauftext sind die zu den Bildern gehörenden Arbeitsschritte nummeriert beschrieben.

4.2. Unteres Zahnrad: Ausdrehung muss innen sein, Bohrung für Stift in Kurbelwelle muss exakt oben stehen, Kerbe muss nach oben stehen und mit Gehäusetrennlinie fluchten.
5. Kettenräder mit aufgelegter Steuerkette auf ihre Sitze auf der Kurbel- und Zwischenwelle schieben, Stifte müssen widerstandslos in die Bohrungen gleiten.
6. Torxschrauben M5x16 in unteres Zahnrad, Torxschrauben M6x16 in oberes Zahnrad eindrehen. **Hinweis:** Die Torxschrauben M5x16, mit denen das untere (große) Zahnrad auf der Nebenwelle befestigt ist, sollen laut BMW nur einmal verwendet, also erneuert werden.
6.1. Schrauben festziehen:
- Torxschrauben M6x16 (oberes Zahnrad) 8 Nm
- Torxschrauben M5x16 (unteres Zahnrad) 8 Nm

7. Kontrolle: Oberes Zahnrad: Stift muss nach oben stehen und mit Gehäusetrennlinie fluchten.
7.1. Unteres Zahnrad: Kerbe muss nach oben stehen und mit Gehäusetrennlinie fluchten.
8. Spannschiene der Steuerkette montieren (Bild 26): Scheibe aufstecken, Clip in Nut einschieben, es muss »klicken«.

Bild 26

Bild 27

Bild 28

Bild 29

Bild 30

9. Steuerkettenspanner montieren: Die drei Befestigungsschrauben einstecken, Dichtung aufschieben.
9.1. Feder und Kolben in Steuerkettenspanner-Gehäuse einsetzen, gemeinsam eindrücken.
9.2. Steuerkettenspanner an Montagestelle ansetzen, Schrauben eindrehen, Druck vom Kolben lösen: Kolben fährt an Spannschiene an.
9.3. Schrauben mit 8 Nm festziehen.
10. Kühlölleitung anbauen: Vorderes Ende gut einölen und in die Öffnung einsetzen. **Achtung:** O-Ring nicht zerstören!
10.1. Kühlölleitung in Montageposition bringen, Entlüftungsventil mit neuen Dichtscheiben montieren, mit 25 Nm festziehen (Bild 27).
10.2. Schrauben eindrehen, mit 8 Nm festziehen (Bild 28).
11. Provisorisch montierte Kupplung und Schwungrad abbauen.

Motor umdrehen, so dass die Kupplungsseite oben ist

1. Schwungrad montieren siehe Kapitel 17 »Kupplung«.
2. Schwungrad fixieren, um Kurbelwelle zu blockieren (Bild 29): Ein leicht abgekröpftes Flacheisen bauen 25 x 4 mm, 160 mm lang, in das zwei Löcher (Ø 6,5 und 8,5 mm) im Abstand von 135 mm gebohrt sind, an Gehäuse und Schwungrad befestigen (Bild 30).
3. Simmerring für Ausgleichswelle eintreiben: Zuerst mit den Fingern eindrücken, dann mit passender Nuss leicht klopfen und vorsichtig bis zum Grund (Seegerring) eintreiben.

Stirnräder der Ausgleichswelle montieren

Oberes Rad:

1. Dichtbund auf Rost kontrollieren, ggf. mit 320er-Schmirgel entfernen.
2. Konus auf Kurbelwelle mit Bremsenreiniger öl- und fettfrei reinigen.
3. Stirnrad mit Fixierbohrung auf Stift ansetzen und mit kräftigen (!) Ruck auf den Konus schieben. **Wichtig:** Mutter NICHT aufdrehen – das Stirnrad wird erst später nach dem Aufbau des vorderen Motordeckels zusammen mit der Riemenscheibe festgeschraubt.
4. Ausgleichswelle einbauen:
4.1. Dichtbund des Ausgleichsgewichts einölen und hinten einstecken.
4.2. Ausgleichswelle einölen, von vorne einschieben, bis sie mit hinterem Ende in Ausgleichsgewicht eingreift: Passt nur in einer Stellung, weil die Keilverzahnungen an Welle und im Ausgleichsgewicht entsprechend geformt sind.

Unteres Rad (bis Baumonat September 2007):
1. Es ist ein so genanntes »Verspannrad«: Stift in Bohrung einstecken, damit wird die Federspannung von den Zahnrädern genommen (Bild 31).
2. Passfeder in Ausgleichswelle setzen.
3. Verspannrad aufschieben, Körnermarkierungen an Verspannrad und oberem Stirnrad für Ausgleichswelle müssen fluchten (Kreis in Bild 32)!
4. M8-Torxschraube im Ausgleichsgewicht festziehen (Bild 34):
- Voranzug 10 Nm
- Endanzug um weitere 90 Grad

Wichtig: BMW schreibt vor, dass eine neue Schraube verwendet wird!

Unteres Rad (ab Baumonat Oktober 2007):
1. Passfeder in Nut in Ausgleichswelle einsetzen.
2. Unteres Rad auf Welle schieben.
3. Mutter einölen und aufdrehen, mit 75 Nm festziehen.
- Schraube und Öffnung in Bild 38 entfallen.

Vorderen Deckel aufbauen, Riemenrad montieren
Wichtig: Die in Bild 35 gezeigte Schlupfhülse ist nötig zum Aufbau des Deckels, um den Simmerring ohne Zerstörung seiner Dichtlippe über den Bund des Zahnrads zu bekommen.
Notfall: Aus einem Streifen Plastik (etwas dicker als eine Plastik-Einkaufstüte), eine Inneneinlage für den Simmerring basteln, in Simmerring einlegn, Deckel aufbauen, dann Plastikstreifen ausziehen.

1. Schlupfhülse auf Gewinde schrauben.
2. Innenseite des Simmerrings gut einölen.
3. Dichtflächen am Gehäuse mit Bremsenreiniger öl-/fettfrei reinigen, dünne Raupe Dichtmasse auftragen (Bild 36), 10 Minuten ablüften lassen.
4. Deckel sauber ansetzen, aufschieben, mit Handballen abwechselnd rechts, links, oben und unten leichte Schläge auf seine Kanten geben, bis er satt am Gehäuse anliegt. **Beachten:** Kugellager muss auf Bund am Stirnrad schlupfen.
5. Schrauben ringsum eindrehen, schrittweise bis auf 9 Nm festziehen.
6. Schlupfhülse abschrauben.
7. Riemenrad aufschrauben (Bild 37):
7.1. Öl auf Wellenstumpf geben, geölte Scheibe aufschieben, geölte Mutter aufschrauben und festziehen: Erstanzug 40 Nm, Endanzug 140 Nm.
8. Bei Motoren bis Baumonat September 2007 unteres Stirnrad festschrauben:
8.1. ASA-Schraube mit Scheibe einölen, eindrehen, mit 19 Nm festziehen (Biild 38).
8.2. Deckel montieren: O-Ring einfetten, einsetzen, Schrauben eindrehen, mit 8 Nm festziehen.

Zylinder aufbauen Kapitel 14 »Zylinder · Kolben«.

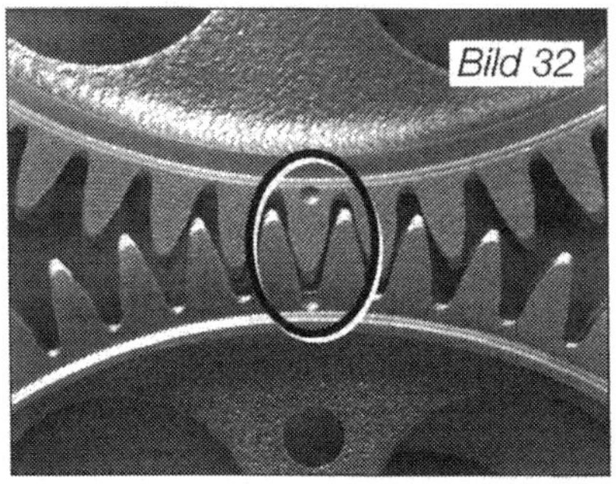

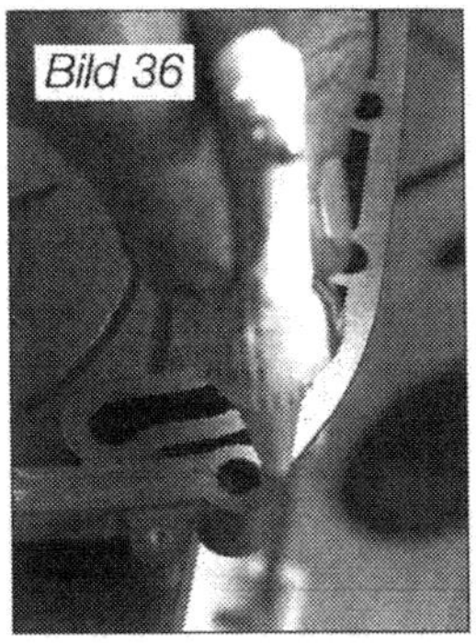

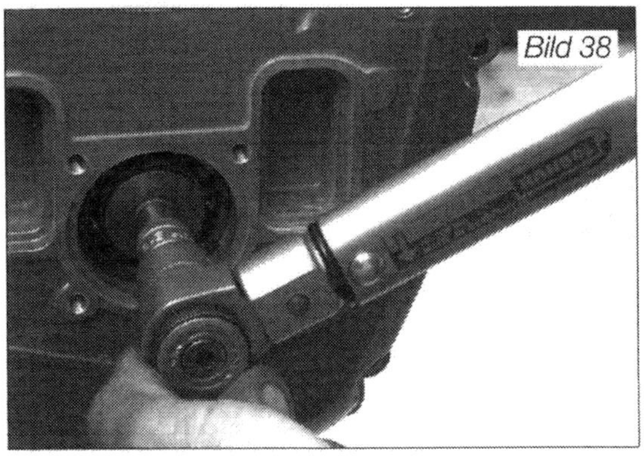

Bilder 31 bis 38: Im Lauftext sind die zu den Bildern gehörenden Arbeitsschritte nummeriert beschrieben.

Sichtprüfung Messen

Das komplette Kapitel »Getriebe« besteht aus den vier Teilkapiteln:
■ **Getriebe I:** Schaltprobleme und ihre Behebung.
■ **Getriebe II:** Getriebe reparieren: Zerlegen und zusammenbauen, Bauteile prüfen.
■ **Getriebe III:** Einstellmaße · Blockmaße und Axialspiele prüfen.
■ **Getriebe IV:** Daten und Historie der Getriebe · Fachbegriffe und Schlagworte zum Getriebe.

KPz = Kleines Primärzahnrad auf der Getriebe-Eingangswelle

GPz = Großes Primärzahnrad auf der Getriebe-Zwischenwelle

** = Schaltklinke ist Teil des Schiebestücks, das im Schaltautomat eingebaut ist.*

Getriebe I bis IV

Zu diesem Kapitel

Das Getriebe eines BMW-Boxers verlangt vom Fahrer eine sorgfältigere Behandlung als das Getriebe eines modernen japanischen Vierzylinders – aber dafür ist die vom schwäbischen Hersteller Getrag (Untergruppenbach bei Heilbronn) hergestellte und ans Band der BMW-Fertigung im Werk Berlin-Spandau gelieferte Schaltbox überaus zuverlässig und stabil. Laufleistungen von weit mehr als 100 000 km sind die Regel; 200 000 km keine Seltenheit. Grundsätzliche Technik-Probleme des Getriebes, wie etwa defekte Kugellager, ausbrechende Zähne an den Getriebezahnrädern oder Defekte an Schaltautomat und Schaltgabeln sind nicht bekannt.

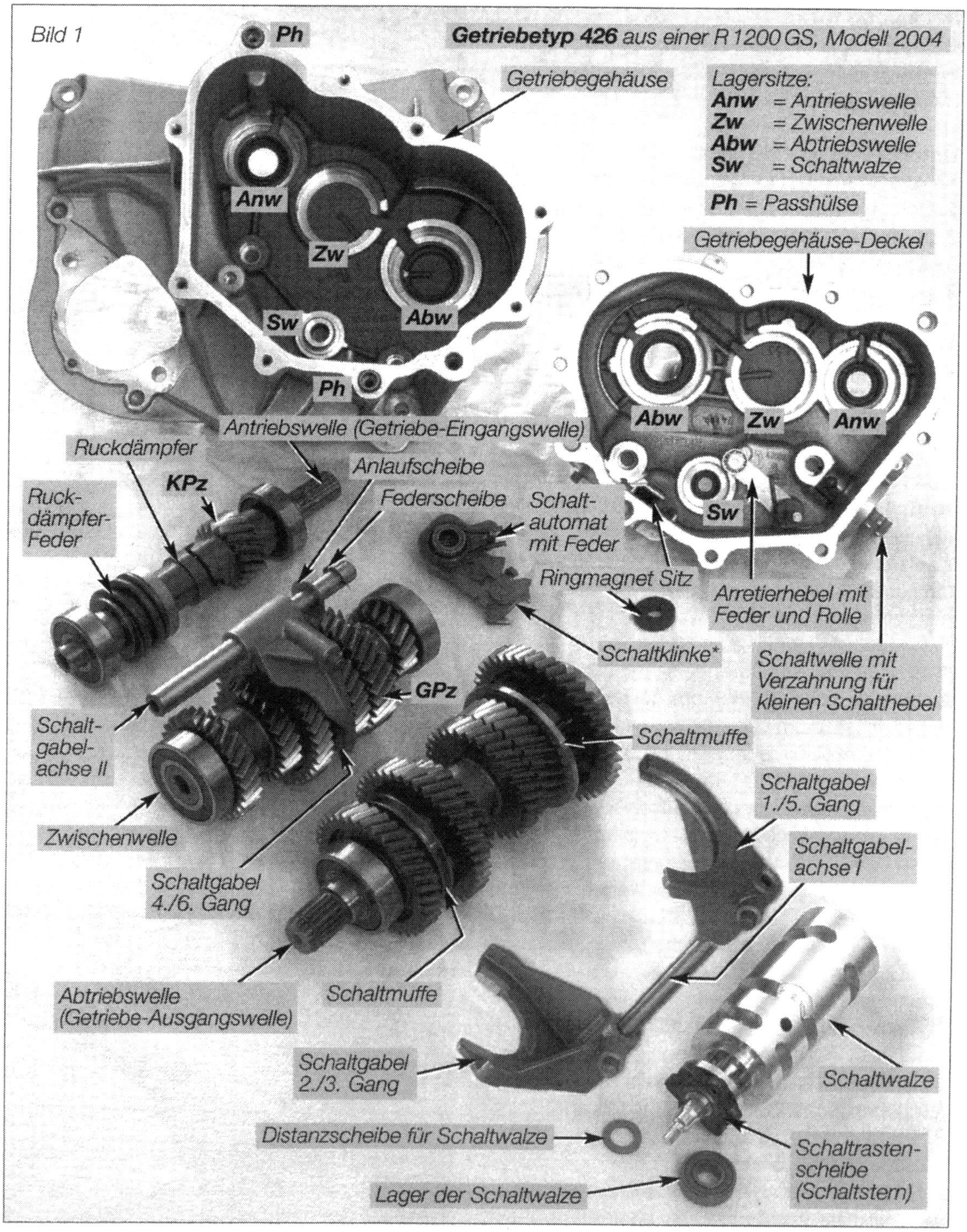

Bild 1: Zerlegtes 6-Gang-Getriebe Typ 426. Die Schaltgabeln 2./3. und 1./5. Gang sind etwas aus der Bildebene gekippt dargestellt.

***Hinweis:** Eine weitere informative Schnittzeichnung des Getriebes finden Sie in Kapitel 1 »Modelle · Daten« auf Seite 10, Bild 7.*

Maschinen mit dem »Boxermotor der neuen Generation« sind seit 2004 auf dem Markt. Im Rahmen der vielen Modellpflegemaßnahmen, die den Boxern der neuen Generation zuteil wurden, wurde auch das Getriebe komplett neu ausgelegt. Im Grundsatz blieb es zwar gleich wie bei den ersten Vierventil-Boxern, die von 1993 bis '04 mit 850, 1100, 1150 und 1200 cm³ gebaut wurden, aber doch ist vieles anders.

Aufgrund der gestiegenen Motorleistungen legten die Konstrukteure ein besonderes Augenmerk auf eine höhere Belastbarkeit von Lagern, Wellen und Zahnrädern. Denn wer hätte noch vor zehn Jahren zu hoffen gewagt, dass es einmal einen BMW-Boxer wie die HP2 Sport geben würde, deren Motor 133 PS leistet? Und die auf der Rennstrecke echt sportlich gefahren werden kann?! Ein dafür geeignetes Getriebe muss anders sein als eines für eine R 1100 GS von 1993!

Die im neuen Boxer von 2004 bis heute* verbauten Getriebe sind extrem genau gefertigt, ein Ausdistanzieren von Wellen und Lagern ist nur noch in sehr geringem Maße nötig (siehe dazu Kapitel »Getriebe III · Einstellmaße, Blockmaße und Axialspiele prüfen«). Deswegen kann ein solches Getriebe auch einfacher repariert werden (wenn überhaupt etwas kaputt gehen sollte!) als eines der früheren Boxergetriebe.

Getriebe selbst reparieren?

Dennoch bitten wir um Kenntnisnahme eines gut gemeinten Ratschlags: Wenn im Getriebe etwas kaputt ist und repariert werden muss, gehen Sie bitte kritisch um mit Ihrem Selbstschrauber-Mut, denn zum Ausbau des Getriebes muss man die halbe Maschine zerlegen und für eine Operation am offenen Getriebe braucht man bestes Werkzeug und man muss sehr gut schrauben können.

Wer sich zum ersten Mal an eine Getriebereparatur wagen will, sollte vorher mindestens einmal einem »richtigen« Mechaniker bei einer Getriebereparatur über die Schulter geschaut haben. Denn das Zerlegen, Reparieren und Zusammenbauen eines BMW-Getriebes mit allen Prüf- und Messvorgängen ist kompliziert und setzt Erfahrung im Umgang mit (teueren!) BMW-Messwerkzeugen und richtiger Umsetzung der gemessenen Maße voraus.

Es gibt nicht viele Mechaniker, die ein Getriebe perfekt reparieren können. Beispielhaft sei hier der »Getriebe-Kayser« in Strümpfelbach genannt (Wolfgang Kayser, Motoren- und Getriebetechnik, Kirschblütenweg 11, D-71384 Weinstadt-Strümpfelbach). BMW-Getriebespezialisten haben eine mechanische Grundausbildung und wurden zusätzlich bei BMW im Werk bzw. bei den Landesimporteuren in speziellen, mehrtägigen Getriebelehrgängen geschult.

Im ersten Abschnitt dieses Kapitels (Getriebe I) behandeln wir Schaltprobleme, wie sie immer wieder auftreten können. Wir geben Tipps, wie sich diese Schaltprobleme möglicherweise recht einfach lösen lassen – denn speziell bei BMW-Getrieben wird schon bei der Bedienung durch den linken Fuß so mancher Grund für ein später auftretendes Übel gesetzt. Dazu zeigen wir typische Getriebeschäden im Detail.

Im zweiten Abschnitt dieses Kapitels (Getriebe II) geben wir Anleitungen und Tipps, wie man das Getriebe zerlegen und wieder zusammenbauen kann, wie man ein gebrochenes Getriebelager wechseln, eine gebrochene Feder an einer Schaltklinke oder eine (durch einen groben Schaltfuß!) krumm getretene Schaltgabel ersetzen kann. Dazu gehören auch das Herausnehmen und Wiedereinsetzen der mit den Zahnrädern komplett montierten Getriebewellen sowie das richtige Positionieren der Schaltklauen.

Für diese Arbeiten müssen weder die Getriebewellen noch Zahnräder oder Schaltwalze neu ausdistanziert werden.

Im dritten Abschnitt dieses Kapitels (Getriebe III) haben wir alle Blockmaße und Axialspiele der in den einzelnen Modellen eingebauten Getriebe aufgelistet. Ergänzend dazu sind auch die Hinterachsantriebe aufgeführt. Das Prüfen der Blockmaße und Axialspiele mit den dafür vorgesehenen Messinstrumenten bildet den Abschluss dieses Kapitels.

Im vierten Abschnitt dieses Kapitels (Getriebe IV) sind alle Basisdaten der beiden Getriebetypen 426 und 427 aufgelistet. Für jedes Modell werden die Teilenummern der Original- und Ersatzgetriebe, ihre Codes, besonderen Kennzeichen und internen Kennnummern dargestellt. Darüber hinaus werden die Historie der beiden Getriebetypen und ihre spezifischen Unterschiede näher erläutert. Den Abschluss bilden Fachbegriffe aus dem Getriebejargon.

* = Stand der Recherche zum Redaktionsschluss im August 2009

Schaltprobleme und Behebung

Schaltprobleme
Schaltprobleme bei einem BMW-Boxer haben ihre Basis meistens von nicht sachgerechter Bedienung. Aufgrund der konstruktiven Auslegung von Motor, Kupplung und Getriebe lässt sich ein Boxergetriebe nicht so schnell schalten wie das eines japanischen Motorrads. Deswegen kommt es bei »Neu-Boxer-Fahrern«, die jahrelang japanische Motorräder gefahren sind und auf einen Boxer umsteigen, oft zu Getriebeproblemen, die eigentlich (zumindest aus Sicht eines jahrelangen Boxer-Fahrers!) gar keine sind, denn man muss bei einem Boxergetriebe den Schaltvorgang »sicher zu Ende bringen«.

Das »sichere zu Ende bringen eines Schaltvorganges« bedeutet im Detail:

- Beim Schalten in den nächsthöheren (oder nächstniedrigeren) Gang muss die Kupplung ganz durchgezogen werden.
- Erst dann den Schalthebel bis zum Anschlag nach oben ziehen (bzw. niedertreten).
- Kupplung wieder loslassen, aber der Fuß bleibt in Zug- bzw. Druckkontakt mit dem Schalthebel.
- Finale: Erst wenn die Kupplung ganz eingerückt ist, kann man den Kontakt auf den Schalthebel beenden.

Geübte BMW-Fahrer haben damit keine Probleme, weniger geübte können solche haben. Bevor jedoch das Getriebe als solches lautstark verdammt wird oder gar echte Schaltprobleme vermutet werden, sollte der Fahrer erstmal die eigene Art des Schaltens überprüfen und ggf. korrigieren.

Übrigens: Wenn der Schalthebel keinen Fußkontakt mehr hat, muss er von ganz alleine wieder in seine Nulllage gehen – falls er das nicht tut, ist etwas defekt an der Schalthebel-Lagerung, am Schaltgestänge oder im Getriebe. Aber dazu später mehr.

Bild 1

Bild 2

Bild 3

Bilder 1 und 2: Durch »schlechtes Schalten« sind diese gerundete Kanten an den Schaltklauen entstanden. Beim ersten Mal bleiben sie meistens formstabil. Wenn allerdings dauerhaft nachlässig geschaltet wird, runden sich die Kanten immer mehr. Dann »springen« die Gänge, weil die Klauen nicht mehr zuverlässig einrasten.

Bild 3: Pitting nennt man den Ausbruch der Härteschicht an den Zahnflanken, es stellt sich nach einer gewissen Laufleistung ein. Durch gutes Getriebeöl und regelmäßigen Ölwechsel kann Pitting hinausgezögert werden. Tatsache ist, dass gepflegte Boxergetriebe weit mehr als 100 000 km halten; selbst 200 000 km sind keine Seltenheit.

Getriebe defekt?

Falls ein Getriebe wirklich kaputt ist, muss es ausgebaut und repariert werden, da hilft dann auch kein Ein- oder Verstellen des Schalthebels oder der Kupplung. Zum Begriff »Getriebe ist wirklich kaputt, muss ausgebaut und repariert werden« gehören die nun folgende Schadensbeschreibungen. Doch vorher möchten wir informieren, dass es für Boxer Austauschgetriebe gibt, wobei man nicht nur beim BMW-Händler nach »originalen Austauschgetrieben« nachfragen sollte, sondern auch bei den einschlägigen Boxerspezialisten wie Fallert, Wüdo, Getriebe Kayser, etc. Beachten Sie dazu die Kleinanzeigen in den einschlägigen Motorrad-Fachzeitschriften.

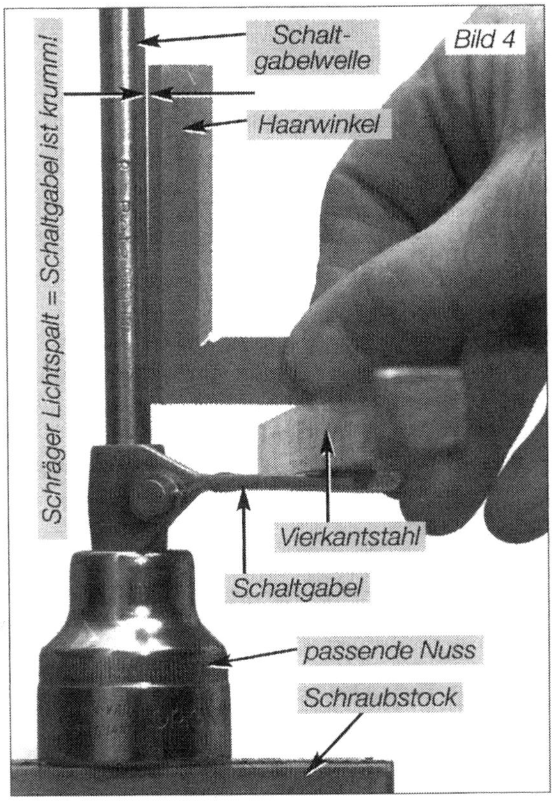

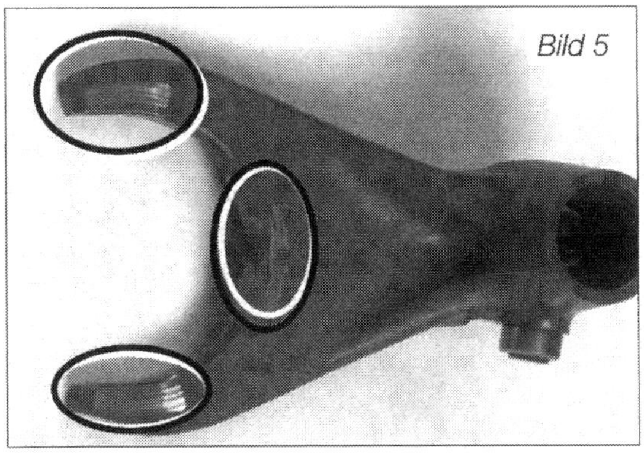

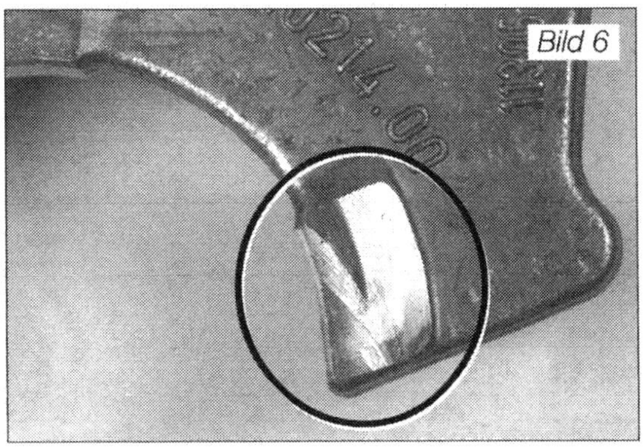

Bild 4: So kann man mit einfachen Mitteln feststellen, ob eine Schaltgabel krumm ist.

Bild 5: Fortgeschrittener Verschleiß an einer krummen Schaltgabel (Kreise), hervorgerufen durch mehrfaches Herausspringen eines nicht exakt eingerasteten Gangs. Dadurch verbiegt sich die Schaltgabel immer mehr.

Bilder 6 und 7: Obwohl es heftig aussieht, gelten die Verschleißbilder (Kreise) an einer Aluschaltgabel als normaler, tolerierbarer Verschleiß.

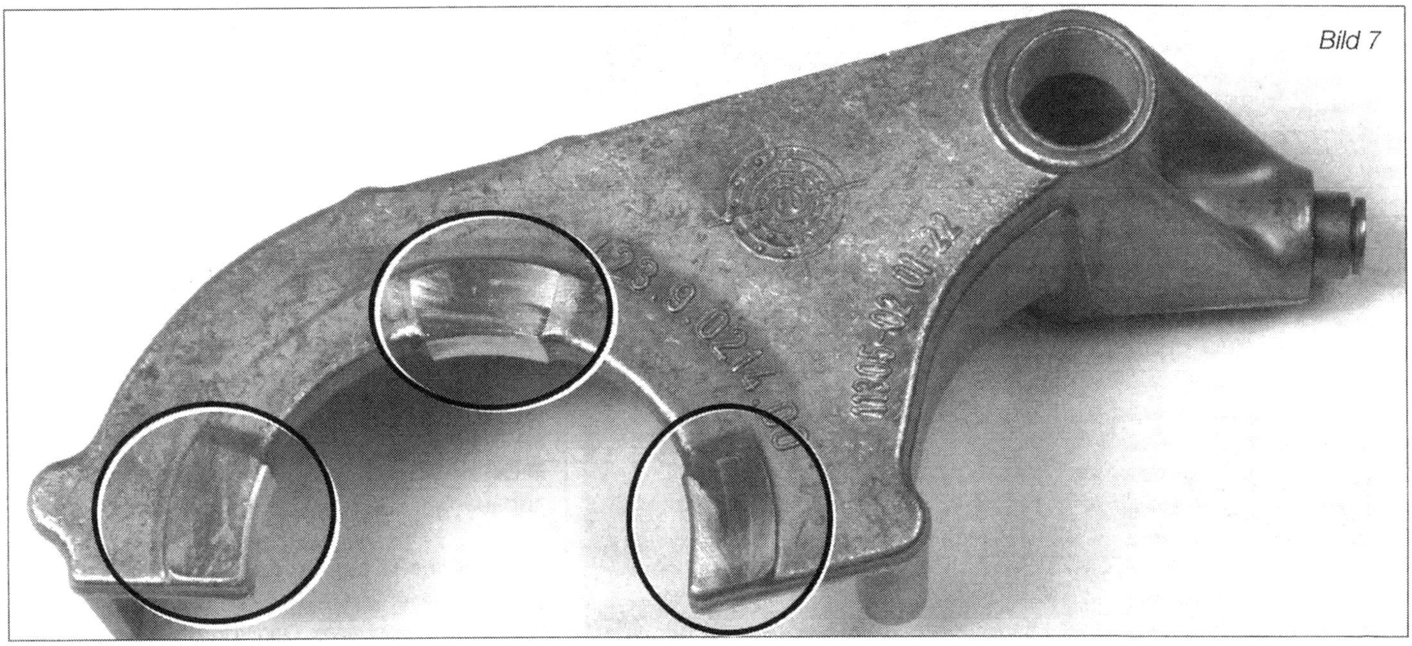

Sichtprüfung Messen

■ **Gänge springen heraus:** Schaltvorgang ist abgeschlossen, Fahrer gibt Gas, Motorrad beschleunigt – aber nach wenigen Augenblicken springt der eben eingelegte Gang wieder heraus, der Motor verliert den Kraftschluss und dreht frei hoch. Dann sind die Kanten an den Schaltklauen der Zahnräder abgenutzt (»gerundet«, siehe Bilder 1 und 2). Dieser Schaden ist eine Folgeerscheinung vieler nachlässiger Schaltvorgänge.

Bilder 8 bis 10: Wenn das Schaltgestänge abgebaut oder die Lage des Schalthebels verändert werden soll, müssen die Kugelköpfe abgezogen werden. Dazu vorher (!) den Splint (Kreis) ausziehen. Beim Einbau den Kugelkopf gut einfetten, der Filzring (Pfeil) muss vorhanden sein. Splint unbedingt wieder einsetzen, sonst fällt das Schaltgestänge unterwegs ab.

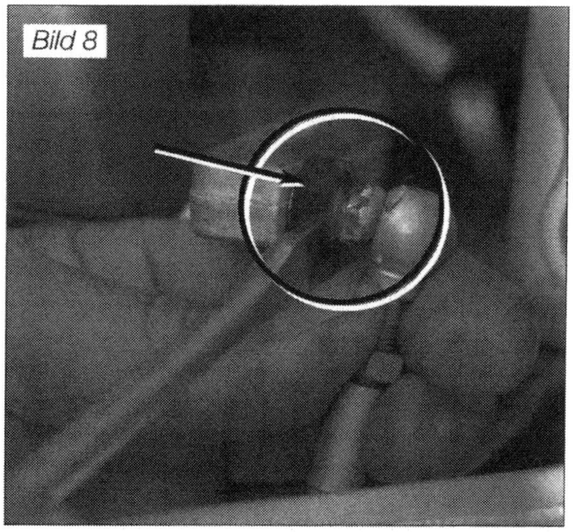
Bild 8

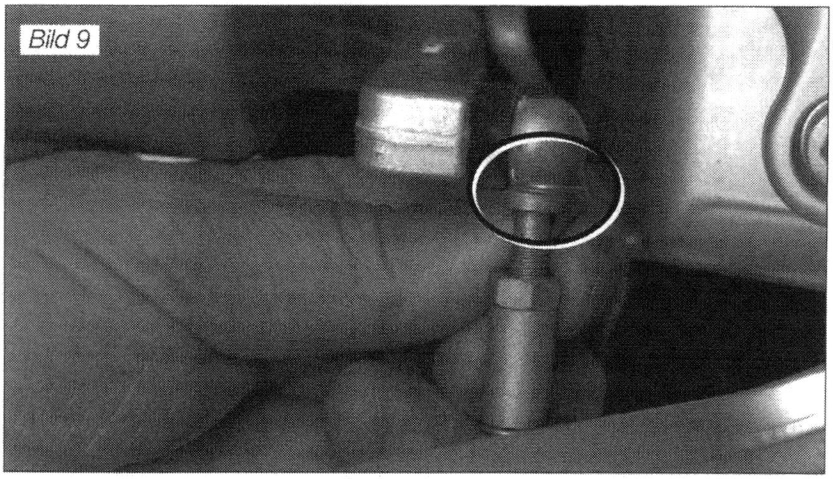
Bild 9

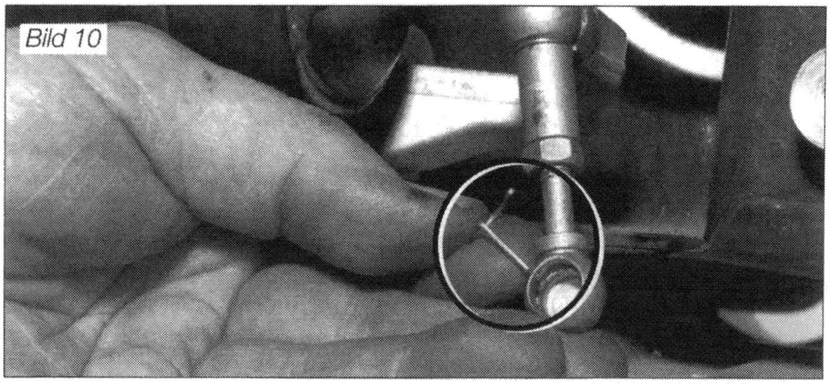
Bild 10

■ **Kugellager im Getriebe defekt:** Wenn das Getriebe laut wird, sehr laut, und hörbar »rubbelt«, und auch die Gänge unter Last überspringen, dann ist mindestens ein Kugellager der Getriebewellen-Lagerung defekt.

Wichtig: Beim Erkennen eines solchen Schadens das Motorrad sofort abstellen, nicht weiterfahren! Denn die Gefahr, dass das Getriebe blockiert, die Maschine deswegen nicht mehr fahrbar ist und der Fahrer stürzt, ist sehr groß!

■ **Schaltung geht schwer, hängt, Schalthebel geht nicht mehr in Nulllage zurück:**
Verdacht auf:
- krumme Schaltwelle
- defekte Schaltwalze
- krumme Schaltgabel(n)
- defekte Schaltfeder (ermüdet, gebrochen)
- Defekt im Schaltautomat: Das Gleitblech im Schaltautomat kann hängen durch einen Span, der von einem Zahn abgeschabt wurde.

Bei solchen Schäden muss das Getriebe abgebaut, geöffnet und repariert werden.

Mechanische Getriebeprobleme
Im nun folgenden Text behandeln wir mechanische Getriebeprobleme und deren Ursachen.

Problem: Getriebe schaltet schwer, Gänge »krachen«, ungutes Gefühl im Schaltfuß.
1. Mögliche Ursache: Lagerung des Fußschalthebels schwergängig.
Abhilfe: Fußschalthebel ausbauen, Lagerstelle gängig machen, gut gefettet einbauen.

2. Mögliche Ursache: Kupplung rückt nicht ganz aus.
Abhilfe: Kupplungshydraulik entlüften.

3. Mögliche Ursache: Kopf der Kupplungsdruckstange verschlissen.
Abhilfe: Neue Kupplungsdruckstange einbauen. Dazu muss der Kupplungsnehmerzylinder am Getriebe abgebaut werden, dann kann man die Kupplungsdruckstange herausziehen.
■ Einbau der neuen Kupplungsdruckstange siehe Kapitel 17 »Kupplung«.
■ Bei R 1200 RT: Vorher Fußrastenplatte links abbauen.

4. Mögliche Ursache: Es ist zu viel Öl, zu dickes Öl oder zu wenig Öl im Getriebe.
Abhilfe: Öl wechseln: Das von BMW vorge-

schriebene Getriebeöl einfüllen, siehe dazu Kapitel 3 »Ölwechsel II · Getriebe«.

■ Wenn das neue Öl nichts bringt, versuchen Sie es mal mit sehr dünnem Öl, z. B. dem BMW-Hydrauliköl für Automatikgetriebe.

■ Bei der redaktionseigenen R 1200 GS haben wir folgende Öle ins Getriebe eingefüllt und sind mit der leichten Schaltbarkeit zufrieden: BMW ATF D2 (BMW-Teilenummer 81 22 9 400 272) oder Castrol Automatic TQ-D.

Hinweis: Bei Verwendung dieser sehr dünnen Öle wird das Getriebe laut, was jedoch grundsätzlich kein Hinweis ist auf einen anderen bzw. weiteren Schaden: Dünnes Öl dämpft die Geräusche eben nicht so gut wie dickeres.

Problem: Getriebe schaltet sich ungenau, der gewünschte Gang lässt sich nicht sicher einlegen.

1. Mögliche Ursache: Schalthebel auf der Schaltwelle oder das Schaltgestänge (Gewinde der Kugelköpfe) ist in sich lose.

Abhilfe: Überprüfen, ob alle Schraubverbindungen korrekt fest sind und die Kugelköpfe des Schaltgestänges auch wirklich klemm- und spielfrei arbeiten.

2. Mögliche Ursache: Der kurze Schalthebel auf der Schaltwelle direkt am Getriebe und der Fußschalthebel auf der Schalthebelwelle sind aus Aluminium und haben eine Innenverzahnung. Mit dieser sitzen sie auf der Außenverzahnung der Schaltwelle, die aber aus gehärtetem Stahl ist. Wenn nun über längere Zeit die Klemmschraube lose war und oft geschaltet wurde, dann ist die Innenverzahnung des Schalthebels wahrscheinlich defekt, denn eine lose Verschraubung arbeitet die feine Verzahnung im Alu in kürzester Zeit auf.

Abhilfe: Neuen Schalthebel anbauen.

Problem: Getriebe macht Geräusche.

Mögliche Ursache: Lager im Getriebe defekt

1. Abhilfe: Getriebe reparieren. Es müssen dann alle Lager ausgetauscht oder gleich ein Austauschgetriebe eingebaut werden. Das kann unter Umständen preiswerter sein als eine große Getriebereparatur.

2. Vor der Getriebereparatur: Getriebeöl wechseln. Das alte Öl mit den Fingerspitzen prüfen: Sind Abrieb oder gar schon deftige Metallspäne zu sehen bzw. zu spüren? Ist gar ein Zahn ausgefallen?

■ Wenn »ja«, wird es Zeit für eine Reparatur des Getriebes. Zeigen Sie dem BMW-Werkstattmeister die Krümel und lassen ihn entscheiden.

■ Wenn kein Abrieb oder nur ganz wenig Metall zu spüren/zu sehen ist, neues Getriebeöl einfüllen und hören: Möglicherweise ist das Geräusch jetzt geringer oder sogar ganz verschwunden.

■ Wenn das Getriebeöl lange drin war und man vielleicht gar nicht weiß, welches Öl welcher Qualität beim letzten Ölwechsel eingefüllt wurde, kann neues Öl wirkliche Wunder vollbringen. Versuchen Sie es dann mit dem vollsynthetischen Getriebeöl Castrol MTX Full Synthetic SAE 75W-140.

Merke: Bevor etwas zerlegt wird, zuerst zu Hausmitteln greifen – Ölwechsel gehört dazu!

Getriebegeräusche deuten

Ganz generell ist es so, dass das Getriebe eines BMW-Boxers mit der Zeit etwas laut wird, speziell im Leerlauf macht sich mit der Zeit ein immer lauter werdendes »Leerlaufrasseln« bemerkbar. Daraus könnten unerfahrene Ohren »Lagerschaden!« schließen. Dem ist jedoch meist nicht so, denn laute Getriebegeräusche sind, so lange sie gleichmäßig sind und sich nicht »klopfend« bemerkbar machen, kein wirklicher Grund zur Beunruhigung. Wenn das Getriebe im Leerlauf laut rasselt, zuerst mal die Kupplung ziehen – ist das Getriebe dann ruhig, liegt kein wirklicher Lagerschaden vor.

Merke: Wenn's Getriebe laut wird, das Geräusch mit wachen Ohren beobachten, aber keine Panik bekommen und wie wild drauflos reparieren wollen.

Wenn ein Boxergetriebe an die 100 000 km-Grenze kommt, kann sich die Schilderung der Getriebegeräusche folgendermaßen anhören: »Getriebe macht seit einiger Zeit verschiedene Geräusche, mal ist es leise, mal ist es laut, es klackert oder klopft jedoch nie. Im Winter ist es leiser als im Sommer, die Geräusche sind also abhängig von der jeweiligen Temperatur«.

Merke: Solange sich ein Boxergetriebe sicher schalten lässt, die Gänge nicht herausspringen, es weder beim Beschleunigen oder Verzögern ruckelt oder rupft, das Getriebe selbst keine lauten und/oder unregelmäßigen Laufgeräusche hat, kann man annehmen, dass das Getriebe in Ordnung ist.

Getriebespezialisten
boxer-motorrad-shop
Norbert Naundorf
Emil-Schäfer-Straße 77
D-47800 Krefeld
www.boxer-motorrad-shop.de

Himmelheber&Fruhner
Mühlstraße 4
D-64823 Groß-Umstadt
www.himmelheber-fruhner.de

Wolfgang Kayser
Kirschblütenweg 11
D-71384 Weinstadt

Getriebe reparieren

Das in diesem Kapitel gezeigte Zerlegen und Zusammenbauen des Getriebes wurde am Getriebe einer R 1200 GS Modelljahr 2004 durchgeführt (Getriebetyp 426).

Technische Voraussetzungen zur Getriebereparatur
Der folgende Text beschreibt Zerlegung und Zusammenbau des Getriebes mit Aus- und Einbau der Getriebewellen, Schaltwalze und Schaltautomat. Die personelle und mechanische Qualität der Schrauberwerkstatt, in der das Getriebe repariert werden soll, muss so sein, dass der am Getriebe schraubende Mechaniker weiß, wie ein Lager aus seinem Lagersitz im Gehäuse ausgebaut und/oder von einer Getriebewelle abgezogen und aufgepresst wird. Weiterhin gehören auch der fachgerechte Ausbau defekter Simmerringe sowie das Einsetzen neuer Simmerringe dazu – alles Dinge, die beim Getriebereparateur als »allgemeine mechanische Grundlagenpraxis« vorhanden sein müssen.

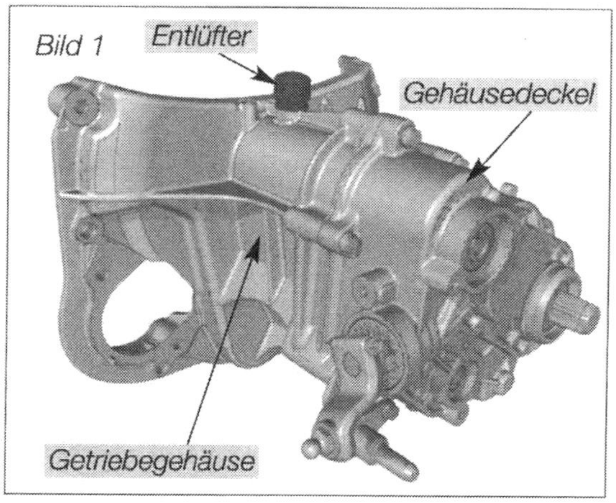

Bild 1: Getriebegehäuse von links hinten.

Bild 2: Getriebewellen.

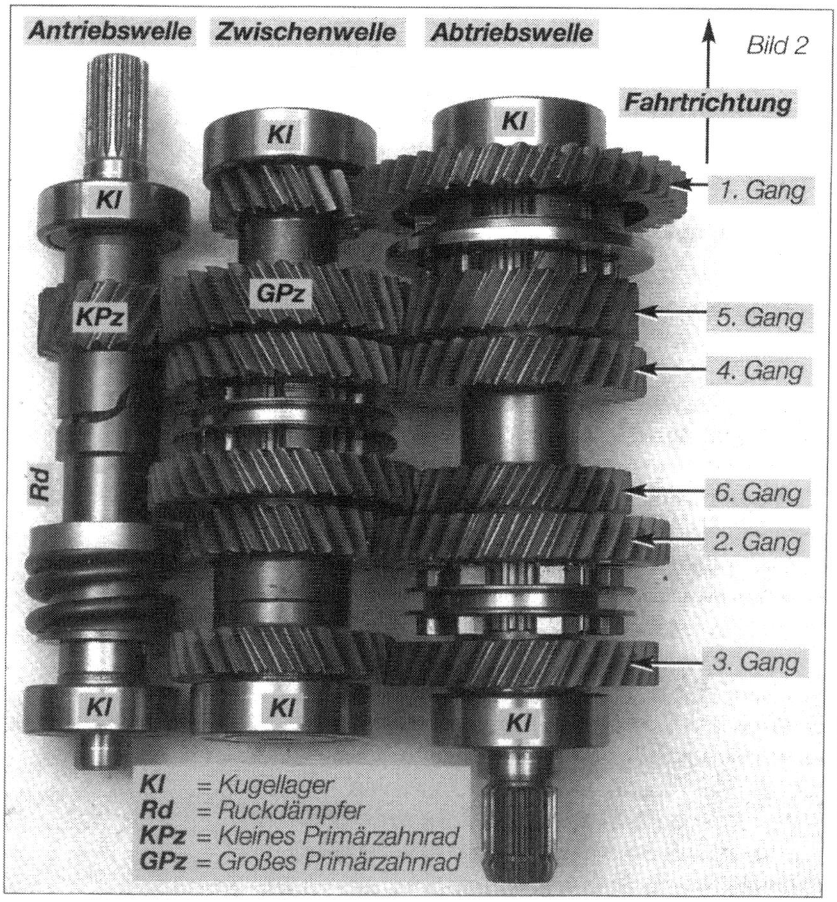

Ebenso muss davon ausgegangen werden, dass die Praxis der Messtechnik, die beim Ausdistanzieren eines Getriebes notwendig ist, beherrscht wird. Zum Beispiel wird dieses Wissen beim Einbau neuer Getriebezahnräder auf gebrauchte Getriebewellen oder gebrauchter Getriebewellen in ein neues Getriebegehäuse benötigt. Wer also am BMW-Getriebe arbeitet, der sollte mit Begriffen wie »Blockmaß«, »Axialspiel« und »Vordämpferhub Antriebswelle« vertraut sein und damit umzugehen wissen. Entsprechende Maße und Messschritte sind im Kapitel »Getriebe III«.

Technik-/Sicherheits-Hinweise

Kugellager »Clean Bearing«: Wenn Kugellager an den Getriebewellen erneuert werden müssen, besorgen Sie sich Originalteile beim BMW-Händler. In den Boxergetrieben sind so genannte »Clean Bearing«-Kugellager eingebaut, das sind Lager mit einer speziellen Abdichtung, die einen Lebensdauerfaktor von x 3 bis x 5 gegenüber »normalen, offenen« oder »normalen, abgedeckten« Kugellagern haben.

BMW-Originalkugellager: Sollten die Lager getauscht werden müssen, greifen Sie zu BMW Originallagern. Warum?: Weil die Clean-Bearing-Kugellager in den Boxergetrieben auch mit anderen Radien an den Innenringen ausgestattet sind als Normlager, damit die Kontaktflächen der Wellen und Anlaufscheiben »satter« anliegen.

Wenn Sie maßgleiche Normlager aus dem freien Handel verwenden (die sind billiger, keine Frage!), kann es passieren, dass das Getriebe schon nach wenigen tausend Kilometern nicht mehr sauber läuft bzw. sich (wieder!) schlecht schaltet und die Lebensdauer der Lager bei weniger als 10 000 km liegt. Also: Originalteile verwenden, das ist unser allumfassend Lager-Ratschlag.

Kugellager abziehen und aufpressen: Die Lager werden mit handelsüblichen Lagerabziehern von den Getriebewellen abgezogen und aufgepresst. Von BMW gibt es einen eigenen Universal-Lagerabzieher (Bild 4, Teile-Nr. 00 7 500). Beim Aufpressen wird das Lager leicht angewärmt, seine Passflächen leicht eingeölt und bis auf den unteren Bund des Lagersitzes der Welle »satt« aufgepresst.

Simmerringe erneuern: Wenn Simmerringe (Bild 3) erneuert werden müssen:

- **Ausbau:** Simmerringe erst dann aus den Sitzen herausschlagen, wenn das Getriebegehäuse zerlegt ist.
- **Einbau:** Neue Simmerringe erst nach dem Zusammenbau des Getriebes einbauen (einschlagen). Denn ohne eingebaute Simmerringe lassen sich die Getriebewellen leichter einbauen, und es besteht keine Gefahr, dass die Dichtlippen der Simmerringe beschädigt werden.
- **Ausnahme:** Der Simmerring der Getriebeeingangswelle hinter dem Kupplungsnehmerzylinder wird bei zerlegtem Getriebegehäuse erneuert. Beim Einbau des neuen Simmerrings unbedingt darauf achten, dass er nicht zu tief eingeschlagen wird – die Ölführungsnut muss frei bleiben!

Wichtig: Einbautiefe des Simmerrings <u>vor</u> dem Ausschlagen des alten Simmerringes messen. Nach dem Einbau des neuen Simmerrings seine Position kontrollieren!

Simmerring-Ausbau ohne Spezialwerkzeug: Einen Radlager-Simmerring kann man mit einem breiten Schraubenzieher oder Reifenmontagehebel aus seiner Sitzbohrung ausheben. Getriebelager-Simmerringe dagegen sind formstabiler, lassen sich also nicht so einfach ausheben. Von BMW gibt es entsprechende Spezialwerkzeuge zum Aus- und Einbau von Simmerringen. Wenn diese nicht zur Verfügung stehen, kann man sich folgendermaßen behelfen:

- Simmerring im Rand an zwei gegenüberliegenden Stellen mit einem 3 mm-Bohrer anbohren.
- Zwei Spaxschrauben eindrehen.
- Zangen an den Schrauben ansetzen und Simmerring daran herausziehen.

Schlupfhülsen: Wenn Sie die Simmerringe nicht erneuen müssen, also das Getriebe mit den »alten« eingebauten Simmerringen wieder zusammenbauen, sind so genannte »Schlupfhülsen« nötig (Teile-Nr. 23 4 732). Sie werden vor dem Einführen der Getriebewellen auf ihre Stümpfe geschoben. Mit Schlupfhülsen bestückte Wellen schlupfen leicht durch die Simmerringe, ohne ihre Dichtlippen zu beschädigen.

> **Tipp:** Wenn Sie keine Schlupfhülsen haben, umwickeln Sie die Wellenstümpfe mit glattem Tesaband (Bild 5) und ölen dieses ein wenig ein.

Schutzhandschuhe: Zum Zerlegen und Zusammenbau des Getriebes müssen die Sitze der Kugellager in Getriebegehäuse und Getriebedeckel mit einem Heißluftföhn (Bild 6) oder auf einer Kochplatte (Bild 7) angewärmt werden. Benutzen Sie beim Anpacken des warmen Gehäuses hitzefeste Schutzhandschuhe!

Gehäuse anwärmen: Wenn das Getriebegehäuse von außen mit dem Heißluftföhn an-

Bilder 3 bis 5: Im Lauftext sind die zu den Bildern gehörenden Arbeitsschritte nummeriert beschrieben.

- * = *Simmerring der Schaltwelle siehe Bild 33*
- ** = *Abdeckung ist seitenverkehrt dargestellt*

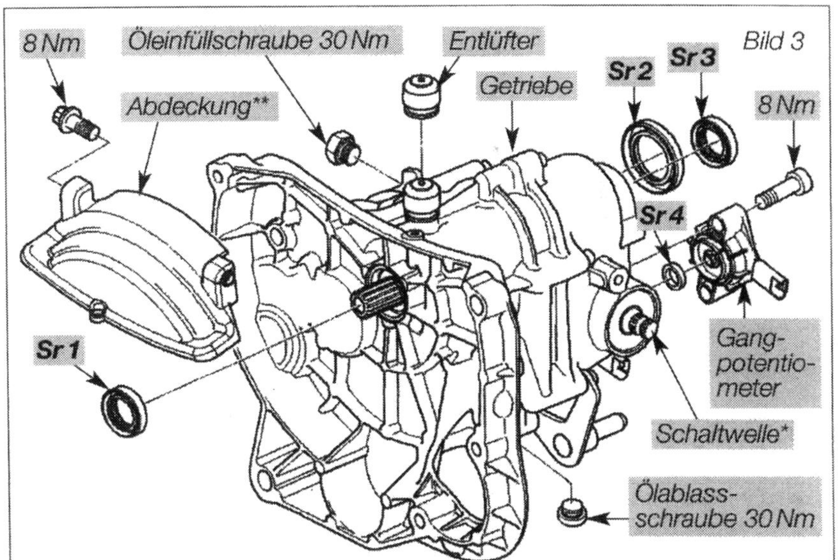

Bild 3

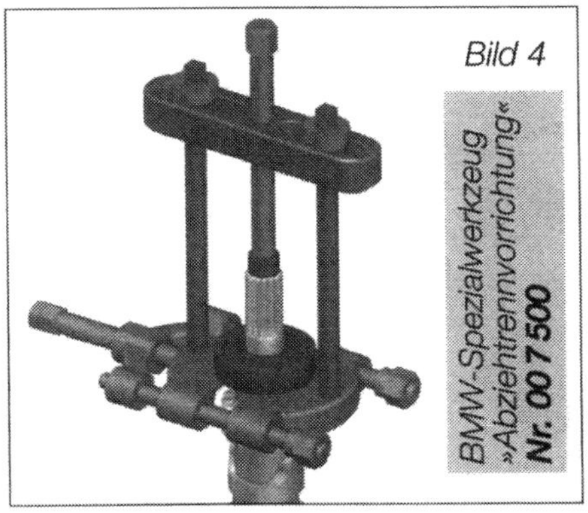

Bild 4

Bild 5

Bild 6: Beim Anwärmen der Lagersitze im Getriebegehäuse und Getriebedeckel den Werkstattföhn langsam über die zu erwärmenden Stellen schwenken.

■ Temperatur mit der Hand »erfühlen« (Bild 6): besser ist ein digitales Thermometer (Bild 7).

Bild 7: Beim Anwärmen mit einer Kochplatte die Gehäuseteile auf die kalte Platte stellen und auf Stellung II langsam anwärmen.

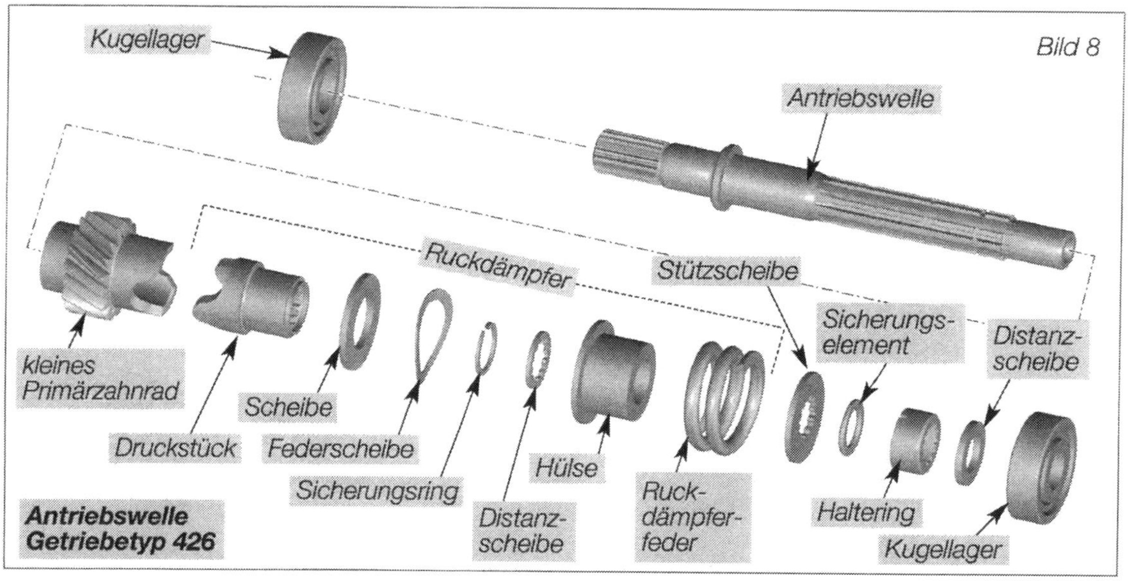

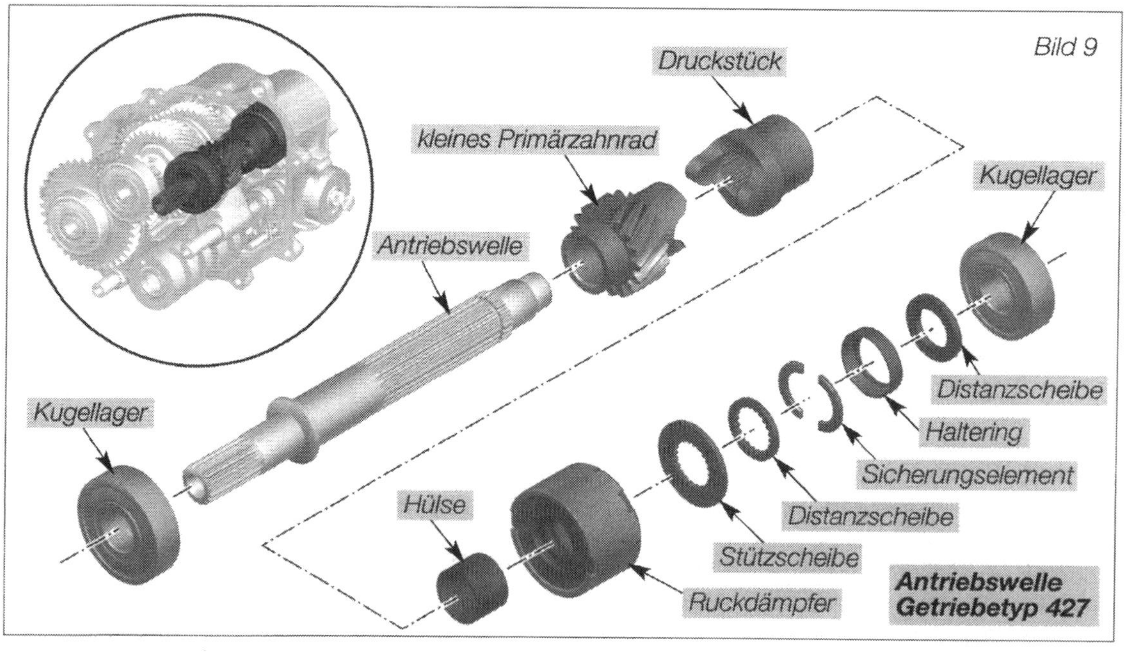

Bilder 8 und 9: Explosionszeichnungen der Antriebswellen der Getriebe 426 und 427.

■ Zum Zerlegen und Zusammenbauen wird in beiden Fällen eine Presse benötigt.

gewärmt wird, Folgendes beachten:

- Heißluftföhn (Bild 6) nicht zu weit und nicht zu nah über den zu erwärmenden Stellen langsam hin und her schwenken.
- Temperatur beobachten, das Getriebe darf nicht zu heiß werden, sonst löst sich der Lack ab, im Hitze-Extremfall können sich Getriebegehäuse bzw. Deckel verziehen.
- Zum Temperaturcheck das Getriebegehäuse entweder immer wieder vorsichtig anfassen (Bild 6, Achtung, heiß!), oder zielgerichtet anspucken – wenn die Spucke zischend verdampft, ist das Metall heiß genug!
- Zur Temperaturmessung empfehlen wir ein digitales Thermometer (Bild 7).

Ringmagnet: Welche der beiden Getriebetypen 426 und 427 serienmäßig einen Ringmagneten plus eine »nicht magnetische« oder eine »magnetische« Ölablassschraube eingebaut haben, kann pauschal nicht beantwortet werden. Der »Ringmagnet« und die »Tasche für Ringmagnet« an der Innenwand des Getriebegehäuses sind in Bild 19 zu sehen.

Wenn sich bei der Getriebezerlegung herausstellt, dass kein Ringmagnet eingebaut ist, aber eine Tasche im Getriebegehäuse vorhanden ist, können Sie einen Ringmagneten einbauen oder auch nicht: Wenn allerdings keiner eingebaut wird, muss eine Magnet-Ölablassschraube eingebaut werden.

Bei Zerlegung des Getriebes die Ölablassschraube und den Ringmagneten sorgfältig von Spänen reinigen. »Sorgfältig« heißt: Lieber zweimal nachsehen, ob noch ein Span dran hängt!

Ölablass- und Öleinfüllschrauben: Beim Einbau der Ölablass- und Öleinfüllschrauben beachten Sie bitte, dass es zwei verschiedene Schrauben gibt: Solche mit fest angebrachtem Dichtring (»aufgerollt«) und solche, wo man den Dichtring wechseln kann. Bei der aufgerollten Version muss eine neue Schraube mit Dichtring verwendet werden; in den anderen Fällen genügen neue Dichtringe.

Getriebe prüfen und vermessen

Vor den Arbeitsschritten »Getriebe zerlegen« und »Getriebe zusammenbauen« wollen wir uns mit möglichem Verschleiß der Getriebe-

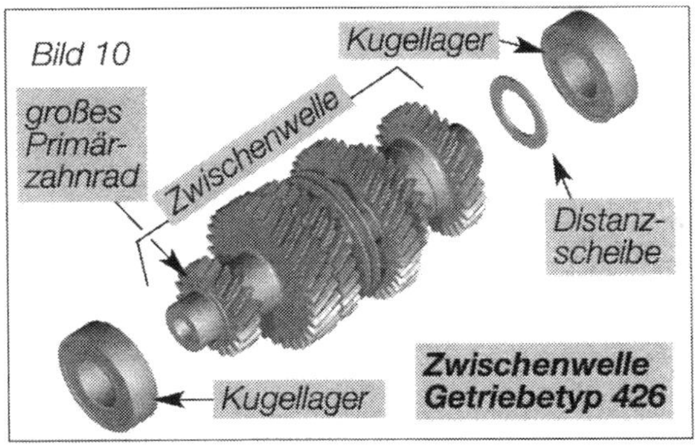

Bild 10: Von der Zwischenwelle können nur die in der Zeichnung gezeigten Teile abgebaut bzw. gewechselt werden. Die Zwischenwelle selbst mit allen Zahnrädern und der Schaltmuffe ist nur komplett als Ersatzteil erhältlich.

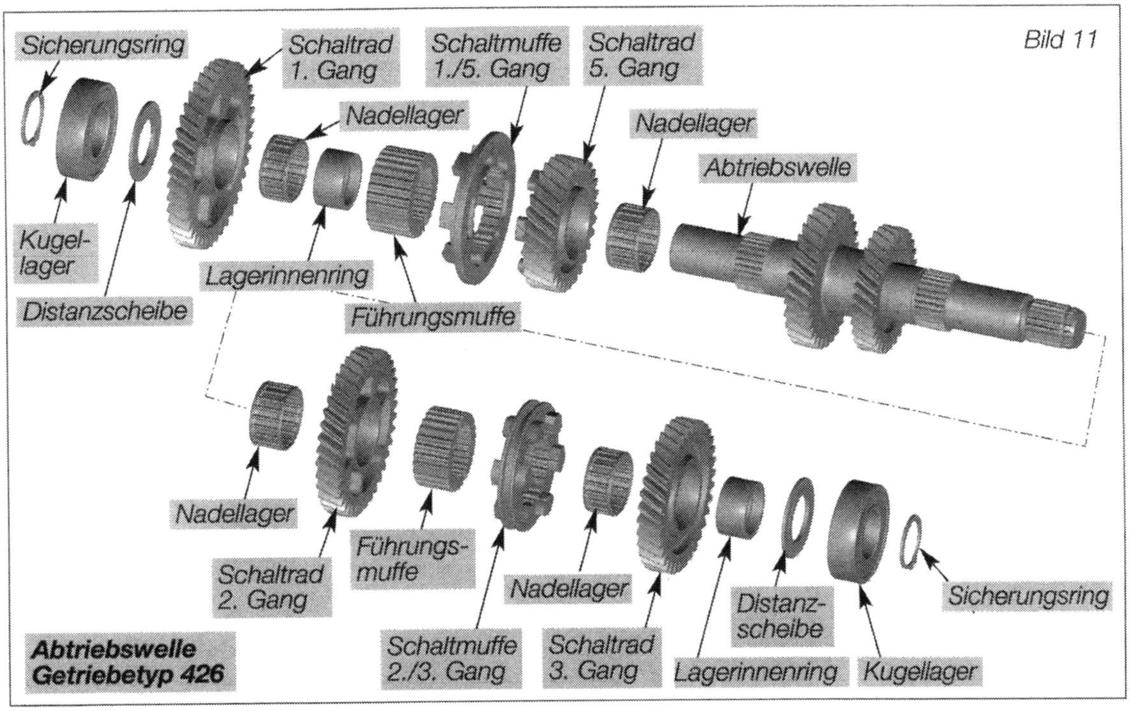

Bild 11: Explosionszeichnung der Abtriebswelle.

Sichtprüfung Messen

bauteile beschäftigen. Schauen Sie dazu auch im Kapitel »Getriebe I« nach, dort sind entsprechende Verschleißbilder zu sehen.

1. Die Schaltgabeln sind aus Druckguss-Aluminium, sie werden normalerweise nicht krumm – und wenn, dann äußerst selten, wenn z. B. jemand bei stehendem Motor grob auf dem Schalthebel herumgetreten hat.
2. Bei sichtbarem Verschleiß im Bereich der Kontakt-Schleifflächen von Schaltgabel zur Nut im Zahnrad die Schaltgabel erneuern. Man sollte sich allerdings nicht von »normalen« Schleifspuren täuschen lassen. Im Zweifelsfall gelten folgende Richtlinien:

■ Die Kontaktstellen an den Flächen der Schaltgabel (wo diese in der Nut des Zahnrads bzw. der Schaltmuffe gelaufen sind) dürfen keine tiefen Riefen haben und nirgends »farbig angelaufen« sein. Wenn dies der Fall ist, deutet dies auf Betrieb unter Ölmangel hin und die Schaltgabel muss erneuert werden.

Bild 12: In der Explosionszeichnung sind alle Teile zu sehen, die zur Schaltbetätigung (bzw. zum Wechsel der Gänge) nötig sind.

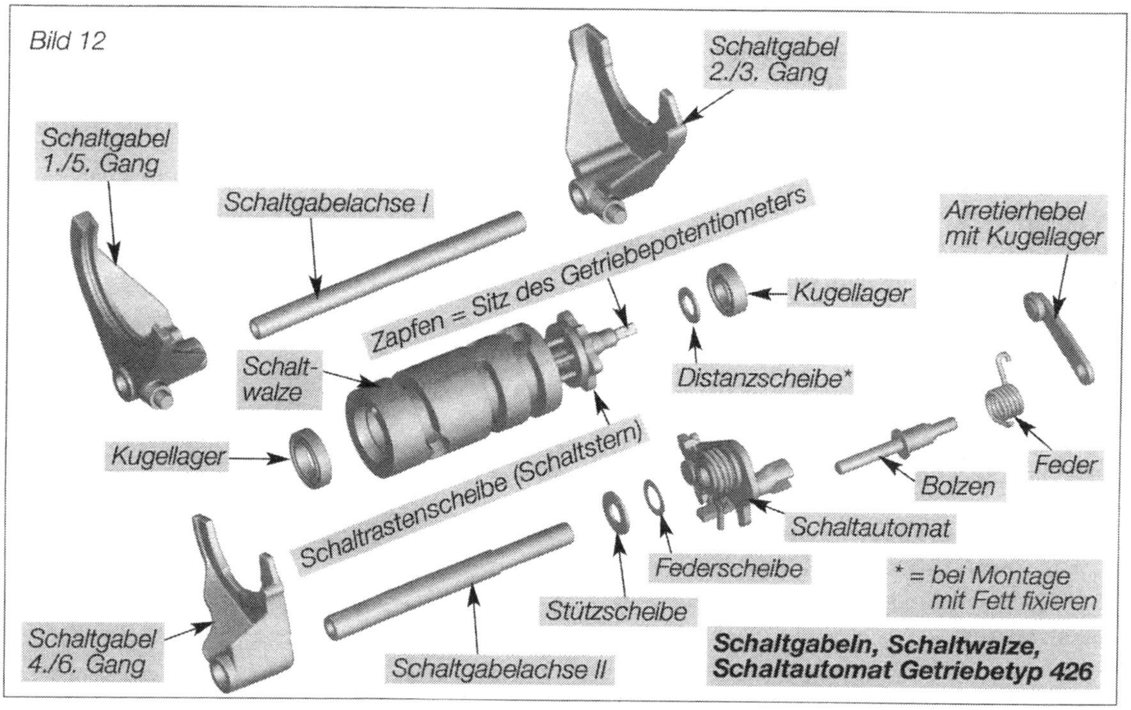

Bild 13: Blick in das geöffnete Getriebe, die drei Wellen sind in ihren Lagersitzen im Getriebegehäuse-Deckel eingesetzt.

■ Schaltgabel für 2./3. Gang ist in die Schaltmuffe eingesteckt. Sie lässt sich nur zusammen mit der Getriebeabtriebswelle aus- bzw. einbauen. Nicht eingebaut sind Schaltwalze, Schaltgabeln 1./5. Gang und 4./6. Gang, Schaltgabelachsen und Schaltautomat.

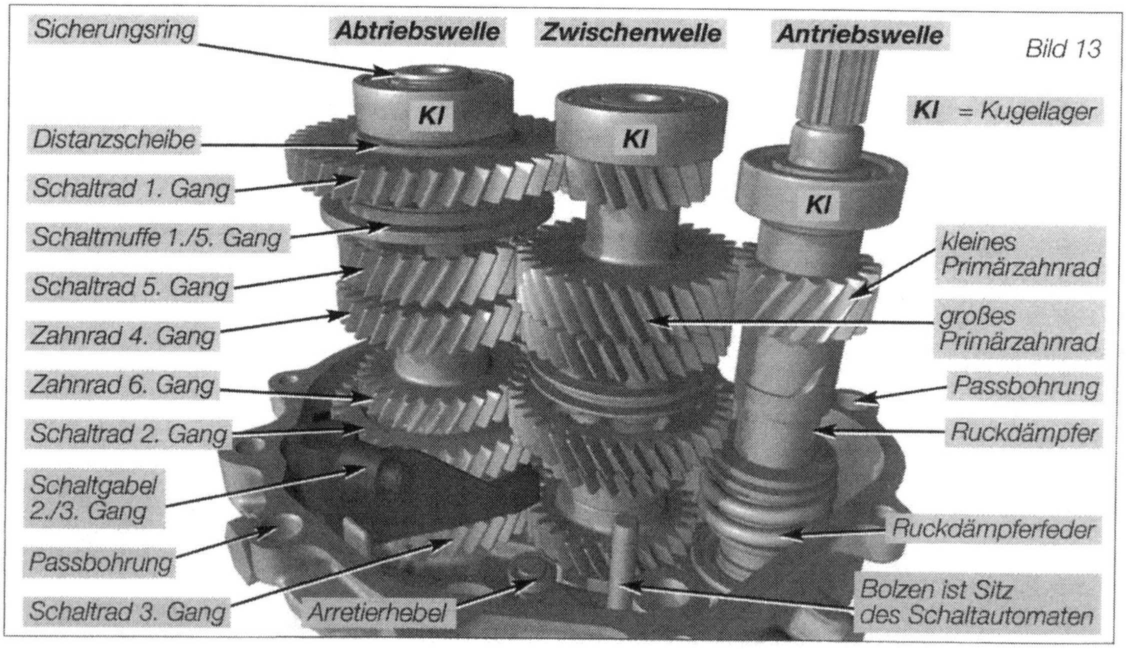

3. Kurvenbahnen der Schaltwalze auf eingeschlagene und übermäßig abgenutze Stellen untersuchen.

4. Zahnräder auf Ausbrüche in der Härteschicht (= »Pitting«, kommt bei extremer Laufleistung schon mal vor), Anlaufverfärbungen (deutet auf Ölmangel und Überhitzung hin) oder übermäßigen Verschleiß untersuchen.

Wichtig: Zahnräder müssen immer paarweise erneuert werden. Wenn dies aus irgendeinem Grund nicht möglich ist und nur ein zu erneuerndes Zahnrad zur Verfügung steht, gilt das Prinzip Hoffnung: hoffen, dass sich altes und neues Zahnrad vertragen. Im Extremfall verschleißen beide schnell.

Schaltautomat

Federn, Schaltklinke: Wenn eine Feder im Schaltautomat gebrochen ist oder die scharfen Kanten an der Schaltklinke abgenutzt sind, könnte man diese Teile zwar ersetzen, aber es gibt keine einzelnen Ersatzteile. Der Schaltautomat muss also komplett erneuert werden.

Getriebe zerlegen

Probleme beim Zerlegen?

Wenn beim Öffnen des Getriebegehäuses ein Lager von seinem Sitz auf der Welle gerutscht und in seiner Sitzbohrung im Lagerdeckel »hängen« geblieben ist, was schon mal vorkommen kann, wenn das Gehäuse (Bild 15) nicht ausreichend genug angewärmt wurde, dann folgendermaßen vorgehen:

1. Gehäusedeckel erneut erwärmen auf etwas mehr als 80 °C, aber nicht mehr als 100 °C.

2. Gehäusedeckel mit der Seite, aus der das Lager herausfallen soll, kurz und knackig auf eine Hartholzunterlage schlagen, so muss das Lager herausfallen.

Wichtig: NIE versuchen, ein Lager mit Schraubenzieher oder Stemmeisen aus seinem Lagersitz zu hebeln, denn dabei wird der Lagersitz im Gehäuse unweigerlich zerstört!

Vorbereitende Arbeiten

Das Getriebe ist ausgebaut und vom Motor und allen anderen Anbauteilen getrennt (siehe Kapitel 18 »Motor aus- und einbauen«). Es liegt gut gereinigt und quasi nackt vor uns auf der Werkbank.

1. Schalthebel von der Schaltwelle abbauen.

2. Getriebeöl ablassen: Öleinfüll- und Ölablassschraube lösen und ausdrehen.

2.1. Getriebe über eine Ölfangwanne halten. Getriebe in verschiedenen Schrägen und Ebenen mehrmals langsam drehen und bewegen, damit möglichst alles Öl abläuft. Nur Geduld!

3. Wenn alles Öl abgelaufen ist: Ölablass- und Einfüllschrauben wieder eindrehen und handfest anziehen.

4. Entlüfter herausziehen (Bild 3).

Getriebegehäuse zerlegen

1. Alle Schrauben, mit denen das Getriebegehäuse mit dem Deckel verschraubt ist, der Reihe nach lösen und ausdrehen.

2. Auspuffhalter entfernen.

3. Mit einem Werkstatt-Heißluftföhn das Getriebegehäuse im Bereich der drei großen Lager-

Bilder 14 bis 17: Anwärmen der Lagersitze in Getriebegehäuse und Gehäusedeckel.

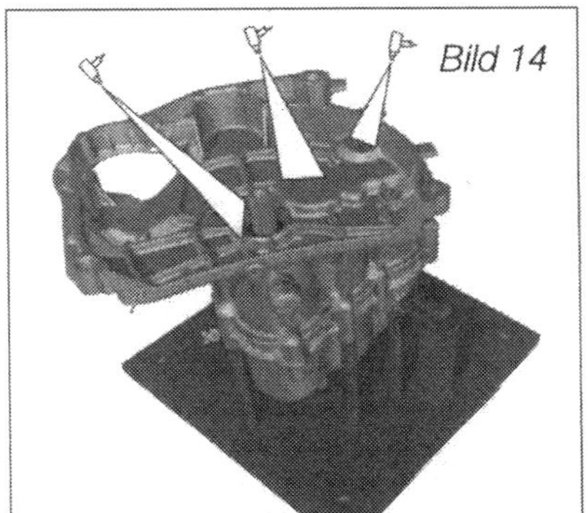

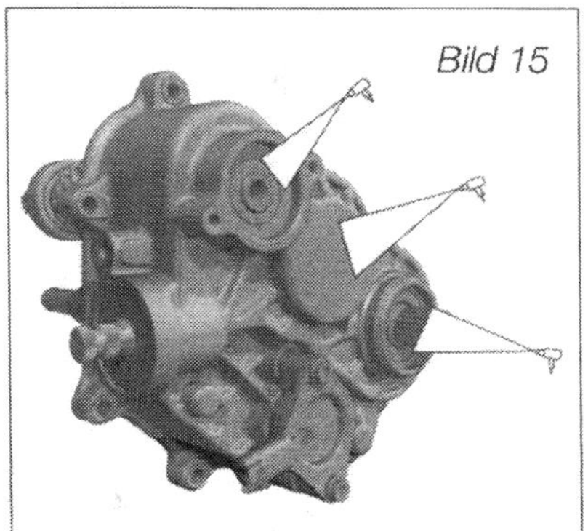

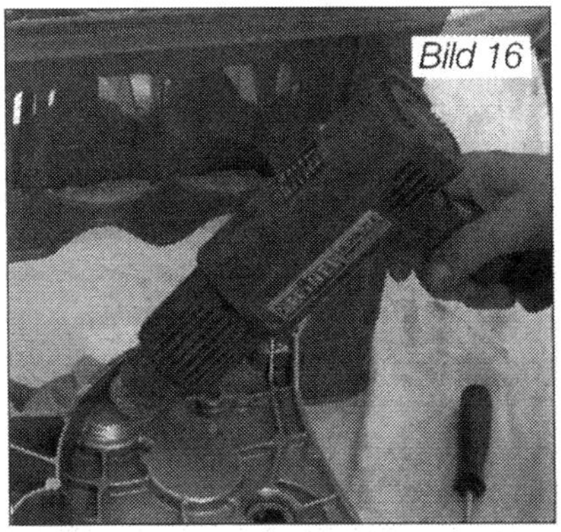

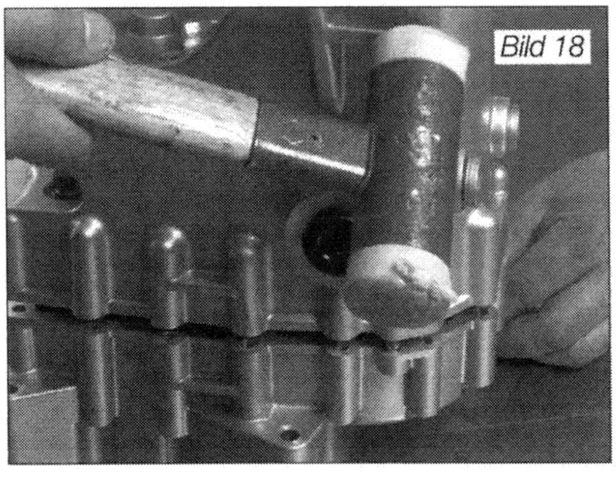

Bild 18: Zum Trennen von Getriebegehäuse und Gehäusedeckel einen Kunststoffhammer zu Hilfe nehmen.

Sichtprüfung Messen

Bilder 19 bis 21: Arbeitsschritte siehe Lauftext.

stellen (Bild 14) auf 80 bis 100 °C erwärmen.
4. Durch leichtes Klopfen mit dem Kunststoffhammer ringsum *auf* das Getriebegehäuse lösen sich Gehäuse und Deckel voneinander. Gleichzeitig dabei das Getriebegehäuse mit den Händen nach oben ziehen.

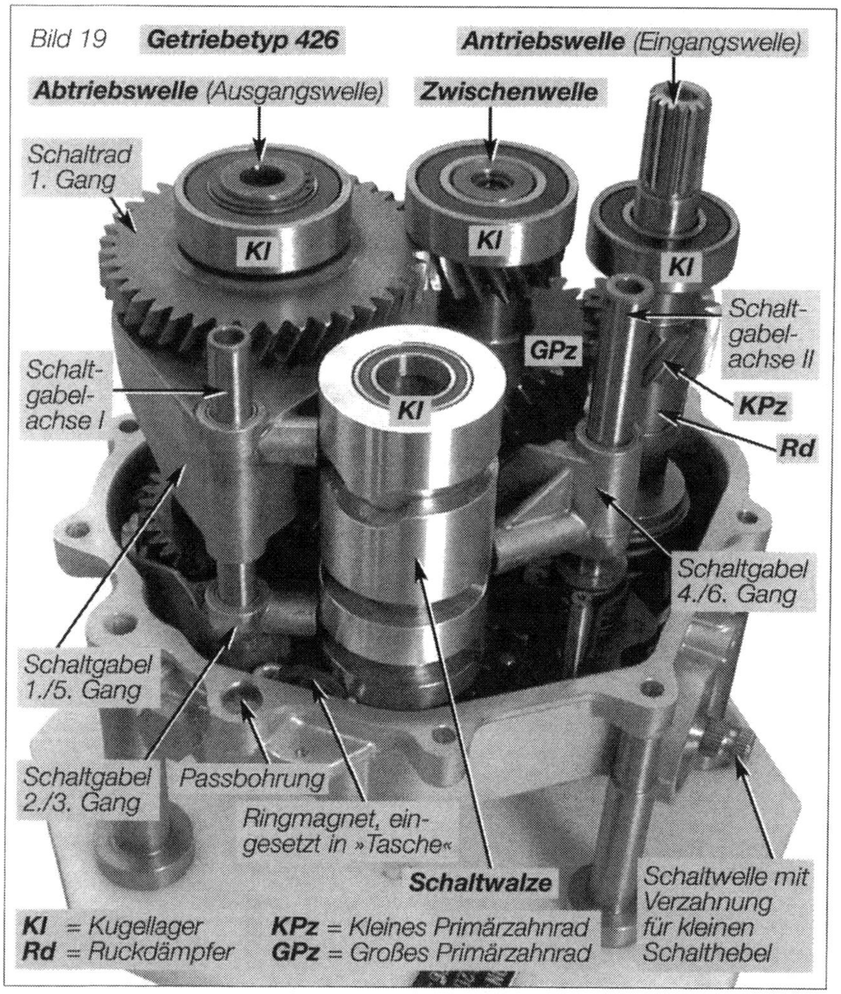

4.1. Jetzt mit einem Kunststoffhammer von unten ringsum leicht (leicht!) gegen den Rand der Dichtfläche klopfen (Bild 18). Man spürt, wie sich die Lagersitze im Getriebegehäuse lösen.
4.2. Getriebegehäuse nach oben abnehmen.
5. Schaltgabelachse I herausziehen, Schaltgabel 1./5. Gang herausnehmen.
5.1. Schaltgabelachse II herausziehen, Schaltgabel 4./6. Gang herausnehmen.
6. Schaltautomat mit Stütz- und Federscheibe ausbauen.
6.1. Schaltgabel 2./3. Gang aus Schaltwalze nehmen und zur Seite schwenken.
■ Die Schaltgabel kann nicht aus der Schaltmuffe herausgenommen werden, bleibt also im Einbauzustand.
7. Schaltwalze mit leichten Drehbewegungen aus dem Gehäuse herausnehmen: Dabei mit einem dicken Schraubenzieher den Arretierhebel zur Seite drücken und festhalten, damit der Schaltstern vom Kugellager am Hebel frei wird.
7.1. Arretierhebel entspannen.

Getriebewellen ausbauen

Alle drei Getriebewellen stecken nun noch zusammen mit ihren Kugellagern im Getriebegehäuse-Deckel: Getriebe so schräg hinlegen, dass die Enden der Wellen auf der Werkbank liegen und der Deckel schräg nach oben zeigt.

1. Mit einem Heißluftföhn die drei Lagerstellen im Getriebedeckel (Bild 15) von außen auf 80 bis 100 °C erwärmen.
1.1. Getriebe umlegen, Deckel liegt jetzt auf Montageunterlage (siehe Bild 26).
2. Mit beiden Händen die drei Wellen anpacken und gleichzeitig zusammen mit der Schaltgabel 2./3. Gang aus den Lagerstellen ziehen.
■ Ausgebaute Getriebewellen auf einer sauberen Unterlage sorgfältig ablegen!
3. Schaltgabel aus Schaltmuffe nehmen.

> **Tipp:** Keine Angst vor der richtigen Einbaulage der Schaltgabeln: Man kann sie anhand der Bilder 12, 13 und 19 indentifizieren und ihre Einbaulage sehen.

Getriebe zusammenbauen

Beim Zusammenbau des Getriebes muss man entweder das BMW-Spezialwerkzeug »Getriebeaufnahme« (Bild 30) haben oder man nimmt eine leere Sprudelkiste, stellt diese verkehrt herum ab

(Bild 26), damit man beim Zusammenbau das Getriebegehäuse bzw. den Deckel so ablegen kann, dass die herausstehende Antriebswelle die Montage nicht stört.

1. Antriebswelle, Zwischenwelle und Abtriebswelle so nebeneinander legen wie in Bild 2 gezeigt, Zahnräder greifen ineinander.
1.1. Schaltgabel für 2./3. Gang in Einbaulage in die Schaltmuffe einstecken.
1.2. Schlupfhülse (BMW Teile-Nr. 23 4 732) auf Stumpf der Abtriebswelle aufsetzen.
Hinweis: Die Zahnräder müssen deswegen jetzt schon sauber ineinander greifen, weil später alle drei Getriebewellen zusammen mit der Schaltgabel 2./3. Gang mit zwei Händen gepackt und in den Getriebedeckel eingebaut werden.
2. Getriebedeckel an den Lagerstellen auf 80 bis 100 °C erwärmen (Bild 15).
3. Getriebewellen einbauen:
3.1. Antriebswelle, Zwischenwelle und Abtriebswelle zusammen mit der Schaltgabel 2./3. Gang mit beiden Händen packen, über den Lagerstellen »schweben« lassen (Bild 20), langsam absenken und die Kugellager exakt zentrisch gemeinsam in ihre Lagersitze »einfallen« lassen.
3.2. Mit einem Plastikhammer leichte Schläge von oben nacheinander auf die Wellen geben, man hört am dumpfen Klang, wenn das Kugellager »satt« in seinem Sitz ist.
3.3. Schaltgabel 2./3. Gang muss lose sitzen (Bild 21).
4. Jetzt wird die Schaltwalze eingebaut:
4.1. Distanzscheibe (Bilder 22 und 23) mit etwas Fett bestreichen, auf den Stumpf der Schaltwalze schieben und fixieren.
4.2. Arretierhebel gegen den Federdruck wegschwenken, Schaltwalze in ihr Kugellager (das in seinem Lagersitz eingebaut ist) einstecken: Dabei etwas drehen, damit der Zapfen der Schaltgabel 2./3. Gang in seine Schaltnut eingreifen kann.
4.3. Arretierhebel loslassen, Kugellager am Arretierhebel kommt in einer Vertiefung des Schaltsterns zur Ruhe.
5. Schaltwalze in Leerlaufstellung drehen.
6. Schaltautomat mit Feder- und Stützscheibe (Bild 24) einbauen, dabei auf richtige Lage der Schenkelfeder achten: Schenkel der kleinen Feder muss innen am Gehäuse anliegen.
■ Auf korrekten Sitz des Schaltautomaten zum Kugelkopf der Schaltwelle achten.
7. Schaltgabel 4./6. Gang in Schaltmuffe in Zwischenwelle einsetzen, Zapfen in Führungsbahn der Schaltwalze einsetzen.
7.1. Schaltgabelachse II durch Schaltgabel 4./6. Gang in ihre Lagerstelle schieben (Bilder 19 und 25).
8. Schaltgabel für 1./5. Gang in Schaltmuffe auf Abtriebswelle schieben, Zapfen in Führungsbahn der Schaltwalze einsetzen (Bild 26).
8.1. Schaltgabelachse I durch Schaltgabel 1./5. Gang und Schaltgabel 2./3. Gang nach unten in ihre Lagerstelle einschieben (Bild 19).

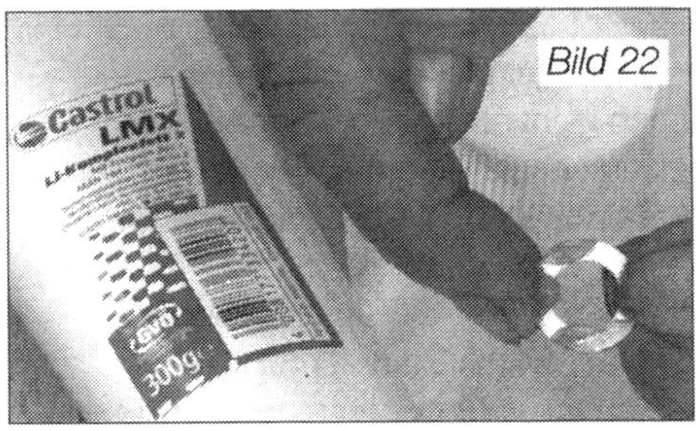

Bilder 22 und 23: Vor dem Einbau der Schaltwalze Scheibe aufsetzen, mit Fett »ankleben«.

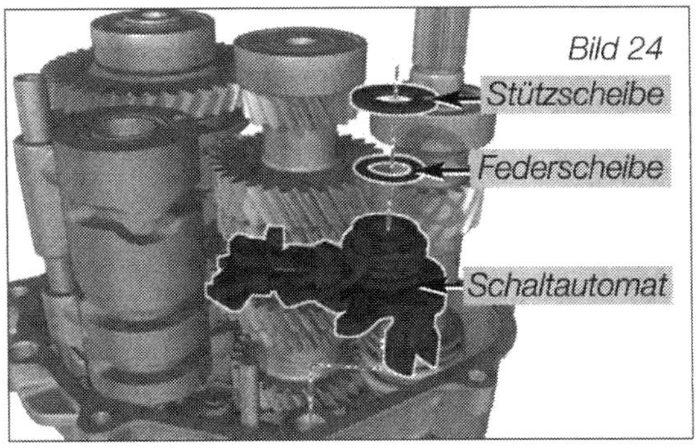

Bild 24: Schwebender Schaltautomat mit Feder- und Stützscheibe.

Bilder 25 und 26: Einbau der Schaltgabeln.

■ Leere Sprudelkiste verkehrt herum abstellen, damit man beim Zusammenbau das Getriebegehäuse bzw. den Deckel so ablegen kann, dass die herausstehenden Abtriebs- und Antriebswelle nicht stören.

Bilder 27 und 28: Vor dem Zusammenbau des Getriebes aufgeworfene Stellen an den Dichtflächen »erfühlen« und mit einer kleinen Schlüsselfeile beseitigen.

Bilder 29 und 30: Flächendichtmittel dünn und gleichmäßig auftragen. Passhülsen (Bild 30) müssen eingesetzt sein.

Getriebegehäuse zusammenbauen

⚠ **Achtung:** Flächendichtung bindet innerhalb von 30 Minuten ab. Getriebegehäuse muss daher innerhalb dieses Zeitraumes aufgesetzt und verschraubt werden.

⚠ **Achtung:** *AUF KEINEN FALL* das Getriebegehäuse mit Gewalt zusammenbauen oder gar mit den Schrauben zusammenziehen wollen, denn das geht garantiert schief! Wenn nach Aufsetzen des Getriebegehäuse-Deckels die Passflächen nicht sauber zueinander Kontakt haben, dann hat sich innen etwas verklemmt und das Getriebe muss wieder auseinander.

1. Dichtflächen beider Gehäusehälften fett- und ölfrei machen mit Bremsenreiniger.
2. Mit der Kuppe eines Fingers den Rand der Dichtflächen abtasten (Bild 27) und dabei kontrollieren, ob die Dichtflächen und ihre Ränder keine aufgeworfenen Stellen haben: Wenn sie auch nur eine kleine »Macke« haben, diese mit einer kleinen Schlüsselfeile beseitigen (Bild 28).
3. Am Gehäuseteil, wo schon die Getriebewellen drin stecken und der nicht angewärmt wird: Dichtflächen mit Würth Flächendichtmittel »orange« (oder Flächendichtung Loctite 5203) einstreichen (Bilder 29 und 30).
4. Schlupfhülse auf Antriebswelle aufsetzen.
5. Getriebegehäuse an den Lagersitzen auf 80 bis 100 °C erwärmen (Bild 14).
5.1. Getriebegehäuse sorgsam aufsetzen: So zielen, dass die Position der Kugellager und Schaltgabelachsen genau getroffen wird.
■ Falls die Lagersitze nicht so leicht wie gehofft auf die Kugellager rutschen, mit viel Gefühl (!) und ohne Gewaltanwendung (!!) mit einem Plastikhammer leichte Schläge auf die Oberseite des Gehäuses im Bereich der Lagersitze geben.
■ Sollte der Deckel nicht auf die Lager rutschen wollen, wurde er wahrscheinlich zu wenig angewärmt. Mit Heißluftföhn im Bereich der Lagersitze nachwärmen.
6. Jetzt müssten beide Gehäuseteile so weit zusammen sein, dass ihre Dichtflächen schon Kontakt haben und kein Spalt mehr sichtbar ist. Seitlich wird Dichtmasse herausgedrückt.
7. Schrauben eindrehen und handfest anziehen.
8. Schrauben kreuzweise festziehen mit 9 Nm.
■ Das Anziehdrehmoment von 9 Nm klingt nach sehr wenig, sollte aber eingehalten werden. Exakten Drehmomentschlüssel benutzen!
9. Getriebe einbauen (siehe Kapitel 18 »Motor aus- und einbauen«)
10. Gangpotentiometer mit 8 Nm anschrauben,

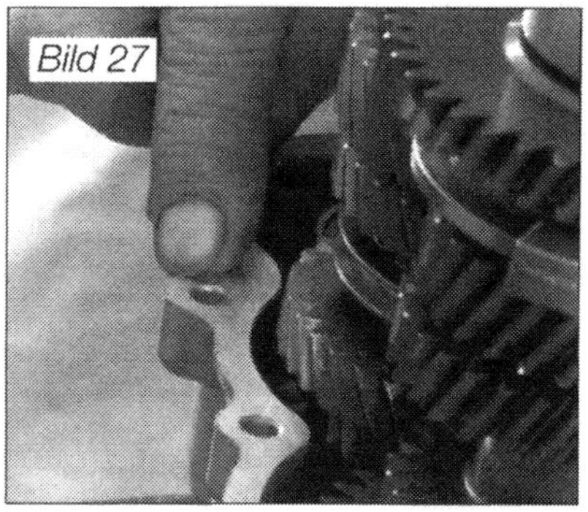
Bild 27

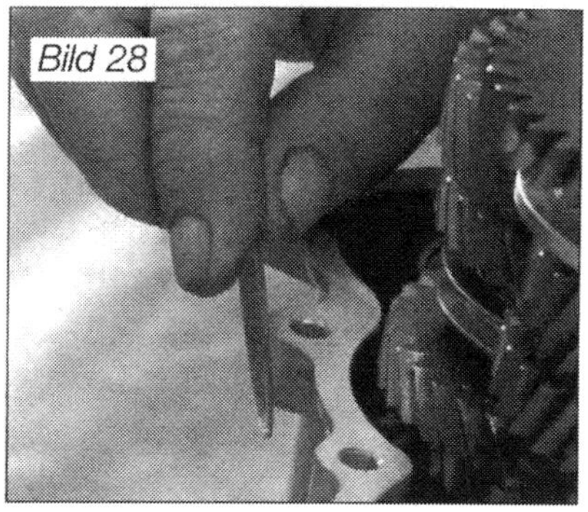
Bild 28

Bild 29

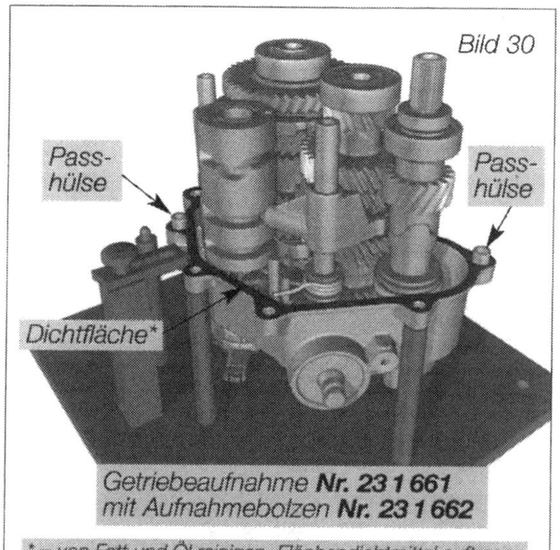

Bild 30

* = von Fett und Öl reinigen, Flächendichtmittel auftragen

Steckverbindung herstellen. Kabel in Kabelklammer befestigen. Entlüfter in Gehäuse hineindrücken. Kleinen Schalthebel anbauen.

Tipp: Nach dem Zusammenbau des Getriebes seine Funktion prüfen, indem alle Gänge bei gleichzeitigem Drehen der Abtriebswelle mehrmals durchgeschaltet werden. Besonders dahingehend prüfen, ob sich der Leerlauf sicher einlegen lässt und freigängig ist.

11. Kugelkopf des kleinen Schalthebels und Kugelpfanne der Gewindestange mit Staburags NBU 30 PTM schmieren. Gewindestange an kleinem Schalthebel befestigen, Sicherungssplint einstecken.

Schaltwelle

Ausbau: Vor dem Ausbau der Schaltwelle muss der Schaltwellensimmerring ausgebaut werden.
1. Simmerring an einer Stelle mit einem Bohrer mit maximal 3 mm anbohren.
1.1. Unbedingt das BMW-Spezialwerkzeug »Bohranschlag« (Teile-Nr. 00 8 586) verwenden; er soll verhindern, dass die Bohrung zu tief in den Simmerring eindringt und das Gehäuse beschädigt wird.
2. Mit den Spezialwerkzeugen »Kegelblechschraube« (Teile-Nr. 00 8 587), »Zugstange« (Nr. 00 8 581) und »Schlaggewicht« (Nr. 00 8 582)« den Simmerring herausschlagen.

Tipp: Stehen diese Spezialwerkzeuge nicht zur Verfügung, wie folgt behelfen:
- Simmerring an zwei gegenüberliegenden Stellen mit einem 3 mm-Bohrer anbohren.
- Zwei Spaxschrauben eindrehen.
- Zwei Zangen an den Schrauben ansetzen und Simmerring daran herausziehen.

3. Sicherungsring ausbauen, Schaltwelle herausziehen. Dabei darauf achten, dass der Kugelkopf mit der Gehäuseaussparung fluchtet.

Einbau

1. Kugelkopf der Schaltwelle muss in dafür vorgesehene Aussparung des Schaltautomaten eingreifen, Schaltwellenende muss ganz im Nadellager des Gehäusedeckels sitzen.
2. Neuen Sicherungsring einbauen.
3. Neuen Simmerring einbauen: Dichtlippen nicht an der Vielverzahnung beschädigen!

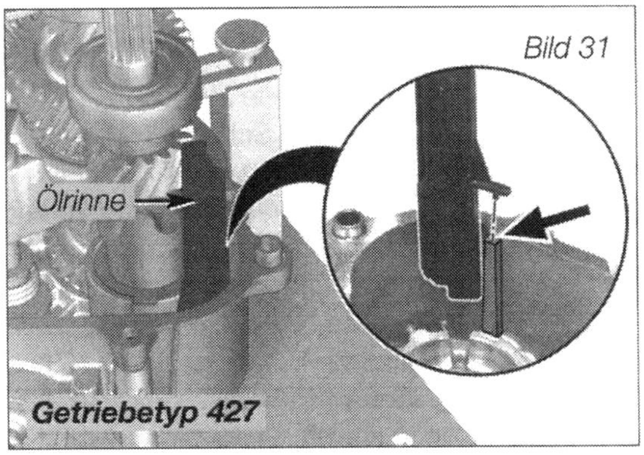

Bild 31: Beim Zusammenbau eines Getriebes vom Typ 427 nicht vergessen, die Ölrinne einzubauen.

Bilder 32 und 33: Sitz der Schaltwelle im Getriebegehäuse-Deckel und Explosionszeichnung.

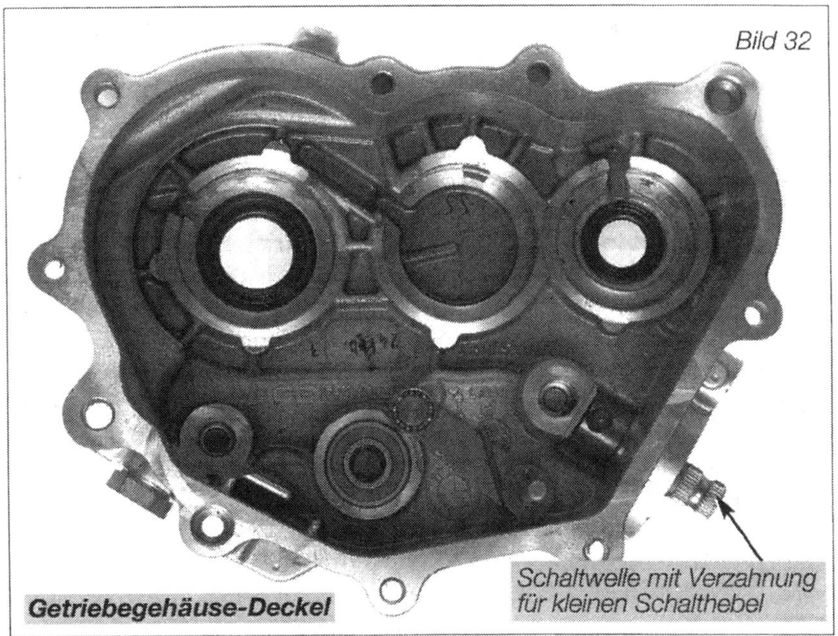

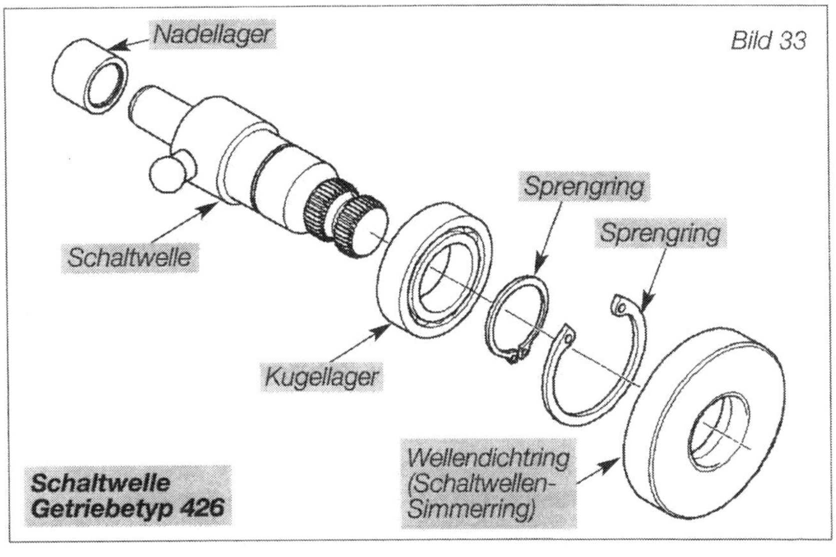

R 1200 GS

Modelljahre 2004, 05, 06, 07

■ Getriebe Typ 426

Axialspiel Schaltwelle.... 0,1 bis 0,26 mm
Axialspiel Federsegment auf Antriebswelle, Vordämpferhub..... 0,4 bis 0,6 mm

■ Blockmaße

Schaltwalze........ 141,40 bis 141,50 mm
Antriebswelle...... 163,10 bis 163,15 mm
Zwischenwelle.... 179,85 bis 179,90 mm
Abtriebswelle...... 182,64 bis 182,69 mm
Abtriebswelle Zwischenblockmaß, Schaltrad
5. zu 1. Gang..... 115,55 bis 115,60 mm

■ Axialspiele Abtriebswelle

Losrad 1. Gang.......... 0,10 bis 0,25 mm
Losrad 2. Gang.......... 0,15 bis 0,35 mm
BMW-Angabe 2. Gang....... 0,15 bis 0,45 mm
Losrad 3. Gang.......... 0,10 bis 0,25 mm
Losrad 4. Gang.......... 0,10 bis 0,40 mm
Losrad 5. Gang.......... 0,10 bis 0,40 mm
BMW-Angabe 5. Gang....... 0,10 bis 0,30 mm
Losrad 6. Gang.......... 0,10 bis 0,25 mm

■ Hinterachsantrieb

Klingelnberg-Palloid-Spiralverzahnung
Übersetzungsverhältnis.............. 2,82 : 1
Zähnezahl.................................. 31 : 11
Zahnflankenspiel......... 0,06 bis 0,18 mm

R 1200 RT

Modelljahre 2005, 06, 07, 08, 09*

■ Getriebe Typ 426

Axialspiel Schaltwelle.... 0,1 bis 0,26 mm
Axialspiel Federsegment auf Antriebswelle, Vordämpferhub..... 0,4 bis 0,6 mm

■ Blockmaße

Schaltwalze........ 141,40 bis 141,50 mm
Antriebswelle...... 163,10 bis 163,15 mm
Zwischenwelle.... 179,85 bis 179,90 mm
Abtriebswelle...... 182,64 bis 182,69 mm
Abtriebswelle Zwischenblockmaß, Schaltrad
5. zu 1. Gang..... 115,55 bis 115,60 mm

■ Axialspiele Abtriebswelle

Losrad 1. Gang.......... 0,10 bis 0,25 mm
Losrad 2. Gang.......... 0,15 bis 0,35 mm
BMW-Angabe 2. Gang....... 0,15 bis 0,45 mm
Losrad 3. Gang.......... 0,10 bis 0,25 mm
Losrad 4. Gang.......... 0,10 bis 0,40 mm
Losrad 5. Gang.......... 0,10 bis 0,40 mm
BMW-Angabe 5. Gang....... 0,10 bis 0,30 mm
Losrad 6. Gang.......... 0,10 bis 0,25 mm

■ Ab Januar 2008: Getriebe Typ 427

Axialspiel Schaltwelle.... 0,0 bis 0,26 mm
Vordämpferhub.............. 0,4 bis 0,7 mm

■ Blockmaße

Schaltwalze........ 141,40 bis 141,50 mm
Antriebswelle...... 162,00 bis 162,05 mm
Zwischenwelle.... 181,85 bis 181,90 mm
Abtriebswelle...... 184,60 bis 184,65 mm
Abtriebswelle Zwischenblockmaß, Schaltrad
5. zu 1. Gang.... 117, 50 bis 117,55 mm

■ Axialspiele Abtriebswelle

Losrad 1. Gang.......... 0,15 bis 0,30 mm
Losrad 2. Gang.......... 0,15 bis 0,41 mm
Losrad 3. Gang.......... 0,15 bis 0,30 mm
Losrad 4. Gang.......... 0,10 bis 0,50 mm
Losrad 5. Gang.......... 0,10 bis 0,25 mm
Losrad 6. Gang.......... 0,15 bis 0,35 mm

■ Hinterachsantrieb

Klingelnberg-Palloid-Spiralverzahnung
Übersetzungsverhältnis.............. 2,62 : 1
Zähnezahl.................................. 34 : 13
Zahnflankenspiel......... 0,10 bis 0,22 mm

R 1200 ST

Modelljahre 2005, 06, 07, 08

■ Getriebe Typ 426

Axialspiel Schaltwelle.... 0,1 bis 0,26 mm
Axialspiel Federsegment auf Antriebswelle, Vordämpferhub..... 0,4 bis 0,6 mm

■ Blockmaße

Schaltwalze........ 141,40 bis 141,50 mm
Antriebswelle...... 163,10 bis 163,15 mm
Zwischenwelle.... 179,85 bis 179,90 mm
Abtriebswelle...... 182,64 bis 182,69 mm
Abtriebswelle Zwischenblockmaß, Schaltrad
5. zu 1. Gang..... 115,55 bis 115,60 mm

■ Axialspiele Abtriebswelle

Losrad 1. Gang.......... 0,10 bis 0,25 mm
Losrad 2. Gang.......... 0,15 bis 0,35 mm
BMW-Angabe 2. Gang....... 0,15 bis 0,45 mm
Losrad 3. Gang.......... 0,10 bis 0,25 mm
Losrad 4. Gang.......... 0,10 bis 0,40 mm
Losrad 5. Gang.......... 0,10 bis 0,40 mm
BMW-Angabe 5. Gang....... 0,10 bis 0,30 mm
Losrad 6. Gang.......... 0,10 bis 0,25 mm

■ Hinterachsantrieb

Klingelnberg-Palloid-Spiralverzahnung
Übersetzungsverhältnis.............. 2,62 : 1
Zähnezahl.................................. 34 : 13
Zahnflankenspiel......... 0,10 bis 0,22 mm

HP2 Enduro

Modelljahre 2006, 07, 08

■ Getriebe Typ 426

Axialspiel Schaltwelle.... 0,1 bis 0,26 mm
Axialspiel Federsegment auf Antriebswelle, Vordämpferhub..... 0,4 bis 0,6 mm

■ Blockmaße

Schaltwalze........ 141,40 bis 141,50 mm
Antriebswelle...... 163,10 bis 163,15 mm
Zwischenwelle.... 179,85 bis 179,90 mm
Abtriebswelle...... 182,64 bis 182,69 mm
Abtriebswelle Zwischenblockmaß, Schaltrad
5. zu 1. Gang..... 115,55 bis 115,60 mm

■ Axialspiele Abtriebswelle

Losrad 1. Gang.......... 0,10 bis 0,25 mm
Losrad 2. Gang.......... 0,15 bis 0,35 mm
BMW-Angabe 2. Gang....... 0,15 bis 0,45 mm
Losrad 3. Gang.......... 0,10 bis 0,25 mm
Losrad 4. Gang.......... 0,10 bis 0,40 mm
Losrad 5. Gang.......... 0,10 bis 0,40 mm
BMW-Angabe 5. Gang....... 0,10 bis 0,30 mm
Losrad 6. Gang.......... 0,10 bis 0,25 mm

■ Hinterachsantrieb

Klingelnberg-Palloid-Spiralverzahnung
Übersetzungsverhältnis.............. 2,82 : 1
Zähnezahl.................................. 31 : 11
Zahnflankenspiel......... 0,10 bis 0,22 mm

R 1200 S

Modelljahre 2006, 07, 08

■ Getriebe Typ 426

Axialspiel Schaltwelle.... 0,1 bis 0,26 mm
Axialspiel Federsegment auf Antriebswelle, Vordämpferhub..... 0,4 bis 0,6 mm

■ Blockmaße

Schaltwalze........ 141,40 bis 141,50 mm
Antriebswelle...... 163,10 bis 163,15 mm
Zwischenwelle.... 179,85 bis 179,90 mm
Abtriebswelle...... 182,64 bis 182,69 mm
Abtriebswelle Zwischenblockmaß, Schaltrad
5. zu 1. Gang..... 115,55 bis 115,60 mm

■ Axialspiele Abtriebswelle

Losrad 1. Gang.......... 0,10 bis 0,25 mm
Losrad 2. Gang.......... 0,15 bis 0,35 mm
BMW-Angabe 2. Gang....... 0,15 bis 0,45 mm
Losrad 3. Gang.......... 0,10 bis 0,25 mm
Losrad 4. Gang.......... 0,10 bis 0,40 mm
Losrad 5. Gang.......... 0,10 bis 0,40 mm
BMW-Angabe 5. Gang....... 0,10 bis 0,30 mm
Losrad 6. Gang.......... 0,10 bis 0,25 mm

■ Ab Januar 2008: Getriebe Typ 427

Axialspiel Schaltwelle.... 0,0 bis 0,26 mm
Vordämpferhub.............. 0,4 bis 0,7 mm

■ Blockmaße

Schaltwalze........ 141,40 bis 141,50 mm
Antriebswelle...... 162,00 bis 162,05 mm
Zwischenwelle.... 181,85 bis 181,90 mm

* = Stand der Recherche zum Redaktionschluss im August 2009

Abtriebswelle...... 184,60 bis 184,65 mm
Abtriebswelle Zwischen-
blockmaß, Schaltrad
5. zu 1. Gang .... 117, 50 bis 117,55 mm

■ Axialspiele Abtriebswelle

Losrad 1. Gang .... 0,15 bis 0,30 mm
Losrad 2. Gang .... 0,15 bis 0,41 mm
Losrad 3. Gang .... 0,15 bis 0,30 mm
Losrad 4. Gang .... 0,10 bis 0,50 mm
Losrad 5. Gang .... 0,10 bis 0,25 mm
Losrad 6. Gang .... 0,15 bis 0,35 mm

■ Hinterachsantrieb

Klingelnberg-Palloid-Spiralverzahnung
Übersetzungsverhältnis .... 2,62 : 1
Zähnezahl.................................... 34 : 13
Zahnflankenspiel......... 0,10 bis 0,22 mm

R 1200 R

Modelljahre 2006, 07, 08, 09*

■ Getriebe Typ 426

Axialspiel Schaltwelle.... 0,1 bis 0,26 mm
Axialspiel Federsegment auf Antriebs-
welle, Vordämpferhub ..... 0,4 bis 0,6 mm

■ Blockmaße

Schaltwalze........ 141,40 bis 141,50 mm
Antriebswelle...... 163,10 bis 163,15 mm
Zwischenwelle.... 179,85 bis 179,90 mm
Abtriebswelle...... 182,64 bis 182,69 mm
Abtriebswelle Zwischen-
blockmaß, Schaltrad
5. zu 1. Gang ..... 115,55 bis 115,60 mm

■ Axialspiele Abtriebswelle

Losrad 1. Gang .... 0,10 bis 0,25 mm
Losrad 2. Gang .... 0,15 bis 0,35 mm
BMW-Angabe 2. Gang....... 0,15 bis 0,45 mm
Losrad 3. Gang .... 0,10 bis 0,25 mm
Losrad 4. Gang .... 0,10 bis 0,40 mm
Losrad 5. Gang .... 0,10 bis 0,40 mm
BMW-Angabe 5. Gang....... 0,10 bis 0,30 mm
Losrad 6. Gang .... 0,10 bis 0,25 mm

■ Ab Januar 2008: Getriebe Typ 427

Axialspiel Schaltwelle.... 0,0 bis 0,26 mm
Vordämpferhub............... 0,4 bis 0,7 mm

■ Blockmaße

Schaltwalze........ 141,40 bis 141,50 mm
Antriebswelle...... 162,00 bis 162,05 mm
Zwischenwelle.... 181,85 bis 181,90 mm
Abtriebswelle...... 184,60 bis 184,65 mm
Abtriebswelle Zwischen-
blockmaß, Schaltrad
5. zu 1. Gang .... 117, 50 bis 117,55 mm

■ Axialspiele Abtriebswelle

Losrad 1. Gang .... 0,15 bis 0,30 mm
Losrad 2. Gang .... 0,15 bis 0,41 mm
Losrad 3. Gang .... 0,15 bis 0,30 mm
Losrad 4. Gang .... 0,10 bis 0,50 mm
Losrad 5. Gang .... 0,10 bis 0,25 mm
Losrad 6. Gang .... 0,15 bis 0,35 mm

■ Hinterachsantrieb

Klingelnberg-Palloid-Spiralverzahnung
Übersetzungsverhältnis .... 2,75 : 1
Zähnezahl.................................... 33 : 12
Zahnflankenspiel......... 0,10 bis 0,22 mm

R 1200 GS MÜ

Modelljahre 2008, 09*

■ Ab Oktober 2007: Getriebe Typ 427

Axialspiel Schaltwelle.... 0,0 bis 0,26 mm
Vordämpferhub............... 0,4 bis 0,7 mm

■ Blockmaße

Schaltwalze........ 141,40 bis 141,50 mm
Antriebswelle...... 162,00 bis 162,05 mm
Zwischenwelle.... 181,85 bis 181,90 mm
Abtriebswelle...... 184,60 bis 184,65 mm
Abtriebswelle Zwischen-
blockmaß, Schaltrad
5. zu 1. Gang .... 117, 50 bis 117,55 mm

■ Axialspiele Abtriebswelle

Losrad 1. Gang .... 0,15 bis 0,30 mm
Losrad 2. Gang .... 0,15 bis 0,41 mm
Losrad 3. Gang .... 0,15 bis 0,30 mm
Losrad 4. Gang .... 0,10 bis 0,50 mm
Losrad 5. Gang .... 0,10 bis 0,25 mm
Losrad 6. Gang .... 0,15 bis 0,35 mm

■ Hinterachsantrieb

Klingelnberg-Palloid-Spiralverzahnung
Übersetzungsverhältnis .... 2,91 : 1
Zähnezahl.................................... 32 : 11
Zahnflankenspiel......... 0,10 bis 0,22 mm

HP2 Megamoto

Modelljahre 2007, 08, 09*

■ Getriebe Typ 426

Axialspiel Schaltwelle.... 0,1 bis 0,26 mm
Axialspiel Federsegment auf Antriebs-
welle, Vordämpferhub ..... 0,4 bis 0,6 mm

■ Blockmaße

Schaltwalze........ 141,40 bis 141,50 mm
Antriebswelle...... 163,10 bis 163,15 mm
Zwischenwelle.... 179,85 bis 179,90 mm
Abtriebswelle...... 182,64 bis 182,69 mm
Abtriebswelle Zwischen-
blockmaß, Schaltrad
5. zu 1. Gang ..... 115,55 bis 115,60 mm

■ Axialspiele Abtriebswelle

Losrad 1. Gang .... 0,10 bis 0,25 mm
Losrad 2. Gang .... 0,15 bis 0,35 mm
BMW-Angabe 2. Gang....... 0,15 bis 0,45 mm
Losrad 3. Gang .... 0,10 bis 0,25 mm
Losrad 4. Gang .... 0,10 bis 0,40 mm
Losrad 5. Gang .... 0,10 bis 0,40 mm
BMW-Angabe 5. Gang....... 0,10 bis 0,30 mm
Losrad 6. Gang .... 0,10 bis 0,25 mm

■ Ab Januar 2008: Getriebe Typ 427

Axialspiel Schaltwelle.... 0,0 bis 0,26 mm
Vordämpferhub............... 0,4 bis 0,7 mm

■ Blockmaße

Schaltwalze........ 141,40 bis 141,50 mm
Antriebswelle...... 162,00 bis 162,05 mm
Zwischenwelle.... 181,85 bis 181,90 mm
Abtriebswelle...... 184,60 bis 184,65 mm
Abtriebswelle Zwischen-
blockmaß, Schaltrad
5. zu 1. Gang .... 117, 50 bis 117,55 mm

■ Axialspiele Abtriebswelle

Losrad 1. Gang .... 0,15 bis 0,30 mm
Losrad 2. Gang .... 0,15 bis 0,41 mm
Losrad 3. Gang .... 0,15 bis 0,30 mm
Losrad 4. Gang .... 0,10 bis 0,50 mm
Losrad 5. Gang .... 0,10 bis 0,25 mm
Losrad 6. Gang .... 0,15 bis 0,35 mm

■ Hinterachsantrieb

Klingelnberg-Palloid-Spiralverzahnung
Übersetzungsverhältnis .... 2,82 : 1
Zähnezahl.................................... 31 : 11
Zahnflankenspiel......... 0,10 bis 0,22 mm

HP2 Sport

Modelljahre 2008, 09*

■ Ab Januar 2008: Getriebe Typ 427

Axialspiel Schaltwelle.... 0,0 bis 0,26 mm
Vordämpferhub............... 0,4 bis 0,7 mm

■ Blockmaße

Schaltwalze........ 141,40 bis 141,50 mm
Antriebswelle...... 162,00 bis 162,05 mm
Zwischenwelle.... 181,85 bis 181,90 mm
Abtriebswelle...... 184,60 bis 184,65 mm
Abtriebswelle Zwischen-
blockmaß, Schaltrad
5. zu 1. Gang .... 117, 50 bis 117,55 mm

■ Axialspiele Abtriebswelle

Losrad 1. Gang .... 0,15 bis 0,30 mm
Losrad 2. Gang .... 0,15 bis 0,41 mm
Losrad 3. Gang .... 0,15 bis 0,30 mm
Losrad 4. Gang .... 0,10 bis 0,50 mm
Losrad 5. Gang .... 0,10 bis 0,25 mm
Losrad 6. Gang .... 0,15 bis 0,35 mm

■ Hinterachsantrieb

Klingelnberg-Palloid-Spiralverzahnung
Übersetzungsverhältnis .... 2,75 : 1
Zähnezahl.................................... 33 : 12
Zahnflankenspiel......... 0,10 bis 0,22 mm

Alle Angaben auf diesen beiden Seiten wurden vom Getriebehersteller Getrag zur Verfügung gestellt. Für die Axialspiele der Abtriebswelle gibt es für das Losrad 2. Gang und 5. Gang beim Getriebetyp 426 davon abweichende BMW-Angaben.

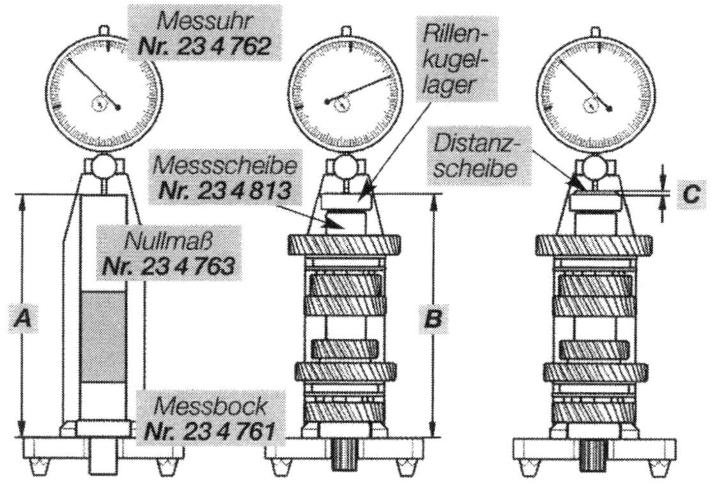

Bild 1: Blockmaß Abtriebswelle Getriebetyp 426.

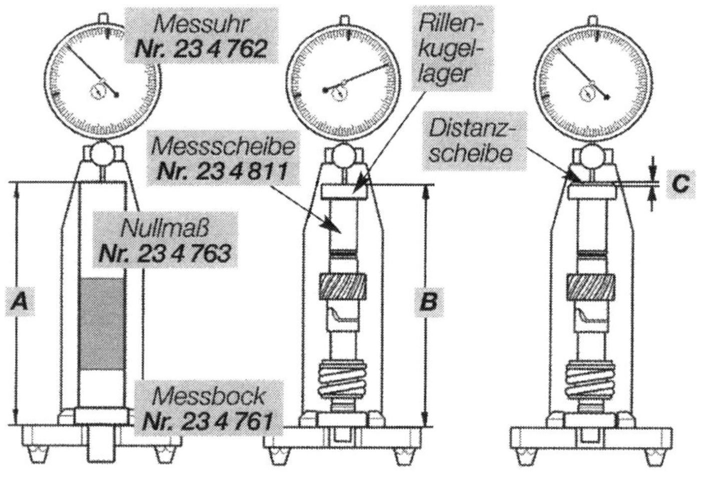

Bild 2: Blockmaß Antriebswelle Getriebetyp 426.

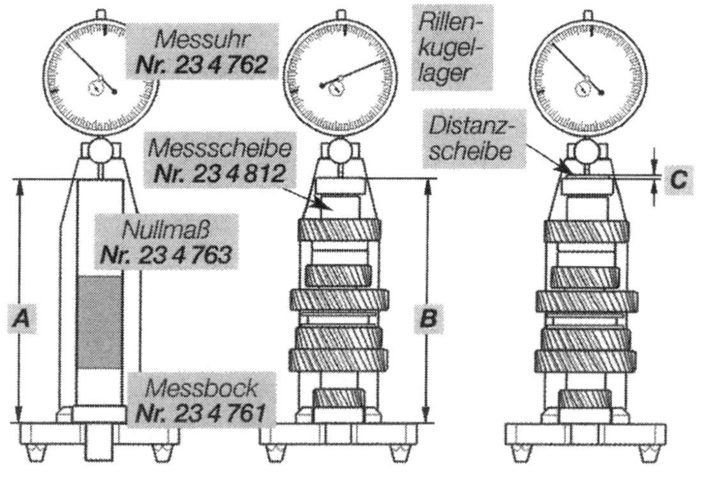

Bild 3: Blockmaß Zwischenwelle Getriebetyp 426.

Blockmaße und Axialspiele

Zum Prüfen der Blockmaße von Abtriebs-, Zwischen- und Antriebswelle werden BMW-Spezial-Messinstrumente und -Messvorrichtungen benötigt (Bild 0). Je nach Getriebewelle wird eine andere Messscheibe zur Feststellung des Nullmaßes verwendet.

Bild 0

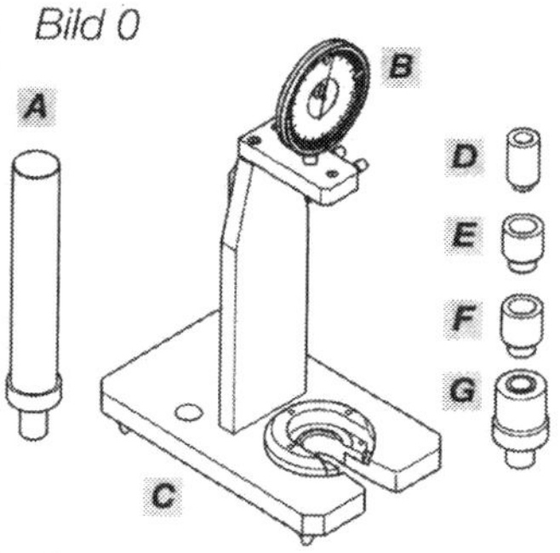

*Spezialwerkzeuge Nullmaß (**A** = Nr. 23 4 763), Messuhr (**B** = Nr. 23 4 762), Messbock (**C** = Nr. 23 4 761) und Messscheiben (**D** = Nr. 23 4 764, **E** = Nr. 23 4 765, **F** = Nr. 23 4 766, **G** = Nr. 23 4 767).*

Getriebetyp 426: Blockmaße von Abtriebs-, Zwischen- und Antriebswelle (Bilder 1 bis 3)

Blockmaß messen

1. Nullmaß in Messbock einsetzen.

2. Messuhr in hintere Befestigungsbohrung am Messbock einbauen, auf Vorspannung bringen.

3. Mit Messuhr Nullabgleich auf Maß A des Nullmaßes durchführen.

4. Nullmaß aus Messbock herausnehmen.

5. Messscheibe auf die Welle auflegen:

- Messscheibe Nr. 23 4 813 bei Abtriebswelle
- Messscheibe Nr. 23 4 811 bei Antriebswelle
- Messscheibe Nr. 23 4 812 bei Zwischenwelle

6. Rillenkugellager auf Messscheibe auflegen.

7. Jeweilige Welle in Messbock einsetzen.

8. Mit Messuhr Nullabweichung von Maß B am Lagerring messen:

- Maß der Nullabweichung ergibt Dicke C der Distanzscheibe.

9. Distanzscheibe der ermittelten Dicke auf Lagerring auflegen.

Hinweis: Werden bei der anschließenden Prüfung die Grenzwerte der Blockmaße überschritten, dann wie folgt vorgehen: Nadellager, Stützscheiben, Distanzscheiben und Schaltrad auf Verschleiß prüfen und entsprechende Teile ersetzen.

10. Welle aus Messbock entnehmen.

11. Messscheibe mit Distanzscheibe und Rillenkugellager abnehmen.

12. Neu ermittelte Distanzscheibe einbauen.

13. Rillenkugellager auf Welle aufpressen.

Getriebetyp 427: Blockmaße von Abtriebs-, Zwischen- und Antriebswelle (Bilder 4 bis 6)

Blockmaß messen

1. Nullmaß in Messbock einsetzen.

2. Messuhr in hintere Befestigungsbohrung am Messbock einbauen und auf Vorspannung bringen.

3. Mit Messuhr Nullabgleich auf Maß A des Nullmaßes durchführen.

4. Nullmaß aus Messbock herausnehmen.

5. Adapterscheibe auf die Welle auflegen:

- Adapterscheibe Nr. 23 4 813 bei Abtriebswelle
- Adapterscheibe Nr. 23 4 811 bei Antriebswelle
- Adapterscheibe Nr. 23 4 812 bei Zwischenwelle

⚠ **Achtung:** Bei der Antriebswelle Messscheibe Nr. 23 4 764 auf Antriebswelle aufsetzen (siehe Bild 5 Mitte).

6. Rillenkugellager auf Messscheibe auflegen.

7. Betreffende Welle in Messbock einsetzen.

⚠ **Achtung:** Bei der Abtriebswelle muss das Blockmaß ohne den Sicherungsring auf der Lagerseite gemessen werden (siehe Bild 4).

8. Mit Messuhr Nullabweichung von Maß B am Lagerring messen: Die Nullabweichung ergibt die Dicke C der Distanzscheibe.

⚠ **Achtung:** Bei der Zwischenwelle muss die Distanzscheibe mit der ermittelten Dicke C auf den Lagerring aufgesetzt werden (Bild 6).

9. Welle aus Messbock nehmen.

10. Rillenkugellager und Messscheibe abnehmen. Distanzscheibe der ermittelten Dicke auf Lagerring auflegen.

11. Messscheibe und Rillenkugellager aufsetzen und Welle in Messbock einsetzen.

12. Nullabweichung prüfen.

Hinweis: Werden bei der Prüfung die Grenzwerte der Blockmaße überschritten, dann muss die Einstellung des Blockmaßes der Welle wiederholt werden.

13. Welle aus Messbock nehmen.

14. Messscheibe und Rillenkugellager abnehmen.

⚠ **Achtung:** Beim Blockmaß der Antriebswelle beide Messscheiben Nr. 23 4 811 und 23 4 764 entfernen (Bild 5).

15. Ermittelte Distanzscheibe einbauen.

16. Lager aufpressen.

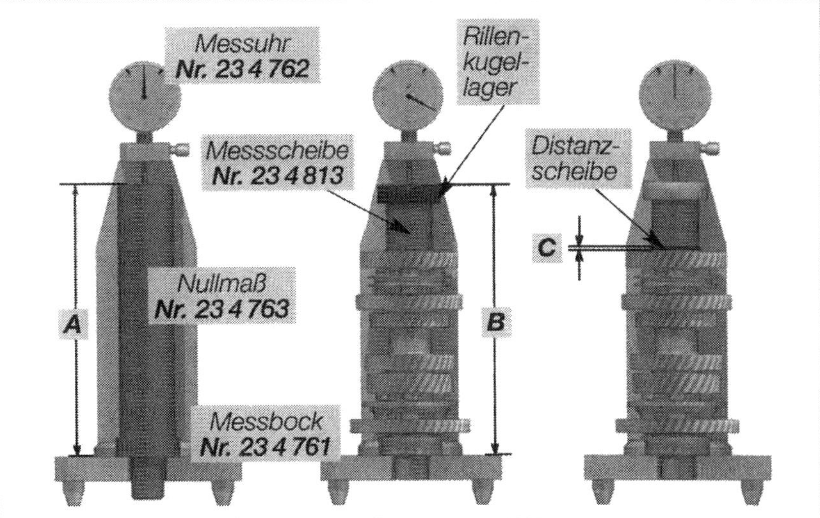

Bild 4: Blockmaß Abtriebswelle Getriebetyp 427.

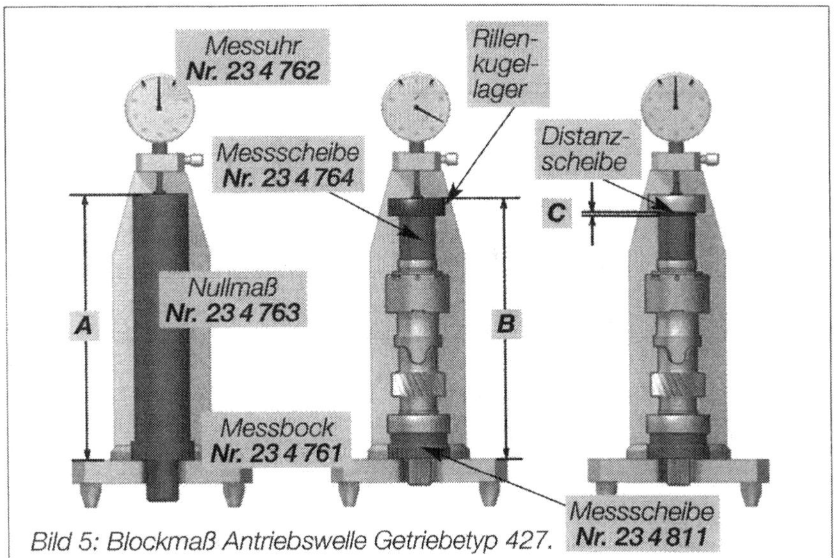

Bild 5: Blockmaß Antriebswelle Getriebetyp 427.

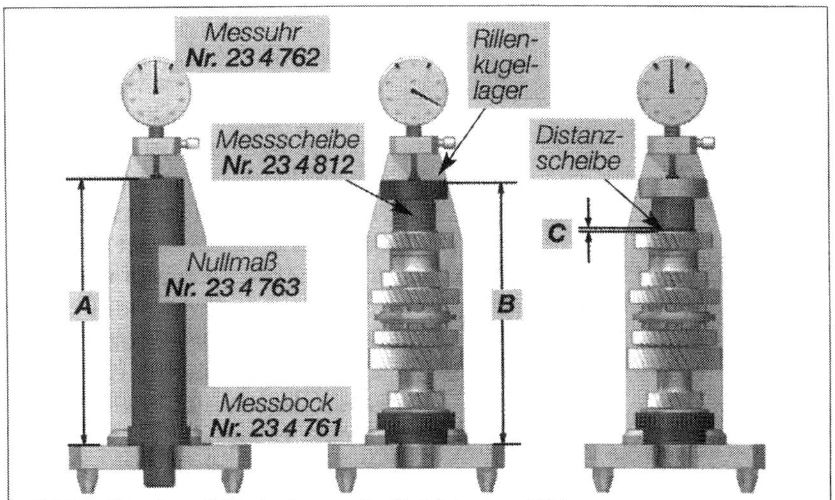

Bild 6: Blockmaß Zwischenwelle Getriebetyp 427.

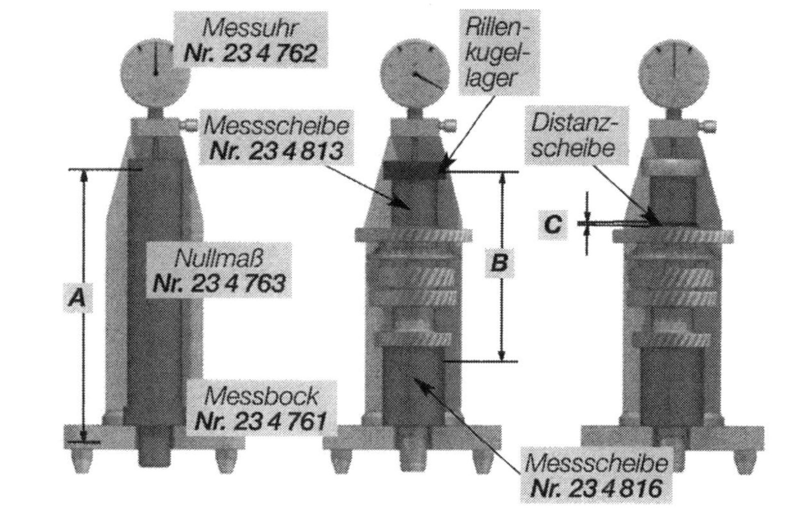

Bild 7: Teilblockmaß Abtriebswelle Getriebetyp 427.

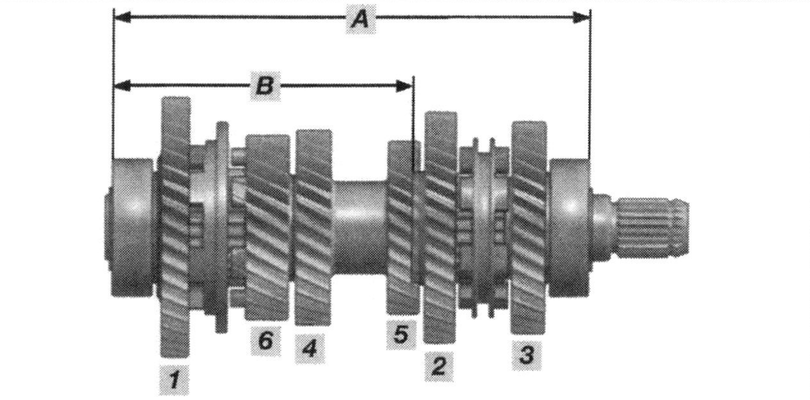

Bild 8: Teilblockmaß Abtriebswelle; Teilblockmaß B = 117,50 bis 117,55 mm, Gesamtblockmaß A = 184,60 bis 184,65 mm, Getriebetyp 427.

Bild 9: Prüfen des Axialspiels des Federsegments auf der Antriebswelle, Sollmaße 0,4 bis 0,6 mm, Getriebetyp 426.

Getriebetyp 426: Axialspiel des Federsegments auf Antriebswelle (Bild 9)

1. Hülse ganz an Federanlagescheibe drücken, mit Messschieber Maß A ermitteln.
2. Hülse vorsichtig entlasten und mit Messschieber das Maß B ermitteln: Differenz aus Maß A und Maß B ergibt das Axialspiel des Federsegments.

Hinweis: Liegt das Ergebnis außerhalb der Toleranz, dann Federanlagescheibe, Federscheibe, Hülse und Vordämpfereinstellscheibe auf Verschleiß prüfen. Eventuell fehlerhafte Teile ersetzen.

Hinweis: Bei der Abtriebswelle wird das Lager mit der ermittelten Anlaufscheibe aufgepresst und dabei die Stärke des Sicherungsringes ermittelt. Dieser muss »noch gerade« in die Nut passen.

Wichtig: Neuen Sicherungsring einbauen, dabei auf korrekten Sitz achten.

Getriebetyp 427: Teilblockmaße der Abtriebswelle (Bilder 7 und 8)

Wichtig: Bevor das Blockmaß der Abtriebswelle geprüft wird, muss sichergestellt sein, dass sich das Teilblockmaß der Abtriebswelle innerhalb der Toleranz bewegt.

Teilblockmaß prüfen

1. Abtriebswelle ist teilzerlegt, Schaltrad des 2. und 3. Ganges ist ausgebaut.
2. Nullmaß in Messbock einsetzen.
3. Messuhr in hintere Befestigungsbohrung am Messbock einbauen und auf Vorspannung bringen.
4. Mit Messuhr Nullabgleich auf Maß A des Nullmaßes durchführen (Bild 7).
5. Nullmaß aus Messbock herausnehmen.
6. Abtriebswelle in Messscheibe Nr. 23 4 816 einsetzen.
7. Messscheibe Nr. 23 4 813 auf die Abtriebswelle auflegen.
8. Rillenkugellager auf Messscheibe Nr. 23 4 813 auflegen.
9. Abtriebswelle in Messbock einsetzen.
10. Mit Messuhr Nullabweichung von Teilblockmaß B am Lagerring messen: Nullabweichung ergibt die Dicke C der Distanzscheibe.
11. Abtriebswelle aus Messbock nehmen.
12. Rillenkugellager und Messscheibe abnehmen. Distanzscheibe in der ermittelten Dicke auf Lagerring auflegen.
13. Messscheibe und Rillenkugellager aufsetzen und Abtriebswelle in Messbock einsetzen.
14. Nullabweichung prüfen: Teilblockmaß B Schaltradlager 1. Gang zu 5. Gang muss 117,50 bis 117,55 mm betragen.
■ Werden bei der Prüfung die Grenzwerte der Teilblockmaße überschritten, muss die Einstellung des Teilblockmaßes der Abtriebswelle wiederholt werden.
15. Abtriebswelle aus Messbock nehmen.
16. Messscheibe Nr. 23 4 813 mit Distanzscheibe und Rillenkugellager abnehmen.
17. Ermittelte Distanzscheibe einbauen.
18. Rillenkugellager auf Abtriebswelle aufpressen.

Getriebetyp 427: Vordämpferhub bei zusammengebauter Antriebswelle (Bild 10)

1. Antriebswelle mit Abziehtrennvorrichtung am Zahnrad aufnehmen und in Presse legen (Bild 10).
2. Beachten: Abziehtrennvorrichtung liegt auf Presse auf, Getriebewelle hängt frei in Abziehtrennvorrichtung.
2.1. Mit der Presse die Antriebswelle ohne Kraft nur um den kleinen Weg des Vordämpferhubs nach unten drücken.

⚠ **Achtung:** Beim Zusammendrücken der Vordämpferwellscheibe (Stufe 1) muss nur gegen eine sehr geringe Kraft gedrückt werden. Das Zusammendrücken der Dämpferfeder (Stufe 2) erfordert dagegen eine wesentlich höhere Kraft. Der Übergang von Vordämpfer- zu Dämpferhub ist deutlich spürbar.

3. Prüfen: Vordämpferhub (= Größe des Spalts unterhalb des Zahnrads) mit Fühlerblattlehre ermitteln. Wenn das Ergebnis nicht den Vorgaben von 0,40 bis 0,70 mm entspricht, muss die Antriebswelle zerlegt und der Dämpfervorhub neu eingestellt werden.

Getriebetyp 426: Axialspiel der Abtriebswelle 5./1. Gang (Bild 11)

1. Messuhr an Messständer befestigen.
2. Messuhr auf Rand Schaltrad 5. Gang aufsetzen und Axialspiel prüfen: Zulässiges Axialspiel 0,1 bis 0,4 mm.
Hinweis: Liegt das Ergebnis außerhalb der Toleranz, dann Nadellager, Stützscheiben, Distanzscheiben und Schaltrad auf Verschleiß prüfen. Eventuell fehlerhafte Teile ersetzen.
3. Messuhr auf den Rand des Schaltrades 1. Gang aufsetzen und Axialspiel prüfen: Zulässiges Axialspiel 0,1 bis 0,25 mm.
Hinweis: Liegt das Ergebnis außerhalb der Toleranz, dann Nadellager, Stützscheiben, Distanzscheiben und Schaltrad auf Verschleiß prüfen. Eventuell fehlerhafte Teile ersetzen.

Getriebetyp 427: Axialspiel der Abtriebswelle 6./1. Gang (Bild 12)

1. Fühlerlehre zwischen Schaltrad 6. Gang und 4. Gang schieben und Axialspiel prüfen: Zulässiger Wert Axialspiel Losrad 6. Gang 0,10 bis 0,35 mm.
2. Liegt das Ergebnis außerhalb der Toleranz, dann Nadellager, Stützscheiben, Distanzscheiben und Schaltrad auf Verschleiß prüfen. Eventuell fehlerhafte Teile ersetzen.
3. Messuhr an Messständer befestigen.
4. Messuhr auf Rand Schaltrad 1. Gang aufsetzen und Axialspiel prüfen. Zulässiger Wert Axialspiel Losrad 1. Gang 0,10 bis 0,30 mm.
Hinweis: Liegt das Ergebnis außerhalb der Toleranz, dann Nadellager, Stützscheiben, Distanzscheiben und Schaltrad auf Verschleiß prüfen. Eventuell fehlerhafte Teile ersetzen.

Wichtiger Sicherheitshinweis: Die Beschreibung zum Messen und Prüfen der Maße und Spiele verlangt hohes mechanisches Können. Deswegen gilt für solche Schrauberpunkte wie »Zahnrad abziehen« oder »Kugellager abziehen und aufpressen« die 5-Schlüssel-Regel: Nur Profimechaniker dürfen Getriebe zerlegen und mit neuen Teilen bestücken.

Bild 10: Vordämpferhub der Antriebswelle 0,40 bis 0,70 mm, Getriebetyp 427.

Bild 10

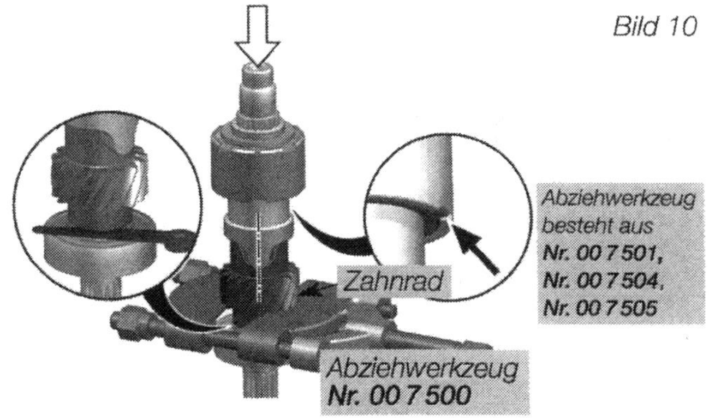

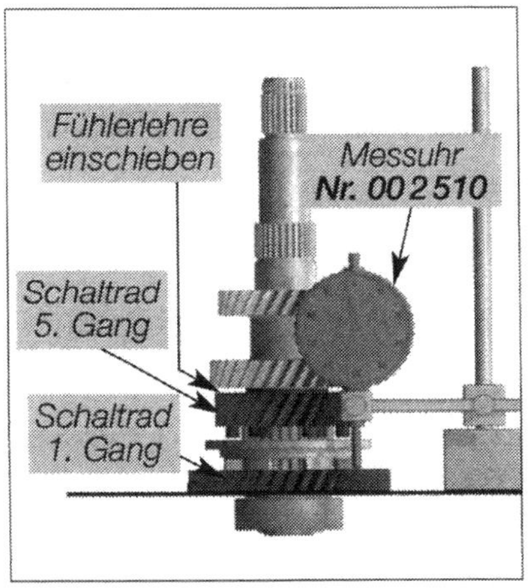

Bild 11: Axialspiel Abtriebswelle: Losrad 5. Gang 0,10 bis 0,40 mm, Losrad 1. Gang 0,10 bis 0,25 mm, Getriebetyp 426.

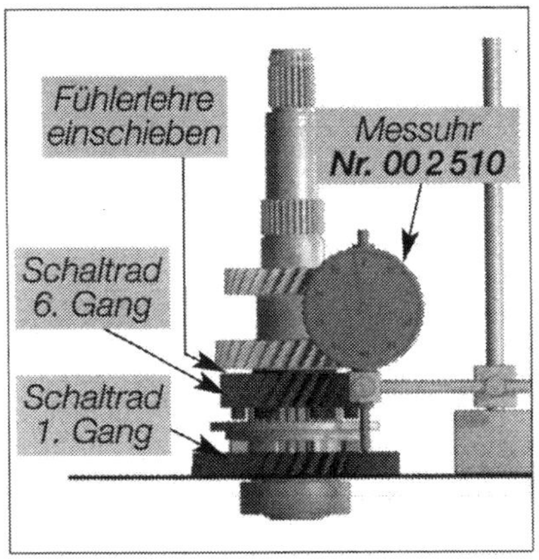

Bild 12: Axialspiel Abtriebswelle Losrad 6. Gang 0,10 bis 0,35 mm, Losrad 1. Gang 0,15 bis 0,30 mm, Getriebetyp 427.

Zu den Tabellen

Alle Zahlenangaben und Informationen in den Tabellen auf diesen beiden Seiten wurden vom Getriebehersteller Getrag zur Verfügung gestellt. Aus den Tabellen geht deutlich hervor, welche Getriebe in welche Fahrzeugtypen eingebaut sind. Dass die Teilenummern der Serien- und Ersatzgetriebe bei Getrag und BMW verschieden sind, liegt in der unterschiedlichen Logistik innerhalb dieser Firmen. Bei Problemen mit dem Getriebe oder Ersatzteilkauf können BMW-Motorradhändler auf Basis ihrer aktuellen Ersatzteillisten weiterhelfen.

Zum Getriebe-»Code«

■ In der Liste unter »Code« finden Sie selbstverständlich nur neue Getriebe mit dem zugehörigem Buchstaben **A** (»Seriengetriebe«).

■ Bei einem gebrauchten Motorrad können Sie am mittleren Buchstaben erkennen, ob es ein »Ersatzgetriebe« eingebaut hat, wenn hier Buchstabe **B** eingefügt ist.

Beispiel 1: Getriebe einer R 1200 GS mit dem Code **LAA** = Seriengetriebe, wie es bei der Produktion der Maschine im Werk Berlin verbaut wurde.

Beispiel 2: Getriebe einer R 1200 GS mit dem Code **LBC** = Ersatzgetriebe, das bei einem BMW-Händler im Rahmen einer Garantie- oder Rückrufaktion eingebaut wurde.

Fußnoten und Kürzel in der Tabelle: * = interne BMW-Kürzel für entsprechende Modelle; **MÜ** = Modellüberarbeitung; **TÜ** = Technische Überarbeitung; **SA** = Sonderausstattung bei der Fahrzeugbestellung, eventuell gegen Aufpreis; **1. Gg. ku.** = Kurzer 1. Gang; **Geh. blank** = Gehäuse blank (nicht lackiert); **Deck. schw.** = Deckel schwarz lackiert; **Fußnote A** = Ab der Getrag-Teilenummer 427.0.0005.00 haben alle Getriebe die verbesserte Beölung der Dichtringe auf der Antriebswelle zur Erhöhung der Lebensdauer.

Diese Getragnummern bzw. der Buchstabencode befinden sich bei jedem Boxergetriebe auf der (in Fahrtrichtung gesehen) linken Seite am Getriebedeckel über dem Auspuffhalter (oberhalb KAT).

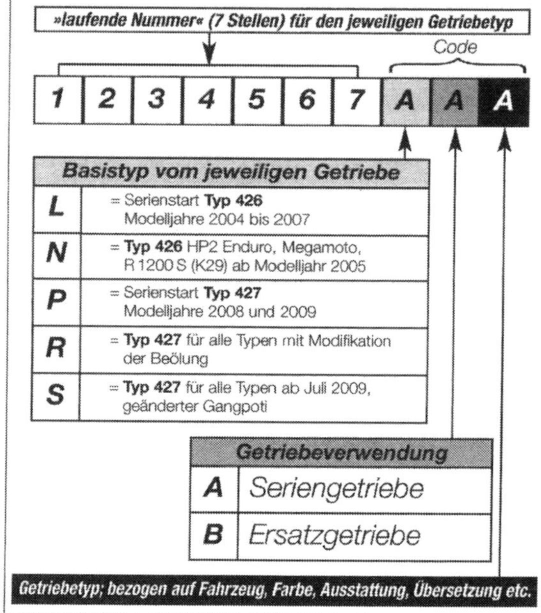

Alle Getriebe für den neuen Boxer ab Modelljahr 2004

Teilenummer Seriengetriebe bei Getrag	bei BMW	Code	Teilenummer Ersatzgetriebe bei Getrag	bei BMW	Code	Gang-anzahl	Farbe, Besonderes	Getriebe-typ...	...eingebaut in Fahrzeug*	...Modellname des Fahrzeugs bei BMW
Getriebetyp 426 für K25-, K26- und K28-Baureihe ab Produktionsstart November 2003 R 1200 GS, R 1200 ST, R 1200 RT, R 1200 GS Adventure										
426.0.0001.00	7 675 096	LAA	426.0.0001.50	7 683 380	LBA	6	silber	426	K25	R 1200 GS
426.0.0001.02	7 683 432	LAC	426.0.0001.52	7 683 433	LBC	6	blank	426	K26	R 1200 RT
426.0.0001.03	7 683 999	LAD	426.0.0001.53	7 693 731	LBD	6	silber	426	K25 ab KW 40/04	R 1200 GS
426.0.0001.03	7 683 999	LAD	426.0.0001.53	7 693 731	LBD	6	silber	426	K25	R 1200 GS Adventure
426.0.0001.04	7 693 730	LAE	426.0.0001.54	7 693 735	LBE	6	Geh. blank Deck. schw.	426	K28	R 1200 ST
Getriebetyp 426 für HP2-Modelle und K29-Baureihe ab Produktionsumstellung 2005 R 1200 S, HP2										
426.0.0002.00	7 693 773	NAA	426.0.0002.50	7 693 775	NBA	6	schwarz	426	K29	R 1200 S
426.0.0002.00	7 693 773	NAA	426.0.0002.50	7 693 775	NBA	6	schwarz	426	K25 HP MEG	HP2 Megamoto
426.0.0002.01	7 693 774	NAB	426.0.0002.51	7 693 776	NBB	6	magnesium	426	K25 HP	HP2 Enduro
Getriebetyp 427 für K2x-Modell- und Technik-Überarbeitung, Einbau ab Januar 2008 in alle K2x-Typen Wesentliche Änderungen: Stärkere Wellenlager, größerer Achsabstand von Antriebswelle zur Zwischenwelle, verstärkte Wellen										
427.0.0001.00	7 709 861	PAA	427.0.0001.50	7 709 909	PBA	6	silber	427 Standard	K25 MÜ	R 1200 GS
427.0.0001.00	7 709 861	PAA	427.0.0001.50	7 709 909	PBA	6	silber	427 Standard	K25 MÜ ADV	R 1200 GS Adventure
427.0.0001.00	7 709 861	PAA	427.0.0001.50	7 709 909	PBA	6	silber	427 Standard	K27	R 1200 R
427.0.0001.00	7 709 861	PAA	427.0.0001.50	7 709 909	PBA	6	silber	427 Standard	K27 MÜ	R 1200 R
427.0.0001.01	7 709 893	PAB	427.0.0001.51	7 709 910	PBB	6	schwarz	427 Standard	K25 HP MEG	HP2 Megamoto

Teilenummer Seriengetriebe			Teilenummer Ersatzgetriebe			Gang-	Farbe,	Getriebe-	...eingebaut	...Modellname des
bei Getrag	bei BMW	Code	bei Getrag	bei BMW	Code	anzahl	Besonderes	typ...	in Fahrzeug*	Fahrzeugs bei BMW
427.0.0001.02	7 709 898	PAC	427.0.0001.52	7 709 911	PBC	6	magnesium	427 Standard	K 25 HP	HP2 Enduro
427.0.0001.03	7 709 894	PAD	427.0.0001.53	7 709 912	PBD	6	blank	427	K 26 Standard	R 1200 RT
427.0.0001.03	7 709 894	PAD	427.0.0001.53	7 709 912	PBD	6	blank	427 Standard	K 26 MÜ	R 1200 RT
427.0.0001.04	7 709 895	PAE	427.0.0001.54	7 709 913	PBE	6	Geh. blank Deck. schw.	427 Standard	K 28	R 1200 ST
427.0.0002.00	7 709 897	PAF	427.0.0002.50	7 709 914	PBF	6	silber	427 1. Gg. ku.	K 25 MÜ ADV Sonderausf.	R 1200 GS Adventure
427.0.0003.01	7 709 900	PAG	427.0.0003.51	7 709 915	PBG	6	schwarz ohne Auspuffhalter	427 Sport	K 29 HP	HP2 Sport
427.0.0004.01	7 709 919	PAH	427.0.0004.51	7 709 921	PBH	6	schwarz	427 Sport	K 29	R 1200 S
427.0.0005.00 siehe Fußnote **A**	7 720 944	RAA	427.0.0005.50	7 720 947	RBA	6	silber	427 Standard	K 25 MÜ	R 1200 GS
427.0.0005.00 siehe Fußnote **A**	7 720 944	RAA	427.0.0005.50	7 720 947	RBA	6	silber	427 Standard	K 25 ADV	R 1200 GS Adventure
427.0.0005.00 siehe Fußnote **A**	7 720 944	RAA	427.0.0005.50	7 720 947	RBA	6	silber	427 Standard	K 27	R 1200 R
427.0.0005.01 siehe Fußnote **A**	7 720 945	RAB	427.0.0005.51	7 720 948	RBB	6	schwarz	427 Standard	K 25 HP MEG	HP2 Megamoto
427.0.0005.03 siehe Fußnote **A**	7 720 946	RAD	427.0.0005.53	7 720 949	RBD	6	blank	427 Standard	K 26	R 1200 RT
427.0.0005.03 siehe Fußnote **A**	7 720 946	RAD	427.0.0005.53	7 720 949	RBD	6	blank	427 Standard	K 26 MÜ	R 1200 RT
427.0.0006.00 siehe Fußnote **A**	7 720 951	RAF	427.0.0006.50	7 720 952	RBF	6	silber	427 1. Gg. ku.	K 25 MÜ ADV SA	R 1200 GS Adventure
427.0.0006.00 siehe Fußnote **A**	7 720 951	RAF	427.0.0006.50	7 720 952	RBF	6	silber	427 1. Gg. ku.	K 26 SA	R 1200 RT SF SA
427.0.0007.01 siehe Fußnote **A**	7 729 954	RAG	427.0.0007.51	7 720 955	RBG	6	schwarz ohne Auspuffhalter	427 Sport	K 29 HP	HP2 Sport
427.0.0008.00 siehe Fußnote **A**	7 726 385	SAA	427.0.0008.50	7 726 510	SBA	6	silber	427 Standard	K 25 TÜ	R 1200 GS Adventure
427.0.0008.00 siehe Fußnote **A**	7 726 385	SAA	427.0.0008.50	7 726 510	SBA	6	silber	427 Standard	K 25 MÜ	R 1200 GS Adventure
427.0.0008.00 s. Fußnote **A**	7 726 385	SAA	427.0.0008.50	7 726 510	SBA	6	silber	427 Standard	K 26 MÜ	R 1200 RT
427.0.0008.00 siehe Fußnote **A**	7 726 385	SAA	427.0.0008.50	7 726 510	SBA	6	silber	427 Standard	K 27 MÜ	R 1200 R
427.0.0008.01 siehe Fußnote **A**	7 726 386	SAB	427.0.0008.51	7 726 516	SBB	6	schwarz	427 Standard	K 25 HP	HP2 Enduro
427.0.0008.03 siehe Fußnote **A**	7 726 387	SAC	427.0.0008.53	7 726 517	SBC	6	blank	427 Standard	K 26	R 1200 RT
427.0.0008.03 siehe Fußnote **A**	7 726 387	SAC	427.0.0008.53	7 726 517	SBC	6	blank	427 Standard	K 26 MÜ	R 1200 RT
427.0.0009.00 siehe Fußnote **A**	7 726 389	SAD	427.0.0009.50	7 726 518	SBD	6	silber	427 1. Gg. ku.	K 25 MÜ ADV	R 1200 GS Adventure
427.0.0010.01 siehe Fußnote **A**	7 726 390	SAE	427.0.0010.51	noch keine Nr. belegt	SBE	6	schwarz	427 Sport	K 29 HP2	HP2 Sport

Historie der Getriebetypen

Alle Boxermodelle der neuen Generation sind im Kapitel 1 »Modelle · Daten« in Bild und Text aufgelistet. Alle Getriebeübersetzungen, Endübersetzungen und Änderungen, die während der laufenden Serie durchgeführt wurden, sind bei den jeweiligen Modellen vermerkt.

In der Liste auf den beiden Seiten zuvor sind die beim BMW-Boxer der neuen Generation eingebauten Getriebetypen aufgeführt.

Im nun folgenden Text sind alle Änderungen in den beiden Getriebetypen während der Produktionszeit vom Modelljahr 2004 bis August 2009* zusammengefasst.

Historie der Änderungen im Getriebetyp 426

Serienstart des Getriebes 426: Der Serienstart war im November 2003 beim Serienanlauf der neuen R 1200 GS (K25). Das erste Getriebe trug die Seriennummer 426.0.0001.00.

Verstärkte Schaltmuffe: Im September 2004 wird für das Getriebe 426 der R 1200 RT die Schaltmuffe des 4./6. Gangs verstärkt. Änderung wird sukzessive für alle Typen übernommen.

Schaltbetätigung: Im Februar 2005 wird die interne Schaltung zur Schaltungsoptimierung geändert.

Verstärkungen: Im September 2005 werden für die Getriebe der HP2-Modelle und der R 1200 S das Antriebsrad, der Antriebsdämpfer, die Schaltmuffe 4./6. Gang und die Lager der Zwischenwelle verstärkt. Diese Änderungen werden Zug um Zug für alle Typen übernommen.

Antriebswellenlagerung: R 1200 S (K29) und HP2 Enduro (K25 HP) bekommen verstärkte Lager an Antriebswelle, womit die Antriebswellenlagerung an die gestiegenen Anforderungen der Sportboxer und HP-Modelle angepasst wurde.

Dichtringe aus Viton: Dichtringwerkstoff für besseres Verschleißverhalten geändert , besteht jetzt aus Viton (erkennbar an brauner Färbung).

Historie der Änderungen im Getriebetyp 427

Verstärktes Getriebe I: Im Oktober 2007 wird für die R 1200 GS MÜ aufgrund der gestiegenen Motorleistung der Getriebetyp 427 entwickelt, der stärkere Wellenlager, einen größeren Achsabstand zwischen Antriebs- und Zwischenwelle sowie verstärkte Wellen aufweist.

Verstärktes Getriebe II: Im Januar 2008 wird das neue Getriebe für die gesamte R 1200-Baureihe übernommen und damit in der R 1200 RT, der R 1200 R und HP2 Sport eingebaut.

Gangpoti: Die Ganganzeige-Potentiometer, die vorher mit einem Steckeranschluss ausgerüstet waren, wurden auf einen »Kabelschwanz« umgerüstet.

Bessere Schmierung: Für die Radial-Wellen-Dichtringe der Antriebswelle wurde eine bessere Beölung erreicht, indem eine Ölrinne angelegt wurde. Dies machte Änderungen am Gehäuse nötig (ab Typ 427/5.00).

Zwischenwelle: Die Zwischenwelle hat Presssitze. Sie kann ohne entsprechendes Werkzeug nicht zerlegt werden kann.

Magnet-Ölablassschraube: Die Ölablassschraube bekam einen Magneten, um Schwebeteile aus dem Öl aufzufangen. Ölablassschraube zum Zerlegen des Getriebes demontieren, sonst steht der Magnet innen am Gehäuse an, wenn dieses auseinander gemacht wird.

Gangpoti: Ab Getriebetyp 427/8.00 (etwa ab September 2009) werden die Ganganzeige-Potentiometer geändert (intern berührungslos), wodurch neue Getriebedeckel notwendig werden.

Kurzer 1. Gang: Beim Getriebetyp 427 gibt es als Sonderausstattung andere Übersetzungsvarianten, und zwar für die Adventure und die Sportboxer:
- Adventure 1. Gang kürzer (39:15 Zähne statt 38:16), i = 2,6.
- Bei den Sportboxern wurden der 1. Gang (37:17 Zähne), i = 2,176, und der 2. Gang (39:24 Zähne), i = 1,625, länger ausgelegt.

Typenübergreifende Detailänderungen

Achsabstand: Der Achsabstand der Wellen wurde vergrößert und damit die Wellenbelastungen und Radsatzbelastbarkeit verbessert.

Gangpositionen: Die Gangpositionen vom 5. und 6. Gang wurden getauscht, um die Wellendurchbiegung im 6.-Gang-Betrieb zu reduzieren.

Abtriebswellenprofil: Das Abtriebswellenprofil zum Kardan wurde vergrößert.

Schaltgabel: Die Schaltgabel vom 4. zum 5. Gang wurde beim Typ 427 umgreifend zur Schaltmuffe gestaltet, was bessere Beölungsverhältnisse ergibt.

Geringere Gewichte: An Gehäuse und Radsatz wurden Gewichtsreduzierungen vorgenommen.

Ölmenge: Beim Getriebe 427 wurde die Ölmenge von 0,9 auf 0,7 Liter reduziert.

Neue Hauptlager: Die Hauptlager des Getriebes 427 sind belastbarer ausgelegt, was ihre Lebensdauer verlängert.

Antriebswellendämpfer: Der Antriebswellendämpfer ist beim Getriebetyp 426 ein reiner Schaltklackdämpfer, während er beim Typ 427 zusätzliche Lastdämpffunktionen übernimmt.

Fachbegriffe

Achsabstand: Beschreibt die Distanz zwischen den Getriebewellen und ist die konstruktive Kenngröße für ein Getriebe.

Clean Bearing: Spezielle Ausführung

* = Stand der Recherche zum Redaktionschluss im August 2009

von Kugellagern in BMW-Motorradgetrieben. Die »Clean Bearing«-Lager sind Standard im aktuellen Kfz-Getriebebau, sie werden jedoch bei Motorrädern ausschließlich in BMW eingesetzt. Diese Lager sind mit Deckscheiben versehen, die als Filterelement dienen. Es gelangt also kein mit (Zahnrad-) Abrieb verunreinigtes Getriebeöl in die Lager, weswegen »Clean-Bearing«-Lager eine drei- bis fünffach höhere Lebensdauer haben als normale, offene Lager.

»Clean-Bearing«-Lager sind optisch ähnlich und damit leicht zu verwechseln mit »geschlossenen Lagern«, also solchen mit beidseitigen Abdeckscheiben (»2RS«), die das Schmierfett im Lager halten. In der Praxis bedeutet dies: Bei einer Erneuerung der Lager im BMW-Getriebe sollten keine 2RS-Lager eingebaut werden, sondern nur Clean-Bearing-Lager.

Festrad: Verdrehfest mit einer Welle verbundenes Zahnrad, das axial nicht verschiebbar ist. Ein Festrad ist meist auf eine Getriebewelle aufgepresst.

Getriebeöl: Getriebe mit separatem Gehäuse, wie bei den Boxer-Getrieben, haben in der Regel Tauchschmierung: Das Getriebe hat keine spezielle Getriebeölpumpe, sondern die Zahnräder tauchen in das Getriebeöl ein. Im Gegensatz dazu stehen die in den Motor integrierten Getriebe (BMW K-Modelle mit Reihenvierzylindermotor, Einzylinder BMW F 650, japanische Motorräder), die in der Regel durch Spritzöl der Motorschmierung versorgt werden.

Durch das Eintauchen der Getriebeteile in den Ölsumpf ergibt sich ein Schleppmoment (= Verlustleistung durch Panschen). Bei tiefen Temperaturen sind dann je nach Ölviskosität extrem hohe Schaltkräfte bis hin zu »nicht mehr schaltbar« möglich! Getriebeöl ist somit ein Konstruktionselement, besonders bei synchronisierten Getrieben. Deswegen: Vorsicht bei Verwendung von nicht freigegebenen Ölsorten, sie könnten mit Lagern, Kunststoffteilen, Dichtringen und anderen Bauteilen mehr nicht verträglich sein.

Hochverzahnung: Eine höhere Anzahl von Zähnen bei gleichem Durchmesser ergibt mehr Zähne im Eingriff. Ab einer so genannten Überdeckung von mehr als zwei Zähnen in ständigem Eingriff spricht man von einer Hochverzahnung.

Leerlaufrasseln: Durch ungleichen Motorlauf werden im Leerlauf die sich mitdrehenden Getrieberäder beschleunigt und verzögert. Dadurch kann es zum so genannten »Leerlaufrasseln« kommen, das ein rein akustisches Problem darstellt, es hat keinen Einfluss auf die Haltbarkeit (Lebensdauer) und ist kein Indiz für einen Schaden im Getriebe an Lagern oder Zahnrädern.

Das Leerlaufrasseln wird bei PKW-Getrieben durch Zwischenschalten von Dämpfern konstruktiv bekämpft, man baut z. B. ein »Zwei-Massen-Schwungrad« (ZMS) ein.

Bei Motorrad-Getrieben ist für solche Hilfsmittel kein Platz, außerdem schaffen die benötigten, zusätzlichen Teile ein Gewichtsproblem. Als Sonderfall sehen wir Ducati an, bei denen wurde das Kupplungsrasseln über die Jahre zum Kult erhoben!

Schaltklacken: Akustische Erscheinung beim Schaltvorgang. Da beim Klauengetriebe keine Synchronisation den Drehzahlangleich der Getriebeteile herstellt, erfolgt dies »schlagartig«, es klackt!
Schaltklacken wird beeinflusst durch:

- Massenträgheiten
- Drehzahlen
- Steifigkeit des Triebstranges von der Kupplung bis zum Hinterrad
- Oberfläche und Gestalt der schallabgebenden Gehäuseteile

Schaltmuffe: Innenverzahnter Metallring, der den Gang im Getriebe durch formschlüssige Verbindung zwischen dem Festrad und dem Schieberad herstellt. Über den Schalthebel und die Schaltwalze wird die Schaltgabel betätigt, diese nimmt die Schaltmuffe mit und legt den Gang ein.

Schaltrad: Verdrehbar auf Welle gelagertes Zahnrad, axial nicht verschiebbar.

Schieberad: Verdrehfest und axial verschiebbar mit einer Welle verbunden, z. B. durch ein Wellenprofil und entsprechendes Innenprofil. Sie trägt rechts und links Klauen und fungiert entweder als Zahnrad oder als Schaltungselement (Klauen im Eingriff mit dem Nachbarzahnrad).

Stufenklauen: Wechselweise Klauen mit unterschiedlicher Höhe ermöglichen eine leichtere Einschaltung in die Schalttasche bei gleichzeitig kleinem Lastwechselspiel.

Stufensprung: Maß der Differenzdrehzahl zwischen zwei Gängen. In der Regel ist der Stufensprung vom ersten auf den zweiten Gang am größten und vom fünften auf den sechsten Gang am kleinsten. Die unterschiedlichen Stufensprünge sind der Hauptgrund dafür, dass der »Schaltklack« in den unteren Gängen lauter als in den oberen Gängen ist. Oftmals sind die Klauen (Umschlagspiel bzw. Einschaltwahrscheinlichkeit) aufgrund des Stufensprungs je nach Gangsprung unterschiedlich ausgelegt!

Umschlagspiel: Spiel zwischen Klaue und Tasche bei Wechsel von Zug auf Schub. Hohe Einschaltwahrscheinlichkeit geht einher mit höherem Umschlagspiel und damit höherem Lastwechselspiel.

Verzahnungsgeräusch: Beim Abrollen unter Last entsteht durch »Verformung« der im Eingriff stehenden Zähne eine periodische (Zähnezahl) Anregung der Bauteile, die als Körper- und Luftschall abgestrahlt wird.

Grundsätzlich gilt:

- Geradverzahnungen sind »lauter« als Schrägverzahnungen (PKW-Getriebe sind immer schrägverzahnt).
- Beeinflussungsfaktoren sind auch Gehäuseform und Oberfläche (Schallabstrahlung).
- Eine weitere Beeinflussung erfolgt durch die Zahngeometrie und die Bearbeitung der Oberfläche.
- Wellensteifigkeiten tragen geringfügig zum Verzahnungsgeräusch mit bei.

Hinterradantrieb

In diesem Kapitel: Wartung · Schäden · Kippspiel · Schaden an Lager, Zahnrädern · Werkzeuge · Lager kontrollieren · Hinterradantrieb zerlegen und zusammenbauen · Kegelrad aus- und einbauen · Gehäusedeckel mit Hinterachse/Tellerrad aus- und einbauen · Teller- und Kegelrad ausdistanzieren · Zahnflankenspiel prüfen, einstellen · Ausdistanzieren · Hinterachse/Tellerrad aus Gehäusedeckel aus- und einbauen · Antriebskegelrad zerlegen · Nadellager Kegelrad aus- und einbauen · Lager Tellerrad im Achsgehäuse aus- und einbauen · Anziehdrehmomente.

Wartung

Die Hinterradantriebe der Boxer der zweiten Generation sind nahezu wartungsfrei. Nur alle 20 000 km muss das Öl im Hinterachsgetriebe gewechselt werden (siehe dazu Kapitel 3 »Ölwechsel III: Hinterradantrieb«).

Bild 1: Blick in den Hinterradantrieb vom Getriebeausgang über die Kardanwelle bis Kegel- und Tellerrad.

Der Hinterradantrieb über Kegel- und Tellerrad läuft geräuscharm und spielfrei. Das Hinterachsöl soll immer rechtzeitig gewechselt und in ausreichender Menge und guter Qualität eingefüllt werden.

Schäden, Kippspiel

Schäden

Ein möglicher Schaden am Hinterradantrieb kündigt sich durch mahlende Geräusche an, die mit fortschreitender Dauer immer lauter werden. Diese werden entweder von einem oder mehreren Lagern oder der Verzahnung von Kegel- und Tellerrad verursacht.

- Motorrad so aufbocken, dass das Hinterrad frei ist (Mittelständer oder Motor unterbauen).
- Mit einer Hand das Hinterrad drehen, Finger der anderen Hand auf Hinterachsgehäuse legen.
- Gleichzeitig hören und fühlen: Spezialisten können so feststellen, ob Lager und/oder Zahnräder defekt sind.

Bild 1

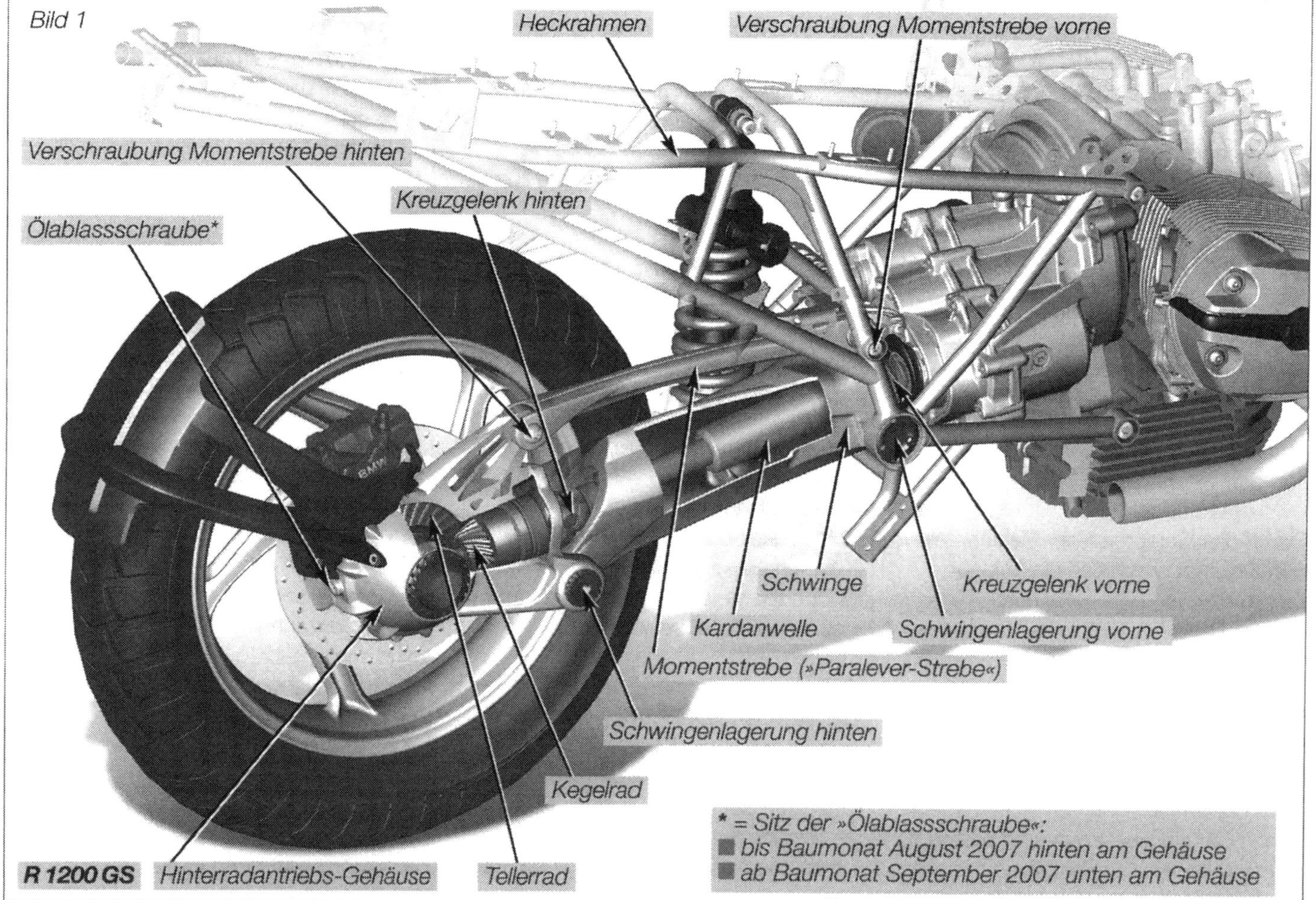

* = Sitz der »Ölablassschraube«:
- bis Baumonat August 2007 hinten am Gehäuse
- ab Baumonat September 2007 unten am Gehäuse

Kippspiel prüfen (Bilder 2 und 3)
Bei aufgebockter Maschine das Hinterrad oben und unten packen und hin und her wackeln. Dabei Spiel erfühlen: Am Felgenhorn (Bild 2) darf das Spiel maximal 1,0 mm betragen.

Wichtig: Wenn ein Kippspiel von 1,2 mm gemessen wird, das Hinterrad sich aber ohne Geräusch dreht und auch von Teller- und Kegelrad keine abnormalen Geräusche zu hören und »erfühlbar« sind, verfallen Sie bitte nicht in Panik, sondern wenden Sie sich an den BMW-Motorradmeister und lassen seine Meinung gelten.

Kippspiel vom Radflansch her?
Der Radflansch sitzt auf der Hinterachse mit Presssitz. Kurzversion von Ab- und Anbau:
■ Zum Abbau muss er gezielt angewärmt werden auf 100 bis 110 °C und dann abgezogen mit Spezialwerkzeugen »Flansch« (Nr. 33 2 502) und »Scheibe« (Nr. 33 2 506) (Bilder 14 und 15).
■ Beim Zusammenbau wird er angewärmt und auf die (kalte) Hinterachse aufgeschoben. Wenn der Radflansch abgekühlt ist, sitzt er normalerweise »bombenfest«. Mehr dazu weiter hinten in diesem Kapitel.

Wenn Kippspiel fühlbar ist, muss man unbedingt prüfen, ob der Radflansch spielfrei auf der Hinterachse sitzt. Wenn »ja«, kommt das Spiel von innen aus dem Hinterradantrieb, wenn »nein«, liegt der Schaden im Vielkeilprofil des Radflansches oder der Hinterradachse.

Schaden an Lager, Zahnrädern

Wenn das »Kippspiel« im Laufe der Zeit immer größer wird, ist dies ein Zeichen für Verschleiß an den Lagern, in denen die Hinterradachse im Hinterachsgehäuse gelagert ist (Bilder 5 und 6).

Defekte Lager produzieren ebenso Späne wie defekte Zahnräder: Bei einem Verdacht auf Defekt im Hinterradantrieb als Erstes das Öl aus der Hinterachse ablassen und die Späne am Magneten der Ölablassschraube begutachten. Daraus lässt sich schließen, ob Lager defekt sind, Zahnräder oder beides:
■ **Zahnradschaden:** Späne von Zahnrädern sind scharfkantig und sehen spitz aus.
■ **Kugellagerschaden:** Teile von gebrochenen Kugellagern sind kleinteilig und bröselig. Im Ernstfall kommen auch Teile des Lagerkäfigs heraus. Dann ist endgültig klar, dass die Lager ersetzt werden müssen.

In der Praxis zieht ein Schaden an Teller- und Kegelrad auch einen Schaden an den Lagern nach sich, weil die Späne in die anderen Bauteile geraten und dort Schaden anrichten.

Hinterradantrieb »spülen«
Wenn es nicht klar ist, ob die Form und die Menge der Späne am Magneten der Ölablassschraube wirklich auf einen Schaden hinweisen oder nur erhöhter Abrieb sind, vor dem Beginn einer jeden Reparaturaktivität den Hinterradantrieb »spülen«:

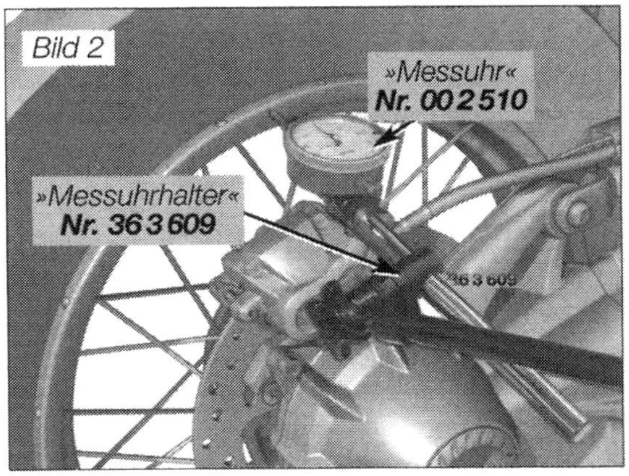

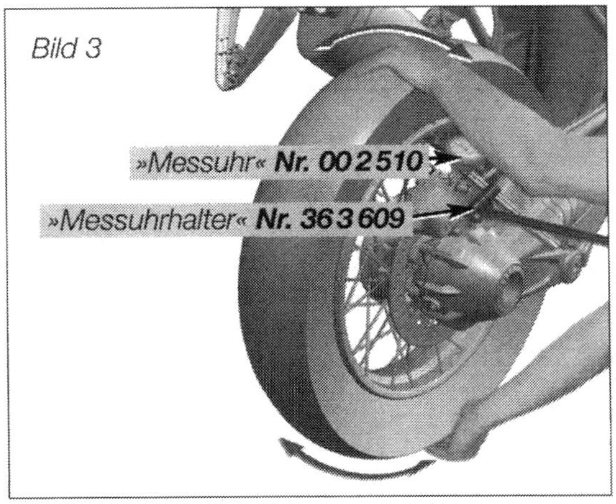

Bilder 2 und 3: Kippspiel messen mit Messuhr am Felgenhorn.

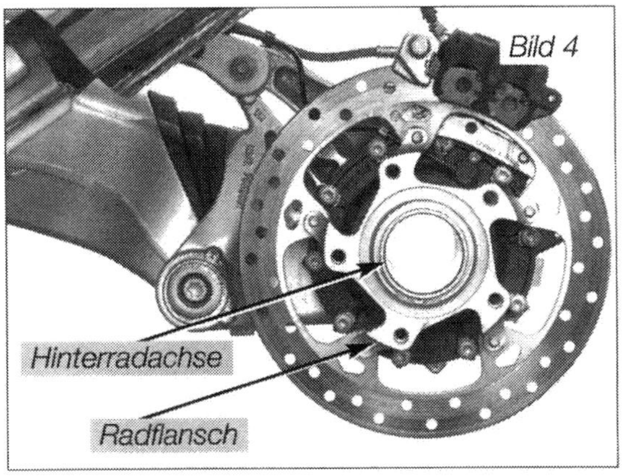

Bild 4: Der Radflansch sitzt mit Presssitz auf der Hinterachse.

Sichtprüfung Messen

Bild 5: Blick in den geöffneten Hinterradantrieb.

1. Öl ablassen.
2. Billiges Spülöl einfüllen (z. B. ein dünnflüssiges ATF-Getriebeöl).
3. Zehn Kilometer vorsichtig fahren.
4. Öl durch ein Sieb ablassen und nachsehen, wie die Späne aussehen:

4.1. Wenn sie nicht allzu groß und grobförmig sind, neues Hinterachsöl der vorgeschriebenen Spezifikation (siehe Kapitel 3 »Ölwechsel III: Hinterradantrieb«) einfüllen, mehrere hundert Kilometer fahren, Öl ablassen und auf Abrieb kontrollieren: Wenn dann der Abrieb plötzlich

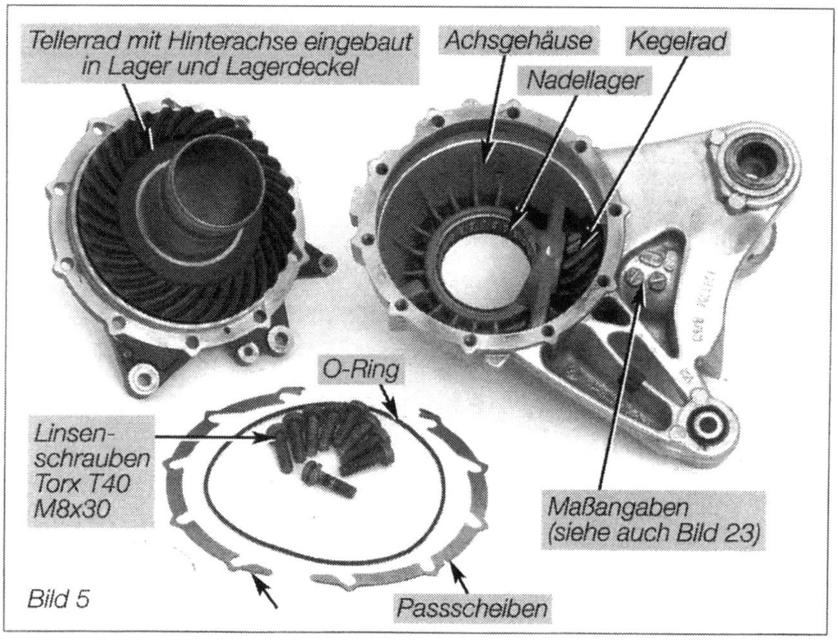

Bild 5

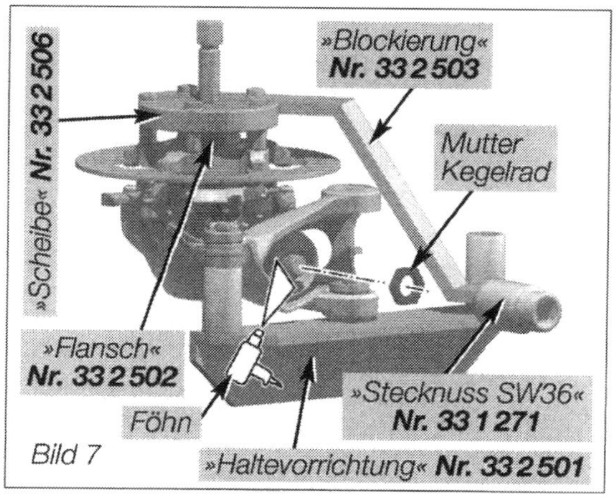

Bild 7

Bild 7: Die Spezialwerkzeuge »Haltevorrichtung« und lange 36er-Stecknuss sind grundsätzlich wichtig, wenn man am Hinterradantrieb arbeiten möchte. Weitere Spezialwerkzeuge sind in den Bildern bei den entsprechenden Arbeiten.

Bild 6: Explosionszeichnung des Hinterradantriebs.

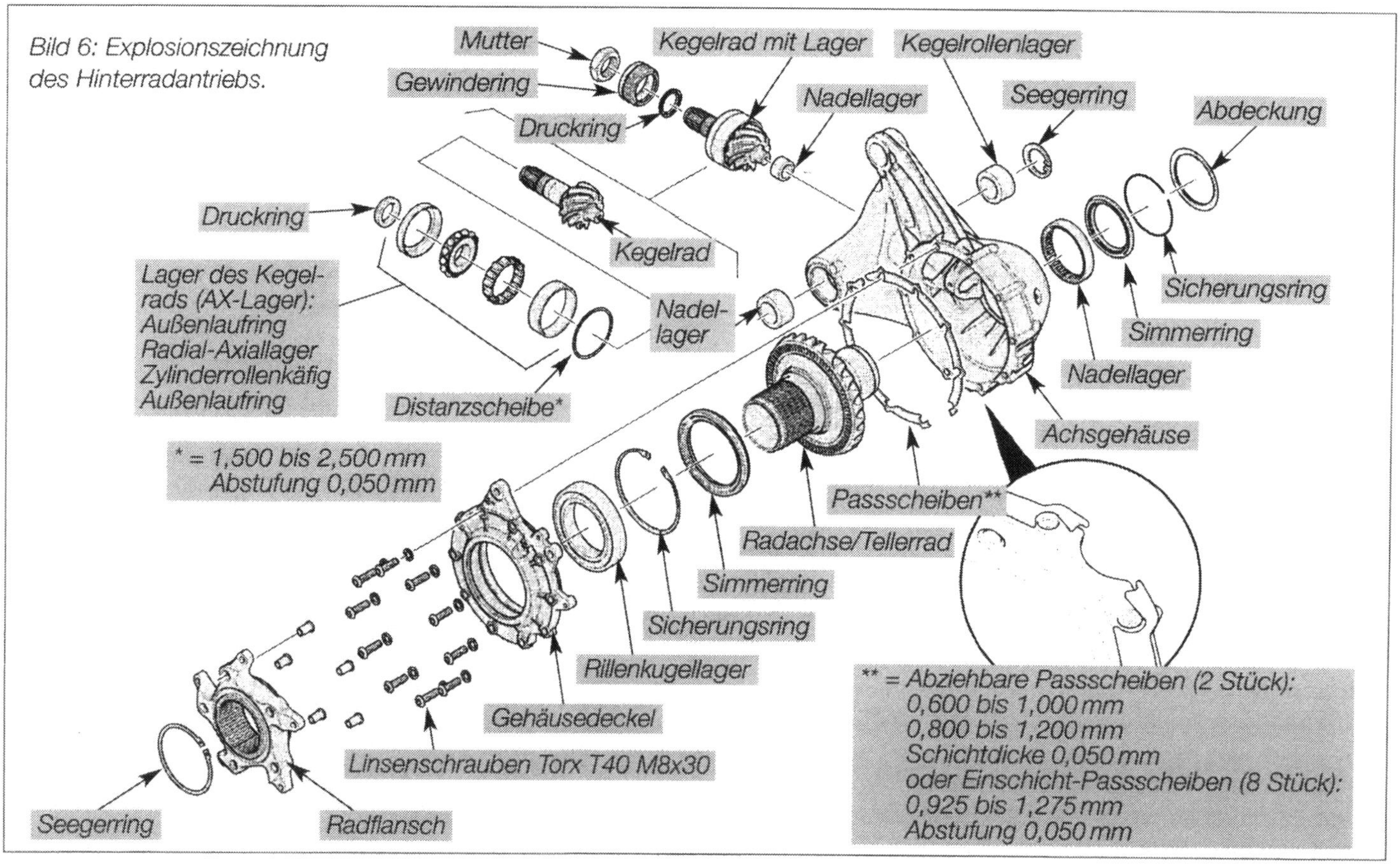

nicht mehr geworden bzw. nur noch in sehr geringer Menge vorhanden ist, kann man die Hoffnung haben, dass der gedachte, gefühlte oder gehörte Schaden keiner oder nur ein kleiner ist. Aber: Hinterradantrieb weiter unter Beobachtung halten, öfter »abfühlen« und »abhören« und das Kippspiel messen.

Werkzeuge

Zum fachgerechten Zerlegen, Ausdistanzieren, Vermessen und Zusammenbauen des Hinterradantriebs werden zum Beispiel folgende Spezialwerkzeuge benötigt:

■ Die zehn Torxschrauben, mit denen der Gehäusedeckel mit dem Hinterachsgehäuse verschraubt ist, brauchen einen **Torxschlüssel T40**. Am besten ist eine Torxnuss, weil später beim Anziehen der Schrauben mit dem Drehmomentschlüssel gearbeitet werden muss (30 Nm).
■ **Werkstattföhn** zum zielgerichteten Erwärmen von Lagerstellen. Mit Heizplatte kann man am Hinterachsgehäuse nicht arbeiten (außer zum Erwärmen des Radflanschs).
■ Montagehilfe »**Haltevorrichtung**« (Nr. 33 2 501), daran wird der Hinterradantrieb zum Montieren festgeschraubt (Bild 7).

Wenn diese Montagehilfe nicht zur Verfügung steht, sind ziemlich viel Geschick und Gefühl nötig, den Hinterradantrieb entweder auf der Werkbank liegend zu beschrauben bzw. in den, zu den Arbeitsschritten passenden, verschiedenen Positionen in den Schraubstock einzuspannen. Denn zu verschiedenen Arbeiten müssen das Hinterachsgehäuse bzw. einzelne Lagerstellen gezielt bis auf 120 °C erwärmt werden, das hält man nicht mehr in der Hand!

Messuhr, Schlaghammer, Lagerauszieher und Lagereintreiber, Abzieher und Zwischenstücke sind in jeder sehr gut ausgerüsteten Werkstatt vorhanden. Im Verlauf dieses Kapitels gehen wir in den Bildern und Texten auf die oben genannten sowie weitere BMW-Spezialwerkzeuge ein. Anhand der Bilder können sich versierte Bastler entweder mit ähnlichen Werkzeugen helfen oder selbst welche bauen. Und wenn es gar nicht anders geht, holt man sich eben die benötigten Teile beim befreundeten BMW-Händler und sorgt für eine Anfüllung der Kaffeekasse – das ist in jedem Falle besser investiertes Geld, als wenn man versucht, ohne Spezialwerkzeuge zu arbeiten, was erfahrungsgemäß in die Hosen geht.

Lager kontrollieren

Wenn wir in den Beschreibungen der nun folgenden Arbeitsschritte von »Lager kontrollieren« sprechen, meinen wir Folgendes:

■ Kugellager auf leichten Lauf und keine (bzw. geringe und gleichmäßige) Laufgeräusche kontrollieren sowie auf einwandfreien Kugelkäfig. Dazu begutachtet man die Lager und dreht sie von Hand (Lager NICHT unter Luftdruck aus der Pressluftpistole laufen lassen!).
■ Nadellager auf riefenfreies Tragbild der Lagerschale, auf einwandfrei runde Rollen sowie auf einwandfreien Rollenkäfig kontrollieren.
■ Lager dürfen an keiner Stelle Verfärbungen aufweisen, also weder blau angelaufene Kugeln bzw. Rollen haben oder angelaufene, »rubbelige« Laufbahnen der Außen- und Innenringen.

Hinterradantrieb zerlegen und zusammenbauen

Vorbereitende Arbeiten
Der Ab- und Anbau des Hinterradantriebs ist in Kapitel 16 »Schwinge · Kardan« ab dee Seite 125 beschrieben.

Wichtig zu wissen:
■ Die Verschraubung der Kegelrad-Antriebswelle kann nur gelöst werden, wenn der Radflansch noch montiert ist (und damit auch die Radachse mit dem Tellerrad), denn beim Öffnen der Sechskantmutter bildet das Tellerrad an der Hinterachse das Widerlager zum Kegelrad.
■ Wenn der große Simmerring auf der zum Hinterrad zugewandten Seite des Hinterachsgehäuses erneuert wird, bleibt das Kegelrad eingebaut, es muss dann der Gehäusedeckel mit Hinterachse und Tellerrad ausgebaut werden.

Kegelrad aus- und einbauen

Antriebskegelrad ausbauen
1. Bild 7: Hinterradantrieb befestigen an den BMW-Spezialwerkzeugen »Haltevorrichtung« (Nr. 33 2 501), »Flansch« (Nr. 33 2 502), »Scheibe« (Nr. 33 2 506) und »Blockierung« (Nr. 33 2 503).
2. Sechskantmutter am Antriebskegelrad auf 100 °C erwärmen, mit Stecknuss SW 36 lösen.
■ Ggf. Rohrverlängerung auf Quergriff benutzen.
3. Gewindering mit Spezialwerkzeug »Zapfen-

Bilder 8 und 9: Ausbau des Antriebskegelrads.

Bild 10: Explosionszeichnung von Lagerung und Verschraubung des Antriebskegelrads.

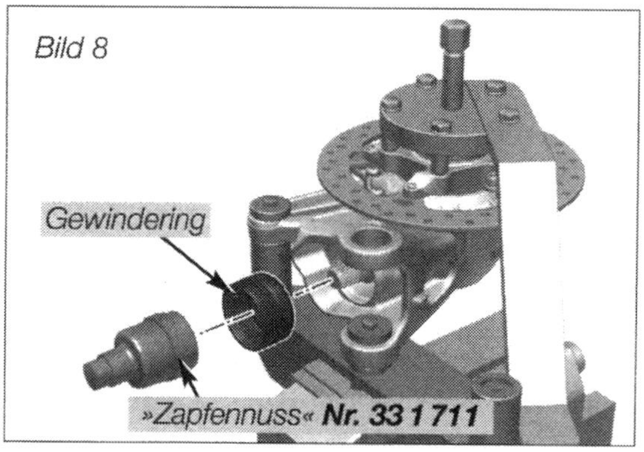

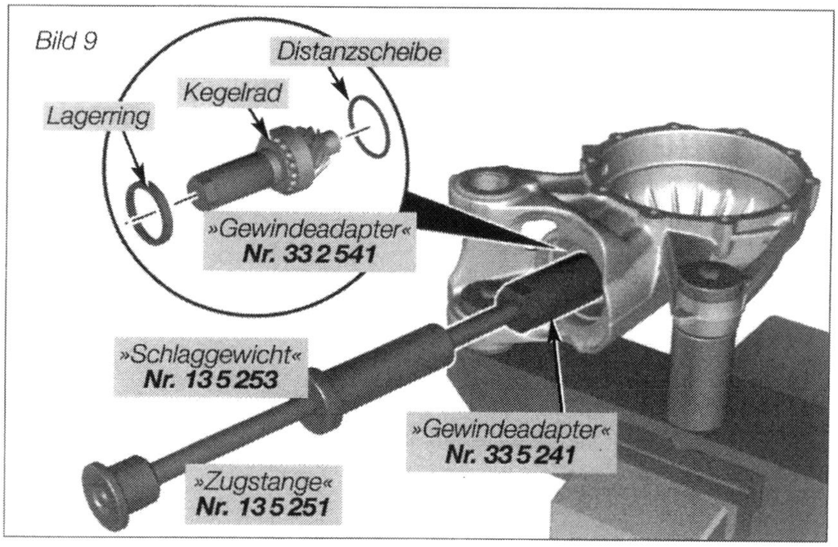

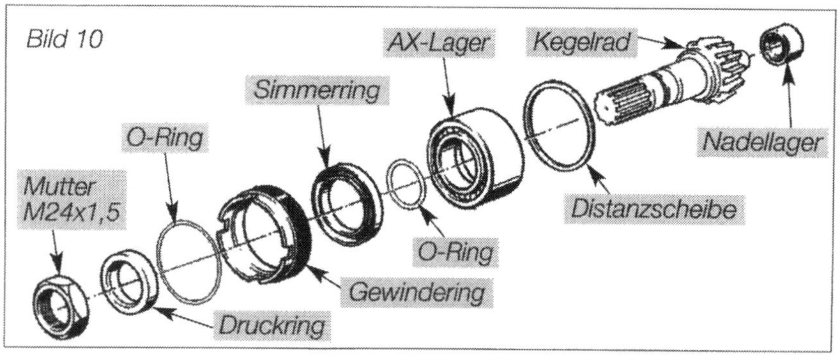

Bild 11: Neuen Simmerring mit Schlagdorn in Gewindering einbauen.

Bild 12: Zum Einbau des Antriebskegelrads das Achsgehäuse senkrecht einspannen, Lagerstelle auf 100 °C erwärmen.

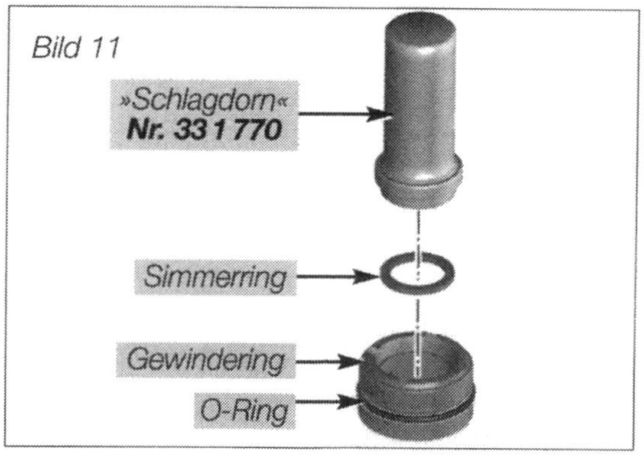

nuss« (Nr. 33 1 711) ausschrauben (Bild 8).

4. Kegelrad ausziehen: Dazu wird das Spezialwerkzeug »Schlagwerkzeug« benötigt, es ist zusammengesetzt aus den Teilen »Zugstange« (Nr. 13 5 251), »Schlaggewicht« (Nr. 13 5 253) und »Gewindeadapter« (Nr. 23 2 541) (Bild 9).

4.1. Hinterachsgehäuse am Sitz des Lagers mit Werkstattföhn erwärmen auf 100 °C.

4.2. Kegelrad mit »Schlagwerkzeug« ausziehen. Dabei kommt auch der Lagerring (im Kreis in Bild 9) heraus.

4.3. Distanzscheibe herausnehmen

5. Alle Teile gut reinigen und auf Verschleiß prüfen, besonders die O-Ringe.

Antriebskegelrad einbauen

■ Neuer Simmerring: Wenn ein neuer Simmerring in den Gewindering eingebaut wird (Bild 11), diesen an Dichtlippe und Umfang leicht einölen, in Gewindering mit Schlagdorn einpressen/einschlagen.

■ Wenn der alte Simmerring noch gut ist und wieder verwendet wird: Dichtlippe einölen.

1. Gewinde im Hinterachsgehäuse gut reinigen.

2. Lagersitz im Achsgehäuse auf maximal 100 °C erwärmen.

3. Distanzscheibe einsetzen.

4. Antriebskegelrad von oben einsetzen.

5. Außenlaufring einsetzen.

6. Gewindering eindrehen und mit Zapfennuss auf 180 Nm festziehen.

7. Druckring aufstecken.

Wichtig: Auf einwandfreien Sitz der Dichtlippe des Simmerringes am Druckring achten.

8. Sechskantmutter mit langer Nuss SW 36 mit 200 Nm festziehen.

⚠ **Achtung:** Mutter darf den Simmerring nicht beschädigen! Laut Anweisung von BWM soll auch eine neue Mutter verwendet werden.

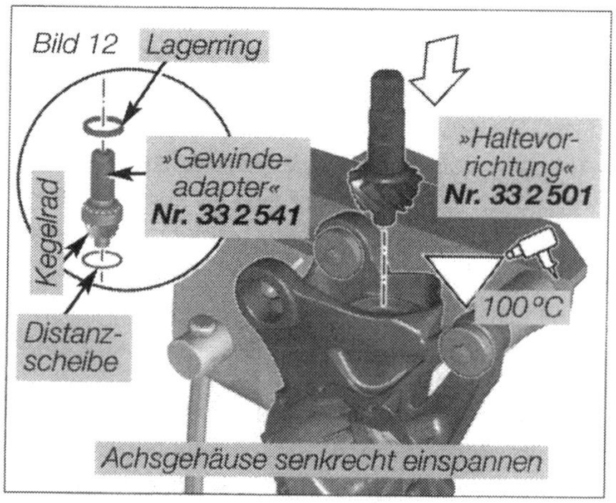

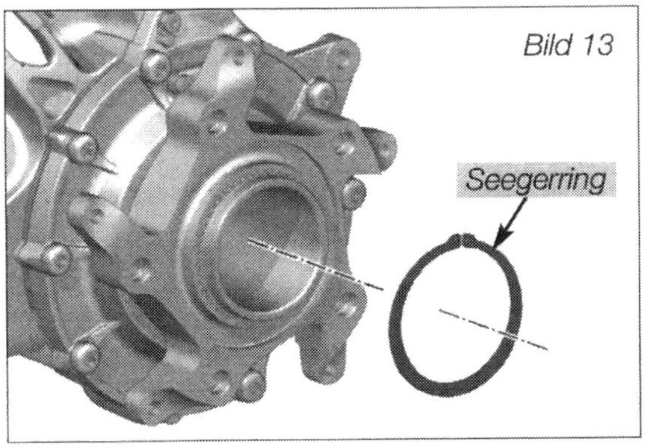

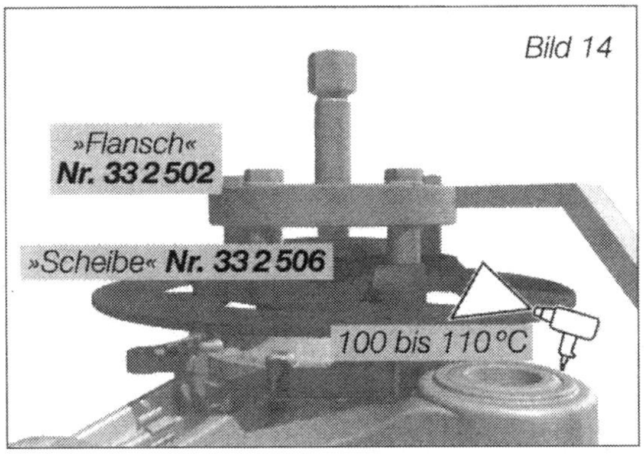

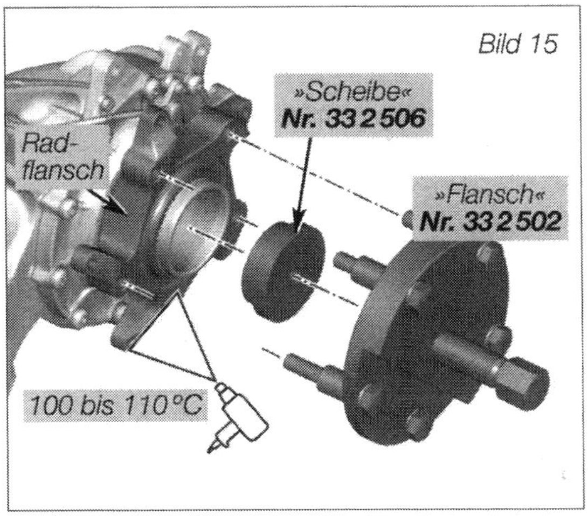

Bilder 13, 14 und 15: Ausbau des Randflansches.

Gehäusedeckel mit Hinterachse/ Tellerrad aus- und einbauen

Ausbau

1. Radflansch ausbauen:

1.1. Seegerring (Bild 13) ausbauen.

1.2. Radflansch mit Werkstattföhn auf 100 bis 110 °C erwärmen.

1.3. Radflansch abziehen mit den Spezialwerkzeugen »Flansch« (Nr. 33 2 502) und »Scheibe« (Nr. 33 2 506) (Bilder 14 und 15).

2. Sicherungsring auf der Außenseite der Hinterachse ausbauen (Bild 16): Vorher die Abdeckung mit einem kleinen Schraubenzieher aushebeln.

3. Torxschrauben am Gehäusedeckel (Bild 17) ringsum lösen und ausschrauben.

4. Gehäusedeckel abtreiben:

■ Gehäusedeckel ist mit Schiebesitz in das Achsgehäuse eingebaut. Im Rand des Gehäusedeckels ist ein O-Ring eingesetzt. Beim Ausbau des Gehäusedeckels muss hauptsächlich der Widerstand des O-Rings überwunden werden.

■ Weil dieser O-Ring meist fest (verklebt) ist, muss er vor dem Ausbau gelöst werden: Sprühöl (WD-40) in den Spalt (bei 4.2.) zwischen Gehäusedeckel und Achsgehäuse einsprühen und einige Minuten wirken lassen.

4.1. Mit einem Kunststoffhammer leicht gegen die Angüsse der Bremszange klopfen sowie außen auf den Gehäusedeckel und leicht von unten gegen die Kante des Gehäusedeckels.

4.2. Dabei entsteht ein Luftspalt: Passscheiben herausnehmen. Jetzt WD-40 in diesen Luftspalt einsprühen.

4.3. Gehäusedeckel weiter abtreiben und dabei den Luftspalt beobachten, der Deckel muss sich ringsum gleichmäßig lösen.

Wichtig: NIE mit einem scharfkantigen Schraubenzieher in den Luftspalt zwischen Gehäusedeckel und Achsgehäuse fahren und damit versuchen, den Gehäusedeckel abzuhebeln!

5. Gehäusedeckel herausnehmen: Er kommt

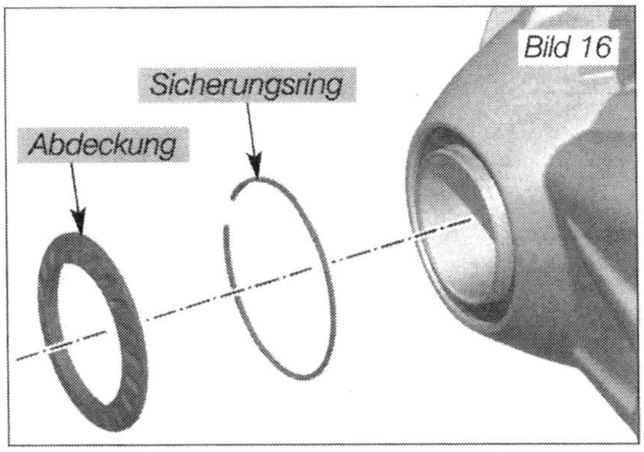

Bilder 16 und 17: Ausbau des Gehäusedeckels mit HInterachse und Tellerrad.

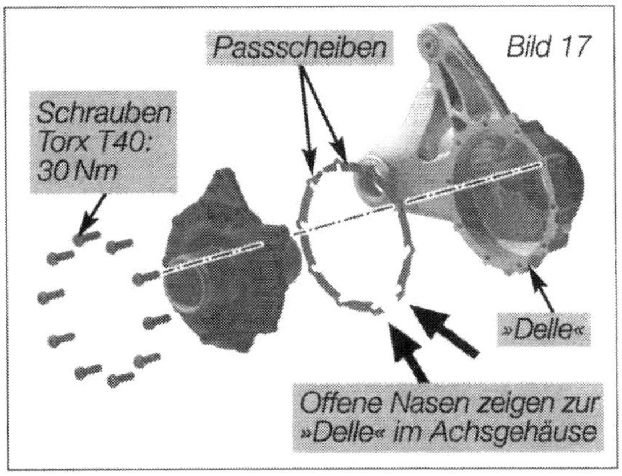

Bild 18: Vor dem Zusammenbau die Gewinde der Torxschrauben mit einer Messingbürste reinigen.

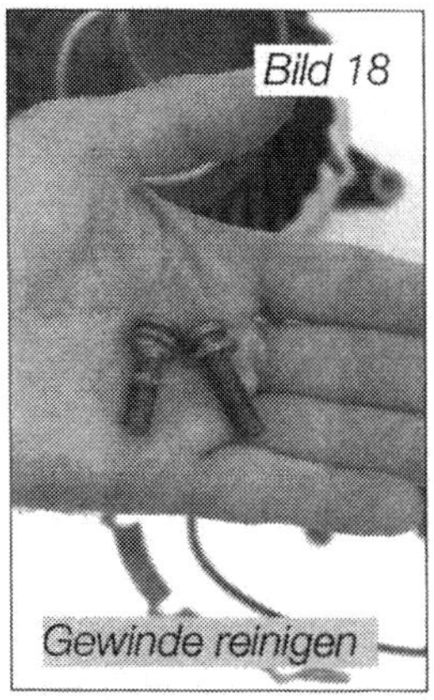

zusammen mit der Radachse heraus, weil diese in das Lager mit Presssitz eingebaut ist.

Einbau

1. Neuen O-Ring auf Flansch aufziehen, etwas einfetten/einölen.
2. Gehäusedeckel auf Achsgehäuse aufsetzen:
2.1. Ausdrichten: Am Deckel und am Gehäuse ist eine »Delle«, diese müssen zueinander ausgerichtet werden (siehe Bild 17 und Kreis in Bild 6).
2.2. Achse etwas drehen, Zähne von Teller- und Kegelrad müssen ineinandergreifen.
■ Darauf achten, dass der Deckel ringsum gleichmäßig sitzt.

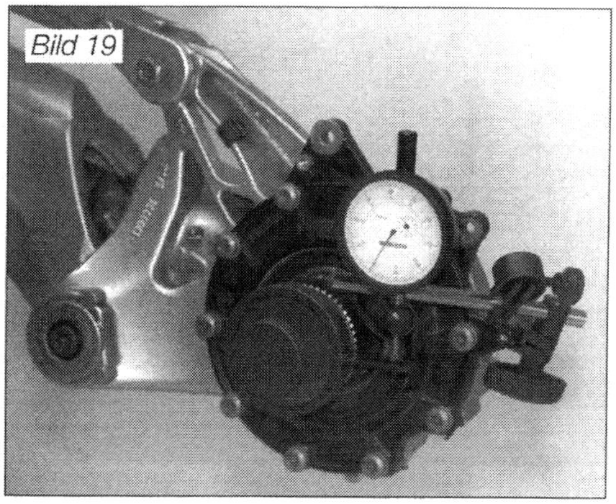

Bilder 19 und 20: Messen des Zahnflankenspiels bei angebautem Hinterradantrieb.

■ Zum korrekten Messen des Zahnflankenspiels muss der Messarm den Taster der Messuhr im rechten Winkel beaufschlagen.

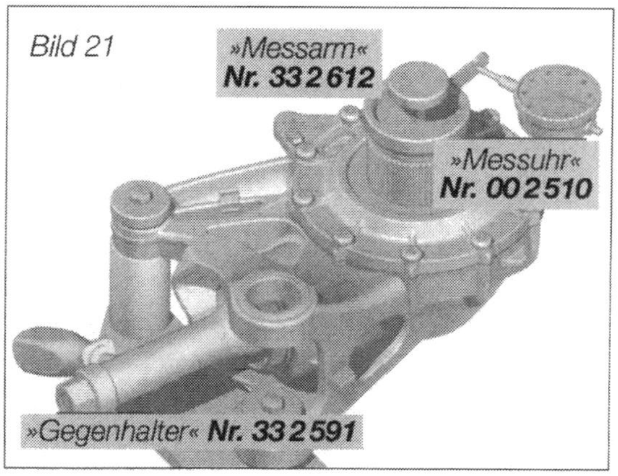

Bild 21: Messen des Zahnflankenspiels bei abgebautem Hinterradantrieb.

3. Deckel weiter leicht eindrücken, mit einem Plastikhammer vorsichtig nachklöpfeln. Luftspalt beobachten, muss ringsum gleichmäßig sein.
4. Schrauben ansetzen und fingerfest andrehen.
5. Passscheiben einsetzen: Position siehe Bild 17, offene Nasen an den Passscheiben zur »Delle« hin gerichtet.
6. Schrauben über Kreuz gleichmäßig Schritt für Schritt weiter festziehen, bis der Deckel auf dem Achsgehäuse (bzw. Passscheiben) aufsitzt.
7. Schrauben über Kreuz festziehen mit 30 Nm.

Teller- und Kegelrad ausdistanzieren

Zahnflankenspiel prüfen, einstellen

Nehmen Sie sich bitte die Bilder 19 bis 21 zu Hilfe. Darin sind auch die BMW-Messwerkzeuge bezeichnet.

Nach BMW-Anweisung bei ausgebautem Achsantrieb

Wichtig: Das Zahnflankenspiel soll 0,10 bis 0,22 mm betragen. Es bezieht sich auf die Einstellung ohne Öl, es darf sich also kein Schmiermittel an den Zähnen befinden, sie müssen absolut trocken sein.
1. Hinterradantrieb einige Male vor- und rückwärts durchdrehen: Dazu am Wellenstumpf des Kegelrads anpacken und drehen.
2. Spezialwerkzeuge anbringen »Messarm« (Nr. 33 2 612), »Messuhr« (Nr. 00 2 510) und »Gegenhalter« (Nr. 33 2 591).
3. Zahnflankenspiel durch Hin- und Herbewegen der Radachse messen. Am Gegenhalter (Bild 21) festhalten.
4. Zahnflankenspiel an zwei weiteren, um 120 Grad versetzten Punkten prüfen. Dazu Kegelrad zusammen mit Tellerrad entsprechend verdrehen.
4.1. Spiel darf 0,10 bis 0,22 mm betragen.
5. Das Zahnflankenspiel wird durch Einlegen von zwei entsprechenden Passscheiben zwischen Gehäuse und Gehäusedeckel ausgeglichen:
■ Bei zu großem Zahnflankenspiel müssen zwei dünnere Passscheiben eingebaut werden.
■ Bei zu kleinem Zahnflankenspiel müssen zwei dickere Passscheiben eingebaut werden.
Zu beachten: Es gibt zwei abziehbare Passscheiben 0,800 mm und 1,000 mm, bei denen auf jeder Seite vier Schichten von je 0,050 mm abgezogen werden können: Somit kann man Passscheiben von 0,600 bis 1,000 mm in Abstufungen von 0,050 mm herstellen.

■ Weiterhin gibt es acht Einschicht-Passscheiben von 0,925 bis 1,275 mm in Abstufungen von 0,050 mm.

Nach Werkstattmethode bei eingebautem Achsantrieb

Wenn man den Eindruck hat, dass das Zahnflankenspiel zu groß ist, etwa weil man beim Fahren spürt, dass das »Lastwechselspiel« beim »Gas geben« und »Gas wegnehmen« auffällig groß ist, kann man das Zahnflankenspiel auch bei angebautem Hinterachsantrieb messen. Bite beachten Sie, dass der Messwert etwas geringer ist als das tatsächliche Zahnflankenspiel, weil man ja aus einem zusammengebauten Hinterachsantrieb nie alles Öl herausbekommt – es haftet also ein dünner Ölfilm an den Zahnflanken, was die Messung beeinflusst.

1. Hinterachsöl ablassen. Über Nacht austropfen lassen. Dabei nach einiger Zeit am Hinterrad drehen, damit möglichst alles Öl herausläuft.
2. Hinterrad einige Umdrehungen vor- und rückwärts drehen. Dabei hören und fühlen: Wie laufen die Lager? Wie die Zahnräder? Sind Geräusche zu hören, zu spüren?
3. Hinterrad ausbauen.
4. Spezialwerkzeug »Messarm« (Nr. 33 2 612) auf Hinterachse anbringen.
■ Wenn man dieses nicht hat: Mit einer Schelle und einem Stück Blech einen Messarm selbst bauen, der Abstand von Mitte Hinterachse zur Kerbe am BMW-Messarm beträgt 65 mm.
4.1. Messuhr anbringen (Bilder 19 bis 21).
5. Gummi-Faltenbalg lösen, hinteres Kreuzgelenk muss frei sein.
6. Mit einer Hand das hintere Kreuzgelenk festhalten, mit der anderen Hand vorsichtig an der Achse vor- und rückwärts bewegen.
6.1. Spielmaß von Messuhr ablesen, Kreuzgelenk darf sich dabei nicht bewegen!

Teller-/Kegelrad ausdistanzieren

Kegel- und Tellerrad müssen ausdistanziert werden, wenn der Radsatz oder das Achsgehäuse ersetzt werden. Zuerst wird das Zahnflankenspiel überprüft und ggf. neu eingestellt. Wenn neue Lager eingebaut wurden, ist ein neues Ausdistanzieren nicht zwingend notwendig, aber eine Kontrolle des Tragbilds der Zahnräder ist zur eigenen Sicherheit empfehlenswert.

Nehmen Sie sich bitte Bilder 24 bis 27 zu Hilfe.

Achtung: Grundsätzlich müssen die Paarungsnummer des Radsatzes auf Kegel- und Tellerrad übereinstimmen (Bild 22).

Ausdistanzieren

Warum ausdistanzieren?

Das Ausdistanzieren von Teller- und Kegelrad dient dazu, dass die Zahnflanken von Kegel- und Tellerrad möglichst gleichmäßig zueinander »tragen«, also über eine möglichst große Fläche ablaufen (»tragen«). Um dieses zu prüfen, wird ein »Tragbild« festgestellt. Berühren sich Zahnflanken nur auf kleinen Flächen, verschleißen die Bauteile rasch.

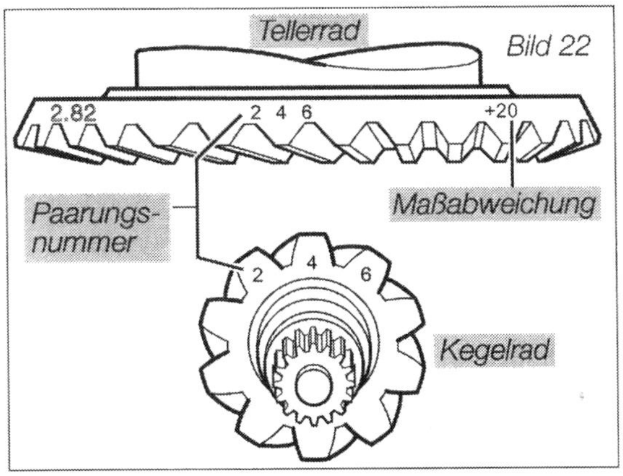

Bild 22: Paarungsnummer auf Kegel- und Tellerrad müssen übereinstimmen. Die Maßabweichung ist rechts von der Paarungsnummer auf dem Tellerrad eingraviert.

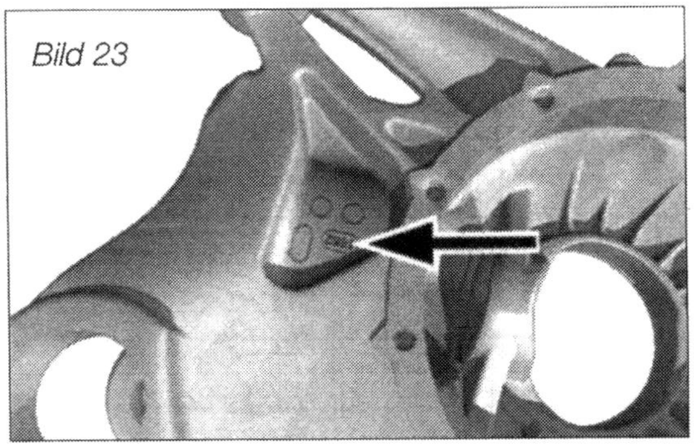

Bild 23: Bearbeitungsmaß auf dem Achsgehäuse.

Tabelle: Messgrundlagen zur Ermittlung der Dicke (D) der Distanzscheibe.

Maßabweichung auf Tellerrad	Bearbeitungsmaß auf Achsgehäuse 40	41	42	43	44	45	46	47	48	49	50	51	52	53	54	55	56	57	58	59	60
+35	2,35			2,30					2,25					2,20					2,15		
+30	2,30			2,25					2,20					2,15					2,10		
+25	2,25			2,20					2,15					2,10					2,05		
+20	2,20			2,15					2,10					2,05					2,00		
+15	2,15			2,10					2,05					2,00					1,95		
+10	2,10			2,05					2,00					1,95					1,90		
+05	2,05			2,00					1,95					1,90					1,85		
0	2,00			1,95					1,90					1,85					1,80		
–05	1,95			1,90					1,85					1,80					1,75		
–10	1,90			1,85					1,80					1,75					1,70		
–15	1,85			1,80					1,75					1,70					1,65		
–20	1,80			1,75					1,70					1,65					1,60		
–25	1,75			1,70					1,65					1,60					1,55		
–30	1,70			1,65					1,60					1,55					1,50		
–35	1,65			1,60					1,55					1,50					1,45		

Sichtprüfung Messen

Maßangaben auf Gehäuse und Tellerrad

- Im Einguss des Achsgehäuses ist eine Zahl zu finden (Bild 23), das ist das »Bearbeitungsmaß«. Es reicht von »40« bis »60«.
- Auf dem Rand des Tellerrads ist eine Zahl mit vorgestelltem »–« oder »+« zu finden, die so genannte »Maßabweichung«. Sie reicht von »–35« bis »+35« (Bild 22).

Paarungsnummern auf Teller- und Kegelrad

Auf dem Rand des Tellerrads ist eine weitere, diesmal dreistellige Zahl zu finden: Die »Paarungsnummer« muss mit der auf dem Kegelrad eingeschlagenen Zahl übereinstimmen (Bild 22).

Wichtig: Teller- und Kegelrad müssen immer die gleichen Paarungsnummern haben!

Passende Distanzscheibe finden

Auf Seite 179 ist eine Tabelle abgedruckt:

- Von oben links nach rechts sind die Zahlen der »Bearbeitungsmaße« des Gehäuses abgedruckt.
- Von oben nach unten sind die Zahlen der »Maßabweichungen« abgedruckt.

Beispiel

Ist z. B. das »Bearbeitungsmaß« des Gehäuses »50« und die Maßabweichung des Tellerrads »0«, muss eine Distanzscheibe mit dem Maß »1,90« unter das Kegelrad eingebaut werden (Bild 24).

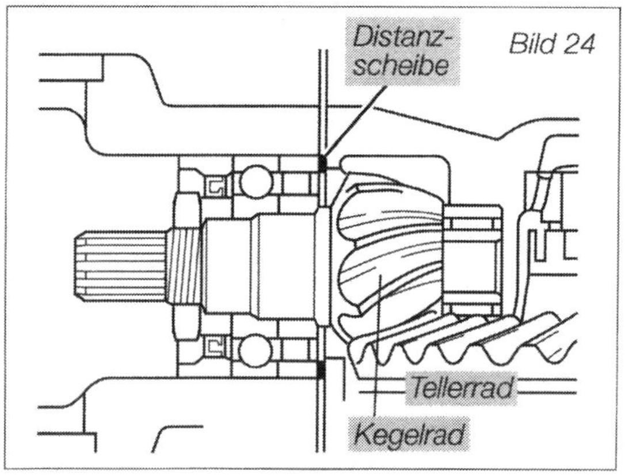

Bild 24

Bild 24: Einbauposition der Distanzscheibe des Kegelrads.

Tragbild überprüfen

Das Tragbild von Kegel- und Tellerrad muss überprüft werden, wenn der Radsatz, das Hinterachsgehäuse oder das Lager des Antriebskegelrads ersetzt wurden.

Vor der Kontrolle des Tragbilds muss sichergestellt werden, dass das Zahnflankenspiel korrekt ist. Das Tragbild wird eingestellt, indem eine entsprechend dickere oder dünnere Distanzscheibe am Antriebskegelrad eingebaut wird (siehe Bilder 6, 9, 10 und 24). Es gibt 21 Distanzscheiben von 1,500 mm bis 2,500 mm in Schritten von 0,050 mm.

Tragbild einstellen

Zum nachstehend beschriebenen Einstellen des Tragbilds ist die Hinterachse zerlegt: Kegelrad eingebaut, Tellerrad im Deckel eingebaut (beide Teile als Einheit aber ausgebaut).

1. Zahnflanken von Kegel- und Tellerrad entfetten, sie müssen absolut trocken sein.

2. O-Ring aus der Nut im Gehäusedeckel ausziehen.

3. Drei Zahnflanken des Tellerrads mit Tuschierfarbe (z. B. Preußisch Blau) einstreichen.

4. Deckel einbauen: »Delle« im Deckel auf »Delle« im Gehäuse ausrichten, Schrauben eindrehen, mit 30 Nm festziehen.

5. Am Stumpf des Kegelrads anpacken und drehen: Mindestens so oft vorwärts und rückwärts drehen, wie das Kegelrad Zähne hat!

- Die Zähnezahl ist auf der Unterseite des Achsgehäuses angegeben (eingeschlagen), z. B. »11/38« (11 = Zähnezahl Kegelrad).

6. Wenn die richtige Distanzscheibe eingebaut ist, ergibt sich ein Tragbild wie in Bild 25:

Bilder 25, 26 und 27: Nach dem Tragbild wird beurteilt, ob die Dicke der Distanzscheibe korrekt ist oder eine andere eingebaut werden muss.

- *In Bild 25 ist eine richtige Distanzscheibe eingebaut.*
- *In Bild 26 muss eine dünnere Distanzscheibe eingebaut werden.*
- *In Bild 27 muss eine dickere Distanzscheibe eingebaut werden.*

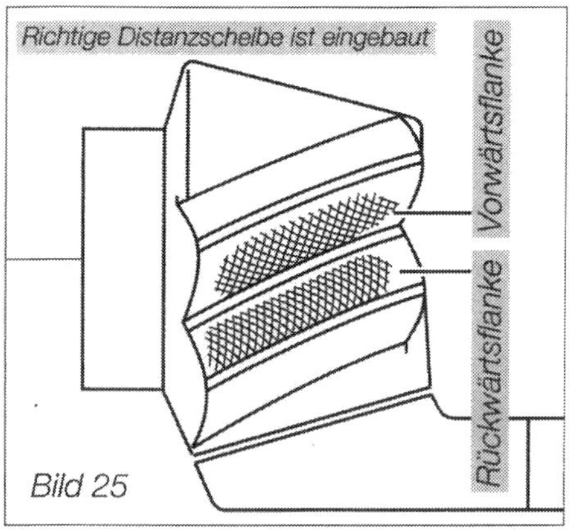

Bild 25

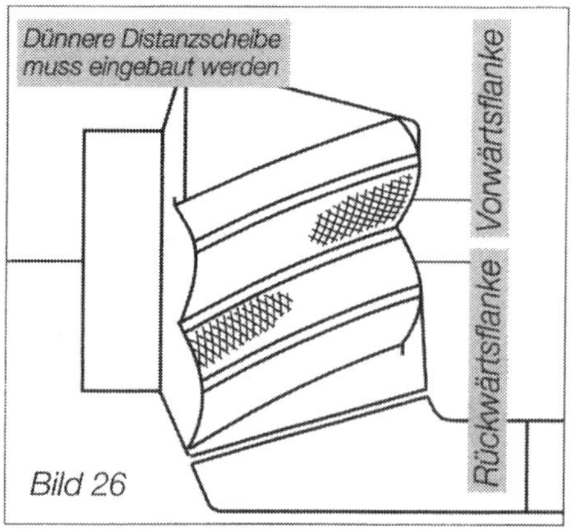

Bild 26

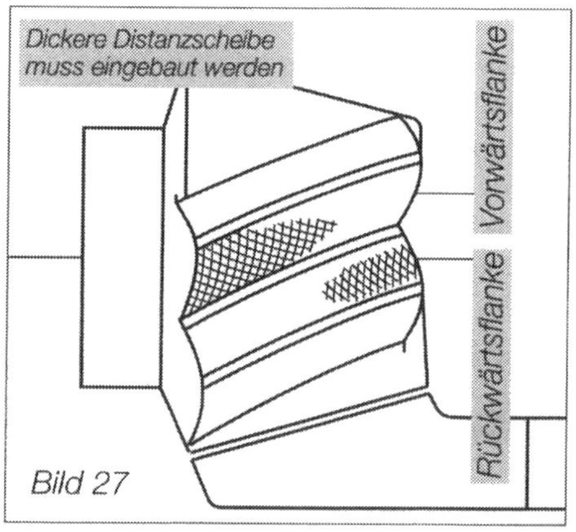

Bild 27

■ Auf der Vorwärtsflanke befindet sich das Tragbild in der Mitte der Zahnhöhe.
■ Auf der Rückwärtsflanke befindet sich das Tragbild weiter oben an der Zahnhöhe.

Achtung: Am kleinen Durchmesser (Zahngrund) des Kegelrads darf niemals eine Zahnberührung stattfinden.

Distanzscheiben auswählen

1. Eine *dünnere* Distanzscheibe muss eingebaut werden, wenn sich das Tragbild vorne an der Vorwärtsflanke und hinten an der Rückwärtsflanke zeigt (siehe Bild 26).
2. Eine *dickere* Distanzscheibe muss eingebaut werden, wenn sich das Tragbild hinten an der Vorwärtsflanke und vorne an der Rückwärtsflanke zeigt (siehe Bild 27).
■ Wird eine dünnere oder dickere Distanzscheibe eingebaut, muss das Tragbild erneut überprüft werden – und zwar so lange, bis es in Ordnung ist und dem in Bild 25 entspricht.
3. Zahnflanken von Tuschierfarbe reinigen.

Einbau der passenden Distanzscheibe

Weiter vorne in diesem Kapitel finden Sie den Textabschnitt »Anttriebskegelrad aus- und einbauen«, die Distanzscheibe ist darin erwähnt und in den Zeichnungen zu finden (auch in Bild 24). Unbedingt dafür sorgen, dass nach dem Ausbau der Distanzscheibe der Lagersitz penibel gereinigt wird und die neu einzubauende Distanzscheibe ebenfalls extrem sauber ist.

Hinterachse/Tellerrad aus Gehäusedeckel aus- und einbauen

Ausbau (Bilder 28 und 29)

1. »Ring« (Nr. 33 2 508) an Gehäusedeckel anschrauben.
2. Gehäusedeckel am Ring mit Schutzbacken in Schraubstock einspannen.
3. »Abzieher« (Nr. 33 1 830), »Scheibe« (Nr. 33 2 506) und »Druckstück« (Nr. 11 6 503) einbauen (Bild 28).
4. Radachse ausdrücken.
5. Simmerring vorsichtig mit geeignetem Werkzeug aus Gehäusedeckel ausbauen.
6. Seegerring ausbauen.
7. »Abzieher«, »Scheibe« (Nr. 33 2 507) und »Druckstück« einbauen und vorspannen (Bild 29).
8. Gehäusedeckel im Bereich des Lagers auf 100 °C erwärmen.
9. Lager ausdrücken.

Einbau

1. Lager abkühlen.
2. Gehäusedeckel im Bereich des Lagers auf 100 °C erwärmen.
3. Lager gerade ansetzen und ohne zu verkanten mit »Scheibe« (Nr. 33 2 507) einbauen (Bild 30).
4. Seegerring einbauen.
5. Dichtfläche des Simmerrings mit Getriebeöl einölen.
6. Simmerring mit der offenen Seite in den »Schlagdorn« (Nr. 33 1 891) positionieren.
7. Simmerring mit Schlagdorn in Gehäusedeckel auf Anschlag einbauen (Bild 31).
8. Dichtlippe des Simmerring und dessen Lauffläche an Radachse einölen.
9. Spezialwerkzeuge »Spindel und Druckmutter« (Nr. 33 2 504), »Scheibe« (Nr. 33 2 506) und »Stütze« (Nr. 33 2 505) mit »Scheibe« (Nr. 33 2 507) in Radachse einbauen (Bild 32).

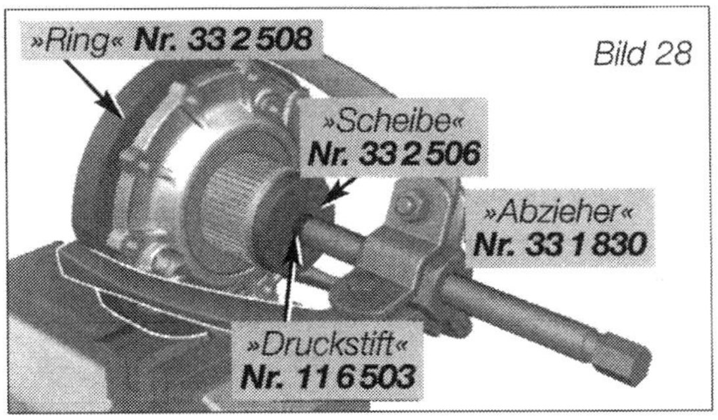

Bild 28

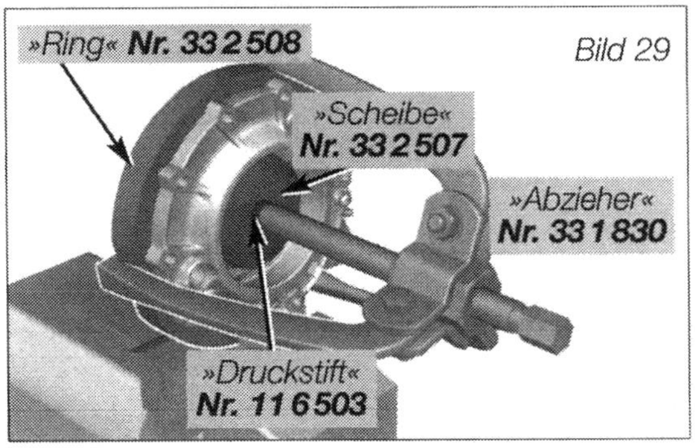

Bild 29

Bilder 28 und 29: Ausbau der Radachse und des Lagers aus dem Gehäusedeckel.

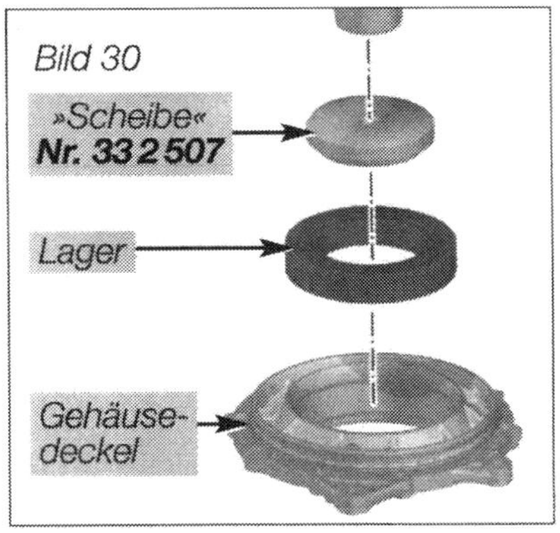

Bild 30

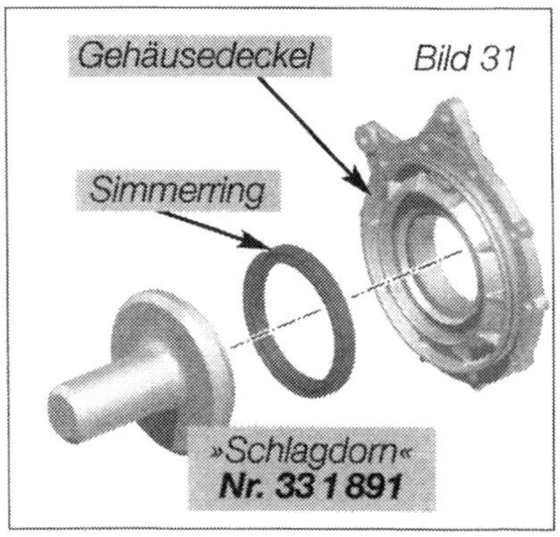

Bild 31

Bilder 30 und 31: Lager und Simmerring in Gehäusedeckel einbauen.

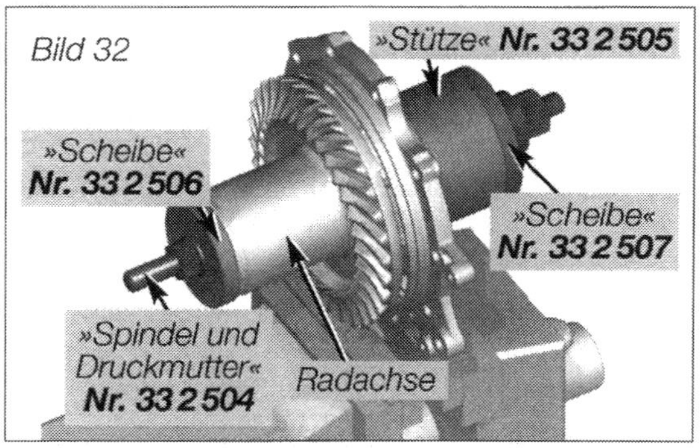

Bild 32

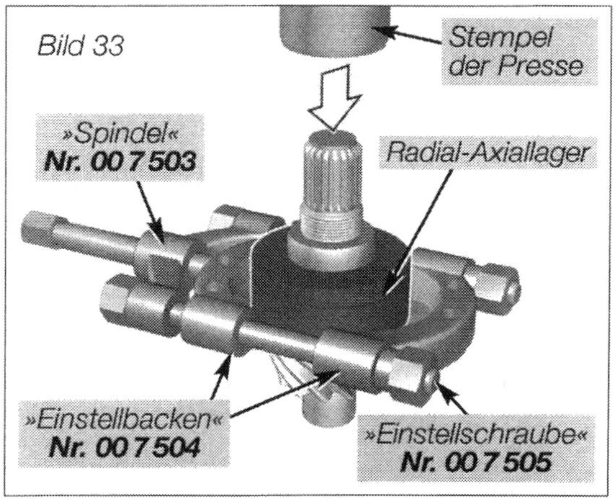

Bild 33

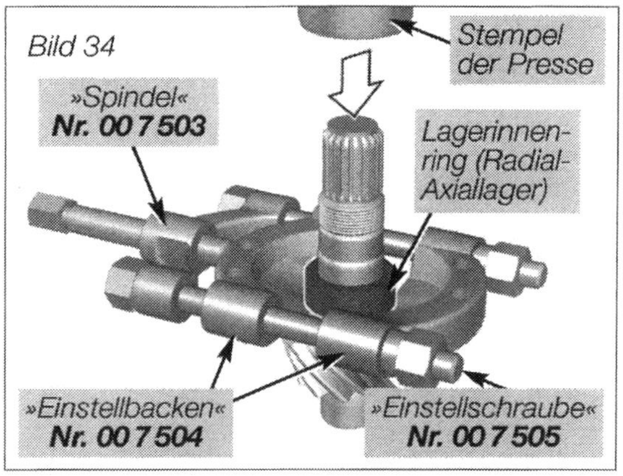

Bild 34

Bilder 32 bis 36: Im Lauftext sind die zu den Bildern gehörenden Arbeitsschritte nummeriert beschrieben.

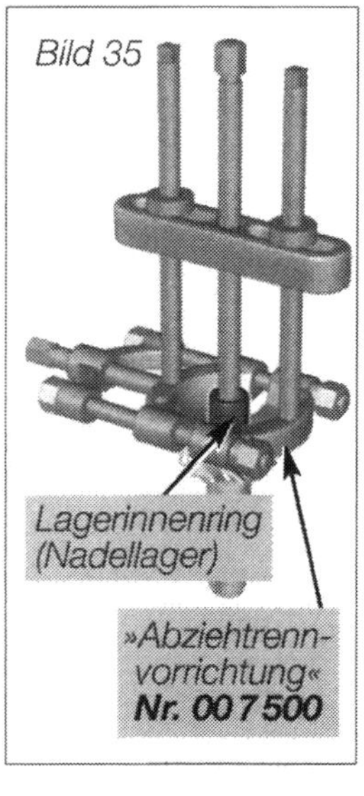

Bild 35

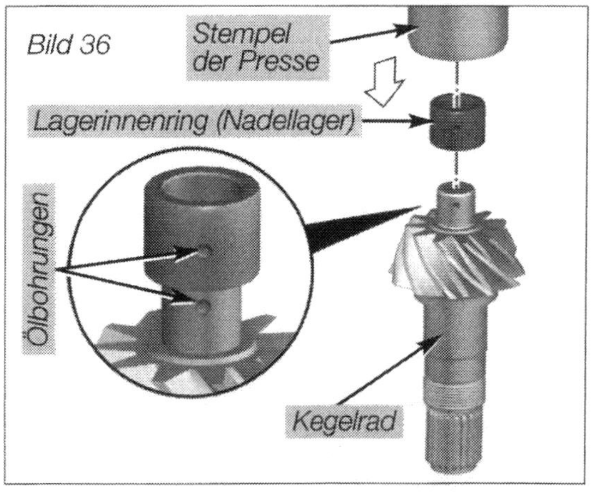

Bild 36

10. Radachse bis auf Anschlag eindrücken, dabei die Radachse drehen.

Antriebskegelrad zerlegen

Radial-Axiallager Kegelrad ausbauen (Bild 33)

1. »Abzieher mit Einstellbacken« (Nr. 007504), »Einstellschrauben« (Nr. 007505) und »Druckspindel mit Brücke« (Nr. 007503) einbauen und leicht vorspannen.

2. Kegelrad mit Abzieher auf Presse positionieren und Lager ausdrücken.

3. «Abzieher mit Einstellbacken« (Nr. 007504), »Einstellschrauben« (Nr. 007505) und »Druckspindel mit Brücke« (Nr. 007503) einbauen und leicht vorspannen (Bild 34).

4. Lagerinnenring auf 100 °C erwärmen.

5. Kegelrad mit Abzieher auf Presse positionieren und Lagerinnenring abpressen.

Radial-Axiallager Kegelrad einbauen (Bild 34)

1. Lagerinnenring mit Presse bis Anschlag einpressen.

2. Außenring mit Zylinderrollenkäfig und Kugelkäfig aufpressen. Kugelkäfig sitzt plan auf Lagerinnenring auf.

3. Neuen O-Ring einsetzen. O-Ring muss in Nut zwischen Kegelrad und Kugelkäfig sitzen.

4. Druckring bis zum Anschlag aufpressen.

Nadellager Kegelrad

Lagerinnenring Nadellager Kegelrad ausbauen (Bild 35)

1. »Abziehtrennvorrichtung« (Nr. 007500), bestehend aus »Brücke verstellbar mit Spindel« (Nr. 007501), »Gewindebolzen« (Nr. 007502), »Spindel« (Nr. 007503), »Einstellbacken« (Nr. 007504), »Einstellschraube« (Nr. 007505) und »Brücke« (Nr. 007507) vormontieren und leicht vorspannen.

2. Lagerinnenring auf 100 °C erwärmen und abdrücken.

Lagerinnenring Nadellager Kegelrad einbauen (Bild 36)

1. Lagerinnenring auf Kegelrad so aufsetzen, dass die Ölbohrungen fluchten (Kreis in Bild 36).

2. Lagerinnenring mit Presse bis Anschlag einpressen.

Nadellager Kegelrad aus Achsgehäuse ausbauen (Bild 37)

1. »Zugstange« (Nr. 135251), »Schlaggewicht« (Nr. 135253) und »Druckstück« (Nr. 332524) in

die Öffnung für das Kegelrad im Radantriebsgehäuse einbauen.
2. Gehäuse im Bereich des Lagers auf 100 °C erwärmen.
3. Zugstange unter Zug halten und darauf achten, dass Druckstück mit Aussparung im Gehäuse fluchtet (Kreis in Bild 37).
4. Lager durch gleichmäßige Schläge mit Schlaggewicht herausziehen.

Nadellager Kegelrad in Achsgehäuse einbauen (Bild 38)
1. Lager in Gehäuse positionieren.
2. »Schlagdorn« (Nr. 33 6 651) auf Lager aufstecken und Lager gerade ohne zu verkanten bis zum Anschlag einschlagen.

Lager Tellerrad im Achsgehäuse

Simmerring und Lager Tellerrad im Achsgehäuse ausbauen
1. Abdeckung und Sicherungsring ausbauen (Bild 16).
2. Simmerring heraushebeln.
3. »Zugstange« (Nr. 13 5 251), »Schlaggewicht« (Nr. 13 5 253) und »Druckstück« (Nr. 33 2 521) in Achsgehäuse einbauen. Dabei auf korrekten Sitz des Druckstücks achten (Bild 39).
4. Achsgehäuse im Bereich des Lagers auf 100 °C erwärmen.
5. Lager herausschlagen.

Simmerring und Lager Tellerrad im Achsgehäuse einbauen
1. Achsgehäuse im Bereich des Lagers auf 100 °C erwärmen.
2. Lager in Gehäuse positionieren und mit »Griff« (Nr. 11 7 601) und »Schlagdorn« (Nr. 33 1 571) zügig bis zum Anschlag eintreiben (Bild 40).
3. Dichtlippe des Simmerrings leicht mit Getriebeöl einölen.
4. Simmerring mit »Schlagdorn« (Nr. 33 1 892) bis zum Anschlag eintreiben (Bild 41).
5. Sicherungsring und Abdeckung einbauen.

Anziehdrehmomente

Torxschrauben M8x30 Gehäusedeckel...... 30 Nm
■ *über Kreuz anziehen*
Gewindering M65x1,5............................ 180 Nm
■ *Gewinde Gewindering und Kegelrad reinigen*
Mutter für Antriebskegelrad M24x1,5 ...... 200 Nm
■ *mikroverkapselt, Mutter erneuern*

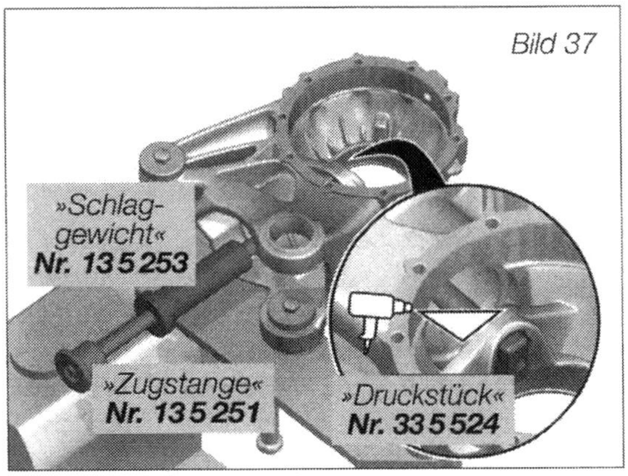

Bild 37

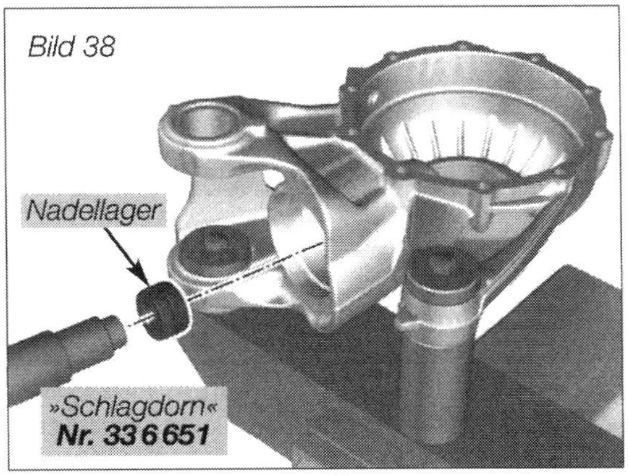

Bild 38

Bilder 37 bis 41: Im Lauftext sind die zu den Bildern gehörenden Arbeitsschritte nummeriert beschrieben.

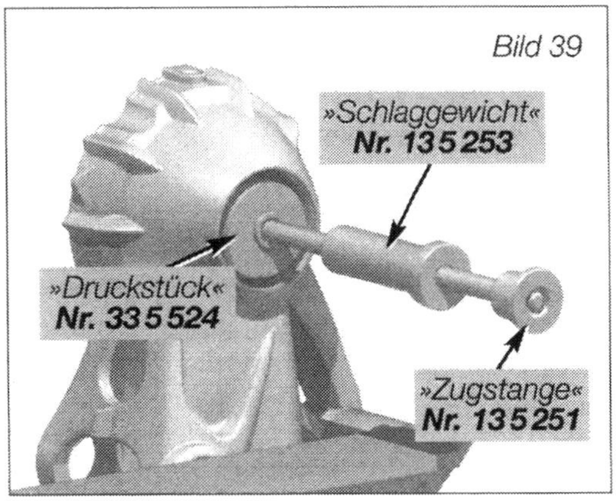

Bild 39

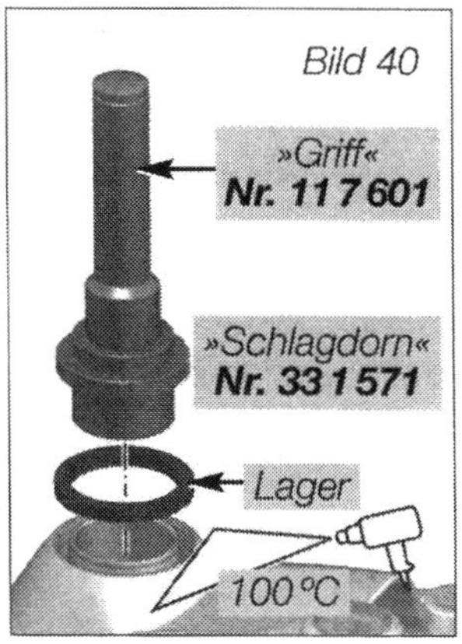

Bild 40

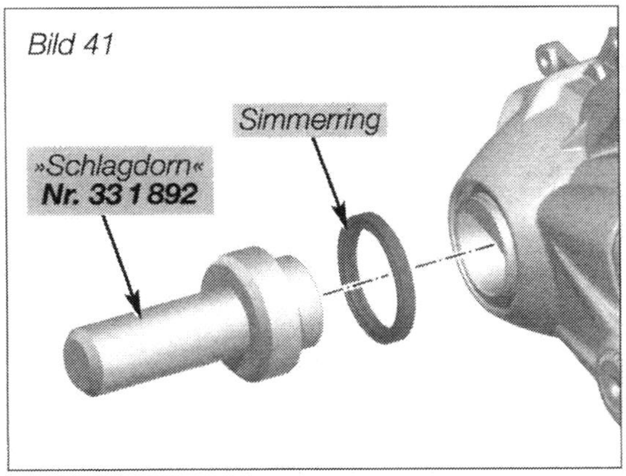

Bild 41

Anziehdrehmomente

In diesem Kapitel werden die von BMW vorgeschriebenen Anziehdrehmomentwerte für alle Bauteile bzw. Schraubverbindungen der BMW Boxer aufgelistet. Wenn für ein Bauteil bzw. eine Schraubverbindung kein eigener Wert aufgeführt ist, gelten die Anziehdrehmomente für Schrauben entsprechender Größe.

Warum ist ein bestimmtes Anziehdrehmoment nötig?
Die meisten Schraubverbindungen am BMW Boxer müssen mit einem festgelegten Drehmoment angezogen werden. Die genannten Werte müssen möglichst genau eingehalten werden, da sonst die Gefahr besteht, dass sich die Schrauben (Muttern) lockern oder die Schrauben (Muttern) bzw. ihr Gegengewinde zu stark belastet werden und sie dann im Betrieb reißen oder brechen.

Allgemeine Hinweise

Voraussetzungen
Eine wichtige Voraussetzung zum korrekten Anziehen aller Schrauben und Muttern ist, dass die Gewinde und Anlageflächen unbeschädigt und frei von Schmutz sind.

■ Sollten Schraubgewinde verschmutzt sein, reinigen Sie diese NICHT mit einer Stahlbürste, denn die kann das Gewinde beschädigen, sondern verwenden Sie eine Bürste mit feinen Messingborsten. Schrauben mit verrostetem oder beschädigtem Gewinde müssen durch Neuteile ersetzt werden. Schrauben, Muttern und Unterlagscheiben vor dem Einbau etwas einölen. Motorenöl oder leichtes Fett dazu verwenden.

■ An einigen Schraubverbindungen ist Schraubensicherung mit dem Mittel »Loctite« vorgeschrieben. Loctite gibt es in den drei verschiedenen Klebequalitäten »leicht«, »mittelfest« und »endfest«. Die am meisten benötigte Qualität ist »mittelfest«, die wird verwendet, wenn hohe Festigkeit verlangt wird und die damit gesicherten Schrauben ohne Zerstörung des Gewindes wieder gelöst werden müssen.

■ Wenn an den Gewinden ausgedrehter Schrauben noch Reste von Schraubensicherung hängen, zur Reinigung etwas Bremsenreiniger nehmen, er löst den alten Schraubenkleber.

Die von BMW an bestimmten Schraubverbindungen vorgeschriebenen Loctite-Qualitäten sind in unserer nachstehenden Drehmomentauflistung bei der jeweiligen Schraubverbindung angegeben. Im Internet unter *www.loctite.de* finden Sie weitere Spezifikationen und Qualitätsbeschreibungen.

Zum Herstellen bestimmter Drehmomentwerte werden hochwertige Werkzeuge wie Nüsse und Drehmomentschlüssel benötigt.

Weiterhin zu beachten:
Manche Schrauben müssen vor dem Einbau (und damit Festziehen) entsprechend dem Einsatzzweck speziell vorbehandelt werden. Was jeweils zu tun ist bzw. welche Besonderheit die Schraube aufweist, wird nach der Bezeichnung des Bauteils mit dem Zeichen »■« besonders herausgestellt.

Mikroverkapselte Schrauben
»mikroverkapselt« bedeutet, dass Gewindesicherung auf dem Gewinde einer neuen Schraube aufgebracht ist. Laut BMW-Vorschrift darf eine mikroverkapselte Schraube nur einmal benutzt werden; beim Zusammenbau muss also eine neue Schraube verwendet werden. Wenn Sie keine Möglichkeit haben, eine neue originale mikroverkapselte BMW-Schraube einzubauen, und die alte Schraube noch einwandfrei in Ordnung ist: Gewinde der alten Schraube reinigen, etwas Loctite »mittelfest« dran geben, eindrehen und mit entsprechendem Anziehdrehmoment festziehen.

Mechanische Schraubensicherung
Mit einer **»mechanischen Schraubensicherung«** ist eine »selbstsichernde Mutter« ausgestattet: Oben im Gewinde ist entweder ein Kunststoffring eingesetzt oder Blechsegmente, die beim Aufschrauben der Mutter die Form des Gewindes annehmen und dieses »klemmen«. Selbstsichernde Muttern mit Kunststoffeinsatz sollen nur einmal, solche mit Blechsegmenten können mehrmals verwendet werden.

■ Von BMW empfohlene benötigte Schmier- und Hilfsmittel:
»Optimoly TA« ist ein Hochtemperatur-Montagefett
»Never Seez« ist eine Schmierpaste
»Staburags NBU 30 PTM« ist ein Hochleistungsschmierfett

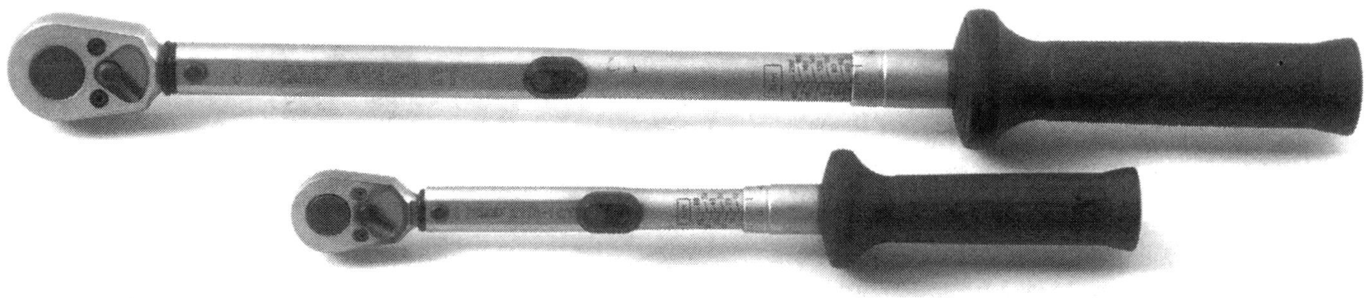

Bild 1: Kleiner (5 bis 40 Nm) und großer Drehmomentschlüssel (40 bis 200 Nm).

Allgemeine Schrauben und Muttern

Für Schrauben und Muttern, die in nachfolgender Aufstellung nicht bezeichnet sind, gelten folgende Anziehdrehmomente:
5 mm-Sechskantschraube und Mutter .... 5 Nm
6 mm-Sechskantschraube und Mutter .... 10 Nm
8 mm-Sechskantschraube und Mutter .... 22 Nm
10 mm-Sechskantschraube und Mutter .... 35 Nm
12 mm-Sechskantschraube und Mutter .... 54 Nm
5 mm-Schraube mit Kreuzschlitzkopf .... 4 Nm
6 mm-Schraube mit Kreuzschlitzkopf .... 9 Nm
6 mm-Flanschschraube mit Kopf 8 mm .... 9 Nm
6 mm-Flanschschraube mit Kopf 10 mm
oder Flanschmutter .... 12 Nm
8 mm-Flanschschraube oder Flanschmutter .... 26 Nm
10 mm-Flanschschraube oder Flanschmutter .... 39 Nm

■ Als »Flanschschraube« wird eine Schraube bezeichnet, bei der eine Unterlagscheibe fest unter dem Schraubenkopf angebracht ist.
■ Als »Flanschmutter« wird eine Mutter bezeichnet, bei der auf einer Seite der Mutter eine Unterlagscheibe angebracht ist.

Fahrwerk

Vorderrad
Vorderachse in Innengewinde linke Gabelfaust .... 50 Nm
bei HP2 Enduro: Achsschraube in Achsaufnahme .... 40 Nm
■ *Gewinde mit »Optimoly TA« befetten*
bei HP2 Megamoto: Achsschraube in Achsaufnahme. 50 Nm
■ *Gewinde mit »Optimoly TA« befetten*
bei HP2 Sport: Steckachse in Achsaufnahme .... 50 Nm

Klemmschraube Vorderachse rechte Gabelfaust .... 19 Nm
bei HP2 Enduro: Klemmung Achsschraube .... 8 Nm
■ *je 2 Mal im Wechsel*
bei HP2 Megamoto: Klemmung Achsschraube .... 8 Nm
■ *je 2 Mal im Wechsel*

Hinterrad
Hinterrad an Radträger .... 60 Nm
■ *Radschrauben handfest einschrauben, kreuzweise festziehen*
Metallventil (Winkelventil) in Felge .... 12 Nm
■ *mikroverkapselt, erneuern*

Lenkung
Lenker an obere Gabelbrücke .... 24 Nm
■ *vordere Schraube zuerst anziehen, Spalt in Fahrtrichtung nur hinten, Staburags NBU 30 PTM*

bei R 1200 GS: Lenkerklemmböcke auf Gabelbrücke ... 28 Nm
bei R 1200 GS ab Mj. 2008:
Lenkerklemmböcke auf oberer Gabelbrücke .... 36 Nm
Lenker an Lenkerklemmbock .... 16 Nm

bei HP2 Enduro, HP2 Megamoto:
Lenkerklemmbock auf oberer Gabelbrücke .... 38 Nm
Lenker an Lenkerklemmbock .... 19 Nm

Lenkergewicht an Lenker .... 19 Nm
■ *mikroverkapselt, Schraube erneuern*
bei R 1200 GS, R 1200 ST .... 21 Nm

Lenkerhälften an obere Gabelbrücke:
bei R 1200 RT .... 19 Nm
bei R 1200 S .... 10 Nm
■ *Voranzug 4 Nm, Endanzug 10 Nm*
■ *mikroverkapselt, zuerst fahrzeuginnere Schraube anziehen*
bei R 1200 ST .... 19 Nm
bei HP2 Sport: Lenkerhälften an Lenkerbrücke .... 21 Nm
■ *Voranzug 10 Nm, Endanzug 21 Nm*

Gelenkschraube Brems- und Kupplungshebel .... 7 Nm
■ *mechanische Schraubensicherung, Mutter erneuern*
bei R 1200 RT .... 11 Nm
Handarmatur an Lenker .... 5 Nm
Linker Lenkergriff, Kombischalter links und rechts Halter Instrumentenkombination, Gasdrehgriffarmatur .... 1 Nm
bei R 1200 GS ab Mj. 2008:
Gasgriff mit Klemmschelle an Lenker .... 6 Nm
Gasgriff an Armatur .... 3 Nm

Vorderradgabel
obere Gabelbrücke an Standrohr .... 40 Nm
■ *Voranzug 25 Nm, Endanzug 40 Nm*
bei R 1200 S und R 1200 ST .... 21 Nm
bei R 1200 ST: Rastbolzen Verstelllenker in oberer Gabelbrücke .... 19 Nm
■ *mikroverkapselt, Schraube erneuern*

Kugelgelenk an unterer Gabelbrücke .... 230 Nm
■ *mikroverkapselt, erneuern*
obere Gabelbrücke an Vorderrahmen .... 130 Nm
■ *mikroverkapselt, Mutter erneuern*
Mutter Kugelgelenk an Längslenker .... 130 Nm
■ *mikroverkapselt, Mutter erneuern*
Längslenker an Motor .... 73 Nm
■ *Voranzug 45 Nm, Endanzug 73 Nm*
■ *Gewinde leicht mit »Never Seez« befetten*
Verschlussschraube an Gabelstopfen .... 2,4 Nm

bei HP2 Enduro, HP2 Megamoto:
Gabelbrücke unten .... 10 Nm
■ *je 2 Mal im Wechsel*

bei HP2 Enduro: Gabelbrücke oben .... 24 Nm
■ *je 2 Mal im Wechsel*
bei HP2 Enduro: Lenkkopfschraube
■ *Voranzug 19 Nm, lösen, Wiederanzug 5 Nm, Klemmung Lenkkopfschrauben, Endanzug 19 Nm*

bei HP2 Sport:
Gabelbrücke unten an Standrohr ... 25 Nm
■ *je 2 Mal im Wechsel*
Gabelbrücke oben an Standrohr ... 21 Nm
■ *je 2 Mal im Wechsel*

Federbein vorne
Federbein an Vorderrahmen ... 34 Nm
■ *Gewinde reinigen, Loctite »mittelfest« auftragen*
Federbein vorn unten an Längslenker ... 34 Nm
■ *mikroverkapselt, Schraube erneuern, mit »Optimoly TA« befetten*
bei R 1200 RT ... 40 Nm
bei HP2 Sport:
Federbein an Vorderrahmen Bundmutter ... 28 Nm
Federbein an Vorderrahmen Kontermutter ... 30 Nm

Lenkungsdämpfer an Längslenker ... 19 Nm
■ *mikroverkapselt, Schraube erneuern*
Lenkungsdämpfer an unterer Gabelbrücke ... 19 Nm

Hinterachsgetriebe Schraube
Drehzahl-Sensor als Öleinfüllschraube ... 4 Nm
ab September 2007: Öleinfüllschraube ... 20 Nm
Momentstrebe (Paralever) an Hinterachsgehäuse ... 42 Nm
■ *mechanische Schraubensicherung, Mutter erneuern*
Gewindering in Hinterradantriebsgehäuse M65x1,5 ... 180 Nm
■ *Gewinde reinigen, Loctite »mittelfest« auftragen*
Sechskantmutter des Antriebskegelrades ... 200 Nm
■ *mikroverkapselt, Schraube erneuern*
Gehäusedeckel an Hinterachsgehäuse ... 30 Nm
■ *kreuzweise anziehen*

Hinterradschwinge
Lagerung Hinterachsgetriebe an Schwinge ... 100 Nm
■ *mikroverkapselt, erneuern*
Schwingenlagerzapfen links an Rahmen ... 7 Nm
Bund-Kontermutter Schwingenbolzen an Rahmen links .. 145 Nm
Momentstrebe (Paralever) an Hinterradantrieb
und Getriebe ... 42 Nm
■ *mechanische Schraubensicherung, Mutter erneuern*
Momentstrebe (Paralever) an Rahmen ... 42 Nm
■ *mechanische Schraubensicherung, Mutter erneuern*
Befestigungsschrauben Schwingenlagerzapfen
an Rahmen rechts (3 Stück) ... 9 Nm
Abdeckschraube Schwingenlagerzapfen rechts ... 9 Nm
Verbindungsschraube der Momentstrebenhälften ... 8 Nm
■ *mikroverkapselt, erneuern*

Federbein hinten
Federbein an Heckrahmen ... 50 Nm
■ *mechanische Schraubensicherung, Mutter erneuern, mit »Optimoly TA« befetten*
bei HP2 Enduro, HP2 Megamoto ... 66 Nm
■ *mechanische Schraubensicherung, Mutter erneuern, mit »Optimoly TA« befetten*

Federbein an Hinterradschwinge ... 58 Nm
■ *Gewinde reinigen, Loctite »mittelfest« auftragen*
bei HP2 Enduro, HP2 Megamoto ... 66 Nm
■ *Gewinde reinigen, Loctite »mittelfest« auftragen*

bei HP2 Megamoto:
Kontermutter Längenverstellung unterer Federteller ... 40 Nm
Kontermutter Feder-Basisverstellung Federteller ... 5 Nm

bei HP2 Sport:
Kontermutter Längenverstellung unterer Federteller ... 40 Nm
Kontermutter Feder-Basisverstellung Federteller ... 5 Nm

Einstellrad Federbeinverstellung
an Hauptrahmen ... 19 Nm

Bremsen

Vorderradbremse
Bremssattel an Tauchrohr ... 30 Nm
Entlüfterschraube im Bremssattel vorne ... 8 Nm
bei R 1200 GS ... 9 Nm
bei R 1200 GS ab Mj. 2008 ... 10 Nm
bei R 1200 RT, R 1200 S, HP2 Megamoto ... 9 Nm
bei HP2 Enduro ... 8 Nm
bei HP2 Sport ... 7 Nm

Bremsscheibe an Vorderrad ... 24 Nm
■ *Voranzug 12 Nm, Endanzug 24 Nm*
■ *mikroverkapselt, Schraube erneuern*
bei R 1200 GS ... 30 Nm
bei HP2 Megamoto, HP2 Sport ... 19 Nm

Ab 08/2007 geänderte Bremsscheibenlagerung vorne:
Bremsscheibe an Vorderrad ... 19 Nm
■ *Flachkopfschrauben der Bremsscheiben-Befestigung über Kreuz stufenweise festziehen.*
■ *mikroverkapselt, Schrauben erneuern*
bei R 1200 GS, HP2 Enduro: Bremsscheibenlagerung nicht geändert

Federblech Bremsbeläge ... 3 Nm
bei R 1200 GS: kein geschraubtes Federblech

Entlüfterschraube in Bremsarmatur ... 2 Nm
bei HP2 Sport ... 4 Nm

Raddrehzahl-Sensor vorne ... 4 Nm
Gewindestift Bremsbeläge ... 7 Nm
bei R 1200 GS ab Mj. 2008 ... 6 Nm

bei HP2 Enduro, HP2 Megamoto: Bremsschlauchhalter an Gabelschoner ... 3 Nm
bei HP2 Megamoto: Sensor an Verbindungsstück ... 16 Nm
bei HP2 Sport:
Verbindungsstück an Vorderrahmen ... 21 Nm
Hohlschraube Bremskreis vorne an Verbindungsstück... 24 Nm
Drucksensor an Adapterschraube ... 16 Nm

Hinterradbremse
Bremssattel an Hinterachsgehäuse ... 24 Nm
Entlüfterschraube im Bremssattel hinten ... 5 Nm
Bremsscheibe an Radträger ... 30 Nm
■ *Voranzug 12 Nm, Endanzug 30 Nm*
■ *mikroverkapselt, Schraube erneuern*
Überwurfschrauben in den Bremsleitungen ... 14 Nm
Bremsschlauch an Bremskomponenten ... 24 Nm
Verbindungsstück an Heckrahmen ... 8 Nm
Verteilerstück an Vorderrahmen ... 11 Nm
Bremsschlauchabdeckung an Momentstrebe ... 8 Nm
Raddrehzahl-Sensor hinten ... 4 Nm
bei R 1200 S, HP2 Enduro, HP2 Megamoto, HP2 Sport ... 8 Nm

bei HP2 Enduro, HP2 Megamoto: Kabelklemme an Hinterrad-Antriebsgehäuse ... 5 Nm

Hauptbremszylinder
Hauptbremszylinder an Fußrastenträger ... 8 Nm
bei R 1200 GS ... 11 Nm
bei R 1200 RT ... 6 Nm

Kontermutter Druckstange ... 8 Nm
Bremsflüssigkeitsbehälter an Heckrahmen ... 8 Nm
■ *mikroverkapselt, Schraube erneuern*
ABS-Steuergerät (Druckmodulator) mit Halter an Motor ... 8 Nm
ABS-Steuergerät (Druckmodulator) mit Halter und Kupplungsabdeckung an Motor ... 8 Nm

Tank, Rahmen, Anbauteile

Tank an Rahmen ... 22 Nm
bei R 1200 ST, R 1200 GS ... 19 Nm
bei HP2 Enduro, HP2 Megamoto ... 8 Nm
■ *mechanische Schraubensicherung*
bei R 1200 S, HP2 Sport ... 16 Nm

bei R 1200 RT: Tank an Rahmen hinten ... 16 Nm

bei R 1200 S: Tankdeckel an Tankstutzen, Tankstutzen an Tank ... 2 Nm
bei HP2 Sport:
Tankdeckel an Tankstutzen, Tankstutzen an Tank ... 2,5 Nm

Tankdeckel an Tank ... 3,5 Nm
bei R 1200 GS ... 5 Nm
bei R 1200 GS ab Mj. 2008 ... 2,4 Nm
bei R 1200 ST ... 5 Nm
bei HP2 Enduro, HP2 Megamoto ... 3 Nm

Abdeckung an Tank ... 2 Nm
Halter Tank an Vorderrahmen ... 6 Nm

bei R 1200 GS: Tank an Verkleidungshalter ... 19 Nm
bei R 1200 RT: Gummilager für Tank an Verkleidungshalter ... 16 Nm
bei R 1200 RT: Tank an Strebe Vorderrahmen ... 16 Nm

Überwurfmutter Benzinpumpeneinheit an Tank ... 35 Nm

Rahmen
Heckrahmen an Motor unten, M12 ... 55 Nm
Heckrahmen an Motor oben, M10 ... 38 Nm
Heckrahmen an Getriebe, M8 ... 28 Nm
■ *zuerst Getriebeschraube, dann Rest anziehen*
Bolzen Vorderrahmen an Motor, M12 ... 110 Nm
■ *mikroverkapselt, Mutter erneuern*
Rahmenstreben an Motor ... 38 Nm
■ *Bolzen gegen Schraube mit Schnorrscheibe ersetzen, mikroverkapselt, Schrauben erneuern, Gewinde mit »Optimoly TA« befetten*
Rahmenstreben an Vorderrahmen ... 70 Nm
■ *mikroverkapselt, Schraube erneuern*
bei R 1200 GS ... 58 Nm
bei R 1200 S: Mittelrahmen an Motor oben ... 38 Nm
bei R 1200 S: Mittelrahmen an Motor unten ... 55 Nm
■ *mikroverkapselt*
bei R 1200 S: Mittelrahmen an Getriebe ... 28 Nm
bei R 1200 S: Heckrahmen an Mittelrahmen ... 38 Nm

bei R 1200 S: Halter für Verkleidungsseitenteil an Vorderrahmen ... 9 Nm
bei R 1200 S: Verkleidungshalter-Mittelteil an Verkleidungshalter
■ *Voranzug 4 Nm, Endanzug um weitere 90 Grad*
bei R 1200 S: Verkleidungshalter an Vorderrahmen
■ *Voranzug 10 Nm, Endanzug um weitere 90 Grad*
bei R 1200 S: Tankbolzen vorne an Verkleidungshalter
■ *Voranzug 18 Nm, Endanzug um weitere 90 Grad*
bei R 1200 S: Halter für Tankcover an Ansauggeräuschdämpfer ... 5 Nm
bei R 1200 S: Rastbolzen an Verkleidungshalter Mittelteil ... 3 Nm
bei R 1200 S: Verkleidungsschraube ... 2 Nm

bei HP2 Sport:
Verkleidungshalter vorne an Vorderrahmen, Verkleidungsoberteil an Verkleidungshalter ... 21 Nm
Befestigung Seitenverkleidung ... 3,5 Nm
Befestigung Motorspoiler ... 6 Nm

Verkleidungshalter Motorspoiler vorne an Motor .... 8 Nm
Verkleidungshalter Tankverkleidung an Vorderrahmen...... 9 Nm
Carbon-Heck an Mittelrahmen vorne, hinten................. 30 Nm
■ *Gewinde mit »Optimoly TA« befetten*
Mittelrahmen an Motor oben .... 38 Nm
Mittelrahmen an Motor unten....................................... 55 Nm
Mittelrahmen an Getriebe .... 28 Nm

bei HP2 Enduro, HP2 Megamoto:
Vorderrahmen an Motor... 66 Nm
Vorderrahmen an Heckrahmen .... 19 Nm

Seitenverkleidung an Tank .... 2 Nm
bei R 1200 GS: statt Seitenverkleidung: Tankverkleidung, keine Heckverkleidung

Seitenverkleidung an Heckrahmen, Heckverkleidung....... 2 Nm

Fußrasten
Fahrerfußrastenplatte an Rahmen .... 19 Nm
■ *Empfehlung: Gewinde reinigen, Loctite »mittelfest« auftragen*
Soziusfußrastenplatte an Rahmen .... 19 Nm
■ *Empfehlung: Gewinde reinigen, Loctite »mittelfest« auftragen*
bei R 1200 GS: statt Soziusfußrastenplatte Rahmenausleger
bei HP2 Megamoto: Fußrastenhalteschrauben............ 16 Nm
bei HP2 Sport: Fußrastenanlage an Mittelrahmen .... 19 Nm

Fußbremshebel an Fußrastenplatte............................... 21 Nm
bei R 1200 GS: Fußbremshebel an Heckrahmen........... 21 Nm
■ *mikroverkapselt, Schraube erneuern*
bei R 1200 RT: Fußbremshebel .... 38 Nm
bei R 1200 S, HP2 Enduro, HP2 Megamoto, HP2 Sport: Fußbremshebel..................................... 19 Nm

Blende für Hauptbremszylinder an Fußrastenplatte.......... 8 Nm
■ *mikroverkapselt, Schraube erneuern*

Ausstattung
Kennzeichenträger an Heckrahmen .... 2 Nm
bei R 1200 RT:.. 6 Nm
bei R 1200 S, HP2 Sport:.. 8 Nm
bei HP2 Enduro, HP2 Megamoto: .... 4 Nm

Hinterradkotflügel an Heckrahmen................................ 2 Nm
Kotflügel an unterer Gabelbrücke, an Tauchrohr und an Verkleidungshalter .... 2 Nm
bei R 1200 RT, HP2 Megamoto: Vorderradkotflügel ... 2,5 Nm
bei HP2 Enduro:
Vorderradkotflügel: Unterteil an Oberteil............................ 2 Nm
Vorderradkotflügel: Unterteil an Gabel .... 4 Nm

Motorschutzbügel an Motor unten................................ 25 Nm
Motorschutzbügel an Motor oben links und rechts.. 8 Nm
bei R 1200 GS .... 9 Nm

Motor

Motorgehäuse links:
M10x110...... Voranzug 25 Nm, Endanzug um weitere 90 Grad
M6 .... 8 Nm
M8 .... 19 Nm

Motorgehäuse rechts:
M10x130...... Voranzug 25 Nm, Endanzug um weitere 90 Grad
M10x110...... Voranzug 25 Nm, Endanzug um weitere 90 Grad
M8 .... 19 Nm
M6 .... 8 Nm

Zylinder links und rechts an Motorgehäuse:
M6 .... 8 Nm
M8 .... 19 Nm

Räderkastendeckel an Kurbelgehäuse M6........................ 9 Nm
Lagerdeckel Nebenwelle vorn an Räderkastendeckel M6x20.. 8 Nm
Kupplungsabdeckung an Motor M6x16........................... 8 Nm
Motorgehäuse-Entlüftungsstutzen an Zylinderkopf M6x16.. 8 Nm

bei R 1200 GS ab Mj. 2008, HP2 Enduro:
Halter Motorschutz M10.. 40 Nm
Motorschutz-Aufnahme an Kurbelgehäuse M8............. 19 Nm
Motorschutz-Aufnahme an Kurbelgehäuse M6................ 8 Nm

Kraftstoffaufbereitung und -regelung
Halter Einspritzdüse an Drosselklappenstutzen................ 5 Nm
Ansauggeräuschdämpfung an Heckrahmen.................... 8 Nm
Überwurfmutter Benzinpumpeneinheit an Tank............. 35 Nm

Auspuffanlage
Auspuffkrümmer an Zylinderkopf .... 21 Nm
Auspufftopf an Heckrahmen (Fußrasten)........................ 19 Nm
Klemmschelle (Torcaschelle) an Auspufftopf................... 55 Nm
■ *Anlagefläche mit »Optimoly TA« befetten*
Halteschelle an Auspuffkrümmer hinten .... 8 Nm
■ *Gewinde mit »Optimoly TA« befetten*
Lambdasonde in Auspuffkrümmer................................ 45 Nm
■ *Gewinde mit »Optimoly TA« befetten*
Halter Auspuffkrümmer an Getriebe.............................. 10 Nm

bei HP2 Sport:
Halter Krümmer an Heckrahmen .... 19 Nm
Schalldämpfer an Heckrahmen...................................... 18 Nm
Abdeckung Abgasklappe an Endschalldämpfer............... 5 Nm
Halter Stellmotor an Rahmen.. 8 Nm
Kontermutter Zugeinstellung Stellmotor .... 4 Nm
Stellmotor an Halter.. 4 Nm

bei R 1200 S: Auspufftopf an Heckrahmen.................... 12 Nm

Schmiersystem

Ölfilter ... 11 Nm

■ *Dichtring mit frischem Motoröl bestreichen*

Ölablassschraube M16x1,5 unten in Motor ... 32 Nm

■ *Gewinde, Dichtfläche und Dichtscheibe mit frischem Motoröl bestreichen*

bei HP2 Sport: ... 32 Nm

■ *Voranzug 23 Nm, Endanzug 32 Nm*

Öleinfüllschraube M34x1,5 in Zylinderkopfhaube ... 8 Nm

Ölpumpe an Motorgehäuse M6x40 und M6x45

■ *Schrauben nur einmal verwenden*

■ *Voranzug 4 Nm, Endanzug um weitere 90 Grad*

Ölsaugschnorchel an Motorgehäuse rechts M6x25 ... 8 Nm

Überdruckventil Verschlussschraube M20x1,5 ... 42 Nm

Öldruckschalter ... 30 Nm

Öltemperatur-Sensor ... 30 Nm

Ölkühler an Verkleidungshalter M6x30 ... 8 Nm

Ölkühlerleitung Vorlauf an Motorgehäuse M6x16 ... 8 Nm

Ölkühlerleitung Rücklauf an Motorgehäuse ... 35 Nm

Befestigung Ölkühlerleitung Vorlauf an Räderkastendeckel ... 9 Nm

bei R 1200 GS: Befestigung Ölkühlerleitung Vor- und Rücklauf ... 21 Nm

Ölkühlerleitung an Kurbelgehäuse rechts ... 25 Nm

Befestigung Ölkühlerleitung Rücklauf an Zylinder ... 8 Nm

Ölkühlerleitung an Riemenabdeckung ... 4 Nm

Ölkühlerzarge an Riemenabdeckung ... 2 Nm

bei R 1200 GS:

Ölkühlerleitung an Vorderrahmen ... 8 Nm

Ölkühlerleitung an Verkleidungshalter ... 5 Nm

Kupplung, Schaltung

Kupplungsabdeckung an Motor M6x16 ... 8 Nm

Kupplungsgehäuse an Kurbelwelle

■ *Voranzug 40 Nm, Endanzug um weitere 40 Grad*

■ *Schraubengewinde leicht geölt, Schraube erneuern*

Kupplungsgehäusedeckel an Kupplungsgehäuse ... 12 Nm

■ *Schrauben nur einmal verwenden, über Kreuz anziehen*

Kupplungsleitung an Handarmatur ... 24 Nm

bei R 1200 GS ab Mj. 2008 ... 18 Nm

Nehmerzylinder an Getriebe M6 ... 8 Nm

Kupplungsleitung an Nehmerzylinder ... 24 Nm

bei R 1200 GS ab Mj. 2008 ... 18 Nm

bei HP2 Sport: Ausgleichsbehälter Kupplungsarmatur ... 4 Nm

Fußschalthebel an Zwischenwelle M6 ... 8 Nm

Kontermutter Kugelpfanne auf Schaltstange ... 8 Nm

Kugelzapfen an Getriebeschalthebel ... 19 Nm

Kontermutter Kugelzapfen an Schaltwelle ... 17 Nm

Kugelzapfen an Schaltwelle ... 10 Nm

bei R 1200 GS ab Mj. 2008 ... 19 Nm

Getriebe

Getriebe an Motor M8 ... 19 Nm

Getriebe-Schalthebel an Schaltwelle M6 ... 8 Nm

Getriebedeckel an Getriebegehäuse ... 9 Nm

bei R 1200 GS ab Mj. 2008 ... 10 Nm

Getriebepotentiometer an Getriebe ... 8 Nm

Ölablass- und Einfüllschraube des Getriebes ... 30 Nm

Arretierhebel an Getriebedeckel ... 8 Nm

Zylinderkopf

Zylinderkopfhaube (Ventildeckel) ... 10 Nm

■ *Schrauben und Muttern geölt einbauen*

■ *kreuzweise anziehen*

bei HP2 Sport: Schleifpad an Zylinderkopfhaube ... 9 Nm

Zylinderkopfmutter M10 (SW15) ... 20 Nm

■ *Fügemoment 20 Nm, dann zweimal nacheinander mit Drehwinkel um weitere 90 Grad kreuzweise anziehen*

M10x90 ... 40 Nm

M6x30 ... 9 Nm

bei HP2 Sport: Zylinderkopfmutter ... 20 Nm

■ *Fügemoment 20 Nm, dann zweimal nacheinander mit Drehwinkel um weitere 75 Grad kreuzweise anziehen*

M8x125 ... 20 Nm

M6x30 und M6x50 ... 9 Nm

Nach 1000 km Zylinderkopf nachziehen:

Zylinderkopfmutter M10 (SW15) ... 20 Nm

■ *Über Kreuz: Mutter M10 Zugankerverschraubung lösen und wieder anziehen mit 20 Nm, dann Endanzug um weitere 180 Grad*

■ ***Anmerkung:*** *Mutter lösen und wieder festziehen, dann nächste Mutter lösen und wieder festziehen, usw., Schraube kommt zum Schluss*

M10x90 ... 40 Nm

■ *Schraube lösen und wieder festziehen*

Nockenwellendeckel an Zylinderkopf ... 8 Nm

Steuerungsträger Nockenwellenlager Lagerbrücke links/rechts M8x30 ... 18 Nm

Steuerungsträger Nockenwellenlager Lagerbrücke links/rechts M8x40 ... 18 Nm

Steuerungsträger Nockenwellenlager Lagerbrücke links/rechts M8x65 ... 15 Nm

Steuerungsträger an Zylinderkopf links/rechts M6x30 und M6x60 ... 8 Nm

bei HP2 Sport:

M6x72 ... 10 Nm

Stützelemente an Steuerungsträger ... 8 Nm

Oberteil an Unterteil Steuerungsträger ... 10 Nm

Kontermutter Ventileinstellschraube M6x0,5 (SW10) ... 8 Nm

Ansaugstutzen an Zylinderkopf M6x20 ... 8 Nm

Zylinder
Anziehreihenfolge:
1: rechts M8x55 .... 19 Nm
2: links M8x30 .... 19 Nm
3. links/rechts M6x35 .... 8 Nm
bei HP2 Sport: nur M6x35 mm verwendet .... 8 Nm

Lagerschraube M10 Steuerketten-Gleitschiene Zylinder-Kurbelgehäuse .... 18 Nm
■ *neue Dichtscheibe A12x15.5-AL verwenden*
Lagerschraube M10 Steuerketten-Spannschiene Kurbelgehäuse .... 18 Nm
■ *neue Dichtscheibe A12x15.5-AL verwenden*

Nockenwelle
Schraube M5x16 Kettenrad an Nebenwelle .... 8 Nm
Schraube M6x16 Kettenrad an Kurbelwelle .... 8 Nm
Schraube M10x1,25x25 Kettenritzel an Nockenwelle .... 65 Nm
Nockenwellenkettenspanner-Gehäuse an Kurbelgehäuse Schraube M6x25 .... 8 Nm
Nockenwellenkettenspanner an Zylinder links und rechts M18x1,5 .... 32 Nm

Pleuel
Pleuellagerdeckel Schrauben M10x1,25
■ *neue Schrauben verwenden, geölt einsetzen*
■ ***1.** Fügemoment 5 Nm, **2.** Voranzug 20 Nm, **3.** Endanzug um weitere 90 Grad, **4.** lösen, **5.** Fügemoment 5 Nm, **6.** Voranzug 20 Nm, **7.** Endanzug um weitere 90 Grad*

Pleuellagerdeckel Schrauben M10x1
■ *neue Schrauben verwenden, geölt einsetzen*
■ ***1.** Fügemoment 5 Nm, **2.** Voranzug 20 Nm, **3.** Endanzug um weitere 105 Grad, **4.** lösen, **5.** Fügemoment 5 Nm, **6.** Voranzug 20 Nm, **7.** Endanzug um weitere 105 Grad*

Ausgleichsgewicht an Ausgleichswelle
Dehnschaftschraube M8x70
■ *neue Schraube verwenden, geölt einsetzen*
■ *Voranzug 10 Nm, Endanzug um weitere 90 Grad*
bei HP2 Sport: Übersprungschutz an Steuerungsträger .... 10 Nm

Zahnrad an Ausgleichswelle
Schraube M8x50 .... 19 Nm
■ *geölt ansetzen*

ab Modelljahr 2007:
Mutter M12x1,5 .... 75 Nm
Riemenrad an Kurbelwelle .... 140 Nm
■ *Voranzug 40 Nm, Endanzug 140 Nm*

Ausgleichsgewicht an Ausgleichswelle .... Voranzug 10 Nm
.... Endanzug um weitere 90 Grad

Kurbelgehäuse
Motorgehäuse rechts (alle Schrauben geölt einsetzen):
M10x110/130 .... Voranzug 25 Nm,
.... Endanzug um weitere 90 Grad
M8x80 und M8x35 .... 19 Nm
M6x50 und M6x35 .... 8 Nm

Motorgehäuse links (alle Schrauben geölt einsetzen):
M10x110 ..... Voranzug 25 Nm, Endanzug um weitere 90 Grad
M8x60 verschraubt mit Dichtring A8x13 AL .... 19 Nm
M6x50, M6x35 und M6x25 .... 8 Nm

Ölsaugschnorchel an Motorgehäuse rechts M6x25 .... 8 Nm
Überdruckventil Verschlussschraube M20x1,5 .... 42 Nm

Elektrik

Zündkerzen, Zündung
Haupt- und Nebenzündkerze in Zylinderkopf M12x1,25
Bosch YR5LDE, Erst- und Wiederanzug .... 23 Nm
NGK DCPR8EKC, Erst- und Wiederanzug .... 20 Nm
bei R 1200 GS ab Mj. 2008: nur NGK Zündkerzen
bei HP2 Sport: nur NGK MAR9A-J Zündkerzen .... 12 Nm
■ *Voranzug 12 Nm, dann 90 Grad lösen, Endanzug 12 Nm*

Zündspulen-Abdeckung in Zylinderkopf M6x12 .... 8 Nm

Schalter, Sensoren
Kurbelwellenpositions-Sensor .... 8 Nm
Klopfsensor an Zylinder links und rechts .... 19 Nm
Nockenwellenpositions-Sensor an Nockenwellendeckel .. 8 Nm
Zylinderkopftemperatur-Sensor .... 10 Nm
Gang- (Schaltwalzenpositions-) Sensor .... 8 Nm
Lambdasonde in Auspuffkrümmer .... 45 Nm
■ *Gewinde mit »Optimoly TA« befetten*
Öldruckschalter in Motorgehäuse .... 30 Nm
Öltemperatur-Sensor .... 30 Nm
Raddrehzahl- (ABS-) Sensor vorne und hinten .... 4 Nm
Bremslichtschalter an Fußrastenplatte .... 5 Nm
Kombischalter links und rechts .... 1 Nm
bei HP2 Sport: Steuergerätehalter an Verkleidungshalter .... 4 Nm
bei R 1200 S:
Steuergerätehalter an Verkleidungshalter .... Voranzug 4 Nm
.... Endanzug um weitere 90 Grad

Lichtmaschine (Stromgenerator)
Riemenabdeckung (Generatordeckel) an Motor Linsen-Flanschkopfschraube M5x14 an Motor .... 5 Nm
Riemenabdeckung an Drehstrom-generator (Lichtmaschine) M5x16 .... 5 Nm
Riemenabdeckung an hinterer Riemenabdeckung .... 3 Nm

Drehstromgenerator an Kurbelgehäuse M8 .... 18 Nm
Riemenscheibe an Generator .... 50 Nm
Kabelbaum an Generator Flanschmutter M6 .... 6 Nm
Riemenrad an Kurbelwelle M22x1,5 .... 140 Nm
■ *Voranzug 40 Nm, Endanzug 140 Nm*

Anlasser (Elektrostarter)
Anlasser an Motor M8x60 .... 19 Nm
Plusleitung an Anlasser Mutter M8.............................. 10 Nm

Sonstige elektrische Bauteile
Scheinwerfer an Scheinwerferträger .... 8 Nm
■ *mikroverkapselt, Schraube erneuern*
Hupe an Halter .... 10 Nm
■ *Gewinde reinigen, Loctite »mittelfest« auftragen*
bei HP2 Sport... 8 Nm
bei HP2 Enduro, HP2 Megamoto .... 6 Nm
Halter Hupe an Verkleidungshalter .... 6 Nm
bei R 1200 S: Hupe an Verkleidungshalter...................... 8 Nm
■ *Voranzug 4 Nm, Endanzug um weitere 90 Grad*
bei R 1200 RT:
Hupe an Haltewinkel.. 16 Nm
Haltewinkel an Verkleidungshalter .... 16 Nm

Halter Stecker an Hinterradkotflügel .... 1 Nm
Halter Diagnosestecker an Hinterradkotflügel .... 1 Nm
bei R 1200 GS ab Mj. 2008... 2,4 Nm
bei HP2 Sport: Halter Diagnosestecker
an Batteriehalter .... 1 Nm

bei HP2 Enduro, HP2 Megamoto, R 1200 ST, R 1200 S, R 1200 RT: Batteriehalter an
Ansauggeräuschdämpfer .... 5 Nm
bei HP2 Enduro, HP2 Megamoto:
Halter ZFE an Rahmen .... 8 Nm
BMS-K an Halter .... 5 Nm

Kabelbaum mit Kabelführungsschiene
an Tankhalter und Heckrahmen.................................. 3 Nm
Kabelbaum Masse an Zylinderkopf
links und rechts .... 8 Nm
Massekabel an Kurbelgehäuse .... 8 Nm
Kabelbaum +/– an Batterie.. 4 Nm

bei R 1200 GS:
Hupe an Hupenhalter, Hupe an Verkleidungshalter .... 9 Nm
Kabelbaum mit Kabelkanal an Vorderrahmen .... 1,6 Nm
Kabelbaum mit Kabelkanal an Heckrahmen .... 2 Nm
Anlasserrelais mit Relaissockel .... 1 Nm
Hinterrad-Bremslichtschalter .... 5 Nm

Raum für Notizen

Stichwortverzeichnis

FSC
www.fsc.org
MIX
Papier | Fördert gute Waldnutzung
FSC® C083411

Kolibri 360 GmbH
Ferdinand-Jühlke-Straße 7
99095 Erfurt, Deutschland
produktsicherheit@kolibri360.de

Druck:
CPI Druckdienstleistungen GmbH
im Auftrag der
Kolibri 360 GmbH
Ferdinand-Jühlke-Str. 7
99095 Erfurt